中国科学院青海盐湖研究所（以下简称“青海盐湖所”）创建于1965年3月，在我国著名化学家柳大纲院士和著名地质学家袁见齐院士的带领下建立的我国专门从事盐湖研究的科研机构。建所以来，基本完成了我国盐湖资源的调查与评价，建立了我国盐湖化学与盐湖地质学理论体系，为青海钾肥工业生产完善采卤方案和优化采卤方式提供了科学依据，为我国盐湖钾肥工业的起步和发展做出了重要贡献，缓解了我国农业急需钾肥的问题。青藏铁路盐湖地段路基基底稳定性研究，保证了青藏铁路长期安全运行。建立的氯同位素国际标准及硼同位素测定方法，国际上被广泛采用。开创了高镁锂比盐湖提锂成套技术。高镁锂比盐湖提锂技术先后获得青海省科技进步一等奖、中国科学院科技促进发展奖、中国专利优秀奖等，并普通许可青海两家企业成果转化，许可费4000万元，推动形成3.5万吨/年电池级碳酸锂与高纯氯化锂的科技产业创新集群，截至2021年，合作企业累计销售超过百亿元；钾资源可持续供给的科学基础与关键技术取得积极进展，在察尔汗盐湖实现新的规模开发利用示范，为马海矿区万吨级无氯钾肥新产能提供了有力的科技支撑。构建了高端氢氧化镁和水滑石产业化技术体系，千吨级生产线建成投产；组织实施二次科考盐湖专题和科技部重点研发计划，建成中国盐湖资源与环境数据库。

先后有4位科学家当选中国科学院院士。目前共有在职职工267人，其中正高职称41人，副高职称82人，博士生导师25人，硕士生导师56人。青海省“昆英才·高端创新创业人才”60多人、团队2个，培养了大批青年人才。与国内外企业、高等院校和科研机构开展了深入和广泛的合作。

拥有中国科学院盐湖资源综合高效利用重点实验室、盐湖盐矿绿色开发工程实验室两个院级平台，青海省盐湖资源化学重点实验室、盐湖地质与环境重点实验室和盐湖资源开发工程技术研究中心三个省级创新平台。盐湖化学分析测试部建立了IS0/IEC17025：1999标准的质量管理体系，主办刊物《盐湖研究》编辑出版水平大幅度提升，在甘河中试基地建成百吨级镁稀土中间合金、氯化镁脱水/热解、相变储能材料、电化学法合成重铬酸钠、氢氧化锶等中试平台，正在开展千吨级氢氧化镁和水滑石成果转化项目。

根据《青海建设世界级盐湖产业基地行动方案（2021—2035年）》《科技引领和支撑世界级盐湖产业基地行动纲要》和《关于青海盐湖镁产业发展情况的汇报》专报上中央领导的批示，开展盐湖资源保护与利用全国重点实验室组建工作，已进入中国科学院国重推荐名单序列。

公司简介 Company Profile

青海盐湖蓝科锂业股份有限公司(以下简称“蓝科锂业公司”)成立于2007年3月22日，位于青海省格尔木市察尔汗，是青海盐湖工业股份有限公司所属的二级控股子公司，现有职工496人。

主营碳酸锂的研究、开发、生产及咨询。公司拥有世界先进的吸附法提锂生产碳酸锂技术，产能位居全国锂业第四。公司是工信部第四批“绿色制造名单”、国务院国资委国有企业公司治理示范企业、国企改革“双百企业”，青海省第五批“专精特新”中小企业。近年来研发的超高镁锂比盐湖卤水吸附-膜分离耦合提锂技术获得“国家第十届中国技术市场协会金桥奖”“中国石油和化工行业一等奖”；“一种盐湖卤水生产氯化锂的新工艺及装备”获得青海省第二届专利金奖。连续多年，被省、州、市授予“安全生产先进企业”“健康企业”等荣誉称号，为打造国内具有影响力的绿色锂产业基地，建设世界级盐湖产业基地贡献蓝科力量。

地址：青海省格尔木市察尔汗盐湖工业园区

电话：09798449225

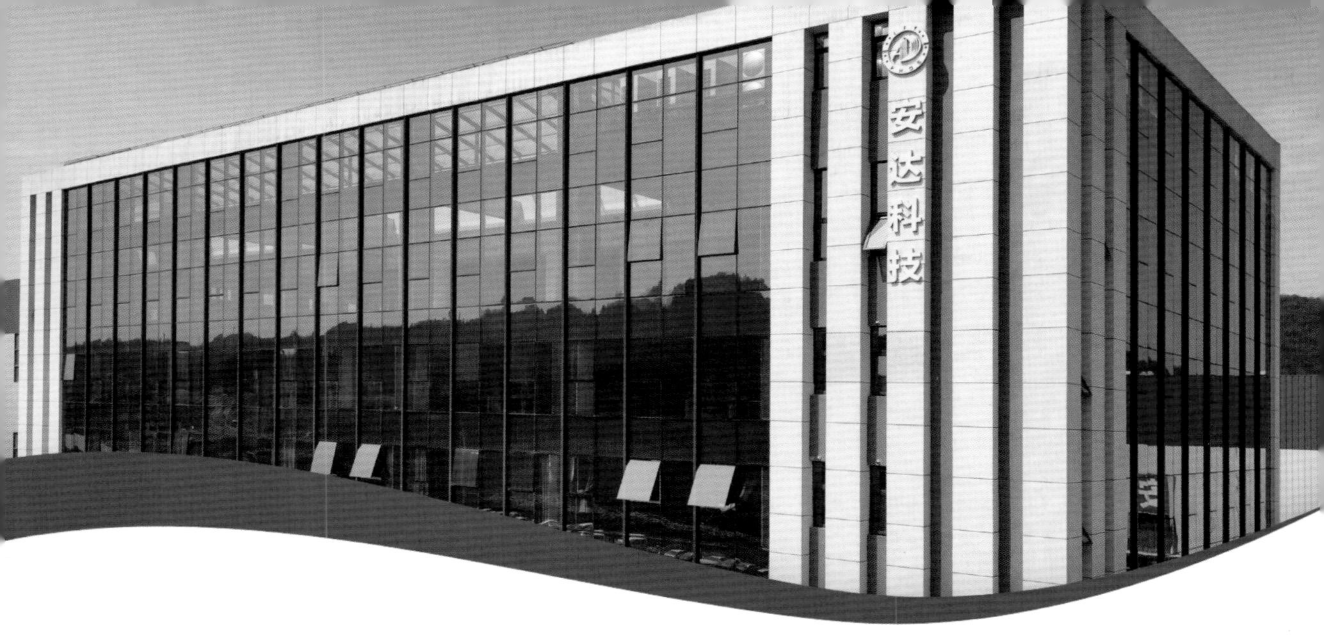

贵州安达科技能源股份有限公司简介

贵州安达科技能源股份有限公司成立于1996年8月，主要从事磷酸铁、磷酸铁锂的研发、生产和销售；锂离子电池的回收拆解、材料再生循环利用。2023年3月23日，公司股票在北京证券交易所成功发行上市，是贵州省在北京证券交易所上市的企业。

安达科技2013年成立贵阳市储能电池工程技术研究中心；2015年通过贵州省企业技术中心认定；2019年、2021年获得贵州制造业企业100强、贵州民营企业100强；2021年获得工信部专精特新“小巨人”企业称号；2022年通过国家高新技术企业认定；2023年位列贵州民营企业100强第4位、贵州民营企业制造业20强第2位。是中国无机盐工业协会磷酸铁锂材料专委会主任单位、动力电池回收与梯次利用联盟中国电子节能技术协会电池回收利用委员会会员。

一直以来，安达科技笃定技术创新引领公司发展，公司拥有发明专利18项，实用新型专利48项。目前，已形成年产磷酸铁15万吨/年，磷酸铁锂15万吨/年生产规模。安达产品磷酸铁、磷酸铁锂质量卓越，“安达品牌”在行业内广受赞誉，是比亚迪、中创新航、欣旺达及派能科技等知名新能源企业的主要供应商。

咨询热线：13940153296
18198595892
公司地址：贵州省贵阳市开阳县经济开发区新材料产业园

常州振武干燥设备有限公司

SINCE 1995

COMPANY PROFILE

经典案例

自动对接双锥

喷雾干燥机

30立方卧式螺带混合机

高温碳化炉

实验室煅烧窑

天然气回转窑

公司简介

SINCE 1995

常州振武干燥设备有限公司——全国较早的干燥设备生产制造商之一，位于常州市经开区横山桥。始创于1995年，主打产品用于新能源锂电池行业，在三元前驱体成套产线与动力电池黑粉回收产线中也有应用。公司还成立了干燥技术研发中心及产品体验中心。

经过二十余年的潜心发展，年产各类新能源行业反应釜、干燥、混合、粉碎、气力输送等设备1000多台套。产品已发展至36大类，260多种规格。

例如：闪蒸+高温回转焙烧炉、高镍三元反应釜、盘式干燥机、高速离心喷雾塔、批混机/卧式螺带混合机、自动对接双锥干燥产线、正压/负压气流输送等。

目前公司属于干燥行业的重点生产企业，锂电池行业指定供应商，被评为中国驰名品牌、江苏省著名品牌，拥有国家专利十多项，企业资信等级连续八年AAA级，产品多次荣获国家金奖，通过CE认证和ISO9001国际质量体系认证。

作为干燥行业较早的一批老牌企业，公司凭借优质的产品、良好的售后服务、诚信经营的理念，产品已遍及全国及世界各地，赢得了海内外的一致好评。被众多行业知名企业纳入其干燥设备供应商和优质合作伙伴，如：宁德时代，武汉瑞科美，宜宾光原，池州西恩，浙江帕瓦，万华化学，中冶瑞木等。

振武秉承“诚信为先、品质卓越”的经营理念，积极跟踪世界干燥行业发展的最新轨迹， 为世界范围的化工、食品、医药行业客户提供成套的干燥技术解决方案。为打造“振武世界名品”而自强不息！

联系人：查新运　电话：158-0611-0611

China
New Energy Materials
Industry Development Report
2023

中国新能源材料产业发展报告 2023

中国无机盐工业协会
中国石油和化学工业联合会化工新材料专业委员会
组织编写

·北京·

内容简介

本书重点研究了以化学电池和太阳能电池关键材料为代表的新能源材料发展战略，总结了国内外新能源材料的发展情况，分析了我国相关材料产业发展存在的问题，展望了国内外新能源材料研发与产业的发展趋势。面向2025年和2035年的新发展要求，阐述了我国新能源关键材料在化学电池和太阳能电池领域的发展思路，细化了发展目标和重点任务，为未来我国新能源材料领域的技术突破指明了方向，期望为新能源材料领域研发人员、技术人员、产业界人士提供全面的指导。

图书在版编目（CIP）数据

中国新能源材料产业发展报告. 2023 / 中国无机盐工业协会，中国石油和化学工业联合会化工新材料专业委员会组织编写. —北京：化学工业出版社，2024.5
ISBN 978-7-122-45361-7

Ⅰ. ①中… Ⅱ. ①中…②中… Ⅲ. ①新能源-材料科学-产业发展-研究报告-中国-2023 Ⅳ. ①TK01

中国国家版本馆CIP数据核字(2024)第068684号

责任编辑：高 宁 仇志刚
责任校对：宋 玮　　装帧设计：王晓宇

出版发行：化学工业出版社
（北京市东城区青年湖南街13号 邮政编码100011）
印 装：中煤（北京）印务有限公司
787mm×1092mm 1/16 印张22½ 字数543千字
2024年8月北京第1版第1次印刷

购书咨询：010-64518888　　售后服务：010-64518899
网 址：http：//www.cip.com.cn
凡购买本书，如有缺损质量问题，本社销售中心负责调换。

定 价：298.00元　版权所有 违者必究

《中国新能源材料产业发展报告 2023》编委会

顾问委员： 郑绵平　赵俊贵　李世江

主　　任： 王孝峰

副 主 任： 叶丽君　陈国福　问立宁

委　　员： 吴志坚　刘　畅　张成胜　刘建波　段东平　李志坚　郑宝山　卜新平　韩红梅

《中国新能源材料产业发展报告 2023》编写组

主　　编： 王孝峰

副 主 编： 叶丽君　卜新平　问立宁　李云峰　杨华春　栗　歆　周　月

参编人员： 卜新平　蔡恩明　蔡新辉　杜延华　高　原　郭锦先　郭　璐　郭明聪　郭孝东　和凤祥　胡勇胜　李　玲　李凌云　李　明　李喜飞　李　阳　李　晔　李云峰　栗　歆　刘海霞　刘书林　陆雅翔　罗传军　马　畅　马海天　牛仁杰　庆　玥　史海涛　尚建壮　宋文波　王　东　王凤芝　王鑫泰　王自红　魏　明　问立宁　武　娜　薛峰峰　闫春生　杨华春　杨明霞　赵立群

序

FOREWORD

气候变化已成为人类面临的共同挑战。世界气象组织发布的报告显示，截至2023年10月底，全球平均气温较工业化前（1850年至1900年）的基线高出约1.4℃。人类正面临气候变化带来的严重影响，以及领土、农田、生物多样性和生态系统丧失和退化等严峻挑战。

积极发展清洁能源，推动经济社会绿色低碳转型，已经成为国际社会应对全球气候变化的普遍共识。作为一个负责任的世界大国，习近平总书记在2020年9月22日的第75届联合国大会上郑重承诺：“中国将提高国家自主贡献力度，采取更加有力的政策和措施，二氧化碳排放力争于2030年前达到峰值，努力争取2060年前实现碳中和”。

为了应对气候变化带来的突出挑战，以习近平同志为核心的党中央把“碳达峰、碳中和”目标纳入生态文明建设整体布局和经济社会发展全局，构建起碳达峰、碳中和“1+N”政策体系，部署实施“碳达峰十大行动”，大力推动能源革命与能源变革。截至2023年，全国可再生能源总装机容量达15.16亿kW，占全国发电总装机容量的51.9%，历史性超过煤电，在全球可再生能源发电总装机容量中的比重接近40%，建成全球规模最大的清洁发电体系。2023年全年新能源汽车产销分别完成958.7万辆和949.5万辆，同比分别增长35.8%和37.9%，市场占有率达到31.6%，高于上年同期5.9个百分点，连续9年位居全球第一。中国锂离子电池出货量达到887.4GWh，同比增长34.3%，在全球锂离子电池总体出货量的占比达到73.8%，锂离子电池出口额达到650.07亿美元，同比增长27.8%。以电动汽车、光伏产品、锂电池的出口为代表，我国已成为新能源生产和出口第一大国，走在了世界新能源产业的领先位置。

新能源拉动新材料，新材料支撑新能源的高质量发展，二者互为依存，相互促进。材料的性能决定了新能源产业发展的深度和广度，新能源市场的发展也拉动了新能源材料产业的快速发展。以新能源电池材料为例，2023年，我国正极材料出货量242万t，同比增长30.8%，其中磷酸铁锂出货量156万t，同比增长49.5%；负极材料出货量约171万t，同比增长19.6%；电解液出货量114万t，同比增长27.7%；隔膜出货量177亿m^2，同比增长32.8%。目前我国正负极材料、锂电池电解液和隔膜占全球比重超过70%。新能源材料的快速增长，正在成为我国石化行业新旧动能转换、产业转型升级的新赛道和新的增长点。

中国石油和化学工业联合会、中国无机盐工业协会等行业组织高度重视和关注新能源和新能源材料的发展，为了帮助业内企业准确了解行业信息，积极推动新能源材料产业高质量发展，中国无机盐工业协会联合中国石油和化学工业联合会化工新材料专委会，组织业内权威专家编写出版了这本《中国新能源材料产业发展报告2023》，对我国新能源材料产业发展情况和问题进行了系统梳理和分析，我认为这是一件非常有意义的事情，也是中国石油和化学工业联合会化工新材料专业委员会、中国无机盐工业协会认真贯彻习近平总书记关于推动新能源产业高质量发展重要讲话精神、服务新能源材料产业健康发展的一次具体行动。

2024年2月29日中共中央政治局就新能源技术与我国能源安全进行第十二次集体学习。

习近平在听取讲解和讨论后发表重要讲话。他指出，党的十八大以来，我国新型能源体系加快构建，能源基础保障不断夯实，为经济社会发展提供了有力支撑。同时也要看到，我国能源发展仍面临需求压力巨大、供给制约较多、绿色低碳转型任务艰巨等一系列挑战。要统筹好新能源发展和国家能源安全，坚持规划先行、加强顶层设计、搞好统筹兼顾，注意处理好新能源与传统能源、全局与局部、政府与市场、能源开发和节约利用等关系，推动新能源高质量发展。

习近平总书记在我国新能源发展关键时刻发表的重要讲话，既体现了党中央对新能源的高度重视和大力支持，也为新能源和新能源材料产业发展指明了方向。如果《中国新能源材料产业发展报告 2023》一书的出版，能对推动我国新能源和新材料产业高质量发展起到锦帛之力，将是编写者最大的荣耀与希望！

最后，我还是要衷心感谢为《中国新能源材料产业发展报告 2023》一书作出贡献与付出的所有专家与编辑人员，尽管新能源新材料这条新赛道还在发展过程中，书中的意见和观点也难免存在不足之处，但我相信，只要我们全行业牢记习近平总书记的重托与指示，坚定信心、团结一致，新能源材料产业一定会为我国新能源高质量发展、为共建清洁美丽世界做出更大贡献！

中国石油和化学工业联合会副会长兼秘书长　赵俊贵

前言

PREFACE

随着科技的不断进步和环保意识的提高，新能源产业发展迅速，新能源材料的应用范围将会越来越广泛。新能源呼唤新材料领域的创新升级，新材料支撑新能源产业的蓬勃发展。时代风口，如火如荼，资本沸腾，项目上马，新能源材料大发展的浪潮席卷而来，新材料新领域不断涌现，新技术新增长点不断突破，很多传统产业新赛道切入成功，也焕发了崭新的生机与力量。然而，正是由于新能源材料产业发展过快过热，又缺失专门的管理部门，社会各界对新能源材料发展情况了解不多，市场上也很难找到相关全面准确的资料，信息的不对称影响了产业的健康发展。

鉴于业内外对新能源材料产业前所未有的关注和快速发展变化的产业发展形势，为全面准确客观地呈现我国新能源材料产业的发展现状，为关心关注我国新能源材料领域发展的各界人士提供参考与借鉴，中国无机盐工业协会积极发挥行业组织的引领作用，依托锂盐、三元材料、磷酸铁锂、电池电解液等新能源材料分会和专委会的工作基础和力量，联合中国石油和化学工业联合会化工新材料专委会，组织业内权威专家编写出版了这本《中国新能源材料产业发展报告 2023》。我们针对新能源材料产业热点产品，邀请该领域龙头企业、科研院所及资深专家就其深耕的方向撰稿，梳理我国新能源材料产业发展现状、问题和未来发展趋势，希望能为研究和投资人员科学决策提供参考和支撑，能为广大生产和科研人员、工程师、高校师生及其他相关从业者提供有价值的信息和指导。

本书从产业发展的角度，聚焦跨学科、跨领域的交叉新领域，填补空白领域，力求权威性，用客观的数据和翔实的资料说话，旨在推动新能源材料产业的高质量发展。

本书主要介绍了化学电池产业和光伏发电产业的发展现状及趋势，详细探讨了各种化学电池材料和太阳能电池材料的工艺现状、市场供需、应用前景及发展建议。通过阅读这些内容，读者将能够更好地了解新能源材料的发展现状和未来趋势。

由于时间仓促和水平有限，本书难免有不尽如人意之处。我们热切希望大家多提宝贵意见，欢迎关注新能源材料行业发展的专家、学者、企业家和业界人士参与讨论并给予支持，以利于我们进一步改进工作。

最后，对热心支持中国新能源材料产业发展，助力中国无机盐工业协会新能源材料相关分会、专委会成长，热情为本书撰稿的专家和作者，以及所有为本书出版付出努力的人员，致以真诚的感谢！

中国无机盐工业协会

2024 年 3 月

目录

CONTENTS

第一篇 化学电池材料

003 第一章 矿产资源

第一节 锂资源 004

第二节 锰资源 016

第三节 钴资源 019

第四节 镍资源 021

第五节 磷资源 023

第六节 萤石资源 029

042 第二章 氢氧化锂

第一节 概述 043

第二节 市场供需 044

第三节 工艺技术 046

第四节 展望 048

049 第三章 碳酸锂

第一节 概述 050

第二节 市场供需 051

第三节 工艺技术 057

第四节 发展建议 059

061 第四章 磷酸铁锂

第一节 概述 062

第二节 市场供需 064

第三节 工艺技术 072

第四节 发展建议 076

078 第五章 锰酸锂
第一节 概述 079
第二节 市场供需 081
第三节 工艺技术 084
第四节 应用进展 087
第五节 发展建议 088

090 第六章 钴酸锂
第一节 概述 091
第二节 市场供需 093
第三节 工艺技术 096
第四节 应用进展 099
第五节 发展建议 099

101 第七章 硫酸镍
第一节 概述 102
第二节 市场供需 103
第三节 工艺技术 108
第四节 应用进展 111
第五节 发展建议 112

114 第八章 三元前驱体及三元正极材料
第一节 概述 115
第二节 市场供需 119
第三节 工艺技术 123
第四节 应用进展 132
第五节 发展建议 134

137 第九章 锂离子电池负极材料
第一节 概述 138
第二节 市场供需 141
第三节 工艺技术 145
第四节 应用进展 151
第五节 发展建议 151

153 第十章 硅碳负极材料
第一节 概述 154
第二节 市场供需 158
第三节 工艺技术 165
第四节 应用进展 167
第五节 发展建议 168

170 第十一章 六氟磷酸锂
第一节 概述 171
第二节 市场供需 175
第三节 工艺技术 179
第四节 应用进展 184
第五节 发展建议 184

186 第十二章 双氟磺酰亚胺锂
第一节 概述 187
第二节 市场供需 190
第三节 工艺技术 194
第四节 应用进展 199
第五节 发展建议 201

202 第十三章 钠离子电池关键材料
第一节 正极材料 203
第二节 负极材料 208
第三节 固体电解质材料 210
第四节 产业发展现状 213

218 第十四章 六氟磷酸钠
第一节 概述 219
第二节 市场供需 225
第三节 工艺技术 227
第四节 应用进展 230
第五节 发展建议 231

233 第十五章 可熔性聚四氟乙烯树脂
第一节 概述 234
第二节 市场供需 236
第三节 工艺技术 243
第四节 应用进展 245
第五节 发展建议 246

247 第十六章 聚偏二氟乙烯树脂（锂电）
第一节 概述 248
第二节 市场供需 252
第三节 工艺技术 256
第四节 应用进展 261
第五节 发展建议 262

264 第十七章 聚烯烃弹性体
第一节 概述 265
第二节 市场供需 265

第三节　工艺技术　269
第四节　应用进展　270
第五节　发展建议　271

第二篇　太阳能电池材料

275　第十八章　工业硅
第一节　概述　276
第二节　市场供需　277
第三节　发展建议　288

290　第十九章　单晶硅
第一节　概述　291
第二节　市场供需　291
第三节　工艺技术　293
第四节　应用进展　295
第五节　相关法规及政策　296
第六节　发展建议　297

298　第二十章　多晶硅
第一节　概述　299
第二节　市场供需　300
第三节　工艺技术　302
第四节　相关法规及政策　304
第五节　发展建议　305

306 第二十一章 聚偏二氟乙烯树脂（光伏）
第一节 概述 307
第二节 市场供需 309
第三节 工艺技术 311
第四节 应用进展 311
第五节 发展建议 312

第三篇 综述

315 第二十二章 化学电池发展现状及趋势
第一节 电池的构造、原理及分类 316
第二节 电池技术的发展 317
第三节 锂电池的崛起与演进 318
第四节 电池行业市场发展趋势及需求 323
第五节 电池行业政策 329
第六节 展望 331

332 第二十三章 光伏发电发展现状及趋势
第一节 概述 333
第二节 市场供需 334
第三节 相关政策及法规 346
第四节 发展建议 347

China
New Energy Materials
Industry Development Report
2023

2023

第一篇

化学电池材料

第一章

矿产资源

China
New Energy Materials
Industry Development Report
2023

石油和化学工业规划院　李　晔

中国无机盐工业协会　栗　歆　牛仁杰

中国科学院青海盐湖研究所　魏　明

第一节

锂资源

一、概述

锂是元素周期表中最轻及密度最小的固体元素，也是自然界中标准电极电势最低、电化学当量最大、最轻的金属元素，因此被认为是天生的电池金属，具备长期刚性需求。

锂在地壳中含量约0.0065%，在自然界中已发现锂矿物和含锂矿有150多种，从绝对量、相对量来看均不短缺。但锂资源全球分布并不均匀，缺少兼具大规模、高品位和便于开采的优质项目的特性。全球锂资源构成见图 1-1。除资源禀赋以外，提锂工艺对于成本也会产生重要影响。随着下游动力电池对品质和一致性的要求日趋严格，各类提锂技术、锂产品深度加工技术以及电池级锂化合物产品质量等都将对锂产业链的发展产生深远影响。

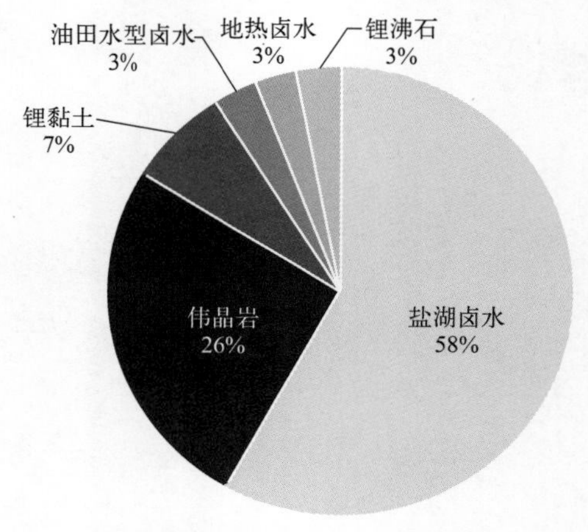

图 1-1　全球锂资源构成

锂是一种重要的新兴战略资源，其化学品广泛应用于电池材料、航空航天以及化工、冶金、陶瓷等众多领域。

碳酸锂和氢氧化锂是制作电池正极的核心材料。在“碳达峰、碳中和”的战略大背景下，新能源产业成为未来发展的热点，锂作为新能源电池的原料，能源价值日益凸显。

二、资源量及储量

全球锂资源较为丰富，但资源量分布很不均匀，主要集中在南美洲“锂三角”地区（阿根廷、玻利维亚和智利三国毗邻区域）、澳大利亚、中国、美国、刚果（金）和加拿大等少数区域。盐湖卤水型锂矿主要分布在南美洲“锂三角”地区，其次是中国的青藏高原和美国西海岸。伟晶岩型锂矿与造山带关系密切，全球分布较广泛，主要有澳大利亚西部、中国青藏高原周边、刚果（金）等国家和地区。

（一）全球锂矿石区域分布概况

花岗伟晶岩锂矿床主要分布在澳大利亚、加拿大、津巴布韦、刚果（金）、巴西和中国。但世界上只有少数国家和地区拥有可经济开发利用的锂资源。

根据伍德麦肯兹统计，截至 2021 年 12 月 31 日，澳大利亚泰利森的格林布什矿场拥有世界上最大的锂储量，报告的矿物储量为 1.68 亿吨，氧化锂品位为 2.04%，含 830 万吨 LCE（碳酸锂当量）。

（二）全球盐湖锂资源区域分布概况

全球盐湖锂资源主要分布在玻利维亚、智利、阿根廷、中国、美国。

2000 年以来，盐湖型锂矿产量（以智利、阿根廷和美国三国产量估算）约占全球锂产量的一半。随着主要盐湖锂矿扩产达产，尤其是中国和玻利维亚盐湖进一步开发，全球盐湖型锂矿产量占比呈上升趋势。

目前，已发现的锂矿资源主要分布在北美洲和南美洲，二者储量约占总储量的 70% 以上，并且北美、南美两地的锂矿资源也非常集中，仅仅位于少数几个国家。此外，中国和澳大利亚的锂矿资源储量也呈现多而集中的分布。

其中，约有一半的锂资源储量集中于南美洲“锂三角”地区。该地区横跨智利、阿根廷和玻利维亚三国，由高海拔湖泊以及亮白色的盐沼构成，盐湖镁锂比低、锂离子浓度高，资源禀赋优秀，是锂资源全球配置的重要战略高地。

“锂三角”地区是一个封闭的内陆盆地，气候干燥、多风、少雨、蒸发量大，非常适合建造太阳蒸发池。盐湖卤水中锂直接为可溶态的锂化合物，通过晾晒、蒸发浓缩可直接分离出高浓度卤水，再由工厂提纯生产锂盐，加工工艺简单，能源消耗以太阳能为主。

（三）全球锂矿资源量和储量情况

2022 年，全球锂矿查明资源量（折锂元素，下同）约 9800 万吨，其中中国锂矿查明资源量为 680 万吨，占全球比例为 6.9%。在全球锂矿查明资源量中，南美洲占比超过一半。全球锂矿查明资源量见表 1-1。

表 1-1　全球锂矿查明资源量

国家	查明资源量 / 万吨			占比 /%
	2020 年	2021 年	2022 年	2022 年
玻利维亚	2100	2100	2100	21.4
阿根廷	1930	1900	2000	20.4
美国	790	910	1200	12.2
智利	960	980	1100	11.2

续表

国家	查明资源量 / 万吨			占比 /%
	2020 年	2021 年	2022 年	2022 年
澳大利亚	640	730	790	8.1
中国	510	510	680	6.9
德国	270	270	320	3.3
刚果（金）	300	300	300	3.1
加拿大	290	290	290	3.0
墨西哥	170	170	170	1.7
捷克	130	130	130	1.3
塞尔维亚	120	120	120	1.2
俄罗斯	—	100	100	1.0
秘鲁	88	88	88	0.9
马里	70	70	84	0.9
巴西	47	47	73	0.7
津巴布韦	50	50	69	0.7
西班牙	30	30	32	0.3
葡萄牙	27	27	27	0.3
纳米比亚	5	5	23	0.2
加纳	9	13	18	0.2
芬兰	5	5	6.8	0.1
匈牙利	5	6	6	0.1
哈萨克斯坦	5	5	5	0.1
全球	8600	8900	9800	

注：数据来自美国地质调查局（USGS）。

2022 年，全球锂矿储量（折锂元素，下同）约 2605 万吨，其中中国锂矿储量为 200 万吨，占全球比例为 7.7%。在全球锂矿储量中，南美洲、澳大利亚占比达到 70%。全球锂矿储量情况见表 1-2。

表 1-2　全球锂矿储量

国家	储量 / 万吨			占比 /%
	2020 年	2021 年	2022 年	2022 年
智利	920	920	930	35.7
澳大利亚	470	570	620	23.8
阿根廷	190	220	270	10.4
中国	150	150	200	7.7

续表

国家	储量 / 万吨			占比 /%
	2020 年	2021 年	2022 年	2022 年
美国	75	75	100	3.8
加拿大	53	—	93	3.6
津巴布韦	22	22	31	1.2
巴西	9.5	9.5	25	1.0
葡萄牙	6	6	6	0.2
其他国家	210	270	330	12.7
全球	2106	2243	2605	

注：数据来自美国地质调查局（USGS）。

（四）我国锂资源储量情况

我国锂矿种类丰富，有盐湖卤水锂矿、锂辉石矿和锂云母矿，但总体品位较低，优质锂资源较少。主要分布在江西、青海、四川和西藏等四省（区），另外河南和新疆也有少量分布。2021 年我国锂资源储量情况见图 1-2。

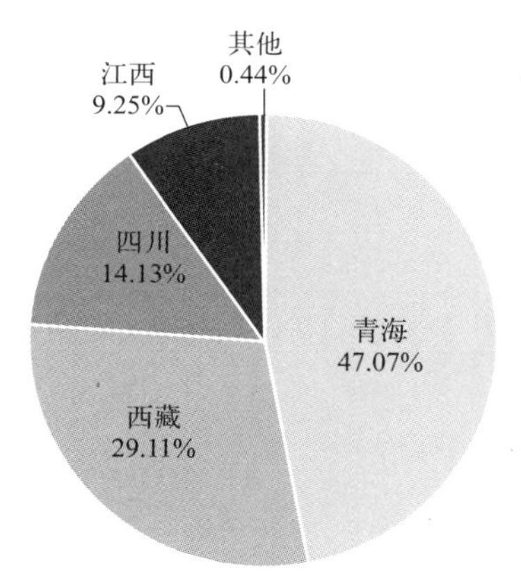

图 1-2　2021 年我国锂资源储量分布

我国青海柴达木地区共有 33 个盐湖，其中有 11 个盐湖的锂含量达到工业品级，累计探明资源量为 1905 万吨（LCE），主要盐湖有察尔汗盐湖、东台吉乃尔盐湖、西台吉乃尔盐湖、一里坪、大柴旦盐湖、巴伦马海等。

西藏盐湖主要分布在藏西北地区，锂含量达到边界工业品位的盐湖共有 80 个，其中大型以上 8 个，LiCl 资源储量共计 1738.34 万吨，主要盐湖有拉果错、麻米错、龙木错、鄂雅错、扎布耶、当雄错、班戈错、结则茶卡等。

根据中国自然资源部中国地质调查局全球矿产资源战略研究中心最新数据统计显示，2022 年我国锂矿储量（折氧化锂）同比上涨 57%，其中江西储量超过青海、西藏和四川，跃居全国第一，占全国总量的 40%。2022 年度全国锂矿储量增量也主要在江西，占增量的 94.5%，来自于江西省宜春市的两个锂矿山。

（五）全球锂资源及资源品位等情况

全球锂资源总览情况见表 1-3，折算成碳酸锂当量对比分析，全球锂资源量较大的锂矿主要分布在国外。我国的察尔汗盐湖锂矿资源量位置靠前，但锂浓度较低，镁锂比超高，开采难度大。

从类型上分析，盐湖锂矿、黏土锂矿的锂矿资源量高于矿石锂矿，排名前五的锂矿中，只有一座锂辉石锂矿。

盐湖锂矿中，智利 Salar de Atacama 盐湖锂矿资源最高，且处于投产中。矿石锂矿中，刚果（金）Manono 锂矿资源量最大，但尚未开采。

表 1-3　全球锂资源总览

排名	国家	矿区 / 盐湖名称	类型	碳酸锂当量 / 万吨	状态
1	智利	Salar de Atacama	盐湖	4551	已投产
2	玻利维亚	Uyuni 盐湖	盐湖	4000	已投产
3	美国	内华达州 McDermitt	黏土	2310	
4	刚果（金）	Manono	锂辉石	1632	
5	玻利维亚	Coipasa	盐湖	1500	
6	中国	云南滇中	黏土	1207	
7	中国	青海察尔汗盐湖	盐湖	1204	已投产
8	澳大利亚	Pilbara 地区 Pilgangoora	锂辉石	1068.28	已投产
9	阿根廷	Centenario-Ratones	盐湖	1000	
10	墨西哥	北部索诺拉州 Sonora	黏土	881.9	
11	澳大利亚	Perth 地区 Greenbushes	锂辉石	878	已投产
12	中国	青海察尔汗盐湖察尔汗矿区	盐湖	847	已投产
13	澳大利亚	Pilbara 地区 Wodgina	锂辉石	748.41	
14	澳大利亚	Kalgoorlie 地区 Mt Holland	锂辉石	701.48	
15	阿根廷	Olaroz	盐湖	640	已投产
16	中国	宜春宜丰县花桥乡枧下窝陶瓷土矿	锂云母	636.17	
17	阿根廷	Cauchari	盐湖	630	
18	阿根廷	Hombre Muerto（Sal de Vida）	盐湖	623	
19	阿根廷	Rincon（Rio Tinto）	盐湖	596.55	
20	澳大利亚	Perth 地区 Kathleen Valley	锂辉石	539.45	
21	阿根廷	Hombre Muerto（Fenix）	盐湖	444.6	已投产
22	阿根廷	Kachi	盐湖	440	
23	阿根廷	Pastos Grandes（Millennial）	盐湖	412	
24	马里	Goulamina	锂辉石	388	
25	澳大利亚	Kalgoorlie 地区 Big Pegmatite	锂辉石	370.5	
26	中国	青海西台吉乃尔盐湖	盐湖	308	已投产

续表

排名	国家	矿区 / 盐湖名称	类型	碳酸锂当量 / 万吨	状态
27	中国	青海东台吉乃尔盐湖	盐湖	285	已投产
28	美国	卡罗来纳州 Kings Moutain	锂辉石	275.23	
29	埃塞俄比亚	Kenticha	锂辉石	272	
30	澳大利亚	Kalgoorlie 地区 Mt Marion	锂辉石	241.27	已投产
31	中国	西藏结则茶卡	盐湖	231	
32	阿根廷	Hombre Muerto（West）	盐湖	226.7	
33	中国	西藏麻米错	盐湖	218	
34	中国	西藏龙木错	盐湖	217	
35	中国	湖南省永州道县湘源锂多金属矿	锂云母	216	
36	中国	西藏拉果错	盐湖	214	
37	阿根廷	Angeles（SDLA）	盐湖	205	已投产
38	阿根廷	Cauchari-Olaroz	盐湖	198.53	
39	津巴布韦	哈拉雷省 Arcadia	锂辉石	190	
40	中国	青海-里坪盐湖	盐湖	186	已投产
41	中国	西藏扎布耶	盐湖	184	已投产
42	智利	Maricunga	盐湖	172.5	
43	中国	青海巴伦马海盐湖	盐湖	163	已投产
44	中国	甘孜州雅江木绒	锂辉石	159	
45	阿根廷	Arizaro（LITH）	盐湖	142	
46	加拿大	魁北克省 James Bay	锂辉石	139.4	
47	美国	内华达州 Rhyolite Ridge	锂辉石	137	
48	加拿大	魁北克省 La Corne	锂辉石	135.5	
49	中国	宜春袁州区新坊镇 414 钽铌矿	锂云母	135.11	已投产
50	阿根廷	Mariana	盐湖	128.7	
51	中国	阿坝州金川斯则木足	锂辉石	128.3	
52	巴西	米纳斯吉拉斯州 Mina de Cachoeira	锂辉石	127	已投产
53	中国	宜春宜丰县花桥乡茜坑锂矿	锂云母	126.54	
54	中国	阿坝州金川李家沟	锂辉石	124	
55	加拿大	魁北克省 Wabouchi	锂辉石	122.46	
56	中国	阿坝马尔康党坝	锂辉石	120	
57	美国	卡罗来纳州 Carolina	锂辉石	117	
58	中国	宜春宜丰县花桥乡大港瓷土矿	锂云母	115.79	已投产
59	中国	甘孜州雅江烧炭沟	锂辉石	106	
60	加拿大	魁北克省 Rose	锂辉石	88.3	

续表

排名	国家	矿区 / 盐湖名称	类型	碳酸锂当量 / 万吨	状态
61	津巴布韦	马旬戈省 Bikita	锂辉石	84.96	已投产
62	中国	甘孜州雅江德扯弄巴	锂辉石	72.4	
63	巴西	米纳斯吉拉斯州 Mibra	锂辉石	64.2	
64	中国	甘孜州雅江措拉	锂辉石	63	
65	阿根廷	Pozuelos 矿区	盐湖	60	
66	马里	Bougouni	锂辉石	58.47	
67	阿根廷	Hombre Muerto（North）	盐湖	57.1	
68	阿根廷	Pastos Grandes（SDLP）	盐湖	56	
69	中国	宜春宜丰县同安乡东槽村鼎兴瓷土矿	锂云母	53.4	
70	津巴布韦	南马塔贝莱兰省 Zulu	锂辉石	52.6	
71	美国	Silver Peak	盐湖	52.1	
72	加拿大	魁北克省 PAK	锂辉石	48.5	
73	澳大利亚	北领地 Bynoe	锂辉石	48.17	
74	澳大利亚	北领地 Finniss	锂辉石	47.79	
75	澳大利亚	Bald HillBald Hill	锂辉石	46.68	
76	巴西	米纳斯吉拉斯州 Grota do Cirilo	锂辉石	45.2	
77	中国	宜春宜丰县花桥乡割石里瓷土矿	锂云母	44.89	
78	中国	宜春宜丰县花桥乡化山瓷石矿	锂云母	43.47	已投产
79	加拿大	魁北克省 Molblan	锂辉石	41.6	
80	中国	青海大柴旦盐湖	盐湖	38	已投产
81	澳大利亚	Kalgoorlie 地区 Mt Cattlin	锂辉石	37.67	
82	加拿大	安大略省 Georgia Lake（Rock Tech）	锂辉石	35.69	
83	加拿大	魁北克省 Authier	锂辉石	35.27	
84	加拿大	安大略省 Forgan Lake	锂辉石	34.8	
85	加拿大	安大略省 Separation Rapids	锂辉石	29.24	
86	加拿大	曼尼托巴省 Bernick Lake	锂辉石	27.74	已投产
87	中国	阿坝州金川业隆沟	锂辉石	27.5	已投产
88	澳大利亚	Kalgoorlie 地区 Manna	锂辉石	27.42	
89	加拿大	曼尼托巴省 Thompson Brothers	锂辉石	27.27	
90	中国	甘孜州康定麦基坦 3 号	锂辉石	26	
91	澳大利亚	Pilbara 地区 Marble Bar	锂辉石	25.94	
92	津巴布韦	尼卡兰省萨比星	锂辉石	21.86	
93	美国	Clayton Valley（PE）	盐湖	21.8	
94	阿根廷	Pastos Grandes	盐湖	20	

续表

排名	国家	矿区 / 盐湖名称	类型	碳酸锂当量 / 万吨	状态
95	中国	宜春宜丰县花桥乡狮子岭矿	锂云母	19.07	已投产
96	中国	甘孜州康定甲基卡	锂辉石	16.7	已投产
97	加拿大	安大略省 Georgia Lake	锂辉石	16	
98	津巴布韦	北马塔贝莱省 Kamativi（KTC）	锂辉石	15.3	
99	加拿大	安大略省 Seymour Lake	锂辉石	14.98	
100	中国	上饶横峰县松树岗钽铌矿	锂云母	14.91	
101	中国	抚州广昌县头陂里坑矿	锂辉石	14.7	
102	中国	赣州宁都县河源锂矿	锂辉石	10	已投产
103	中国	阿坝马尔康地拉秋	锂辉石	9	
104	中国	甘孜九龙打枪沟	锂辉石	8.2	
105	中国	宜春宜丰县花桥乡白水洞高岭土矿	锂云母	6.08	已投产
106	中国	宜春袁州区新坊镇江特电机钽铌矿	锂云母	5.66	已投产
107	中国	宜春宜丰县同安乡同安瓷矿	锂云母	4.92	
108	中国	宜春宜丰县同安乡第一瓷矿	锂云母	2.87	
109	中国	阿坝州金川观音桥	锂辉石	2.12	
110	中国	宜春宜丰县同安乡鹅颈瓷矿	锂云母	1.65	
111	中国	宜春奉新县上富镇郭家含锂瓷石矿	锂云母	0.64	已投产
112	中国	宜春奉新县上富镇塘下含锂瓷石矿	锂云母	0.49	已投产
113	中国	宜春奉新县上富镇富华瓷石矿	锂云母	0.35	已投产

注：表中数据为样本数据，数据为估计值，仅供参考。

全球已开发锂矿资源品位情况见表 1-4。澳大利亚 Perth 地区 Greenbushes 锂矿，不仅在氧化锂资源量上位居前列，在品位方面也位居前列。不仅是已经投产锂矿中品位最好的，也是所有锂矿中品位靠前的。

跟锂辉石矿相比，锂云母矿的氧化锂品位较低。跟锂辉石 2% 以上的品位相比，锂云母品位较低的，仅为 0.2%。

锂辉石矿的品位情况基本类似。我国四川省的锂辉石矿品位处于中等水平。

表 1-4　全球已开发锂矿资源品位

国家	区域	矿区	类型	氧化锂量 / 万吨	碳酸锂当量 / 万吨	氧化锂品位 /%
澳大利亚	Pilbara 地区	Pilgangoora	锂辉石	432.5	1068.28	1.14
澳大利亚	Perth 地区	Greenbushes	锂辉石	374.85	878	2.1
澳大利亚	Kalgoorlie 地区	Mt Marion	锂辉石	97.68	241.27	1.37
澳大利亚	Kalgoorlie 地区	Mt Cattlin	锂辉石	15.24	37.67	1.2
巴西	米纳斯吉拉斯州	Mina de Cachoeira	锂辉石	51.4	127	1.6
巴西	米纳斯吉拉斯州	Mibra	锂辉石	25.98	64.2	1.06

续表

国家	区域	矿区	类型	氧化锂量 / 万吨	碳酸锂当量 / 万吨	氧化锂品位 /%
加拿大	曼尼托巴省	Bernick Lake	锂辉石	11.23	27.74	2.44
津巴布韦	马旬戈省	Bikita	锂辉石	34.4	84.96	1.17
中国	宜春袁州区新坊镇	414 钽铌矿	锂云母	54.7	135.11	0.38
中国	宜春宜丰县花桥乡	大港瓷土矿	锂云母	46.88	115.79	0.51
中国	甘孜州康定	康定甲基卡	锂辉石	41.23	16.7	1.28
中国	宜春宜丰县花桥乡	化山瓷石矿	锂云母	17.6	43.47	0.39
中国	阿坝州金川	业隆沟	锂辉石	11.15	27.5	1.3
中国	宜春宜丰县花桥乡	狮子岭矿	锂云母	7.72	19.07	0.55
中国	赣州宁都县	河源锂矿	锂辉石	4.05	10	1.03
中国	宜春宜丰县花桥乡	白水洞高岭土矿	锂云母	2.46	6.08	0.39
中国	宜春袁州区新坊镇	江特电机钽铌矿	锂云母	2.29	5.66	0.6
中国	宜春奉新县上富镇	塘下含锂瓷石矿	锂云母	0.2	0.49	1.31
中国	宜春奉新县上富镇	郭家含锂瓷石矿	锂云母	0.26	0.64	1.36
中国	宜春奉新县上富镇	富华瓷石矿	锂云母	0.14	0.35	0.5

国外已投产锂盐湖资源品位情况见表 1-5。

表 1-5　国外已投产锂盐湖资源品位

国家	名称	碳酸锂当量 / 万吨	锂浓度 /（mg/L）	镁锂比
智利	Salar de Atacama	4551	1835	6.4
玻利维亚	Uyuni 盐湖	4000	600	16
阿根廷	Olaroz	640	690	2.8
阿根廷	Angeles（SDLA）	205	490	3.8
阿根廷	Hombre Muerto（Fenix）	444.6	625	1.4

对比已经投产的盐湖，智利、玻利维亚盐湖不仅品位高，且资源量也大；我国盐湖在品位和资源量方面都处于劣势。

对比分析国内外盐湖锂矿品位，在锂离子浓度方面，智利盐湖数值较高，其次是阿根廷盐湖、玻利维亚盐湖。我国西藏盐湖数值相对较高，跟海外盐湖相比不相上下，但是青海省盐湖数值相对较低。

镁锂比方面，智利、阿根廷、中国西藏的盐湖数值均较低，尤其是中国西藏扎布耶盐湖为全球最低。但是中国青海省的盐湖数值较高，尤其是察尔汗盐湖。

中国锂盐湖资源品位情况见表 1-6。

表 1-6　中国锂盐湖资源品位

公司名称	资源地	碳酸锂当量 / 万吨	锂离子浓度 /（mg/L）	镁锂比
盐湖股份	察尔汗盐湖别勒滩矿区	1204	60	570

续表

公司名称	资源地	碳酸锂当量 / 万吨	锂离子浓度 /（mg/L）	镁锂比
藏格锂业	察尔汗盐湖察尔汗矿区	847	27	2000
锦泰锂业	巴伦马海	163	169	—
中信国安锂业	西台吉乃尔盐湖	308	256	47
恒信融锂业	西台吉乃尔盐湖	308	256	47
青海锂业	东台吉乃尔盐湖	285	430	35
青海锂资源	东台吉乃尔盐湖	285	430	35
五矿盐湖	一里坪盐湖	186	262	55
兴华锂业	大柴旦盐湖	38	192	134
金海锂业	大柴旦盐湖	38	192	134
金纬新材料	大柴旦盐湖	38	192	134
西藏矿业	扎布耶盐湖	184	880	0.02
藏格矿业	麻米错盐湖	218	—	—
紫金矿业	拉果错盐湖	214	270	3.32
金圆股份	捌千错盐湖	18.6	—	—
西藏城投	龙木错	217	170	85
	结则茶卡	231	248	1.4

三、产量

2022 年，全球锂矿产量（折锂元素，下同）约 131600 吨，其中中国锂矿产量为 19000 吨，占全球比例为 14.4%。在全球锂矿产量中，南美洲、澳大利亚占比超过 80%。如果考虑到未来玻利维亚锂资源的开发，南美洲锂矿产量占比将会进一步提高。全球锂矿产量见表 1-7。

表 1-7　全球锂矿产量

国家	产量 / 吨			占比 /%
	2020 年	2021 年	2022 年	2022 年
澳大利亚	39700	55300	61000	46.4
智利	21500	28300	39000	29.6
中国	13300	14000	19000	14.4
阿根廷	5900	5970	6200	4.7
美国	740	1230	2300	1.7
巴西	1420	1700	2200	1.7
津巴布韦	417	710	800	0.6
葡萄牙	348	900	600	0.5
加拿大	—	—	500	0.4

续表

国家	产量 / 吨			占比 /%
	2020 年	2021 年	2022 年	2022 年
其他国家	—	—	—	—
全球	83325	108110	131600	100.0

注：数据来自美国地质调查局（USGS）。

四、安全保障分析

（一）进出口基本情况

2022 年，中国锂资源（折锂元素，不包含商品编码 85065000 锂的原电池及原电池组、商品编码 85076000 锂离子蓄电池以及其他含锂商品，下同）进口量约为 8.7 万吨，出口量约为 2.7 万吨，净进口约 6.0 万吨，表观消费量约为 7.9 万吨，自给率约为 24%。中国锂资源进出口情况见表 1-8、表 1-9，按表 1-10 方法折锂元素，表中未列名锂的氧化物及氢氧化物以氧化锂折算，锂镍钴锰氧化物以 NCM622 折算，锂镍钴铝氧化物以 NCA622 折算。

表 1-8　中国锂资源进口量

商品编码	商品名称	单位	2020 年	2021 年	2022 年
—	锂精矿	万吨	—	约 200	约 284
28051910	锂	吨	45	53	16
28252010	氢氧化锂	吨	526	3599	3086
28252090	未列名锂的氧化物及氢氧化物	吨	0.04	0.68	0.00
28269020	六氟磷酸锂	吨	1.2	588	865
28273910	氯化锂	吨	256	214	534
28369100	锂的碳酸盐	吨	50102	81013	136093
28416910	锰酸锂	吨	215	306	212
28429030	锂镍钴锰氧化物	吨	43276	58386	91730
28429040	磷酸铁锂	吨	251	1172	995
28429060	锂镍钴铝氧化物	吨	5169	13214	19460
总计	折锂元素	吨	13021	21055	34119

注：锂精矿进口量来源于中国有色金属工业协会锂业分会，其他数据来源于中华人民共和国海关总署。

表 1-9　中国锂资源出口量　　单位：吨

商品编码	商品名称	2020 年	2021 年	2022 年
28051910	锂	506	649	552
28252010	氢氧化锂	56573	73627	93381

续表

商品编码	商品名称	2020 年	2021 年	2022 年
28252090	未列名锂的氧化物及氢氧化物	20	61	69
28269020	六氟磷酸锂	7780	13051	17609
28273910	氯化锂	281	460	361
28369100	锂的碳酸盐	7488	7841	10433
28416910	锰酸锂	515	469	303
28429030	锂镍钴锰氧化物	23873	66456	104532
28429040	磷酸铁锂	524	828	1111
28429060	锂镍钴铝氧化物	12	39	4577
总计	折锂元素	13373	19724	26620

注：数据来自中华人民共和国海关总署。

表 1-10　进出口锂资源折算

商品编码	商品名称	分子量	分子式	锂含量 /%
—	锂精矿（按 4%Li_2O）	—	—	1.8
28051910	锂	6.9	Li	100.0
28252010	氢氧化锂	41.9	$LiOH \cdot H_2O$	16.5
28252090	未列名锂的氧化物及氢氧化物	29.9	Li_2O	46.2
28269020	六氟磷酸锂	151.9	$LiPF_6$	4.5
28273910	氯化锂	42.4	$LiCl$	16.3
28369100	锂的碳酸盐	73.9	Li_2CO_3	18.7
28416910	锰酸锂	180.8	$LiMn_2O_4$	3.8
28429030	锂镍钴锰氧化物	96.9	$LiNi_{0.6}Co_{0.2}Mn_{0.2}O_2$	7.1
28429040	磷酸铁锂	157.8	$LiFePO_4$	4.4
28429060	锂镍钴铝氧化物	91.3	$LiNi_{0.6}Co_{0.2}Al_{0.2}O_2$	7.6

（二）进口来源情况

2022 年我国不同商品进出口锂资源（折锂元素，下同）情况见表 1-11，其中锂精矿是净进口数量最大的商品，主要来源国为澳大利亚、巴西、津巴布韦、加拿大等。

表 1-11　2022 年我国不同商品进出口锂资源情况

商品编码	商品名称	单位	进口量	出口量	净进口
—	锂精矿（按 4%Li_2O）	吨	52431	—	52431
28051910	锂	吨	16	552	-536
28252010	氢氧化锂	吨	508	15378	-14870

续表

商品编码	商品名称	单位	进口量	出口量	净进口
28252090	未列名锂的氧化物及氢氧化物	吨	0	32	-32
28269020	六氟磷酸锂	吨	39	800	-761
28273910	氯化锂	吨	87	59	28
28369100	锂的碳酸盐	吨	25414	1948	23466
28416910	锰酸锂	吨	8	12	-3
28429030	锂镍钴锰氧化物	吨	6533	7445	-912
28429040	磷酸铁锂	吨	44	49	-5
28429060	锂镍钴铝氧化物	吨	1471	346	1125
总计	折锂元素	吨	86550	26620	59930

（三）分析

中国锂矿资源主要用于电池材料，中国新能源产业的快速发展对锂矿资源的需求快速增长。虽然中国具有一定量的锂矿资源，但是受限于国内锂矿资源开采成本及储量，国内锂资源产量无法满足新能源产业的需求，未来随着新能源汽车市场、电化学储能的快速增长，预计锂资源自给率会持续降低。

全球锂矿资源集中于南美洲和澳大利亚等少数国家，中国锂矿进口面临贸易保护及经济逆全球化带来的风险，我国应加大国内锂矿资源开采技术的研发，同时在国外不同国家配置矿产资源，保证进口来源多元化。

第二节 锰资源

一、概述

锰在新能源材料中主要用于电池正极材料，例如镍钴锰三元正极材料、锰酸锂、磷酸锰铁锂等。

二、资源量

全球陆地锰矿资源量较大，但分布无规则。南非拥有全球 70% 以上的锰资源。

三、储量

2022 年，全球锰矿储量（实物量，下同）约 171800 万吨，其中中国锰矿储量 28000 万吨，占比 16.3%。全球锰矿储量较大的国家主要包括南非、中国、澳大利亚、巴西和乌克兰等。全球锰矿储量见表 1-12。

表 1-12　全球锰矿储量

国家	储量 / 万吨			占比 /%
	2020 年	2021 年	2022 年	2022 年
南非	52000	64000	64000	37.3
中国	5400	5400	28000	16.3
澳大利亚	23000	27000	27000	15.7
巴西	27000	27000	27000	15.7
乌克兰（精矿）	14000	14000	14000	8.1
加蓬	6100	6100	6100	3.6
印度	3400	3400	3400	2.0
加纳	1300	1300	1300	0.8
哈萨克斯坦（精矿）	500	500	500	0.3
墨西哥	500	500	500	0.3
缅甸	—	—	—	—
科特迪瓦	—	—	—	—
格鲁吉亚	—	—	—	—
马来西亚	—	—	—	—
越南	—	—	—	—
其他国家	—	—	—	—
总计	133200	149200	171800	100.0

注：数据来自美国地质调查局（USGS）。

四、产量

2022 年，全球锰矿产量（折锰元素，下同）约 2009 万吨，其中中国锰矿产量 99 万吨，占比 4.9%。全球锰矿产量较大的国家主要包括南非、加蓬、澳大利亚、中国、加纳、印度、巴西和乌克兰等。全球锰矿产量见表 1-13。

表 1-13　全球锰矿产量

国家	产量 / 万吨			占比 /%
	2020 年	2021 年	2022 年	2022 年
南非	650	720	720	35.8

续表

国家	产量 / 万吨			占比 /%
	2020 年	2021 年	2022 年	2022 年
加蓬	331	434	460	22.9
澳大利亚	333	326	330	16.4
中国	134	99	99	4.9
加纳	64	94	94	4.7
印度	63	45	48	2.4
巴西	49	54	40	2.0
乌克兰（精矿）	58	60	40	2.0
科特迪瓦	53	36	36	1.8
马来西亚	35	36	36	1.8
墨西哥	20	23	23	1.1
格鲁吉亚	19	22	22	1.1
缅甸	25	21	20	1.0
越南	12	15	15	0.7
哈萨克斯坦（精矿）	16	9	11	0.5
其他国家	26	15	15	0.7
总计	1887	2009	2009	100.0

注：数据来自美国地质调查局（USGS）。

五、安全保障分析

2022 年中国锰矿（锰矿砂及其精矿，商品编码 26020000）总进口量约为 3000 万吨，主要进口来源国包括南非、加蓬、澳大利亚、加纳等，具体情况见表 1-14。

表 1-14　2022 年中国锰矿进口情况

序号	国家	进口量 / 万吨	占比 /%
1	南非	1467.9	49.2
2	加蓬	507.5	17.0
3	澳大利亚	421.0	14.1
4	加纳	270.8	9.1
5	巴西	87.8	2.9
6	马来西亚	55.5	1.9
7	其他国家	175.0	5.9
总计		2985.5	100.0

注：数据来自中华人民共和国海关总署。

根据《国际锰协EPD会议年度报告（2022年）》，2022年中国锰矿（矿石）产量为645万吨，其中90%以上用于硅锰合金和锰铁合金生产。

中国锰矿资源主要用于钢铁生产，在未来几年中国钢铁消费及产量总体保持平稳的前提下，锰矿资源消费的增加量将主要在电池材料等方面。

中国锰矿资源对外依存度过高，而且进口来源国主要集中于少数几个国家，含锰电池材料的原材料供应安全需要得到足够的重视。

但是，锰在电池材料中的使用比在钢铁中的使用少得多，因此，从锰的消费结构来说，电池材料的锰矿资源安全保障性要比锰矿资源总体安全保障性高。

第三节 钴资源

一、概述

钴在新能源材料中主要用于电池正极材料，例如镍钴锰三元正极材料、镍钴铝三元正极材料等。

二、资源量

全球已探明的陆地钴矿资源量（折钴元素，下同）为2500万吨。全球陆地钴矿资源集中于刚果（金）、赞比亚、澳大利亚、加拿大、俄罗斯、美国等少数几个国家。大西洋、印度洋和太平洋海底的锰结核和富钴结壳中已发现超过1.2亿吨钴资源。

三、储量

2022年，全球钴矿储量（折钴元素，下同）约834.5万吨，其中中国钴矿储量14万吨，占比1.7%。全球钴矿储量集中于刚果（金）、澳大利亚、印度尼西亚、古巴等少数几个国家。全球钴矿储量见表1-15。

表1-15　全球钴矿储量

国家	储量/万吨			占比/%
	2020年	2021年	2022年	2022年
刚果（金）	360	350	400	47.9
澳大利亚	140	140	150	18.0
印度尼西亚	—	60	60	7.2

续表

国家	储量 / 万吨			占比 /%
	2020 年	2021 年	2022 年	2022 年
古巴	50	50	50	6.0
菲律宾	26	26	26	3.1
俄罗斯	25	25	25	3.0
加拿大	22	22	22	2.6
中国	8	8	14	1.7
马达加斯加	10	10	10	1.2
美国	5.3	6.9	6.9	0.8
巴布亚新几内亚	5.1	4.7	4.7	0.6
摩洛哥	1.4	1.3	1.3	0.2
其他国家	60	61	64.6	7.7
总计	712.8	764.9	834.5	100.0

注：数据来自美国地质调查局（USGS）。

四、产量

2022 年，全球钴矿产量（折钴元素，下同）约 185500 吨，其中中国钴矿产量 2200 吨，占比 1.2%。全球钴矿产量最大的国家是刚果（金），占比超过 70%。全球钴矿产量见表 1-16。

表 1-16　全球钴矿产量

国家	产量 / 吨			占比 /%
	2020 年	2021 年	2022 年	2022 年
刚果（金）	98000	119000	130000	70.1
印度尼西亚	1100	2700	10000	5.4
俄罗斯	9000	8000	8900	4.8
澳大利亚	5630	5295	5900	3.2
加拿大	3690	4361	3900	2.1
古巴	3800	4000	3800	2.0
菲律宾	4500	3600	3800	2.0
马达加斯加	850	2800	3000	1.6
巴布亚新几内亚	2940	2953	3000	1.6
摩洛哥	2300	2300	2300	1.2
中国	2200	2200	2200	1.2
美国	600	650	800	0.4
其他国家	7640	6967	7900	4.3
总计	142250	164826	185500	100.0

注：数据来自美国地质调查局（USGS）。

五、安全保障分析

2022 年中国钴矿（钴矿砂及其精矿，商品编码 26050000）总进口量为 26298 吨，其中从刚果（金）进口 26279 吨。

中国钴矿储量非常小，对外依存度非常大，基本全部进口自刚果（金），安全保障性依然需要高度重视。

中国的钴资源主要用于 3C 锂电产品和动力电池，虽然高镍三元正极材料正逐步成为三元正极材料发展的重点，能够降低三元正极材料中钴的比例，但实现无钴三元正极材料的难度较大。随着中国新能源产业的快速发展，预计钴用于电池材料的消费量还将保持较快增长。

第四节 镍资源

一、概述

镍在新能源材料中主要用于电池正极材料，例如镍钴锰三元正极材料、镍钴铝三元正极材料等。

二、资源量

2022 年，全球镍矿资源量（镍元素）约为 3 亿吨，其中红土镍矿占比 60%，硫化镍矿占比 40%。此外，在海底的锰结壳和富钴结核中也发现了大量的镍资源。

三、储量

2022 年，全球镍矿储量（折镍元素，下同）约 10207 万吨，其中中国镍矿储量 210 万吨，占比 2.1%。全球镍矿储量集中于澳大利亚、印度尼西亚、巴西、俄罗斯、新喀里多尼亚等少数几个国家。全球镍矿储量见表 1-17。

表 1-17　全球镍矿储量

国家	储量 / 万吨			占比 /%
	2020 年	2021 年	2022 年	2022 年
澳大利亚	2000	2100	2100	20.6
印度尼西亚	2100	2100	2100	20.6
巴西	1600	1600	1600	15.7

续表

国家	储量 / 万吨			占比 /%
	2020 年	2021 年	2022 年	2022 年
俄罗斯	690	750	750	7.3
新喀里多尼亚	—	—	710	7.0
菲律宾	480	480	480	4.7
加拿大	280	200	220	2.2
中国	280	280	210	2.1
美国	10	34	37	0.4
其他国家	1950	2000	2000	19.6
总计	9390	9544	10207	100.0

注：数据来自美国地质调查局（USGS）。

四、产量

2022 年，全球镍矿产量（折镍元素，下同）约 328 万吨，其中中国镍矿产量约 11 万吨，占比 3.4%。全球镍矿产量集中于印度尼西亚、菲律宾、俄罗斯、新喀里多尼亚、澳大利亚等少数几个国家。全球镍矿产量见表 1-18。

表 1-18　全球镍矿产量

国家	产量 / 吨			占比 /%
	2020 年	2021 年	2022 年	2022 年
印度尼西亚	771000	1040000	1600000	48.8
菲律宾	334000	387000	330000	10.1
俄罗斯	283000	205000	220000	6.7
新喀里多尼亚	200000	186000	190000	5.8
澳大利亚	169000	151000	160000	4.9
加拿大	167000	134000	130000	4.0
中国	120000	109000	110000	3.4
巴西	77100	76000	83000	2.5
美国	16700	18400	18000	0.5
其他国家	373000	429000	440000	13.4
总计	2510800	2735400	3281000	100.0

注：数据来自美国地质调查局（USGS）。

五、安全保障分析

2022 年中国镍矿（镍矿砂及其精矿，商品编码 26040000）总进口量约为 3981 万吨，主要进口来源国包括菲律宾、新喀里多尼亚、印度尼西亚等，具体情况见表 1-19。

表 1-19　2022 年中国镍矿进口情况

国家	进口量 / 万吨	占比 /%
菲律宾	3300.1	82.9
新喀里多尼亚	270.0	6.8
印度尼西亚	108.6	2.7
俄罗斯	23.6	0.6
澳大利亚	17.8	0.4
其他国家	261.0	6.6
总计	3981.0	100.0

注：数据来自中华人民共和国海关总署。

中国镍矿资源主要用于钢铁生产，在未来几年中国钢铁消费及产量总体保持平稳的前提下，镍矿资源消费的增加量将主要在电池材料等方面。

中国镍矿资源对外依存度过高，而且进口来源国主要集中于少数几个国家，含镍电池材料的原材料供应安全需要得到足够的重视。

从镍的消费结构来说，镍在电池材料中的使用比在钢铁中的使用少得多，因此，电池材料的镍矿资源安全保障性比镍矿资源总体安全保障性高。

第五节
磷资源

一、概述

磷是一种不可再生的非金属自然矿产资源，以矿物的形式存在。磷矿是对在经济上可利用的磷酸盐类矿物的总称。

磷在地壳中的含量虽然很高，但具备工业开采价值的磷资源在全球非常有限且分布极其不均。具有工业开采和商业开发价值、经济意义较高的优质磷矿床 80% 以上集中在 4 个国家（地区），即摩洛哥和西撒哈拉、中国、南非、美国。因此，从全球磷资源的地理分布、人口集中度、经济发展的程度及对磷资源的需求情况看，全球磷资源具有一定的稀缺性。

磷元素是横跨生命科学、化学、农药、医药、新材料等科学领域的核心元素之一。磷（资源）元素是保障粮食生产和高新技术产业发展的战略资源，具有不可替代性。联合国提倡并且我国已经批准 2030 年需要实现的联合国可持续发展目标（SDGs）17 个目标中，至少 4 个目标与磷有关。

从磷资源产业链来看，磷肥行业的中游是湿法磷酸，然后湿法磷酸与合成氨、氢氧化钾反应，生产出不同的磷肥产品。磷肥主要应用于农业生产；精细磷酸盐行业的中游是黄磷的生产，通过黄磷得到热法磷酸或由湿法磷酸净化后，再生成各类磷酸盐，或以黄磷为原料得到磷的卤化物或硫化物，进而发展含磷的有机物。这些精细磷产品广泛应用于下游的洗涤剂、金属表面处理、水处理、饲料、食品、医药、建材、石油、化工、航天、军工及高新产业等领域。

磷酸、工业磷铵等磷源是磷酸铁锂正极材料主要原料之一，在国内新能源产业发展中，新能源电池材料作为磷化工行业重点领域，在政策和市场双驱动力的影响下，带动磷酸铁材料快速增长。

二、资源量及储量

（一）全球资源及储量

全球各大洲均不同程度有磷矿分布，但富集程度不同。据标普全球（S&P Global）数据统计，截至 2020 年 4 月全球共有 332 个磷矿床，主要分布于东南亚、中东、非洲、澳大利亚、南美洲、北美洲东部和西部等地区。

据美国地质调查局相关数据，截至 2022 年底，全球磷矿石储量为 720 亿吨，表 1-20 是 2020—2022 年全球磷矿资源储量情况。截至 2022 年，磷矿储量超过 10 亿吨的国家（地区）包括摩洛哥和西撒哈拉、中国、埃及、阿尔及利亚、叙利亚、巴西、南非、沙特阿拉伯、澳大利亚、美国、约旦、突尼斯等 12 个国家（地区），约占全球总量的 95.69%。摩洛哥和西撒哈拉磷矿石储量 500 亿吨，位居全球第一，占全球总量的 69.4%；中国位居第五，但仅占全球总量的 2.64%。

表 1-20　全球磷矿资源储量

国家（地区）	储量 / 亿吨			占比 /%
	2020 年	2021 年	2022 年	2022 年
摩洛哥和西撒哈拉	500	500	500	69.44
中国	32	32	19	2.64
埃及	28	28	28	3.89
阿尔及利亚	22	22	22	3.06
叙利亚	18	18	18	2.50
巴西	16	16	16	2.22
南非	14	14	16	2.22
沙特阿拉伯	14	14	14	1.94
澳大利亚	11	11	11	1.53
美国	10	10	10	1.39
约旦	8	8	10	1.39
俄罗斯	6	6	6	0.83
哈萨克斯坦	2.6	2.6	2.6	0.36

续表

国家（地区）	储量 / 亿吨			占比 /%
	2020 年	2021 年	2022 年	2022 年
秘鲁	2.1	2.1	2.1	0.29
突尼斯	1	1	25	3.47
以色列	0.57	0.57	0.6	0.08
塞内加尔	0.5	0.5	0.5	0.07
印度	0.46	0.46	0.46	0.06
墨西哥	0.3	0.3	0.3	0.04
多哥	0.3	0.3	0.3	0.04
越南	0.3	0.3	0.3	0.04
其他	22.87	22.87	17.84	2.48
全球总储量	710	710	720	100

注：数据来自美国地质调查局（USGS）。

非洲和亚洲的磷矿资源分别占全球的 79% 和 11%。非洲尤其北非是磷矿集中产出的地区。摩洛哥和西撒哈拉、阿尔及利亚、南非、埃及、突尼斯等国家（地区）的磷矿资源最为丰富，著名的矿床（区）有摩洛哥和西撒哈拉的胡里卜盖（Khouribga）、尤索菲亚（Youssoufia）、本格里（Benguerir）、阿尤恩（Laâyoune），阿尔及利亚的 Djebel Kouif、Djebel Onk，南非的 Glenover、Outeniqua，突尼斯的 Kalaat Khasba、Kef Shfaier，塞内加尔的 Taiba、Baobab，多哥的 Bassar、Kpeme 以及埃及的 Abu Tartur 等。

亚洲的磷矿资源量仅次于非洲。我国磷富矿（P_2O_5 含量大于 30%）主要分布在云、贵、鄂三省。在中亚和西亚地区的沙特阿拉伯、约旦、伊拉克、以色列、哈萨克斯坦等国也有磷矿床分布。亚洲地区主要的磷矿床有中国的开阳磷矿、谭家场高坪磷矿，越南的 Lao Cai，老挝的 Muong Feuong，哈萨克斯坦的 Chilisai、Karatau，沙特阿拉伯的 Al-Jalamid、Umm Wual，约旦的 Al-Hassa，伊拉克的 Akashat 及以色列的 Negev Desert 等。

美洲磷矿资源主要分布在美国、巴西和秘鲁，加拿大和智利等国也有磷矿分布。美国磷矿多位于佛罗里达州、北卡罗来纳、爱达荷以及犹他州等，加拿大的磷矿分布在其西部和东部地区。主要矿床有美国的 Blackfoot Bridge 和 Caldwell Canyon，巴西的塔皮拉（Tapira）及阿拉萨（Araxa），秘鲁的贝奥瓦（Bayovar）与塞丘拉（Sechura）。

澳大利亚境内有大量磷矿床分布，最大的浅海相磷矿床位于昆士兰州东北部乔治纳盆地。较大的磷矿床为 Ammaroo 和 Dandaragan Trough 等。

欧洲磷矿资源主要分布于俄罗斯，在挪威、芬兰、德国和塞尔维亚等国也有磷矿分布。主要矿床有俄罗斯的 OJSC Apatit、Seligdar，挪威的 Kodal，芬兰的 Siilinjarvi，德国的 Siegfried-Giesen 和塞尔维亚的 Lisina 等。

（二）中国资源及储量

根据 2022 年《全国矿产资源储量通报》，我国磷矿资源储量 36.9 亿吨（注：USGS 数据和全国矿产资源储量通报统计方式存在差异，国内矿产资源主要参照《全国矿产资源储量通报》)，比 2021 年的 37.55 亿吨，减少 0.65 亿吨。我国磷矿主要分布在湖北、四川、贵州、云南等地，上述四地区磷矿储量占全国总储量 95%。2022 年中国磷矿资源储量分布情况见表 1-21。

表 1-21　2022 年中国磷矿资源储量分布情况

地区	资源量 / 亿吨	地区	资源量 / 亿吨
全国	36.9	湖南	0.79
河北	0.2	广西	0.01
山西	0.4	四川	6.64
内蒙古	0.08	贵州	4.88
辽宁	0.21	云南	13.55
安徽	0.22	陕西	0.05
江西	0.55	甘肃	0.1
湖北	9.31	新疆	0.01

注：数据来自中华人民共和国自然资源部“2022 年全国矿产资源储量统计表”。

我国磷矿中小型较多，矿山规模小，技术进步缓慢。我国磷矿主要有三种类型：岩浆岩型磷灰石，沉积岩型磷块岩，沉积变质岩型磷灰岩。其中沉积岩型磷块岩储量最多，占总储量的 80%，但矿选难度最大；岩浆岩型磷灰石占总储量比重最小，仅 7%，但此种矿石较易采选。磷矿富矿少、贫矿多、平均品位为 17% 左右且以胶磷矿为主，采选难度大，成本高，采富弃贫现象普遍，有害杂质多，资源利用率不高。

三、产量

2022 年全球磷矿石产量约为 2.3 亿吨。全球磷矿石产量分布高度集中。中国磷矿石产量约为 8500 万吨，占全球产量的 37.1%，居全球第一；摩洛哥和西撒哈拉产量约 5000 万吨，占 21.8%，居全球第二位；美国磷矿石产量约 2100 万吨，占 9.2%，居全球第三位；俄罗斯磷矿石产量约 1300 万吨，占 5.7%，居全球第四；四国（地区）磷矿石产量合计约为总产量的 72.3%。2020—2022 年全球主要国家和地区磷矿产量情况见表 1-22。

表 1-22　2020—2022 年全球主要国家和地区磷矿产量

序号	国家和地区	产量 / 万吨			占比 /%
		2020 年	2021 年	2022 年	2022 年
1	中国	8800	9000	8500	37.10
2	摩洛哥和西撒哈拉	3740	3810	5000	21.80
3	美国	2350	2160	2100	9.20
4	俄罗斯	1400	1400	1300	5.70
5	约旦	894	1000	1000	4.40
6	沙特阿拉伯	800	920	900	3.90

续表

序号	国家和地区	产量 / 万吨			占比 /%
		2020 年	2021 年	2022 年	2022 年
7	越南	450	450	450	2.00
8	巴西	600	600	550	2.40
9	埃及	480	500	500	2.20
10	秘鲁	330	420	420	1.80
11	以色列	309	243	300	1.30
12	突尼斯	319	373	400	1.70
13	澳大利亚	200	250	250	1.10
14	南非	180	213	160	0.70
15	印度	140	140	140	0.60
16	塞内加尔	160	210	260	1.10
17	其他国家	738	882	687	3.00
总计		21890	22571	22911	100.0

注：数据来自美国地质调查局（USGS）。

全球主要的磷矿矿业公司包括中国的云天化集团有限责任公司、贵州磷化集团有限公司、兴发集团有限公司、贵州川恒股份有限公司等，加拿大的 Nutrien 公司，美国的 Mosaic 公司，挪威的 Yara 公司，摩洛哥的 OCP 公司，俄罗斯的 Eurochem 公司和 PhosAgro 公司，以色列的 ICL 公司等。

四、进出口情况

（一）进出口基本情况

目前我国依然是全球磷矿最大消费国，2023 年消费量 9000 万吨，约占全球 37.1%，磷资源主要应用于传统磷肥、黄磷、磷酸盐等工业领域，需求相对比较稳定。世界主要对外出口磷矿国家（地区）有摩洛哥和西撒哈拉、俄罗斯、约旦、埃及等。2023 年我国出口磷矿约 26.6 万吨（表 1-23），进口磷矿资源约占全国磷矿 0.30%。

表 1-23　2021—2023 年中国对外出口磷矿情况

序号	国家	出口 / 吨		
		2021 年	2022 年	2023 年
1	印度尼西亚	2054.96	—	—
2	日本	36530.09	26437.76	22242.51
3	菲律宾	773.68	—	—
4	韩国	247049.8	383639.6	139906.5

续表

序号	国家	出口 / 吨		
		2021 年	2022 年	2023 年
5	美国	0.6	—	—
6	新西兰	86928	109655	19700
7	马来西亚	—	28713	84566
总计		373337.2	548445.4	266415

注：数据来自海关信息网。

（二）进口来源

2023 年我国从世界各国进口磷矿约为 140.69 万吨，主要为埃及、黎巴嫩、约旦、巴基斯坦等国家，见表 1-24。

表 1-24　2021—2023 年中国进口磷矿情况

序号	国家（地区）	进口 / 吨		
		2021 年	2022 年	2023 年
1	阿尔及利亚	—	—	37852.96
2	埃及	—	—	1133355.58
3	巴基斯坦	—	—	13132.30
4	巴西	0.21	—	8.07
5	德国	—	—	0.00
6	俄罗斯	—	—	0.03
7	法国	0.18	0.73	0.65
8	哈萨克斯坦	—	—	2.41
9	韩国	0.05	—	0.02
10	荷兰	—	—	0.05
11	黎巴嫩	—	32141.48	49198.64
12	马达加斯加	54.88	27.93	72.75
13	毛里塔尼亚	—	—	0.23
14	美国	—	0.06	0.34
15	蒙古国	—	—	0.00
16	摩洛哥和西撒哈拉	59676.3	—	0.47
17	葡萄牙	—	—	0.00
18	日本	0.28	0.08	0.14
19	坦桑尼亚	—	—	0.46
20	以色列	—	—	2.41

续表

序号	国家（地区）	进口 / 吨		
		2021 年	2022 年	2023 年
21	印度尼西亚	—	—	0.07
22	英国	—	0.01	0.00
23	约旦	0.12	—	173300.00
24	尼日利亚	—	20.9	—
25	乌干达	32	—	—
共计		59764.02	32191.19	1406927.59

注：数据来自海关信息网。

（三）分析

磷酸铁锂等新能源材料将从“精细化”迈向“大宗化”发展，磷酸铁锂材料产能快速发展，行业年产能从 2017 年 10 万吨发展到 2023 年 330 万吨，较 2022 年增加 120 万吨。中国具有良好磷矿资源，相关磷酸等产业链条完善，形成充足资源供给国内磷酸铁锂产业。德方纳米、湖北万润、湖南裕能等企业拥有先进的磷酸铁锂生产技术，供应宁德时代等电池企业，形成完善的产业循环。国内磷化工企业加速布局磷酸铁、磷酸铁锂项目，将推动产业向资源端发展，形成下游产业向上兼并发展模式。

中国是全球磷产业规模最大的国家，消耗磷矿资源最多，产业链最为完善。由于国内优质磷矿资源稀缺，未来面临从相关国家进口优质磷矿新局面，尤其与摩洛哥和西撒哈拉、埃及、黎巴嫩、约旦等国家（地区）加强相关贸易合作，补充国内优质磷矿资源缺口。

第六节 萤石资源

一、萤石行业概况

（一）我国萤石行业发展情况

萤石又称氟石，其主要成分为氟化钙（CaF_2），是自然界含氟量最高的矿石原料。萤石是与稀土类似的世界级稀缺资源，中国、美国、日本等国家和欧盟都将萤石列为“战略性矿产”或者“关键矿产”，美国还将萤石列为“危机矿产”。以萤石为原料的氟化工产业的产品和材料具有高性能、高附加值，除广泛应用于传统产业和日常生活外，在新能源、生物、节能环保、军工、新能源汽车等战略性新兴产业中也应用广泛，因此氟化工已被列入国家重点鼓励发展的高新技术产业范畴，被誉为“黄金产业”。

我国是萤石生产大国，产能、产量均为世界首位，2018 年之前萤石出口位居世界第一。过去很长一段时间，我国萤石产业面临开采秩序混乱、萤石矿权审批过度、资源浪费严重、采选工艺相对落后、产能过剩及环境污染等问题，严重影响了我国萤石资源可持续利用。尤其是在西部等边远地区，破坏更为严重。矿山投入过低，建设滞后，选矿技术落后。矿山企业无序生产，采“富”弃“贫”，行业向好时，无计划开采，造成阶段产能过剩；行业低迷时，矿山纷纷关闭。此外，矿山技术人员严重不足，企业缺乏自主创新能力，优质萤石资源未得到优质加工利用。

在近二十年房地产等行业的高速发展带动下，我国萤石资源的开发得以快速发展，已经形成了萤石粉 700 万吨 / 年产能、400 余万吨产量的规模，初步形成了供给全世界氟原料大局，推动了萤石下游氢氟酸产业发展，奠定了我国氟化工产业基础，建立了有机氟及高端氟化工产业原料优势，促进了我国氟化工由资源产业向高端发展。

（二）萤石产业链分析

萤石矿山通过矿山开采，采出原矿，原矿通常要进行选矿生产萤石精矿，也通过人选或光电选，生产萤石块矿。萤石按氟化钙含量计，按品位分为三类：化工萤石（> 97%，也称酸级萤石）、冶金级萤石（85% ～ 95%）和陶瓷级萤石（65% ～ 85%）。萤石作为工业重要矿物原料，被广泛应用在冶金工业、光学工业、建材工业、化学工业，甚至医学领域，见图 1-3。

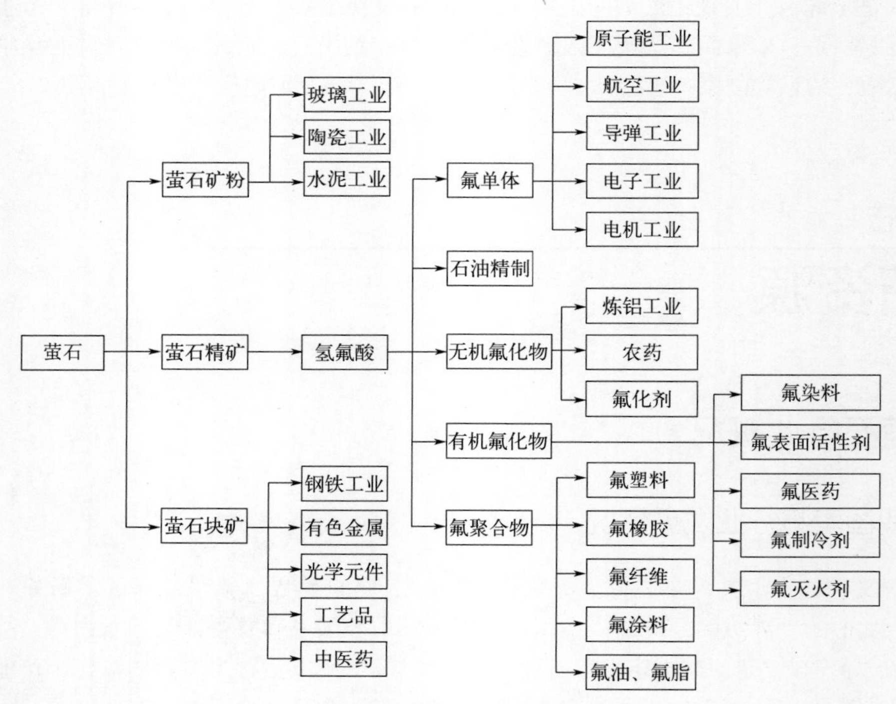

图 1-3　萤石产业链示意图

萤石作为助熔剂用于金属冶炼过程中，助熔排渣；作为助熔原料和主要配料用于陶瓷、玻璃和水泥的生产过程中；作为制造氢氟酸、含氟盐、制冷剂的原料用于化工领域。

二、国内外萤石资源现状

（一）世界萤石资源概况

世界萤石矿产资源分布广泛，在世界各大洲 40 多个国家均有发现。据美国地质调查局 2022 年公布的数据，截止到 2021 年底，全球萤石储量为 3.2 亿吨，见图 1-4。全球萤石资源分布不平衡，各地差别较大，主要集中在墨西哥、中国、南非和蒙古国。从成矿地质条件评价看，环太平洋成矿带的萤石储量约占全球萤石储量的二分之一以上，是全球萤石资源的主要分布区。由于世界各个萤石储量大国都加强了找矿工作，并取得了一定的进展，世界萤石矿资源储量不断增长，特别是 2015—2021 年，全球萤石储量增幅较为明显（表 1-25），由 2015 年的 2.4 亿吨增长至 2021 年的 3.2 亿吨。其中，储量增长最多的国家是墨西哥，由 2015 年的 3200 万吨增加到 2021 年的 6800 万吨，储量增加 112.5%，西班牙储量由 2015 年 600 万吨增加到 2021 年 1000 万吨，储量增加了 66.67%，其他国家的储量数据变化较小。

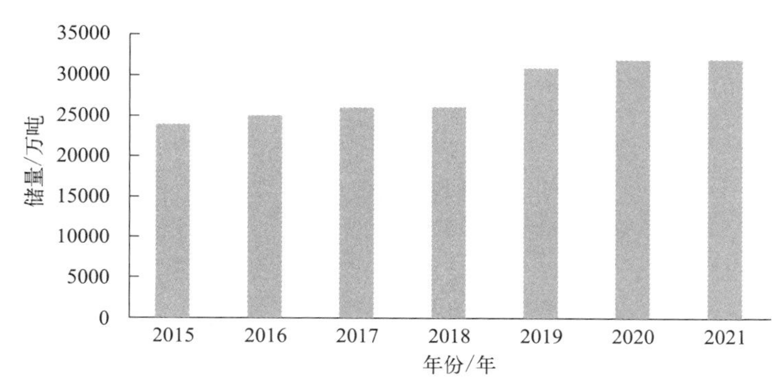

图 1-4　2015—2021 年全球萤石资源的储量情况

表 1-25　2015—2021 年世界部分国家萤石储量　　单位：万吨

国家	2015 年	2016 年	2017 年	2018 年	2019 年	2020 年	2021 年
墨西哥	3200	3200	3200	3200	6800	6800	6800
中国	2400	2400	4000	4100	4200	4200	4200
南非	4100	4100	4100	4100	4100	4100	4100
蒙古国	2200	2200	2200	2200	2200	2200	2200
西班牙	600	600	600	600	600	1000	1000
越南				500	500	500	500
美国	400	400	400	400	400	400	400
英国				400	400	400	400

续表

国家	2015年	2016年	2017年	2018年	2019年	2020年	2021年
泰国					360	360	360
伊朗		340	340	340	340	340	340
巴西				64	150		
摩洛哥		58	58	58	46	21	21
其他国家	11100	11702	11102	10038	10904	11679	11679
总计	24000	25000	26000	26000	31000	32000	32000

注：数据来自美国地质调查局（USGS）。

1. 墨西哥

墨西哥萤石储量居世界第一，萤石资源主要分布在科阿韦拉州（Coahuila）、圣路易斯波托西州（San Luis Potosi）、瓜纳华托州（Guanajuato）和奇瓦瓦州（Chihuahua）。

拉斯奎瓦斯（Las Cuevas）萤石矿是世界上最富的萤石矿，位于圣路易斯波托西州，储量为2800万～3000万吨。该矿床属于热液型/浅成热液型矿床，CaF_2含量73%～95%，平均品位85%。矿体数量众多，单个矿体长度在300～800米之间，宽度在50～200米之间，厚度为200～500米。该地区萤石呈隐晶质结构，颜色变化多样，由白色到红色、紫色再到接近黑色。该矿山1957年开始投入生产，是墨西哥冶金级萤石和化工级萤石主要的生产基地。

2. 南非

南非萤石储量丰富，萤石资源分布在普姆兰加省（Mpumalanga）、西北省和豪登省，已开发矿床或矿区有费赫努亨矿床、维特科普（Witkop）矿床、布法罗（Buffalo）矿床及诺肯（Nokeng）矿区等。

费赫努亨矿床位于皮纳尔斯洛菲（Pienaarsrivier）附近。矿物组成主要包括赤铁矿-萤石共生体、磁铁矿-萤石共生体和磁铁矿-铁橄榄石共生体，三者含量达90%以上，矿石品位为35%～40%。费赫努亨矿床资源量为10000万吨。

Witkop矿床位于马里科（Marico）萤石区，矿石中萤石含量仅为16%，但符合露天经济开采要求。该地区潜在资源量巨大，以边界品位10%计，萤石资源量可达1亿吨，可采储量为2630万吨。

诺肯矿区位于豪登省，2017年7月动工建设，主要生产化工萤石。该矿区包括三个矿床，分别为普拉特科普（Plattekop）矿床、奥特沃什芬（Outwash Fan）矿床和威尔顿（Wilton）矿床。目前主要开发普拉特科普矿床和奥特沃什芬矿床，普拉特科普矿床储量270万吨，原矿品位40%；奥特沃什芬矿床储量900万吨，原矿品位23%。

3. 蒙古国

蒙古国萤石资源在世界上占有重要地位，无论资源储量还是产量均位居世界前列。根据蒙古国公开出版的 1/250 万和 1/100 万蒙古国地质矿产图，目前共发现萤石矿产地 117 处，其中矿床 58 处、矿点 59 处。这些矿产地集中分布在东部中戈壁省、东戈壁省和苏赫巴托省北部、肯特省至东方省一带，呈北东向带状分布。

58 个矿床的总矿石量在 25 亿吨以上，CaF_2 含量一般为 30% ～ 60%，少部分达 70% ～ 90%。按照我国《矿产资源储量规模划分标准》，蒙古国已有的 58 个萤石矿床中，小型矿床 33 个、中型矿床 9 个、100 万吨以上的大型矿床 8 个、1000 万吨以上的特大型矿床 6 个、超亿吨级的特大型矿床 2 个。

博尔安杜尔（Bor Undur）萤石矿区是蒙古国最著名的萤石产区，该地区包括 16 个矿床，其中部分正在生产，部分已采完，另外还有很多的矿点。1956 年发现大型萤石矿 Bor Undur 1 号矿和 Bor Undur 2 号矿，Bor Undur 1 号矿萤石平均品位 42.51%，Bor Undur 2 号矿萤石平均品位为 39.68% ～ 41.72%。目前 Bor-Undur 矿床剩余储量为 117.7823 万吨。

Delgerkhan 矿床位于蒙古国肯特省（Khentii），该矿床控制的资源量为 662 万吨，推断资源量 302 万吨，萤石平均品位为 33.7%。产品质量较高，硫化物含量极低（$< 0.01\%$），磷含量小于 50×10^{-6}。

（二）我国萤石资源概况

中国现有的萤石矿资源中，单一型高品质萤石矿床多、储量少，而伴（共）生型矿床数少、储量大。现有矿床中富矿少、贫矿多。

根据自然资源部 2021 年 7 月发布的"2020 年全国矿产资源储量统计表"统计，截至 2020 年，我国萤石储量总计 4857.55 万吨，主要分布在江西、浙江、湖南、内蒙古、福建等省份。上述五省份萤石储量占全国总储量 90% 以上，中国萤石资源储量分布情况见表 1-26。

表 1-26　2020 年中国萤石资源储量分布情况

省份	储量（CaF_2）/ 万吨	占比 /%	省份	储量（CaF_2）/ 万吨	占比 /%
江西	1830.39	37.68	重庆	34.24	0.70
浙江	1056.09	21.74	山东	33.06	0.68
湖南	904.69	18.62	四川	26.58	0.55
内蒙古	328.88	6.77	河南	22.9	0.47
福建	310.1	6.38	广西	22.3	0.46
安徽	102.16	2.10	甘肃	18.85	0.39
河北	80.06	1.65	辽宁	10.29	0.21
云南	36.45	0.75%	吉林	3.52	0.07
广东	36.33	0.75	湖北	0.68	0.01

中国主要萤石矿床约 230 处，根据矿物的共生组合、构造条件、围岩特征，并结合加工性能，萤石矿床可分为"单一型"萤石矿床和"伴（共）生型"萤石矿床两类。单一型萤石矿床主要由萤石、石英组成，另有少量的方解石、重晶石、高岭石、黄铁矿、钾长石以

及微量的金属硫化物和含磷矿物。单一萤石矿绝大部分 CaF_2 品位在 35% ～ 40%，CaF_2 品位大于 65% 的富矿（可直接作为冶金级块矿）资源量仅占单一萤石矿床总量的 20%，CaF_2 品位大于 80% 的高品位富矿占总量不到 10%。中国目前主要针对单一型萤石矿进行开发利用。

伴（共）生型矿床主要矿物为铅锌硫化物、钨锡多金属硫化物、稀土磁铁和方解石，萤石作为脉石分布其中，随主矿开采而被综合回收利用。伴（共）生型矿床数量少，储量大，资源品质差（一般含 CaF_2 不到 26%），开发利用程度低。该类矿床主要分布于湖南、内蒙古、云南和江西等省份，虽然资源量大，但受选冶、加工技术条件以及选矿成本等因素的制约，目前仅部分矿山进行综合回收利用。伴（共）生矿中湖南、内蒙古等地以有色金属、稀有金属伴生为主，云、贵、川等地主要以重晶石共生的重晶石萤石矿为主。

三、供需形势分析

（一）国内外萤石生产开发现状

1. 世界萤石生产概况

全球萤石产量分布高度集中，中国与墨西哥产量处于绝对优势地位。

世界上约有 50 个国家开采和加工萤石。根据美国地质调查局（USGS）数据，全球萤石生产近 20 年来总体上处于稳步增长状态。世界萤石产量基本上可以分为两个阶段：第一阶段稳定增长期：2018 年以前，全球萤石矿总产量保持稳定增长态势，由 2000 年的 448 万吨增长到 2018 年的 600 多万吨；第二阶段：2018 年到 2022 年，氟化工产业引导萤石产量快速增长，年产量从 600 万吨级增至 800 万吨级，中国萤石产量从 400 万吨级增至 500 万吨，详见图 1-5。

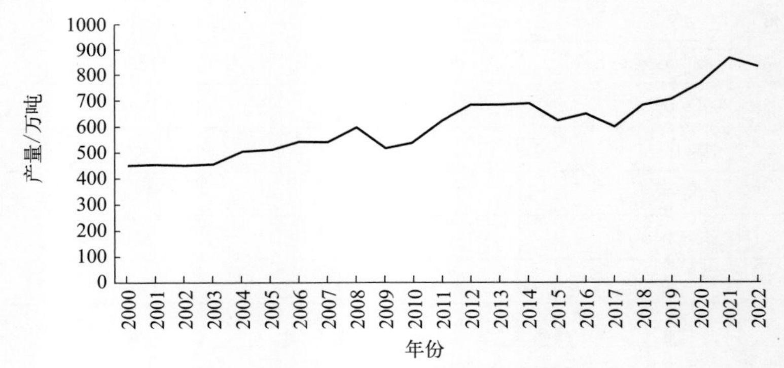

图 1-5　2000—2022 年全球萤石产量情况

数据来自 USGS、中国非金属矿工业协会萤石专委会

2022 年全球萤石产量在 830 万吨。目前全球萤石主要的生产和供应国为中国、墨西哥、南非、蒙古国，其中，中国和墨西哥萤石产量分别位居第一、第二，两国萤石产量占全球总产量的 80.4%，上述四国合计产量约占全球总产量 90%，见表 1-27。

表 1-27　2022 年各国萤石产品产量

序号	国家	产量 / 万吨	占比 /%
1	中国	570	68.67
2	墨西哥	97	11.69
3	蒙古国	35	4.22
4	南非	42	5.06
5	越南	22	2.65
6	加拿大	14	1.69
7	西班牙	13	1.57
8	其他	37	4.46
全球		830	100

注：数据来自美国地质调查局（USGS）。

全球主要的萤石矿业公司包括中国的金石资源集团和宜章弘源化工有限责任公司、墨西哥的Orbia公司、西班牙的Minersa公司、越南的Masan公司、蒙古国的Berkh Uul JSC公司、南非的SepFluor公司、加拿大的CFI公司等，详见表1-28。

表 1-28　2021 年各国重点萤石企业生产情况

序号	国家	重点企业（前 10）	产量 / 万吨	全国占比
1	中国	金石资源集团股份有限公司 宜章弘源化工有限责任公司 湖南有色郴州氟化学有限公司 浙江武义三联实业发展有限公司 浙江武义神龙浮选有限公司 洛阳丰瑞氟业有限公司 湖南柿竹园有色金属有限责任公司 锡林郭勒盟隆兴矿业有限责任公司 顺昌县埔上萤石有限公司 福建永福化工有限公司	213.33	39.5%
2	墨西哥	Koura Business Group（Orbia 子公司）	95	96%
3	蒙古国	Mongolrostsvetmet	12	15%
		Gobishoo LLC	3.5	4.3%
4	南非	SepFluor	18（化工级）；3（冶金级）	50%
5	越南	Masan Group	20（化工级）	91%
6	加拿大	CFIf	18	—
7	西班牙	Minersa	38	—

注：数据来自USGS、中国非金属矿工业协会萤石专委会。

2. 我国萤石生产概况

中国有27个省（区）生产开发利用萤石，产量自20世纪90年代以来一直稳居世界第一，且产量呈稳定增长态势。中国的萤石行业企业以民营企业为主，呈现企业规模普遍较小、经营管理较为粗放、行业集中度不高的特点。

根据中国国土资源相关统计，目前全国萤石矿山相关企业约 896 家，单一型萤石矿山约 880 个，伴生型萤石矿山约 16 家。全国大型萤石矿山 23 家，占 2.56%；中型矿山 49 家，占 5.47%；年开采量 5 万吨以内的小型矿山占 91.97%。现有矿山主要分布在浙江、内蒙古、湖南、江西、福建、云南等省（区）。

2022 年中国萤石产量约 570 万吨，其中萤石精粉约 500 万吨，高品位块矿约 70 万吨。图 1-6 为国内萤石生产产量，对比图 1-5 全球产量情况，从中可以看出，我国的产量变化主导着全球产量的变化。

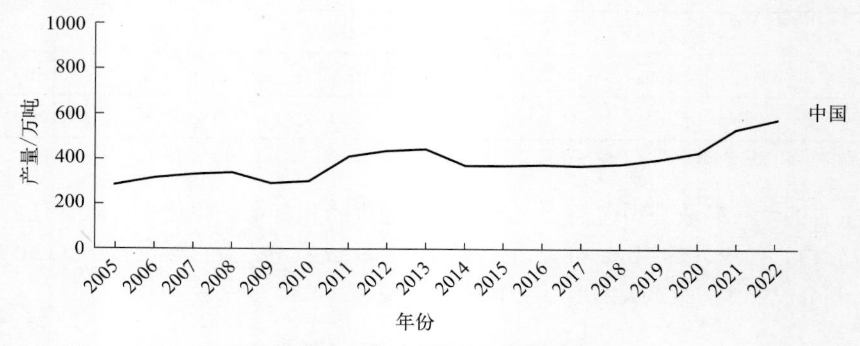

图 1-6　中国与世界萤石生产情况

我国主要萤石企业的产量情况见表 1-29。

表 1-29　2021 年中国主要萤石企业产量情况

序号	重点企业（前 10）	产量 / 万吨	占比 /%
1	金石资源集团股份有限公司	47.23	8.75
2	宜章弘源化工有限责任公司	24	4.44
3	湖南有色郴州氟化学有限公司	23	4.26
4	浙江武义三联实业发展有限公司	20	3.70
5	浙江武义神龙浮选有限公司	20	3.70
6	洛阳丰瑞氟业有限公司	20	3.70
7	湖南柿竹园有色金属有限责任公司	17	3.15
8	锡林郭勒盟隆兴矿业有限责任公司	16	2.96
9	顺昌县埔上萤石有限公司	15	2.77
10	福建永福化工有限公司	11.1	2.05
总计		213.33	39.48

注：数据来自中国无机盐工业协会氟化工分会。

3. 我国企业境外萤石开发现状

随着萤石逐渐成为新能源材料热点资源，国内企业在 2016 年之后，纷纷开展对境外萤石资源开发工作，改变了2010年前后浙江、湖南企业家的分包销售模式，通过“一带一路”倡议，与蒙古国、俄罗斯、老挝等国家合作，通过矿业优势技术资源，进行萤石矿产的开发合作。黑龙江省地质局所属矿业集团与蒙古国SG集团合作开发了蒙古国苏赫巴特尔省巴彦乌伦黑钨萤石矿等；老挝的南塔省、琅勃拉邦省、川圹省、万象省、万象市等，均有我国萤石开发企业合作，通过技术上合作和老挝萤石定向出口给我国等模式，积极开发境外的萤石资源。

（二）国内外萤石消费状况

1. 世界萤石消费状况

世界萤石资源供应地区与消费地区明显不同，美国、日本和西欧等萤石资源禀赋条件一般的发达国家和地区萤石消费量较大，且主要依赖进口。2000年以来，由于中国、印度等发展中国家经济快速发展，其冶金行业、房地产等对萤石的消费呈快速增长态势。2020年中国是全球最大的萤石消费国，占全球总消费量的53.8%。此外，墨西哥、美国、印度、德国和俄罗斯也是萤石消费的重要国家，消费量分别占全球萤石消费量的12.9%、6.1%、3.6%、3.5%和3.0%。

目前，全球萤石消费主要以冶金炼钢和氟化工行业为主要消费领域，消耗近76%（冶金40%，氟化工36%）产品，建材行业水泥、玻璃、陶瓷消耗21%，其他消费领域占3%。

世界氟化工行业呈现出高度集中和高度垄断的特点。萤石资源供应地与消费地严重分离，世界著名的八大氟化工企业主要分布在美国、日本和西欧等发达国家和地区。这些企业具有明显的技术优势，其产品均已覆盖整个氟化工产业链，并长期占据世界有机氟材料产能的80%、气体氟化学品产能的70%。

2018年，美国从墨西哥、越南、南非、中国等国进口萤石约45.9万吨（主要为化工级萤石），国内利用磷酸盐加工磷酸及磷肥生产的氟硅酸约6.4万吨，另外从墨西哥、中国等国进口氢氟酸、氟化铝、氟烷烃、初级形状的聚四氟乙烯等氟化工初级产品约15.4万吨。美国拥有全球著名八大氟化工企业中的三个，分别为杜邦（Du Pont）、3M、霍尼韦尔（Honeywell）。

日本也是世界主要萤石消费国，主要从中国、墨西哥、蒙古国、南非、泰国等国进口。2018年进口萤石约10.0万吨。另外，也进口一定量的氟化工初级产品。日本拥有全球著名八大氟化工企业中的两个，为大金工业株式公社（Daikin Industries）和旭硝子玻璃股份有限公司（Asahi Glass）。

德国、意大利、法国及英国一直是世界萤石的主要消费国，早期也是萤石的主要生产国。目前，意大利、法国已无产量，主要依靠进口，英国和德国2018年合计产量6.7万吨。主要从中国、印度进口一定量的氟化工初级产品。西欧拥有全球著名八大氟化工企业中的三个，分别为比利时的苏威苏来克斯（SOLVAY）、法国的阿科玛（Arkema）公司和英国的英力士氟化学公司（INEOS Fluor）。

2. 我国萤石消费状况

我国萤石表观消费量由2000年的125.1万吨增长到2022年的650万吨左右，年均增速高达19%，尤其在2019年之后，由462万吨增长至650万吨量级，见图1-7。

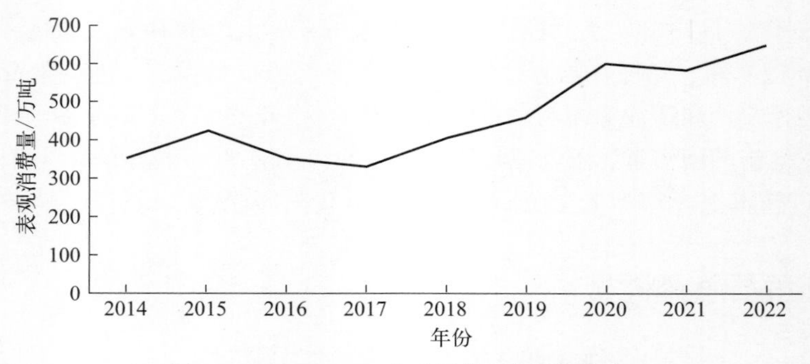

图 1-7　2014—2022 年中国萤石表观消费情况

数据来自中国无机盐工业协会氟化工分会

目前我国已成为全球萤石最大消费国，消费量约占全球 56.8%，我国萤石消费主要领域是氟化工和炼铝工业等，约占 56%、24%，随着国家推行稳增长政策，制冷剂、冶金和建材等传统领域的萤石消费有望回升；电子级氢氟酸、含氟锂电材料、多种含氟聚合物为新兴领域，近年来快速发展且景气持续上行，未来有望贡献巨大需求增量。消费结构见图 1-8。

氢氟酸产业成为氟化工增长主要领域，制冷剂是氟化氢（氢氟酸）下游最主要的应用，2021 年无水氟化氢下游应用领域中制冷剂消费占比达 37.1%。制冷剂，亦称冷媒、雪种，是作为各种热机中借以完成能量转化的媒介物质。制冷剂应用广泛，主要用于空调、冰箱、汽车、商业制冷设备等产品。未来随着含氟量更高的制冷剂的推广使用及国际盟约等因素，萤石原料的应用将继续得到推动，见图 1-9。

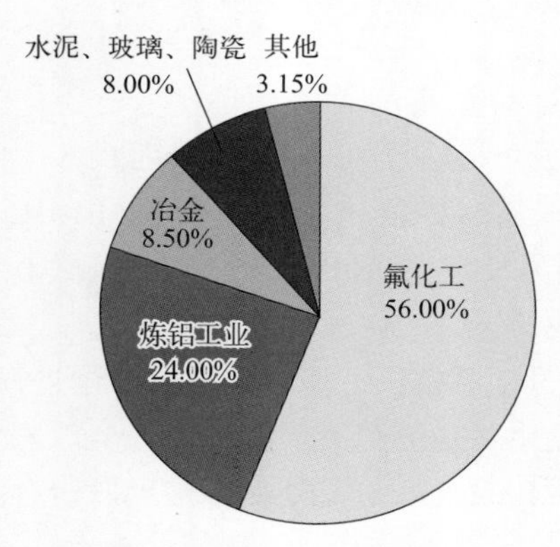

图 1-8　中国萤石消费结构

数据来自中国无机盐工业协会氟化工分会

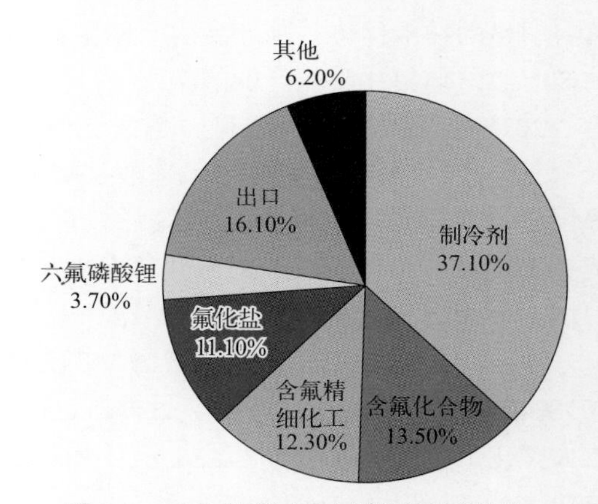

图 1-9　2021 年我国无水氟化氢消费结构

数据来自中国无机盐工业协会氟化工分会

（三）国内外贸易及价格

1. 世界主要国家萤石进出口

墨西哥、蒙古国、中国萤石出口总量占全球出口量的一半以上，欧美等国高度依赖进口萤石。

2021 年全球萤石进口量 228 万吨，中国是最大的萤石进口国，进口量约 66.8 万吨，占全球总进口量的 29.3%，主要进口自蒙古国。美国萤石进口量 38.7 万吨，占全球总进口量的 17%，82% 进口自墨西哥。

2021 年全球萤石出口量 153.4 万吨，主要出口国与世界萤石产量分布基本一致，蒙古国是全球最大的萤石出口国，出口量占全球总出口量的 42%，蒙古国所生产的萤石大部分用于出口，出口量占国内总产量的 80%，国内消费量极少。其次为墨西哥（18.8%）与中国（13.6%）。2021 年全球萤石贸易情况见表 1-30。

表 1-30　2021 年全球萤石出口情况

国家	出口量 / 万吨
蒙古国	64.4
墨西哥	28.9
中国	20.9
意大利	11
巴基斯坦	7
美国	5.7
荷兰	3.4
其他	12.1
总计	153.4

注：数据来自美国地质调查局（USGS）。

2. 我国萤石进出口

中国早期生产的萤石主要用于出口，1993 年达历史高点 137 万吨，之后出口量基本保持在 100 万吨以上。1999—2010 年出于对萤石资源的保护，中国陆续出台了一系列有关萤石资源开采及出口贸易的政策措施和规定，萤石出口量一路下降。2012 年以来，中国萤石出口一直保持低位，在 40 万吨左右，直至 2018 年中国从萤石净出口国首次转为净进口国。

2021 年，中国进口萤石 66.8 万吨，进口总额为 11037.8 万美元，主要进口自蒙古国、南非、墨西哥、尼日利亚、越南，占总进口量的 88.9%。蒙古国是我国最大的萤石进口国，同时，我国也是蒙古国最大的萤石出口国。2021 年，我国从蒙古国进口的萤石量占蒙古国生产总量的 58.8%。

我国萤石进口量呈上升趋势，而出口量震荡下滑。2018 年，进口量首次超过出口量，2020 年我国萤石进口明显高于出口，但是 2021 年下半年以来，因墨西哥、加拿大两大矿山因自身原因停产，以及全球疫情原因，进口数量急剧减少，从整年来看，我国萤石进口量略低于 2020 年，出口量小幅度上升，详见图 1-10。目前我国萤石主要来源于蒙古国、墨西哥等，出口地主要包括日本、韩国和印度尼西亚等。

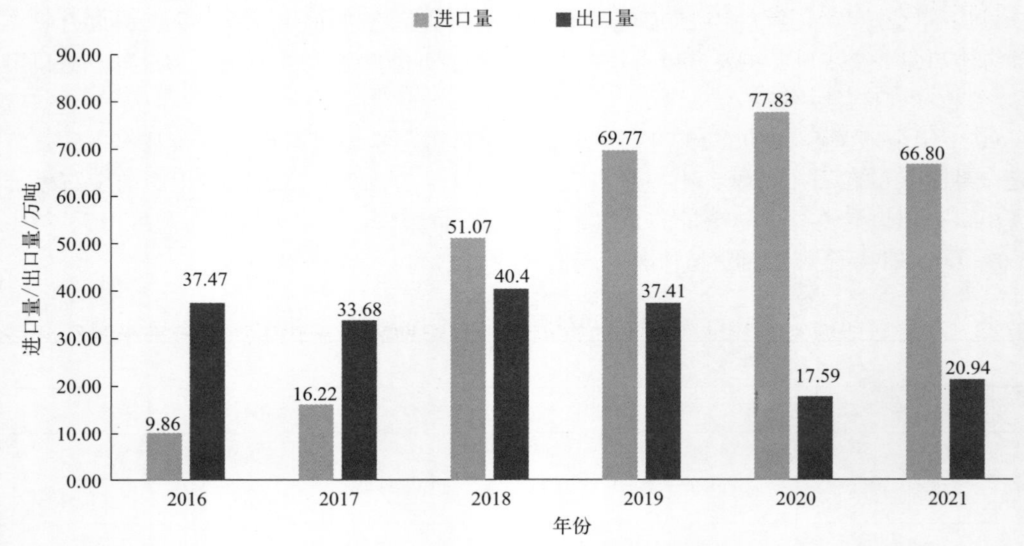

图 1-10　2016—2021 年我国萤石进出口情况

数据来自中华人民共和国海关总署

3. 中国萤石价格

2014—2019 年中国萤石价格稳定上升，市场长期处于供不应求状态，价格不断上升，且波动幅度较大，2019 年之后，萤石价格受到全球氟化工产业低迷的影响，萤石价格略有波动，回落到 2600 元 / 吨，而后，受到后疫情时代多个产业快速发展的拉动，萤石产品价格开始走高达到了 3462 元 / 吨，截至 2023 年 6 月 1 日，萤石价格为 3420 元 / 吨，见图 1-11。

图 1-11　2015—2023 年上半年我国萤石（97% 干粉）价格变化情况

数据来自海关信息网

（四）需求预测

1. 世界萤石供应与需求展望

2019—2022 年全球经济低速增长，特别是 2020 年初以来新冠肺炎疫情对全球经济的冲击一直在持续，世界冶金、化工和建筑材料等传统工业对萤石需求继续减少。欧洲、日本和北美市场萤石需求下降，主要是氢氟酸和氟碳化合物需求减少。

反而以中国为代表的发展中国家，后疫情时代在房地产、交通运输、特殊制冷行业发展下，在氟化工产业快速发展促进下，氢氟酸市场价格大幅上涨，部分企业反映氢氟酸货源紧张，氢氟酸市场价格上涨对于上游萤石市场形成一定利好支撑；第三代制冷剂氢氟烃格局确定之后，制冷剂供需缺口持续拉大，对萤石供应会有拉动。下游除了制冷剂行业传统需求外，萤石作为现代工业的重要矿物原料，新兴领域需求不断发展，还应用于新能源、新材料等战略性新兴产业及国防、核工业等领域，包括六氟磷酸锂、聚偏氟乙烯、石墨负极、光伏面板等，随着新能源和半导体等领域的需求拉动，长期来看氟化工产业链需求量得到一定支撑。

全球萤石主要生产国企业停产较多，导致市场供应趋紧，全球最大萤石生产商墨西哥 Koura 因安全问题部分产能停产，加拿大主要萤石生产商停产，而美国、英国等发达国家萤石资源开采能力不高，全球的萤石资源依靠蒙古国等供给全球。

2. 我国萤石需求预测

中国氢氟酸和氟碳化合物生产增加，对化工级萤石需求增加。发达国家氟化工产能正在向发展中国家转移，但依旧在高端氟材料、消耗臭氧层物质（ODS）替代品、氟精细化学品等产品领域处于垄断控制地位。随着全球气候变暖日益受到重视，新一代低全球变暖潜能值（GWP）的产品开始大规模应用生产。

随着工业转型升级的步伐加快，中国汽车、电子、轻工、新能源、环保、航空航天等相关产业对高性能氟聚合物、新型制冷剂和含氟精细化学品的需求迫切，发展空间较大。含氟涂料综合性能优异，预计未来中国氟涂料市场需求潜力较大，用于涂料的氟树脂也将呈现较快增长态势。

《蒙特利尔议定书》修正案将气候变化纳入其中，对制冷剂产业发展将有重大影响。中国氟化工行业全球规模最大，但缺乏核心技术，比如低 GWP 的第四代制冷剂氢氟烯烃类产品（HFOs）自主技术还需突破。下一步应从化合物筛选、性能评价、合成工艺研究等源头做起，加大原始创新研发力度，同时还要研发含氟电子气体、医药农药中间体等新产品。氟化工未来将向着深加工及产业链延伸方向发展。比如依托氢氟酸产品，可探索深加工开发电子级氢氟酸，作为动力锂电池、电子芯片及太阳能光伏等项目配套产品；也可发展含氟油田化学品、氟碳涂料等。氟碳涂料和氟橡胶等氟聚合物具有广泛的应用，包括污水过滤膜、空气过滤膜、有机电子产品、电缆绝缘、燃料电池、轮船、空间站、半导体、集成电路用超级薄膜和光纤外衣等，未来含氟聚合物需求保持快速增长趋势，对酸级萤石的需求增长。

第二章

氢氧化锂

中国科学院青海盐湖研究所　魏　明

中国无机盐工业协会锂盐行业分会　郭锦先

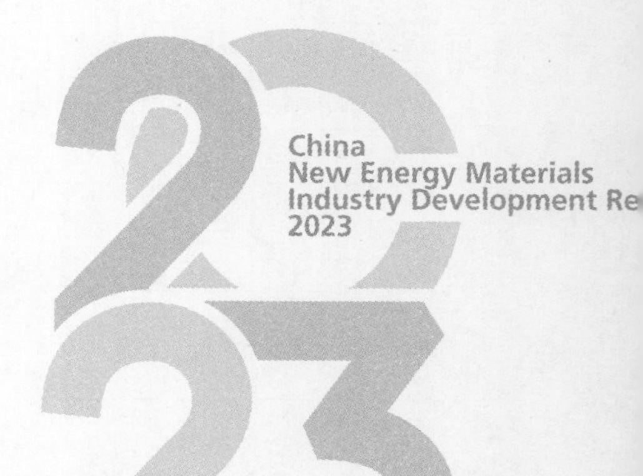

第一节
概述

氢氧化锂是锂产业链三大基础锂盐之一，下游需求主要来自于动力电池领域、消费电池领域以及以锂基润滑脂、玻璃陶瓷生产为代表的工业领域，其主要形态包括无水氢氧化锂和单水氢氧化锂两种。

氢氧化锂作为锂产业链上游核心锂盐品种，是动力电池领域的重要原材料，尤其是高性能动力电池中广泛应用的高镍三元正极材料，是其生产中不可或缺的核心锂源。动力电池领域高镍三元材料主要分为 NCM811 及 NCA，国内企业主要生产 NCM811，日韩企业主要生产 NCA，目前多款搭载高镍三元电池的新能源汽车续航里程已超过 500 公里。消费电池领域主要包括智能手机、平板电脑、TWS 设备和无人机等。

全球动力电池装机量排名前三的电池厂都已经明确以高镍三元材料为主要发展路线，例如宁德时代选择 NCM622/811、日本松下选择 NCA、韩国 LG 化学选择 NCM622/811，高镍三元材料市场份额达到将近三分之二，同时保持了相对较高的增速。

未来随着高镍三元材料在新能源汽车中的装机量越来越大，作为核心材料的氢氧化锂也将会迎来空前的增长空间。

全球氢氧化锂市场集中度较高，产能主要来自于具备品质溢价的一线厂商，包括美国 ALB、赣锋锂业、美国 Livent 和 SQM，四家企业稳居锂盐第一梯队，并与全球车企或电池龙头建立了长期战略合作关系，最先受益于全球高镍化的需求。

中国氢氧化锂市场集中度高，主产地为华东与西南地区，华东地区为江西省，其中赣锋锂业与江西雅宝锂业为主，占比超四成；西南地区为四川省，其中以天齐锂业、四川雅化、天宜锂业、致远锂业为主。华东与西南两地区的氢氧化锂产能已超总产能的 85%。2021 年中国氢氧化锂产能分布情况见图 2-1，2010—2023 年中国氢氧化锂产量情况见表 2-1。

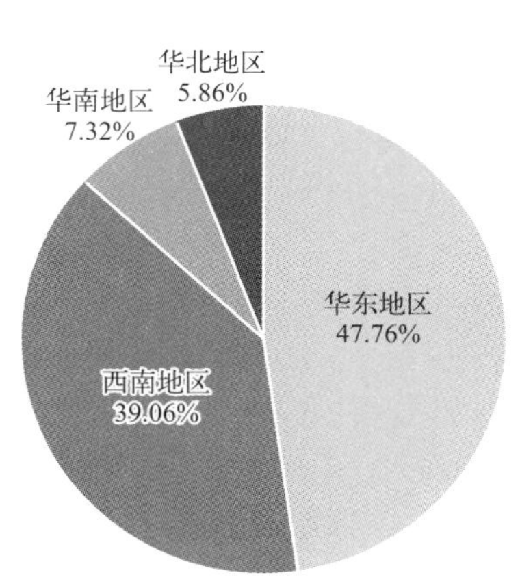

图 2-1　2021 年中国氢氧化锂产能分布

表 2-1　2010—2023 年中国氢氧化锂产量

年份	产量 / 万吨	同比增长 /%
2010 年	1.35	36.36
2011 年	1.52	12.59
2012 年	1.6	5.26
2013 年	2.2	37.50
2014 年	2.3	4.55
2015 年	2.2	-4.35
2016 年	2.5	13.64

续表

年份	产量 / 万吨	同比增长 /%
2017 年	3.5	40.00
2018 年	3.11	-11.14
2019 年	7.63	145.34
2020 年	9.26	21.36
2021 年	17.66	90.71
2022 年	23.9	35.33
2023 年	28.3	18.41

从趋势上来看，2019—2023 年是我国氢氧化锂产量快速提升的阶段。随着国家新能源汽车补贴政策支持，锂盐行业持续火爆，带动锂离子电池、动力电池、高镍三元正极材料等的需求量急剧增加。2019 年、2020 年我国氢氧化锂产量快速爬升至近 10 万吨，2021 年产量达到 17 余万吨，2022 年突破 20 万吨关口达到 23.9 万吨，2023 年产量为 28.3 万吨。

第二节 市场供需

一、氢氧化锂供应分析

未来几年，我国氢氧化锂产能增长主要集中在西南和华东地区，受益于国内外对新能源汽车行业支持政策的推出，终端需求增量明显。由于欧洲新能源汽车市场表现持续超预期，日韩高镍正极对优质电池级氢氧化锂需求显著增加，这也是其扩张的根本原因。截至 2021 年，华东氢氧化锂产品产能占比高达 47.76%，西南地区占比 39.06%，伴随着河北吉诚和唐山鑫丰各 1 万吨 / 年装置投产，华北地区也打破了氢氧化锂产品供应的空白。

雅化集团于 2022 年 4 月 18 日表示，公司二季度锂盐产品价格较一季度有所提升，目前公司产品销售情况良好。公司正积极推进雅安二期 3 万吨 / 年以及三期 5 万吨 / 年电池级氢氧化锂产线建设。到 2025 年，公司锂盐产品综合产能将超过 10 万吨 / 年。

天华超净在接受机构调研时表示，根据公司的经营计划，2023 年天宜锂业一期和二期生产线均达到满产，其中一期项目包括技改扩产，合计生产 5 万吨电池级氢氧化锂。伟能锂业 2.5 万吨 / 年电池级氢氧化锂项目 2023 年投产，四川天华时代 6 万吨电池级氢氧化锂项目由于建设进度快于预期，2023 年投产。

2021 年 11 月 1 日，锂业巨头赣锋锂业发布公告，宣布再度斩获特斯拉 3 年大单，将在 2022—2024 年为特斯拉供应电池级氢氧化锂产品。约定自 2022 年 1 月 1 日起至 2024 年 12 月 31 日，由公司及赣锋国际向特斯拉供应电池级氢氧化锂产品。

2023—2026年中国氢氧化锂产品供应结构及预测情况见表2-2。

表2-2　2023—2026年中国氢氧化锂产品供应结构及预测　　单位：万吨

区域	省份	2023年	2024年预测	2025年预测	2026年预测
西南	四川省	30.13	35.13	40.13	40.63
	西藏自治区	0	3	3	4.3
华东	江西省	17.6	19.6	19.6	19.6
	山东省	1	1	1	1
	江苏省	1.2	4.6	13	13
华北	河北省	3	3	3	3
华南	湖南省	1.5	1.5	1.5	1.5
	广西壮族自治区	2.5	2.5	2.5	2.5
华中	湖南省	1.5	1.5	1.5	1.5

二、氢氧化锂需求分析

短期来看，三元材料高镍化趋势显著，将带动国内氢氧化锂需求量大幅增长。叠加海外高镍正极对氢氧化锂的需求不断上涨，预计未来氢氧化锂市场空间广阔。

中长期看，氢氧化锂需求量主要来源于动力电池领域。受“双碳”政策影响，新能源汽车渗透率快速上升，带动锂电池需求景气向上，三元锂电市场不断向高镍化发展，从而拉动氢氧化锂需求量不断上涨。

数据显示，在全球范围内，中国氢氧化锂产能最高，2020年占比达到85%；其次是澳洲地区，氢氧化锂产能占比为6%；再次是美国和智利，产能占比分别为5%和4%。

过去我国氢氧化锂应用领域主要是润滑脂领域，随着新能源汽车兴起，高密度的高镍三元正极材料逐渐在动力电池上占据重要地位。高镍三元电池快速发展推动了我国氢氧化锂行业发展。数据显示，我国氢氧化锂产量变化与碳酸锂产量变化呈现正相关，近两年我国氢氧化锂产量迎来爆发性增长，2023年产量达到28.3万吨。从我国氢氧化锂出口情况看，由于我国是全球氢氧化锂的最大生产国，出口量与金额远大于进口，海外氢氧化锂需求快速增长，导致我国出口数量呈现逐年上升趋势，2023年我国氢氧化锂出口量达到12.995万吨。随着国外需求上涨，预计未来出口量仍会继续呈现上涨态势。氢氧化锂作为制造高镍电池的关键材料，正受到全球电池产业链巨头的争抢。我国氢氧化锂产量呈现逐年上升趋势，随着下游行业发展，预计未来我国氢氧化锂表观需求量将会继续上涨。

（一）电池领域需求

在“双碳”政策大背景下，新能源汽车领域发展迅速，电池需求不断提升。氢氧化锂相比碳酸锂的熔点更低，可降低材料烧结温度、优化电化学性能。碳酸锂的熔点为720℃，而单水氢氧化锂的熔点仅为471℃，在烧结过程中熔融的氢氧化锂可与三元前驱体更均匀、充分地混合，从而减少表面锂残留、提升材料的放电比容量；另外氢氧化锂和较低的烧结温度还可减少阳离子混排，提升循环稳定性，所以氢氧化锂为高镍三元锂离子电池的必然选择。

镍含量提升可以增加电池的续航能力，高续航里程需求促进三元电池高镍化发展。《汽车产业中长期发展规划》明确提出，到2025年动力电池系统能量密度达到350Wh/kg。若要提高电池的能量密度，提升车辆续驶里程，必须增加镍含量。叠加镍分布广泛且价格低廉的因素，三元电池高镍化为必然趋势。随着三元锂离子电池加速向高镍化趋势发展，氢氧化锂需求快速增长。

受海外电池市场的增量拉动，电池级氢氧化锂应用正在逐年增加。尤其是2017年以来，日韩锂电供应链逐步提速，受益于日韩电池厂配套很多的高镍三元产品（松下的NCA，LG Chem的NCM811），日韩氢氧化锂需求大幅增加，拉动我国氢氧化锂出口量快速上涨。

我国高镍三元正极用量从2020年开始增加，随着国内三元材料高镍化显著，市场渗透率快速提升，拉动氢氧化锂需求量高速增长。预计到2025年，氢氧化锂在电池领域的占比将会超过90%，成为推动氢氧化锂需求量增长的绝对主力。

（二）润滑脂领域需求

用氢氧化锂生产的锂基润滑脂有很多优点，使用寿命长、抗水性强、防火性能好、难氧化、多次加热-冷却-加热循环时性能稳定，适用温度范围可从−50℃至300℃左右，广泛用于军事装备、飞机、汽车、轧钢机以及各种机械传动部分的润滑。

我国是润滑脂生产和消费大国，产品应用于汽车、飞机、起重机等各个行业的润滑系统中。随着汽车工业的迅猛发展和汽车普及以及冶金机械工业对锂基脂需求的大幅增长，氢氧化锂的消费量也越来越大，使得氢氧化锂的生产显现出前所未有的良好前景。

（三）其他领域需求

氢氧化锂还用于制备溴化锂，溴化锂可应用于空气处理设备中制冷机的吸收剂以及化工原料、化学试剂等其他领域。溴化锂制冷机是通过利用废热、余热能源进行制冷的设备，是较为环保的设备，符合今后制冷机发展趋势，在中央空调等大型空气处理设备当中应用广泛。总体来看，溴化锂在空气处理领域的应用前景较为广阔，还处于上升阶段。

第三节 工艺技术

目前大规模生产氢氧化锂的工艺主要包括硫酸锂苛化法、碳酸锂苛化法、石灰石焙烧法和双极膜法四种。工业生产中主要关注硫酸锂苛化法与碳酸锂苛化法两种方案。氢氧化锂主要生产工艺情况见表2-3。

表 2-3　氢氧化锂主要生产工艺

制备方法	优势	弊端	代表性生产企业
硫酸锂苛化法	流程短； 工艺成熟可靠； 综合效益高	能耗高； 产品质量较难达到优级标准； 纯水耗量多等	赣锋锂业、雅宝（中国）、天齐锂业、雅化集团、威华股份等
碳酸锂苛化法	工艺成熟； 生产流程短； 能耗低； 物料流通量小等	对原料纯度要求高； 除杂工序繁琐； 回收率偏低； 纯水耗量多等	Livent、SQM、雅宝（美国）等
石灰石焙烧法	工艺成熟； 生产成本小	工艺能耗高； 物料流通量大	
双极膜法	工艺简单，生产清洁； 无副产物； 产品品质高； 原料要求低 纯水耗量少等	需要膜法和蒸发工艺配合； 锂流失率高； 维护成本高等	欧洲、日本企业

一、硫酸锂苛化法

硫酸锂苛化法主要由转型、酸化浸出、带滤、苛化冷冻脱硝、蒸发结晶分离、烘干包装、元明粉制备七大工序构成。是目前以锂辉石为原料提锂的气流工艺。

该法中，苛化冷冻脱硝是关键环节，脱硝工序分离的十水硫酸钠和冷冻母液的质量直接影响后续工序的负荷以及锂的直收率。具体在实际生产中，主要冷冻脱硝环节包括间歇法和连续法两种方案。

该法容易造成换热面结疤，需要定期停机进行清理，这一方面导致连续生产的效率下降，另一方面，由于生产过程的中断，产品品质受到扰动，最终产品一致性依赖于一线生产团队的现场操作。

二、碳酸锂苛化法

碳酸锂苛化法是盐湖资源制备氢氧化锂的主流方案，该方法将碳酸锂和精制石灰乳按照摩尔比 1：1.08 混合，调节苛化液浓度约为 18 ～ 20g/L，加热至沸腾并强力搅拌，控制苛化时间约为 30min，经离心分离得到碳酸钙沉淀和浓度约为 35g/L 的氢氧化锂母液，将母液蒸发浓缩、结晶干燥，制得单水氢氧化锂。在现有技术中，要求碳酸锂必须纯净，否则不能得到高品质的电池级氢氧化锂。此外，目前也有以工业级碳酸锂经除杂等工艺进一步制取氢氧化锂的方案。

三、石灰石焙烧法

石灰石焙烧法是一种用焙烧锂云母石灰生产氢氧化锂的工艺方法。该方法只用锂云母和石灰石为原料，先将锂云母在高温及蒸汽存在下进行焙烧成焙烧锂云母，将磨细的焙烧锂云母与硝石灰、返回的部分母液、残渣洗水一起进行压煮溶出，溶出液经除杂后蒸发结晶析出氢氧化锂产品。该法优点是石灰石用量减少 60%，能耗降低 45%，渣量减少 50%，锂云母的分解率为 97%，回收率为 80%，可提高磨机产能 5 倍，转窑的产能以产品计可提高 4 倍，经济效益显著。

四、双极膜法

双极膜法生产氢氧化锂方式简单，但需要膜法与蒸发的配合，膜法源源不断产生 48g/L 甚至更高浓度的氢氧化锂溶液，再由蒸发干燥结晶成产品。且双极膜法可使用工业级碳酸锂作为原料，生产出电池级氢氧化锂。

双极膜法无硫酸、氢氧化钠添加，不产生副产物十水硫酸钠或元明粉。

双极膜法单次结晶即可满足电池级要求，可满足最严苛的标准。

双极膜具有生产清洁等优势。综合成本较低，在硫酸钠越来越成为难以处理的副产物的时候，相比其他方法更符合清洁生产的需求，并可提供完整的工艺解决方案，直至正式产品。

此外，双极膜法也可以直接使用硫酸锂 / 氯化锂作为加工原料，产生硫酸或者盐酸等副产物，在一些领域也有其应用前景。

第四节 展望

碳中和带来的清洁能源需求高增，令储能锂成长空间广阔。未来能源消费将转向电能，当前我国电力供给虽以火电为主，但在碳中和趋势下将使储能电池需求高速增长。要实现碳中和，不管是储能方面，还是电动汽车方面，都离不开锂电池。氢氧化锂作为锂电池的重要战略材料，受碳中和理念的影响，未来前景广阔。

作为生产锂电池正极材料时的锂源，氢氧化锂还可以用于生产三元材料中的高镍正极材料，与新能源汽车行业发展有着密切联系。新能源汽车是我国政策高度重视的行业之一。市场对氢氧化锂的应用需求不断扩大，行业发展势头持续向好。

从出口情况看，我国是全球氢氧化锂的最大生产国，氢氧化锂出口量与金额远大于进口；海外氢氧化锂需求快速增长，导致我国氢氧化锂出口数量呈现出逐年上升趋势。2023 年我国氢氧化锂出口量为 12.995 万吨，较 2022 年增长 39.16%。随着国外需求的上涨，预计未来出口量将会继续呈现上涨态势。

第三章

碳酸锂

China
New Energy Materials
Industry Development Report
2023

中国科学院青海盐湖研究所　魏　明

中国无机盐工业协会锂盐行业分会　郭锦先

第一节
概述

碳酸锂是一种无机化合物，无色单斜系晶体，微溶于水、稀酸，不溶于乙醇、丙酮。用作陶瓷、玻璃、铁氧体等的原料，医学上用以治疗精神忧郁症。锂被称为“推动世界的重要元素”，随着全球清洁能源需求日益高涨，锂的市场地位越发重要。锂产业链见图 3-1。

碳酸锂产业链上游为原材料的采集，主要分为锂矿石、盐湖卤水和回收锂。碳酸锂主要可以分为工业级碳酸锂和电池级碳酸锂。碳酸锂产业中游为氢氧化锂，可以制作成润滑脂，最终用于下游产业的机械装置。

工业级碳酸锂含量为 99%，可以用作于陶瓷釉料、特种玻璃、半导体材料等，还可以用在水泥外加剂中起到促凝作用；电池级碳酸锂含量为 99.5%，主要是用于锂电池。

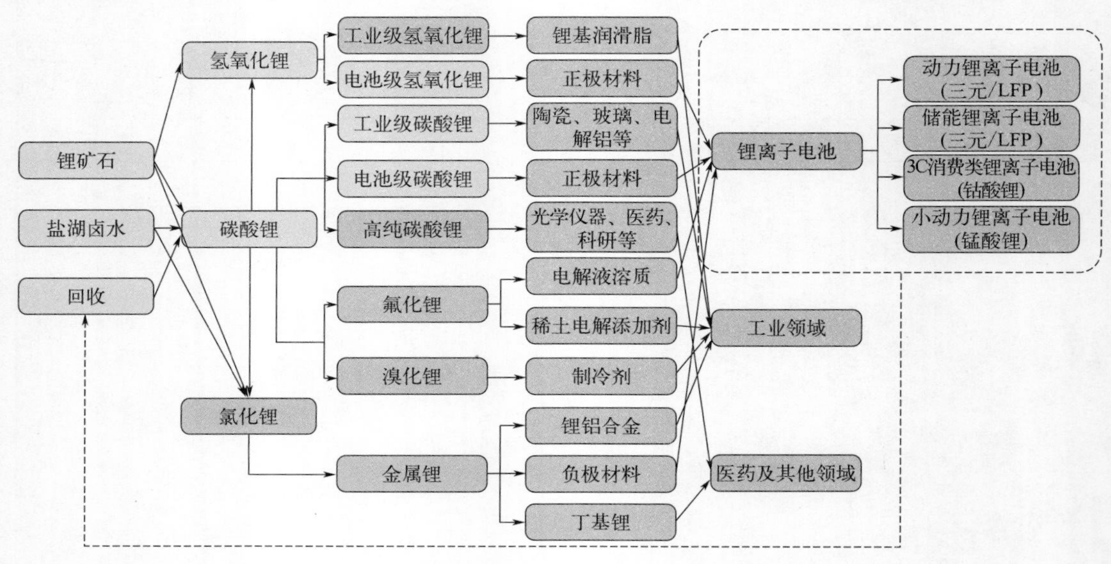

图 3-1　锂产业链示意图

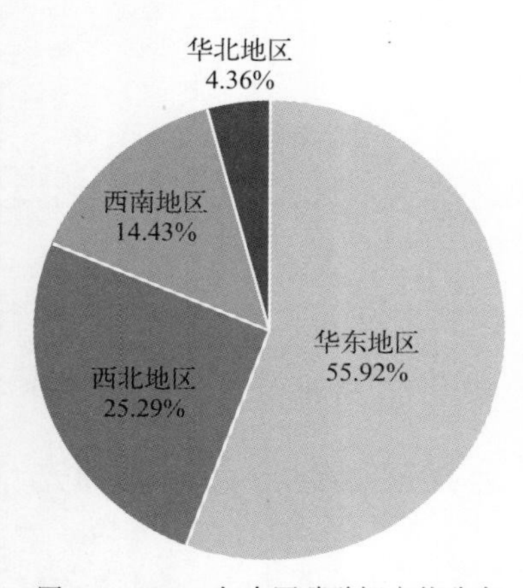

图 3-2　2021 年中国碳酸锂产能分布

中国碳酸锂主产地为华东、西北与西南地区，其中华东地区以江西省为主，江西省拥有丰富的云母矿，故江西省的企业生产原料为锂辉石与锂云母，其中赣锋锂业与宜春银锂拥有锂辉石提锂产线；西北地区青海省拥有丰富的盐湖资源，生产原料为卤水；西南地区四川省拥有锂辉石矿山，生产企业多与澳洲签有矿石长期协议，生产原料为锂辉石。2021 年中国碳酸锂产能分布情况见图 3-2，2009—2022 年中国碳酸锂产量见表 3-1。

表 3-1　2010—2023 年中国碳酸锂产量

年份	产量 / 万吨	同比增长 /%
2010	2.8	27.27
2011	2.6	-7.14
2012	3.5	34.62
2013	3.8	8.57
2014	4.07	7.11
2015	4.2	3.19
2016	5.4	28.57
2017	8.3	53.70
2018	11.6	39.76
2019	15.47	33.36
2020	16.46	6.40
2021	23.4	42.16
2022	32.6	39.32
2023	45.9	40.80

从趋势上看，2017—2023 年，受国家新能源汽车补贴政策支持，锂电池行业快速发展，涌现出一大批生产企业，规模以上企业不断扩能，碳酸锂产能产量随之提升。2018 年开始，我国碳酸锂产能大量释放，年产量突破 10 万吨，2021 年产量超 20 万吨，2023 年产量近 46 万吨，进入高速增长通道。

第二节 市场供需

一、碳酸锂供应分析

近年我国碳酸锂产能增长主要集中在华东、西南和西北地区，上下游一体化发展、产业链配套是扩张的根本原因。随着新进入企业布局，碳酸锂生产地逐渐向四周扩散。

2023 年 6 月 6 日，青海盐湖工业股份有限公司在察尔汗湖区隆重举行 4 万吨 / 年基础锂盐一体化项目开工仪式。总投资 70.98 亿元，分两年建成年产 2 万吨电池级碳酸锂和 2 万吨氯化锂装置。项目采用吸附法提取老卤中的氯化锂，分为盐田及储池、吸附提锂、膜精制浓缩、反应沉锂及氯化锂等五个工艺单元。

2023 年 7 月 2 日，国内单体最大的年产 12 万吨碳酸锂一期项目在新疆若羌县工业园投产，为新疆新能源电池产业链化和集群化发展注入强劲动力。项目总投资 46 亿元，由新疆志存锂业有限公司投资建设，新疆志存新能源材料有限公司隶属于志存锂业集团有限公司。项目于2022年9月开工，以“采矿、选矿、冶炼”产业链均衡配套建设为目标，分两期建设。二期项目建成后，将达到年产12万吨以上的产量，实现销售收入300亿元以上，带动1500人以上的就业岗位。

2023—2026年中国碳酸锂产品供应结构预测情况见表3-2，中国盐湖提锂企业产能及扩产计划见表3-3。

表3-2　2023—2026年中国碳酸锂产品供应结构预测　　单位：万吨

区域	省份	2023年	2024年预测	2025年预测	2026年预测
华东	江西省	35.2	37.2	44.2	44.2
	江苏省	6.55	9.55	9.55	9.55
	山东省	3.1	7.1	7.1	7.1
西南	四川省	8.82	9.82	9.82	9.82
	西藏自治区	1.4	2.6	2.6	15.6
西北	青海省	12.4	16.4	23	23
	新疆维吾尔自治区	6	12	12	12
华北	河北省	3	3	3	3
华中	湖南省	0.5	1.3	1.3	1.3
华南	广东省	0	0	2	2 .00

表3-3　中国盐湖提锂企业产能及扩产计划　　单位：万吨/年

公司名称	资源地	现有产能	规划产能	建设现状
盐湖股份	察尔汗盐湖别勒滩矿区	—	4	盐湖股份最新规划4万吨/年产能，计划2024年建成
蓝科锂业	察尔汗盐湖别勒滩矿区	3	—	吸附+膜装置建成投产
青海汇信	察尔汗盐湖别勒滩矿区	0.15	2	2万吨/年产能在建
藏格锂业	察尔汗盐湖察尔汗矿区	1	—	建成产能1万吨/年，产能规划合计3万吨/年，扩产计划不明确
锦泰锂业	巴伦马海	0.3	0.7	3000吨/年萃取法产线，另有7000吨/年吸附+膜生产线
中信国安锂业	西台吉乃尔盐湖	1+1.5	—	1万吨/年煅烧法产线置换为1.5万吨/年吸附+膜法装置，2023年底建成试车
中信昆仑锂业	西台吉乃尔盐湖	2	—	2万吨/年膜法提锂产线2023年8月达产达标
恒信融锂业	西台吉乃尔盐湖	2	—	向中信国安采购卤水，未能满产
青海锂业	东台吉乃尔盐湖	1	—	青海锂资源提供卤水，代加工模式
青海锂资源	东台吉乃尔盐湖	1	1	整体规划产能2万吨/年，已建成1万吨/年装置
五矿盐湖	一里坪盐湖	1	—	2018年底投产，2022年6月4000吨/年吸附改扩建产线建成

续表

公司名称	资源地	现有产能	规划产能	建设现状
兴华锂盐	大柴旦盐湖	1	—	2016年分批次投产试车，2018年初步建成
金海锂业	大柴旦盐湖	1	—	跟蓝晓科技签约，2022年底建成
金纬新材料	大柴旦盐湖	0.6	—	2022年7月建成试生产，蓝晓科技提供技术
中天硼锂科技	大柴旦盐湖	0.3	1	0.3万吨/年吸附法装置已建成，计划增加1万吨/年吸附+膜装置
精源藏金盐湖	大盐滩	0.3	0.7	0.3万吨/年吸附法装置建成，计划扩至1万吨/年
西藏矿业	扎布耶盐湖	0.5	1.2	一期5000吨/年产能，二期1.2万吨/年碳酸锂2023年底装置建成
藏格矿业	麻米错盐湖	—	5	合计规划10万吨/年产能，一期5万吨/年计划在2024年建成
紫金矿业	拉果错盐湖	—	5	2023年10月，一期2万吨/年电池级单水氢氧化锂项目达到单机试车条件；一期、二期全部建设达产后，预期形成4万～5万吨/年氢氧化锂产能
金圆股份	捌千错盐湖	0.2	0.8	2000吨/年产线建成，规划两个4000吨/年项目正在积极推进中
西藏城投	龙木错	—	7	2023年12月国能矿业提交有关方案，方案确定年产2.5万吨硼砂和7万吨碳酸锂
西藏城投	结则茶卡	0.5	4	蓝晓科技与国能矿业签订委托加工合同，在2023年12月前完成1万吨/年氢氧化锂产能建设
西藏旭升矿业	当雄错盐湖	—	1.5	2023年7月，公司环评第一次公示。环评书中提出，当雄错计划年产电池级单水氢氧化锂12850吨、电池级碳酸锂1912吨。目前，当雄错项目开发仍在积极推进
辰宇矿业	吉布茶卡	—	0.2	2023年4月6日，久吾高科与辰宇矿业采用BOT模式合作开展吉布茶卡盐湖年产2000吨氯化锂中试生产线项目

二、碳酸锂需求分析

锂及锂盐的下游消费领域有新能源汽车、3C数码、储能、玻璃、陶瓷、一次性电池、医药、润滑脂等，其中以新能源汽车领域的动力型锂离子电池为主。据美国地质调查局（USGS）报道，2022年锂产业下游消费中，新能源汽车、3C数码、储能等领域的电池占80%。碳酸锂加热生成氧化锂，对玻璃、陶瓷起助熔、防爆的效果；锂能与氧、氮、硫等强烈反应，充当冶金中的脱氧剂和脱硫剂，清除杂质。

（一）锂离子电池需求

锂离子电池是锂产业最主要的下游，且仍保持高增速。据《中国锂离子电池行业发展白皮书（2024年）》数据显示，2023年，全球锂离子电池总体出货量1202.6GWh，同比增长 25.6%，增幅相对于 2022 年已经呈现大幅度下滑。从出货结构来看，2023 年，全球汽车动力电池（EV LIB）出货量为 865.2GWh，同比增长 26.5%；储能电池（ESS LIB）出货量 224.2GWh，同比增长 40.7%；小型电池（SMALL LIB）出货量 113.2GWh，同比下滑 0.9%。

中国市场来看，2023 年，中国锂离子电池出货量达到 887.4GWh，同比增长 34.3%，在全球锂离子电池总体出货量的占比达到 73.8%，出货量占比继续提升。

据相关机构预计，全球锂离子电池出货量在 2025 年和 2030 年将分别达到 1926.0GWh 和 5004.3GWh，考虑到包括液流电池、钠离子电池等电池技术的产业化进展超预期，可能在部分领域部分取代锂离子电池。另外，2023 年全球经济的不景气也影响到了消费电子、小动力等传统锂电池应用市场。随着新能源汽车及储能在锂产业下游中占比的逐渐提高，传统领域的占比将进一步缩小。汽车动力电池目前仍是锂产业消费主力，但随着新能源汽车渗透率的逐渐提高，动力电池耗锂仍将保持高增速但增速将有所放缓。储能将成为锂产业消费新的增长点。

（二）新能源动力电池需求

中国新能源汽车产销高速增长。据中国汽车工业协会统计分析，2023 年我国新能源汽车产销分别完成 958.7 万辆和 949.5 万辆，同比分别增长 35.8% 和 37.9%，市场占有率达 31.6%。

新能源汽车的快速增长在数据上得到了充分体现。2023 年全年产销突破 900 万辆，市场占有率超过 30%，意味着新能源汽车产业仍然在“加速跑”，朝着年销千万量级迈进，不断为经济高质量发展激发新动能。

推动经济社会发展绿色化、低碳化是实现高质量发展的关键环节。为实现“双碳”目标，2023 年 12 月份发布的《汽车产业绿色低碳发展路线图 1.0》中提出，汽车产业力争于 2030 年前达到碳排放峰值，之后通过持续努力，支撑碳中和目标如期实现。

2023 年，结合商务部提出的“2023 消费提振年”工作安排，“百城联动”汽车节和“千县万镇”新能源汽车消费季活动纷纷开展，成果显著。近 70 款热门车型叠加购车补贴进一步释放新能源汽车的消费需求。此外，各地充电基础设施建设加快，以更好地支持新能源汽车下乡和乡村振兴。

我国一直致力于推动绿色能源低碳转型，为新能源汽车产业提供全方位支持。2024 年 1 月 11 日发布的《中共中央 国务院关于全面推进美丽中国建设的意见》中提到，“统筹推进重点领域绿色低碳发展。到 2027 年，新增汽车中新能源汽车占比力争达到 45%，老旧内燃机车基本淘汰”。

2024 年开年，多地政策继续发力，为消费提供便利。例如发放针对汽车、家电等实物商品的消费券，稳定汽车、住房等大宗消费。在不久前的国新办发布会上，国家发展改革委相关负责同志表示，将会同有关部门抓紧完善政策，积极扩大新能源汽车消费，推动产业高质量发展。重点是“三个加快”：一是加快优化促进新能源汽车消费的政策措施，深入开展新能源汽车下乡活动，大力推动公共领域车辆电动化。二是加快推动新能源汽车技术创新，提升电动化智能化技术水平。三是加快构建高质量充电基础设施体系，不断优化完善充电网络布局，为新能源汽车产业发展提供有力支撑。

（三）储能电池需求

储能是配合光伏、风电等新能源发展、调节用电峰谷的重要举措。国家发展改革委、国家能源局发布的《关于加快推动新型储能发展的指导意见》提出，2025 年国内将实现新型储能装机规模 30GWh 以上。电化学储能尤其是锂离子电池具有能量密度高、循环性好、灵活性强等特点，成为新型储能的主要方式。

国家能源局数据显示，截至 2023 年底全国已投运装机超 3000 万千瓦。截至 2023 年底，全国已建成投运新型储能项目累计装机规模达 3139 万千瓦 /6687 万千瓦时，平均储能时长 2.1 小时。2023 年新增装机规模约 2260 万千瓦 /4870 万千瓦时，较 2022 年底增长超过 260%，近 10 倍于“十三五”末装机规模。

从投资规模来看，“十四五”以来，新增新型储能装机直接推动经济投资超 1 千亿元，带动产业链上下游进一步拓展，成为我国经济发展“新动能”。

从区域发展来看，华北、西北地区新型储能发展较快，装机占比超过全国 50%，其中西北地区占 29%，华北地区占 27%。

从技术层面来看，新型储能新技术不断涌现，技术路线“百花齐放”。锂离子电池储能仍占绝对主导地位，压缩空气储能、液流电池储能、飞轮储能等技术快速发展，2023 年以来，多个 300 兆瓦等级压缩空气储能项目、100 兆瓦等级液流电池储能项目、兆瓦级飞轮储能项目开工建设，重力储能、液态空气储能、二氧化碳储能等新技术落地实施，总体呈现多元化发展态势。截至 2023 年底，已投运锂离子电池储能占比 97.4%，铅炭电池储能占比 0.5%，压缩空气储能占比 0.5%，液流电池储能占比 0.4%，其他新型储能技术占比 1.2%。

从应用场景来看，新型储能多应用场景发挥功效，有力支撑新型电力系统构建。一是促进新能源开发消纳，截至 2023 年底，新能源配建储能装机规模约 1236 万千瓦，主要分布在内蒙古、新疆、甘肃等新能源发展较快的省区。二是提高系统安全稳定运行水平，独立储能、共享储能装机规模达 1539 万千瓦，占比呈上升趋势，主要分布在山东、湖南、宁夏等系统调节需求较大的省区。三是服务用户灵活高效用能，广东、浙江等省工商业用户储能迅速发展。

（四）磷酸铁锂电池耗锂需求

磷酸铁锂生产工艺有固相法、液相法，原料都是碳酸锂、磷酸铁。原料碳酸锂的价格与磷酸铁锂价格高度相关，通过测算 2021 年到 2023 年 7 月的数据，可发现动力型磷酸铁锂价格与电池级碳酸锂价格的相关系数为 0.9925，储能型磷酸铁锂价格与工业级碳酸锂价格的相关系数为 0.989，而磷酸铁锂价格与磷酸铁价格相关度并不高。

在动力市场方面，除成本优势外，铁锂电池结构技术突破及材料体系技术的提升，突破铁锂电池能量密度瓶颈，可适配车型范围扩大；安全性和循环寿命较高，使得磷酸铁锂的需求量稳步提升，其主导地位有望进一步巩固。

1GWh 磷酸铁锂动力电池需耗磷酸铁锂 2200 ～ 2500 吨。1 吨磷酸铁锂需耗 0.25 吨碳酸锂。1GWh 磷酸铁锂电池需耗电解液 1400 吨左右，1 吨碳酸锂可制 32 吨电解液，故 1GWh 磷酸铁锂电池的电解液需耗碳酸锂约 43.75 吨。所以铁锂电池对锂的需求还是可观的。

2023 年国内磷酸铁锂产量约为 127.2 万吨，增速约为 29%，近四年整体增速分别为 61%、181%、137% 和 29%。2023 年国内磷酸铁锂电池的产量为 403.40GWh，同比增长 31%。

（五）三元电池耗锂需求

三元电池正极材料（简称“三元材料”）指的是镍钴锰酸锂正极材料 NCM。镍钴锰不同比例可制出不同类型三元材料，镍锰等量的三元材料有 NCM424、NCM111；高镍的三元材料有 NCM523、NCM622、NCM721、NCM811。

磷酸铁锂正极需耗碳酸锂，而三元材料正极根据类型不同对碳酸锂或氢氧化锂需求有所差异。NCM811 需耗电池级氢氧化锂，NCM622 和 NCM523 既可耗用电池级氢氧化锂也可耗用电池级碳酸锂。根据历史价格测算，动力型 NCM811 三元材料价格与电池级氢氧化锂相关度更高，相关系数达 0.9847；NCM622、NCM523 与电池级碳酸锂相关度更高，相关系数均在 0.95 以上；而氢氧化锂和碳酸锂相关系数达 0.9883，高镍三元材料企业通过碳酸锂套保也可管理风险。

除中国市场外，海外动力市场仍以三元材料路线为主。因 2023 年欧美动力市场车销表现不及预期，叠加中国市场铁锂应用比例显著提升，全球三元材料占比在 2023 年下滑。近年，多家海外车企及电池出于制造成本考虑，陆续加码磷酸铁锂布局，如 LG、SK、现代等企业，未来海外磷酸铁锂渗透率有望进一步提升。综合影响下，远期三元材料占比虽具下降预期，但仍然占有一定的市场份额。

国内三元材料从实物产量来看以 NCM523、NCM622、NCM811 为主。高镍三元材料占比逐渐提高：NCM523 占比从 45% 降到 28%，NCM622 占比从 17% 升到 21%，NCM811 占比从 35% 升到 43%。三元材料进出口相对国内产量比例较小。

不同类型三元材料耗碳酸锂量有所差异，1GWh 三元材料耗碳酸锂 590 ～ 765 吨。1GWh 三元电池需耗电解液 800 ～ 900 吨左右，1 吨碳酸锂可制 32 吨电解液，故 1GWh 三元电池电解液平均需耗碳酸锂 26.56 吨。

2023 年国内三元材料产量约为 62.3 万吨，增速约为 -5%，近四年整体增速分别约为 11%、96%、55% 和 -5%；2023 年国内三元电池产量为 280.98GWh，同比下滑 2%。

（六）磷酸锰铁锂电池需求

磷酸锰铁锂与磷酸铁锂结构类似，同属于橄榄石结构的锂过渡金属磷酸盐，具有无毒无污染、安全性能好、寿命长、耐过充的优点，同时 Fe、Mn 储量丰富、价格便宜，具有较好的商业价值。工艺上，磷酸锰铁锂制备可在磷酸铁锂的工艺路径上延续，包括固相法与液相法，固相法工艺相对简单，是目前主流的大批量合成方法。磷酸锰铁锂电子电导率低，改性是规模化应用的关键。性能上，一方面磷酸锰铁锂是磷酸铁锂的升级路线，能量密度提升；另一方面磷酸锰铁锂可与三元材料掺混，较纯三元电池具有更好的安全性能。成本上，磷酸锰铁锂的单瓦时成本与磷酸铁锂持平，较三元电池成本优势显著。

应用方式上，磷酸锰铁锂可以选择单独作为正极，替换磷酸铁锂；或者与三元材料共同使用，以一定比例掺杂。掺入磷酸锰铁锂可使得其他锂电池材料具备更佳的安全性能与循环寿命，同时，磷酸锰铁锂具有价格优势，形成的复合材料相比于单独使用其他锂电池正极材料能够降低成本。预计未来在磷酸锰铁锂产业链成熟实现量产后，有望在动力和两轮车市场对磷酸铁锂材料实现快速替代，同时与三元材料掺混使用。

磷酸锰铁锂相对于磷酸铁锂：兼顾安全性能的同时，实现能量密度、低温性能的提升。但压实密度低，循环及快充性能表现更差。

磷酸锰铁锂相对于三元材料：安全性能更高，成本优势显著，理论循环寿命更高。但能量密度、低温性能及倍率表现都较三元材料更为弱势。

目前，磷酸锰铁锂电池已处于量产在即的阶段。头部电池企业已争相布局，如宁德时代的 M3P 电池，预期将上车改款 Model 3，这也将进一步催化磷酸锰铁锂的产业化进程。预计到 2027 年全球 LMFP 的市场需求达 100.4 万吨，对应市场空间超 500 亿元。

第三节 工艺技术

目前提锂工艺主要有卤水提锂工艺、锂辉石提锂工艺和锂云母提锂工艺。

一、卤水提锂工艺

盐湖提锂的核心在于高效提锂技术的产业化。由于盐湖特征不同，国内的盐湖提锂技术很难借鉴国外技术，经过 20 年的摸索探究，国内的盐湖提锂技术已经属于全球领先水平。目前，国内盐湖卤水资源主要分布在青海、西藏。其中，青海较大的锂盐湖有察尔汗盐湖、一里坪盐湖、东台吉乃尔盐湖、西台吉乃尔盐湖等；西藏较大的锂盐湖包括扎布耶盐湖、结则茶卡和龙木错盐湖等。盐湖提锂技术路线需要因湖制宜，针对不同盐湖特征，国内已开发出离子交换吸附法、溶剂萃取法、电渗析膜分离法、固相 - 煅烧法、太阳池梯度法、电化学法等提锂技术。卤水提锂工艺简介见表 3-4。

表 3-4 卤水提锂工艺简介

序号	卤水提锂技术	对应盐湖区	特点
1	碳酸盐沉淀法	阿塔卡玛盐湖（碱土金属含量低，镁锂比 6.2：1）	过程简单、能耗小、成本低
2	固相 - 煅烧法	西台吉乃尔盐湖（镁锂比 61：1）、美国大盐湖	成品品质好，综合利用盐湖资源，但需要蒸发较多的水分，工艺能耗较高，对设备腐蚀严重
3	溶剂萃取法	青海大柴旦盐湖	工艺简易可行，但需要处理的卤水量大，对设备的腐蚀性较大
4	电渗析膜分离法	青海东台吉乃尔盐湖（镁锂比 37：1）、一里坪盐湖	环保、经济实用，但也同时面临膜堵塞、耗材膜成本较高的困扰

续表

序号	卤水提锂技术	对应盐湖区	特点
5	太阳池梯度法	西藏扎布耶盐湖（碳酸盐型低镁锂比）	工艺简单，成本低，但适用性窄，盐田和太阳池有渗漏风险，锂回收率低
6	离子交换吸附法	青海察尔汗盐湖（镁锂比1800：1）	工艺简单，回收率高，选择性好，环保，但因流动性、渗透性差，容损率大
7	电化学法	西藏捌千错盐湖	可解决传统沉淀法只能用于低镁锂比盐湖的问题，成本较低，但反应效率有待进一步提高

对于最环保与成本最低的卤水提锂工艺，中国尚需持续的技术攻关以克服中国的高镁锂比难题，使碳酸锂主含量稳定在99.5%以上，钾、镁等杂质离子稳定在低含量水平。经过几年的发展，青海地区碳酸锂品质逐渐提升，可以达到“准电碳”级别，在磷酸铁锂市场的应用中也逐渐被接受。更关键的一点，矿石提锂可一步法制取氢氧化锂，且单耗相对制备碳酸锂要低；卤水提锂制备氢氧化锂需要先生产碳酸锂，再进行转化，无形之中增加了制备成本。因此在未来高镍三元材料规模化投产的形势下，能够一步低成本制取氢氧化锂就显得更为关键。

二、锂辉石提锂工艺

锂辉石提锂工艺发展已较成熟，锂回收率较高，且入行门槛较低，主流技术企业正通过技改持续提高回收率及扩大产能。随着卤水和锂云母在电池级碳酸锂市场具备成本优势，未来锂辉石提锂主要用于生产氢氧化锂。从大型锂盐工厂的未来产能规划中可以看出，我国氢氧化锂产能布局仍在加大，锂辉石提锂占比仍将占据主导地位。锂辉石提锂工艺简介见表3-5。

表3-5　锂辉石提锂工艺简介

序号	锂辉石提锂技术	优势	劣势
1	煅烧-硫酸浸取法	回收率高（90%），技术成熟	使用较多硫酸，流程长，工艺能耗较高，并不针对所有锂矿石
2	硫酸盐混合烧结法	具有通用性，能分解所有的锂矿石	消耗大量的钾盐，导致生产成本较高、产品也常被钾污染
3	碳酸钠加压浸出法	省掉产品洗涤和析钠工序，简化操作	对汽、电设备可靠性要求高
4	石灰石焙烧法	适用于分解几乎所有的锂矿物	浸出液中锂含量低，蒸发能耗大，锂回收率较低，设备维护难

三、锂云母提锂工艺

锂云母提锂工艺简介见表3-6。

表 3-6　锂云母提锂工艺简介

序号	企业	锂云母提锂技术
1	永兴材料	复合盐低温焙烧 + 固氟技术 + 隧道炉
2	江特电机	硫酸钠钾混合盐焙烧 + 以氟硅酸盐及氟化钙的形式稳定存在 + 回转炉
3	南氏锂电	复合盐焙烧 + 回转炉
4	飞宇新能源	精矿 - 焙烧 - 硫酸锂母液 - 碳酸锂 / 氢氧化锂

2021 年，宁德时代、国轩高科两大动力电池巨头先后落子宜春，业内也将视线重新聚焦到锂云母资源上。锂云母提锂是我国结合实际矿产情况研发的。江西宜春地区有着世界上最大的锂云母矿，储量丰富，已探明氧化锂储量 260 万吨（折合 630 万吨 LCE），并可以露天开采。锂云母提锂的生产企业多就近布局选矿厂，并可以从原矿到尾渣实现综合提取利用，以此降低综合生产成本。在新一轮动力电池密集扩产，锂需求增长超级周期下，兼具资源、成本优势的锂云母，被视为中国锂资源供应的重要补充。

目前永兴材料、江特电机、南氏锂电主要采用复合盐低温焙烧法，飞宇新能源则是采用锂云母矿高温焙烧，通过制成锂母液制备碳酸锂。

锂云母提锂大规模生产仍然存在挑战，主要有两个难点，一是选矿难度大，收益比较低；二是环保限制，包括固氟问题和废渣处理问题。目前行业对于副产品和废渣的处理主要是以下三种方式：①钽铌锡直接出售，可应用于国防、航空航天、电子计算机等领域；②长石作为玻璃和陶瓷原料销售，宜春是中国第二大陶瓷基地，对长石需求量非常大，是长石巨大的消纳市场，同时进一步探寻新增应用领域；③冶炼渣主要供给水泥厂，或作为青砖出售，也可提取铷铯盐。

第四节 发展建议

1. 大力提高勘查力度，提高锂资源储备

随着国外将锂资源战略地位的提升，国内锂资源供应将更为紧张。中国需要降低对锂战略金属的进口依赖性，勘探开发国内锂资源仍是当务之急。建议加强锂资源重点成矿带勘查力度，加大勘查投入，实现找矿突破，提高资源保障能力。

2. 提锂技术再提升

从“能采出锂”到“高效提锂”，锂矿企业已全面走向高质量发展阶段。以盐湖提锂企业为例，各家都希望通过改进提锂母液回收等技术，从而保证回收率稳步提升，资源端谋求技术升级的预期或为提锂技术产业带来更多业务机会。

3. 提高盐湖提锂综合利用技术

盐湖提锂技术取得了重大突破，逐步实现了规模化生产。在现有的盐湖提锂生产中，多半企业只利用了重锂资源，其他资源全部返回盐湖，盐湖其他元素未能综合利用。综合利用开发盐湖资源、建立完整的产业体系迫在眉睫。

4. 加快废旧电池回收装置建设，提高锂资源回收率

近年来锂电池和新能源热度不减，废旧电池循环利用企业也逐渐兴起。大力发展废旧电池回收利用，建立高质量回收体系队伍，也是行业必须承担的生态环保责任，更是一种补充锂资源不足的重要手段。

第四章

磷酸铁锂

China
New Energy Materials
Industry Development Report
2023

四川大学化工学院　郭孝东

第一节
概述

磷酸铁锂（LFP）是广泛应用于新能源汽车和储能等领域的锂离子电池正极材料之一，其循环寿命和安全性能优于三元材料、钴酸锂和锰酸锂材料。正极材料性能指标对比见表 4-1。

表 4-1　正极材料性能指标对比

指标	磷酸铁锂	三元材料	钴酸锂	锰酸锂
理论克容量 /（mAh/g）	170	278	274	148
实际克容量 /（mAh/g）	145 ～ 155	155（111 系） 165（523 系） 180（622 系） 200（811 系） 205（NCMA 系）	140（4.2V） 165（4.35V） 175（4.4V） 185（4.5V） 215（4.6V）	105 ～ 115
压实密度 /（g/cm^3）	2.40 ～ 2.64	3.5	4	2.9
电压平台 /V	3.2	3.6	3.85	3.7
循环寿命（次数）	＞ 5000	1000 ～ 2000	1000	500 ～ 800
安全性	高	一般	一般	一般
价格	低	高	很高	低
烧结过程	800℃，10h	950℃（低镍） 750℃（高镍）	650℃，5h 950℃，10h	800℃，20h
掺杂 / 包覆	钛、碳包覆	铝、钛、锆	铝、镁、锆	铝、镁、锆
烧结气氛	氮气保护	空气（低镍） 氧气（高镍）	空气	空气

磷酸铁锂正极在部分性能指标方面存在一些不足，例如电压平台、压实密度和克容量相对较低，导致其质量能量密度和体积能量密度较低。然而，由于磷和铁资源丰富且价格低廉，磷酸铁锂材料的生产成本显著低于三元材料和钴酸锂材料，因此在对成本敏感的领域中具有一定优势。在循环寿命方面，磷酸铁锂正极则相较同样成本较低的锰酸锂正极有明显优势。磷酸铁锂正极主要性能指标见表 4-2。

表 4-2　磷酸铁锂正极主要性能指标

名称	项目	指标
化学成分	$Li_xFe_yMe_zPO_4/C$	0.95 ＜ x ＜ 1.10
	Li	3.85% ～ 4.5%
	Fe	30% ～ 32%
	Li/Fe（摩尔比）	0.95 ～ 1.1
物理性能	克容量 /（mAh/g）	145 ～ 155
	充放电次数	＞ 5000

续表

名称	项目	指标
物理性能	平均粒径 /μm	2 ～ 3
	振实密度 /(g/cm^3)	＞ 1.2
	比表面积 /(m^2/g)	＜ 15
	X 射线衍射	对照 JCDS 标准，杂相＜ 1%
电化学性能	1C 放电容量	＞ 145mAh/g，5000 个循环容量衰减小于 20%
粒度分布	正态分布	D_{50}=2 ～ 5μm，D_{10} ＞ 0.85μm，D_{90} ＜ 10μm
技术质量指标	外观	灰黑色粉末，无结块

据统计，2022 年中国磷酸铁锂产量合计为 119.60 万吨，同比增长 152.60%，2023 年 1—6 月 54 万吨，同比增长 57%。2022 年湖南裕能、德方纳米产量均实现翻倍增长，但融通高科、湖北万润、安达科技、圣钒科技、江西升华、丰元股份等企业增速更快，部分实现三倍以上增长，具体见表 4-3。

表 4-3　2014—2022 年中国磷酸铁锂材料产量

年份	产量 / 吨	同比增长 /%
2014 年	12000	
2015 年	38000	216.67
2016 年	73600	93.68
2017 年	79558	8.10
2018 年	85671	7.68
2019 年	104186	21.61
2020 年	163565	56.99
2021 年	473480	189.48
2022 年	1196000	152.60

从趋势上来看，2015—2020 年，我国磷酸铁锂产量波动较大，但整体呈现稳步增长态势。2021 年以来，下游新能源汽车快速发展和渗透，加之补贴结束前的需求带动我国磷酸铁锂产量快速增长。随着补贴政策收紧，新能源汽车短期将回归市场竞争，短期镇痛或在一定程度上影响磷酸铁锂产量，但整体电动化大趋势背景下，磷酸铁锂需求将持续增长。

从消费结构上来看，我国磷酸铁锂材料约 55% 用在了动力电池领域，约 19% 用在了储能电池领域，其他为维修售后、电动两轮车、船舶、库存等，见图 4-1。

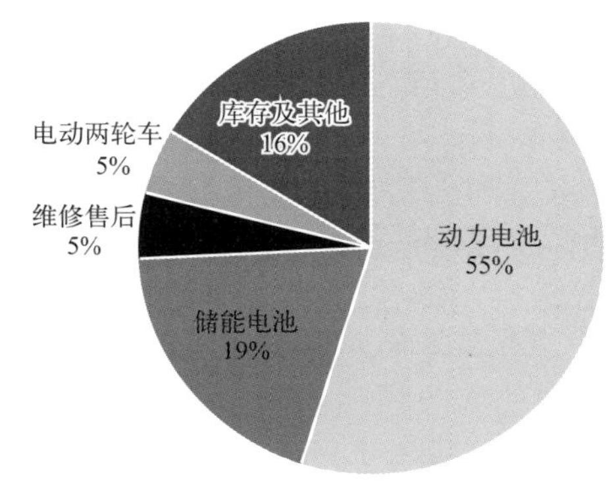

图 4-1　2022 年我国磷酸铁锂材料消费领域

2022 年湖南裕能出货量 32.39 万吨，市场份额 28.4%；德方纳米出货量 17.20 万吨居于次席，市场份额 15.1%（图 4-2）；2023 年上半年湖南裕能的市场占有率在 20% ～ 30%，德方纳米市场占有率 10% ～ 20%。湖南裕能与德方纳米两家产量明显领先于其他企业，形成双龙头格局。

截至 2022 年，磷酸铁锂的应用仍然以中国电池企业为主，全球占比超过 90%，海外电池企业的产品围绕在三元电池上。不过，根据各企业规划，未来 LG 新能源（LGES）、SK On、三星 SDI 等海外电池厂都有计划进入磷酸铁锂电池领域，进行业务拓展，磷酸铁锂材料的应用将从国内走向全球。

具体到企业来看，宁德时代和比亚迪两家电池厂消耗了磷酸铁锂材料超过 70% 的份额，除此之外，中创新航、国轩高科、欣旺达、亿纬锂电等企业对磷酸铁锂的消耗量也较大，具体见图 4-3。

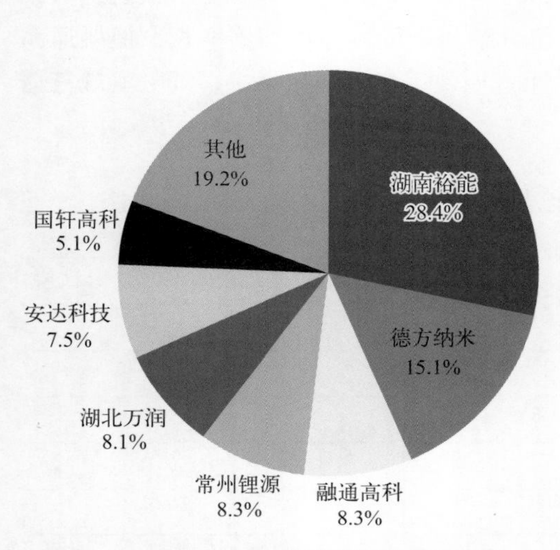

图 4-2 2022 年我国磷酸铁锂企业市场份额

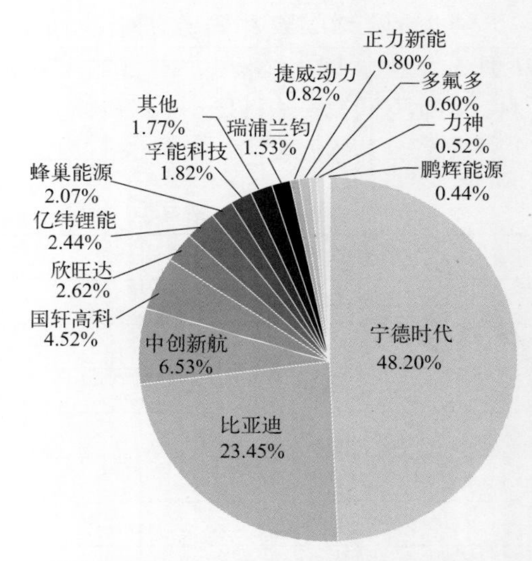

图 4-3 2022 年中国磷酸铁锂电池企业份额

第二节 市场供需

一、磷酸铁锂材料供应分析

由于拥有丰富的磷、铁资源，磷酸铁锂的生产企业主要集中在中国。根据统计，截至 2022 年底，我国磷酸铁锂材料的可利用产能约为 300 万吨 / 年，产能主要集中在湖南、云南、四川、湖北等中西南地区。

2020 年以来，伴随着磷酸铁锂需求大幅增长，产品供不应求现象明显，良好的需求前景吸引了一大批企业投入资金扩建磷酸铁锂产能。截至 2023 年 7 月底，公开统计的磷酸铁锂投扩建产能达到 267 万吨 / 年，实际扩产规模见表 4-4。

表 4-4　中国主要磷酸铁锂企业扩产规模

生产企业	规划新增产能 /（万吨 / 年）	实际投产时间
厦门厦钨新能源材料	10	2023 年 7 月
桑顿新能源	2	2023 年 9 月
四川发展龙蟒	10	2023 年 9 月
龙佰集团	5	2023 年 11 月
金浦钛业	5	2023 年 12 月
湖北万润新能源	5	2023 年 5 月
贵州安达科技能源	11	2023 年 11 月
湖北融通高科先进材料	8	2023 年 12 月

二、磷酸铁锂材料需求分析及预测

磷酸铁锂材料主要应用于新能源汽车、储能、电动两轮车、叉车、船舶等领域。

（一）新能源车市场需求

2020 年 11 月 2 日，国务院办公厅印发《新能源汽车产业发展规划（2021—2035 年）》，要求 2025 年新能源车产销要达到新车销售总量的 20% 左右。根据中国汽车工业协会统计，2021 年和 2022 年国内汽车销量分别为 2627.5 万辆和 2686.4 万辆，其中，2022 年新能源汽车销售量为 688.7 万辆，占新车销售总量的 25.6%，提前 3 年达到规划目标。预计到 2025 年新能源汽车的市场渗透率有望达到 60% 以上。新能源销售量具体数据见图 4-4。

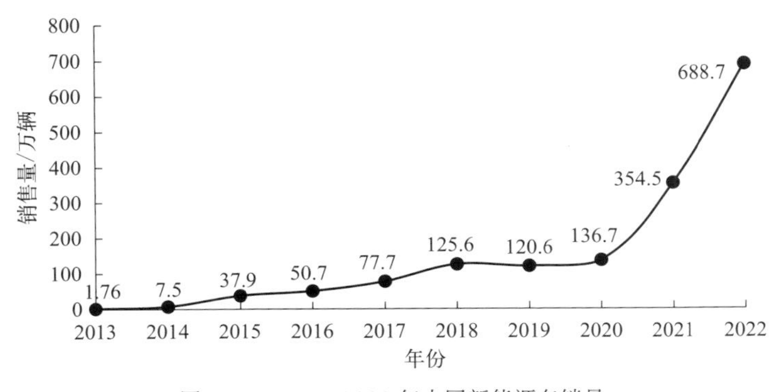

图 4-4　2013—2022 年中国新能源车销量

可以看到，2018—2020 年国内新能源车销量保持平稳趋势，全年销量稳定在 130 万辆左右。不过，从新能源车上险数据来看，2020 年私人购买数量占比增加较快，下滑主要是商用领域饱和所致，从特斯拉 Model 3、小鹏 P7、比亚迪汉等车型持续走热可以看到，私人对于新能源车的认可度在迅速提升，往年靠补贴拉动销量的时代已经过去。2021 年全年新能源汽车销量达到 354.5 万辆，同比增长 159.3%。

同时，插电式混合动力汽车（PHEV）作为过渡车型，随着各城市对插混车型不再给予牌照或补贴，未来的市场份额预计会逐渐减少，纯电动乘用车占比上升，可以预见的是，未来新能源单车带电量将持续保持增长势头，至 2025 年单车带电量将从目前的 44.3kWh 增长至 61kWh，单车续航将普遍突破 600 公里，更加符合消费者需求。不过，由于 2020 年新出的 A00 级小车进入市场销售，抢占了原有的老年代步车市场份额（年需求量 100 万辆），2021—2023 年 A00 级小车销量分别为 89.9 万辆、107.8 万辆和 94.6 万辆，由于 A00 级小车带电量平均仅 14kWh 左右，拉低了整体新能源车单车带电量，预计未来单车带电量走势如图 4-5 所示。

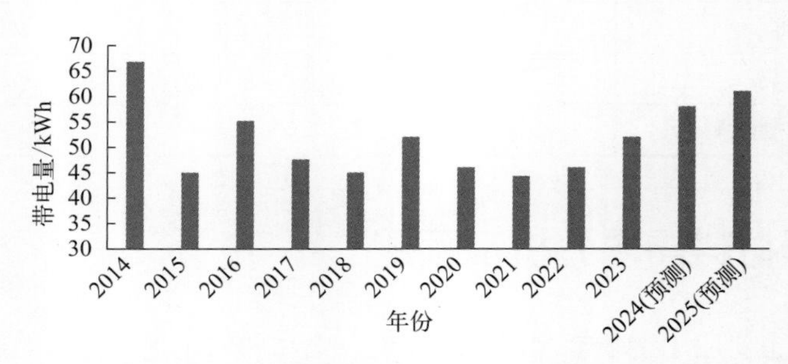

图 4-5 2014—2025 年中国新能源车单车带电量及预测

从海外市场来看，2022 海外市场新能源车产量（图 4-6）达到 392.9 万辆，其中欧洲市场 251.3 万辆，美国市场 80.7 万辆，主要由欧洲市场所拉动。根据最新规划，预计至 2025 年海外新能源车产销量将达到 950 万辆。

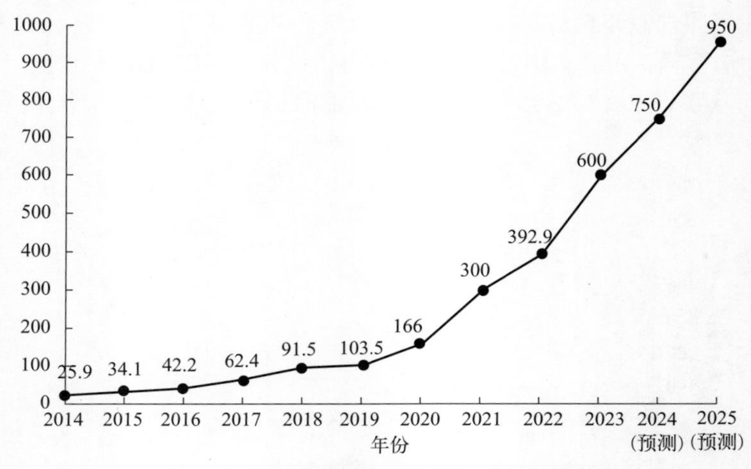

图 4-6 2014—2025 年海外新能源车产量及预测

在车型对于电池体系的选择方面，2020 年以来中国市场风向出现了明显转变，磷酸铁锂电池由于成本优势突出，市场份额持续增加，2022 年磷酸铁锂电池装机量占比超过 60%，2023 年上半年磷酸铁锂装机量占比约 65.1%。与此同时，海外电池企业如 LGES、三星 SDI、SK On 在 2020 年开始已经计划进入磷酸铁锂电池领域，2022—2023 年也陆续进入磷酸铁锂电池的生产领域，预计海外市场铁锂电池的装机份额也将逐渐开始提升，到 2025 年市场份额提高到 20% 可能性较大。综上所述，预计未来 5 年铁锂电池需求量仍将保持快速增长势头。2019—2025 年新能源汽车对铁锂材料需求及预测见表 4-5。

表 4-5　2019—2025 年新能源汽车对铁锂材料需求及预测

年份	国内装机量 /GW	LFP 装机量 /GW	海外装机量 /GW	海外 LFP 装机量 /GW	LFP 装机合计 /GW	LFP 材料用量 / 万吨
2019 年	62.71	20.2	48.27	0	20.2	4.95
2020 年	59.8	22.2	68.60	0	22.2	5.44
2021 年	155.05	77.525	128.51	0	77.525	18.99
2022 年	253	151.8	204.71	4.09	155.89	38.19
2023 年	326.3	253.5	379.2	15.41	268.905	65.88
2024 年	551	374.68	435.00	52.20	426.88	104.59
2025 年	732.00	512.4	624.15	124.83	637.23	156.12

整体来看，预计到 2025 年，全球车用铁锂电池需求量将达到 637.23GWh，对应磷酸铁锂材料需求量为 156.12 万吨。

（二）储能市场需求

完整的电化学储能系统主要由电池模组、电池管理系统（BMS）、储能变流器（PCS）、能量管理系统（EMS）以及其他电气设备构成。电池模组是储能系统最主要的构成部分；电池管理系统主要负责电池的监测、评估、保护以及均衡等；能量管理系统负责数据采集、网络监控和能量调度等；储能变流器可以控制储能电池组的充电和放电过程，进行交直流的变换。具体见图 4-7。

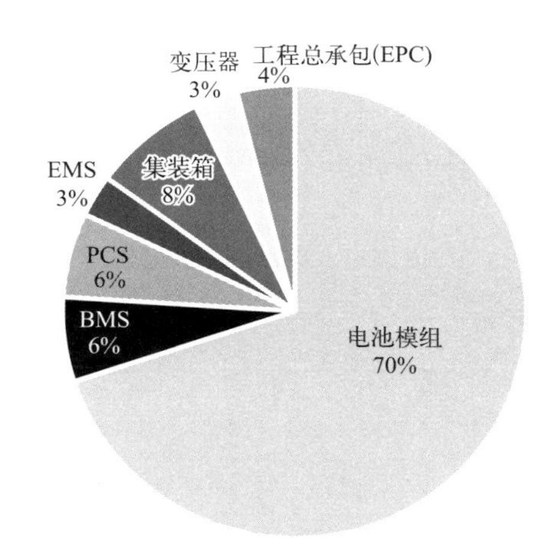

图 4-7　电化学储能系统建设成本构成（2022 年）

从储能系统成本结构来看，电池系统成本占比 60% ～ 70%。目前国内铁锂储能电池电芯价格在 0.4 ～ 0.6 元 /Wh；而液流电池成本一般是锂电池成本的 2 倍，主要因为原料五氧化二钒价格高，目前国内五氧化二钒价格高达 12 万元 / 吨，历史最高价曾到达 60 万元 / 吨。

铅酸电池价格虽然较铁锂电池价格略低，但从性能上来看，磷酸铁锂电池的优势在于循环寿命远高于铅酸电池，铅酸电池的循环寿命约 1000 ～ 1200 次，磷酸铁锂电池循环寿命 7000 ～ 10000 次（衰减至 70%）。以循环 7000 次计算，需更换铅酸电池约 6 次，而磷酸铁锂电池不需更换。目前磷酸铁锂电池价格组装成电池模组（pack）之后约 0.9 元 /Wh，磷酸铁锂电池价格仅为铅酸电池 2 倍，见图 4-8。

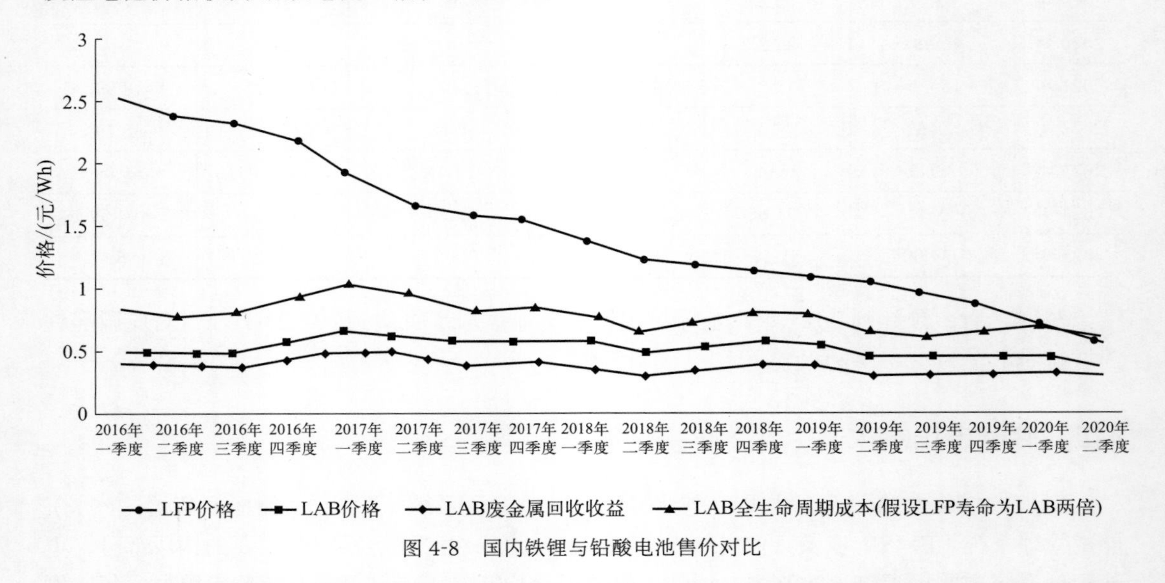

图 4-8　国内铁锂与铅酸电池售价对比

经过测试，每座 5G 基站全新铁锂电池每天可进行 2 次完整的峰 - 平 - 谷切换，可节省电费 1.04 万元 / 年。

国内铅酸电池与 LFP 锂电池性能对比见表 4-6。

表 4-6　国内铅酸电池与 LFP 锂电池性能对比

类型	铅酸电池	LFP 锂电池
充放电次数	1000 ～ 1200 次	7000 ～ 10000 次（衰减至 70%）
待机寿命	浮充 8 年	10 年（半电保存，不可浮充）
能量密度	28 ～ 40Wh/kg	170 ～ 180Wh/kg
价格	0.4 ～ 0.5 元 /Wh	0.4 ～ 0.6 元 /Wh
回收	回收率 90% 以上，残值高	发展较快，但机制尚不健全，回收率仍偏低（约 40%）
其他特点	技术成熟，工作温度范围大、能浮充、常压或低压设计，安全性能好、浅充浅放电性能优异、工作电压高、大电流深度放电性能差	无记忆效应、可大电流深度放电、适用于调峰、浮充需要单独设置 BMS 以达到浅充浅放效果

2018 年以来，我国电化学储能市场快速增长，2018—2022 年电化学储能装机量分别为 1.07GW、3.27GW、5.51GW、11GW、20.9GW，需求扩张明显，见图 4-9。

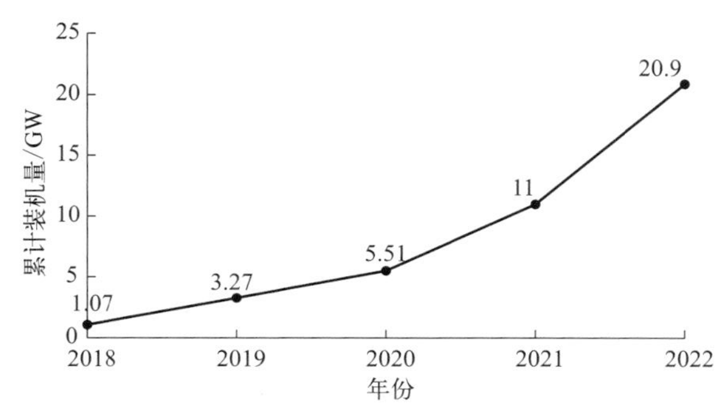

图 4-9　2018—2022 年中国电化学储能装机量

随着锂电池价格继续下降，进入 2020 年，国内新招标的基站储能、风电项目等均已明确表示不再使用铅酸电池，预计未来几年锂电池占比仍然将继续上升，接近 100%。在国内电网侧改革及政策支持下，我国储能增长势头迅猛，年均增长速度明显快于新能源车领域增长速度。

整体来看，预计到 2025 年底，电化学储能的市场装机规模将接近 228.4GWh，其中绝大部分为磷酸铁锂电池。对应磷酸铁锂材料需求量为 57.1 万吨，见图 4-10。

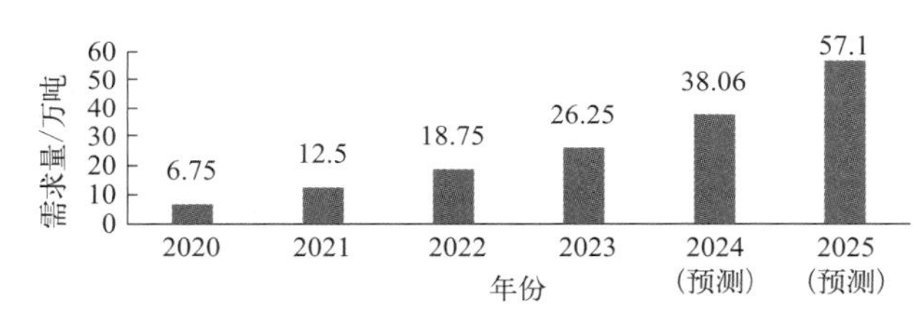

图 4-10　2020—2025 年中国储能对铁锂材料需求及预测

（三）电动两轮车领域需求

自 1995 年第一辆轻型电动车问世到现在，中国已成为世界上最大的电动两轮车生产、消费和出口国，全球 80% 以上的电动两轮车生产和销售市场均在中国。

1998—2019 年中国电动两轮车产量见图 4-11。

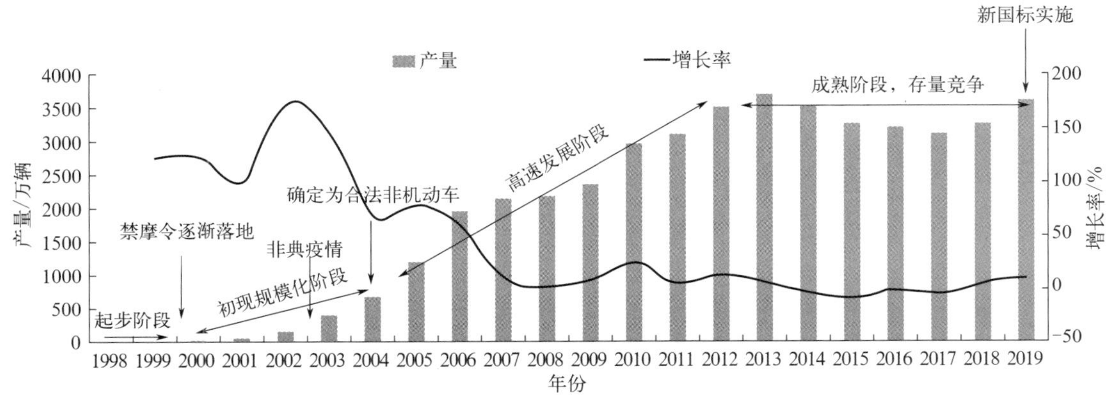

图 4-11　1998—2019 年中国电动两轮车产量

起步阶段（1995—1999 年）：清华大学研制第一辆轻型电动车面世，全国电动车消费量 5 万辆。

初现规模化阶段（2000—2004 年）：市场需求量为 500 万辆左右，形成了行业内的江苏、浙江、天津为代表的三大产业集聚地。

高速发展阶段（2005—2013 年）：非典疫情促进两轮出行需求；《中华人民共和国道路交通法 》首次将电动两轮车确定为非机动车合法车型。

成熟阶段，存量竞争（2014—2019 年）：中国成为世界上电动两轮车最大的生产、消费和出口国。

高质量发展阶段（2019 年以来）：新国标实施，过渡期后超标车淘汰，行业迎来高质量发展阶段。

主要沿海省份 / 大城市换车截止日期集中在 2021 年底，内地二线城市集中在 2022 年、2023 年，形成新一轮密集的换车高峰。

1. 新国标驱动电动两轮车增量

自 2019 年电动两轮车新国标实施以来，中国电动两轮车行业步入一个新的高速增长期。新国标对电动两轮车重新强制分类，与旧国标几乎无约束力不同的是，新国标得到了全国响应，各地存量的超标车型均需要换成新国标车型，2019—2024 年约有 2.1 亿存量车替换需求。在此期间，新国标驱动下的存量强制替换需求将达 5100 万辆。具体见图 4-12。

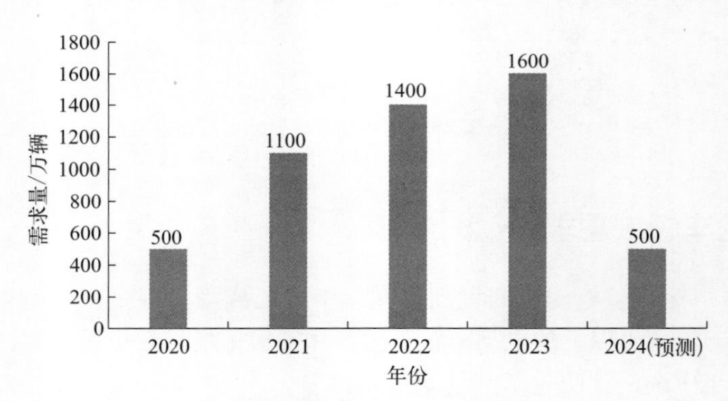

图 4-12　新国标驱动电动两轮车增量

2. 共享和即时配送驱动电动两轮车增量

共享电单车、外卖快递等即时配送行业也将驱动中国电动两轮车行业的快速增长。共享电单车投放迎来高峰，3.8 亿共享单车用户有望转换为共享电单车用户。当前哈啰、滴滴和美团大量投放共享电单车产生大量新车需求，预计 2025 年将达到 800 万辆。即时配送人员目前已超过 800 万，其主要交通工具为电动两轮车，这些电动两轮车（2 ～ 3 年更换周期）和电池（0.5 ～ 1 年更换周期）损耗大，为电动两轮车和电池带来新的增长点，预计到 2025 年即时配送人员对电动两轮车的需求量将超 1000 万辆。共享电单车和即时配送驱动电动两轮车增量见图 4-13。

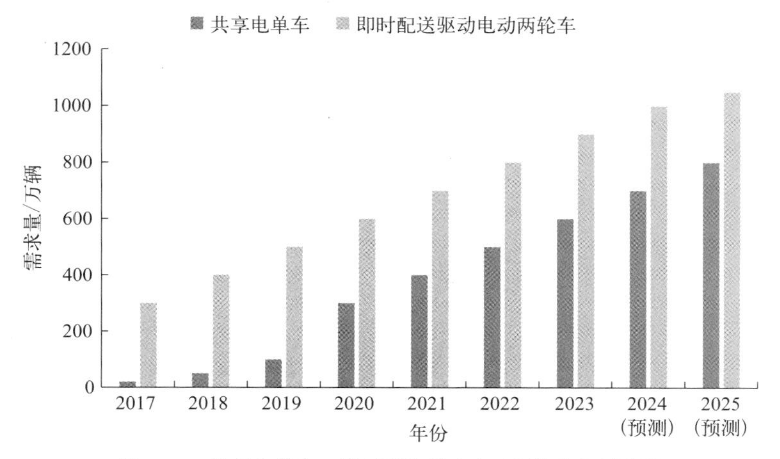

图 4-13　共享电单车 + 即时配送驱动电动两轮车年需求量

电动两轮车行业在新国标、共享、外卖、快递、出口等众多利好因素的驱动下，迎来爆发式增长，2020 年国内电动两轮车产量达到 3384.6 万辆，同比增长 25%（按照工信部统计口径测算）。

考虑到多地政府的超标车过渡期即将截止，叠加共享、外卖、快递等新增需求，2022 年国内电动两轮车产量达到 4924 万辆。2015—2025 年国内电动两轮车产量和趋势见图 4-14。

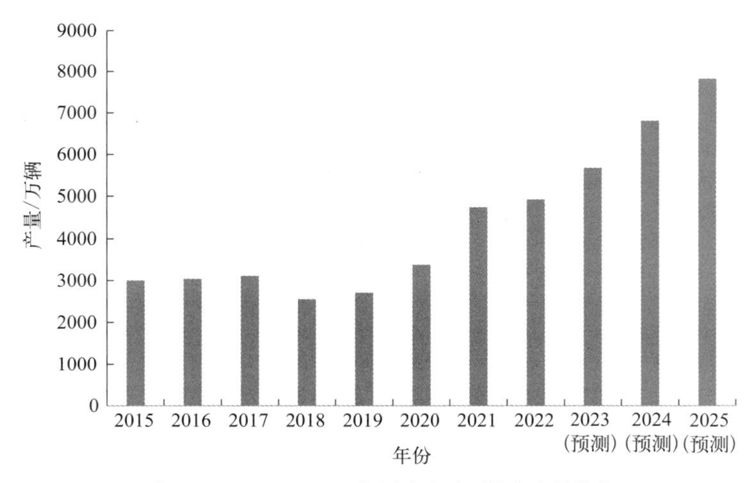

图 4-14　2015—2025 年国内电动两轮车产量趋势

2020 年电动两轮车整体锂电渗透率约 18%，相较 2019 年提高了 5 个百分点，锂电电动两轮车产量约 609.23 万辆，主要受益于民用市场锂电化的推进及共享市场的快速发展。

雅迪、爱玛、台铃、新日等传统一线车企相继推出了多款锂电车型，民用电动两轮车市场锂电渗透率有明显提升，哈啰、滴滴、美团、小遛、松果等共享车企投放的共享电单车均为锂电车型。

2021 年随着新国标落地执行的力度加大和大量共享项目的入场，国内电动两轮车的锂电渗透率接近 20%，锂电电动两轮车产量 1421 万辆。2019—2025 年国内锂电电动两轮车产量及渗透率见图 4-15。

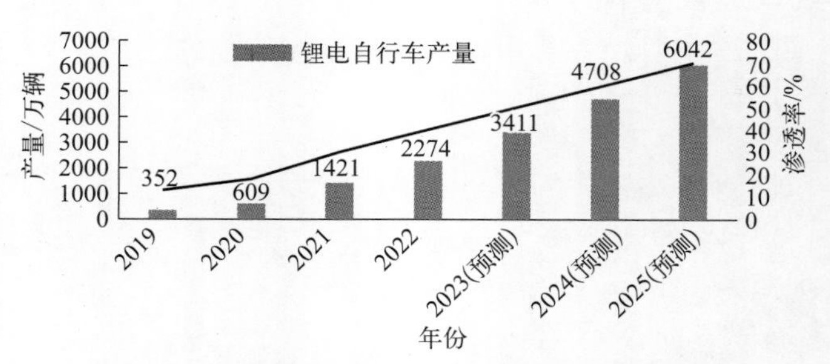

图 4-15　2019—2025 年国内锂电电动两轮车产量及渗透率

考虑到换电需求一般为当年新车电池需求的 2 倍，预计到 2025 年铁锂电池需求量将达到 69.61GW，电动两轮车对应的磷酸铁锂材料需求量为 17.05 万吨。

（四）其他领域需求展望

除新能源车和储能领域以外，磷酸铁锂电池同样也在船舶、电动叉车、户外路灯等领域有所应用，不过，目前来看市场容量还比较小。以船舶为例，主导企业虽有偶尔接到订单，单船装机量也比较大，可以达到兆瓦级别，但订单数量偏低，整体用量预计空间不大。

叉车方面，近几年总体销量处于小幅增长态势，目前年销量保持在 60 万辆左右，纯电动占比在 50% 左右，且这一比例仍在上升。目前电动叉车主流仍然是铅酸电池，锂电池在逐渐渗透，按单车带电量 13kWh 计算，如果全部替换为磷酸铁锂电池，未来有 7.8GWh 潜在需求，对应磷酸铁锂材料需求 1.8 万吨。

预计到 2025 年，磷酸铁锂材料需求合计将达到 232.07 万吨，其中汽车 156.12 万吨，储能 57.1 万吨，电动两轮车 17.05 万吨，其他领域 1.8 万吨。考虑到运输、库存、良品率因素，实际需要生产 1.2 倍需求量的产品才能满足正常运转，因此 2025 年实际需要生产磷酸铁锂 270 万吨左右才可以满足需求。2024—2025 年我国磷酸铁锂需求量预测见表 4-7。

表 4-7　2024—2025 年我国磷酸铁锂需求量预测

年份	新能源车用量 / 万吨	储能用量 / 万吨	电动两轮车 / 万吨	其他 / 万吨	合计 / 万吨
2024 年	104.59	38.06	11.96	1.5	156.11
2025 年	156.12	57.1	17.05	1.8	232.07

第三节
工艺技术

磷酸铁锂的生产工艺主要有磷酸铁工艺、硝酸铁工艺、铁红工艺、水热法工艺、草酸亚铁、磷酸锂工艺等。

一、磷酸铁工艺

磷酸铁工艺是一种高温固相合成法工艺，也是目前最为主流的生产工艺之一。工艺的铁源为正磷酸铁，锂源为碳酸锂，碳源为葡萄糖、聚乙二醇等。

早期美国的 A123、Phostech（P1 产品），中国的北大先行，中国台湾立凯等均采用此工艺路线。A123 和北大先行均是从草酸亚铁工艺路线切换到磷酸铁工艺路线。

该工艺路线的主要流程如下：原料首先以水为分散溶剂用循环式搅拌磨进行混料，再转入砂磨机中细磨。然后调整固含量进行喷雾干燥，调节进出口温度和进料速度，获得干燥物料。干燥粉料经压块后装入匣钵转入设定好温度的辊道窑，在 700℃高温处理 8h 左右，降温段冷却后出炉。最后经过粉碎分级筛分后获得成品。其中，球磨混合工序是磷酸铁工艺生产非常重要的环节。在此阶段完成磷酸铁、锂源和有机碳源的破碎、分散和混匀。原料体系的分散均匀性对材料影响非常大，若分散均匀性差则无法发挥出磷酸铁工艺电化学性能的优势。烧结过程中磷酸铁不会分解，磷酸铁和碳酸锂之间形成 LFP 材料的固相反应主要受扩散控制，合成过程中晶格重组及化合要靠离子间的相互迁移扩散来进行，即 LFP 的形成在很大程度上受固相介质中 Li^{+} 迁移速度的控制。因此一般选用砂磨机以保证磷酸铁晶粒与锂盐和碳源充分混合，促进后续高温固相反应顺利进行。

为了保持分散均匀，磷酸铁路线一般采用喷雾干燥。喷雾干燥速度快，在极短的时间内完成，基本上能保持液滴迅速汽化形成近球状的颗粒产品，最大程度避免偏析现象的发生，改善了有机碳源的分散性，这样烧结以后 LFP 表面就比较均匀地包覆了一层无定形碳。同时在一定范围内，通过改变操作条件得到不同形貌、不同粒径的粉末，从而控制前驱体二次颗粒的形貌和粒度及其分布，以满足不同的应用需求。

干燥过程是该工艺的重要一环，在这个过程中同时存在着如下几个传质和传热的物理过程：溶剂从液滴表面蒸发，溶剂蒸气由液滴表面向气相主体的扩散；溶剂蒸发使得液滴体积收缩；溶质由液滴表面向中心的扩散；由气相主体向液滴表面的传热过程；液滴内部的热量传递。

干燥过程对粉体形貌有重要影响，一般认为选择适当的干燥温度，降低溶剂蒸发速率，使溶剂的蒸发速率与溶质的扩散速率达到某一平衡值容易生成实心颗粒；当外壳形成后，液滴内的溶剂继续蒸发，超过其平衡浓度的溶质在液滴外壳以内的晶核表面析出，促使这部分晶核长大。如果外壳生成时液滴中心也有晶核，则生成的粒子为实心粒子；如果液滴中心没有晶核则生成的粒子为空心粒子。主要通过调整固含量、雾化压力、干燥温度及进料速率来获得实心颗粒。

磷酸铁锂和磷酸铁的结构具有极大的相似性，磷酸铁锂晶体颗粒可以直接在磷酸铁颗粒的基础上进行生长，故可以通过调整磷酸铁前驱体的合成参数控制磷酸铁的纯度、铁磷比、形貌和粒度分布等工艺参数，来获得理化指标优异的磷酸铁锂正极材料。此工艺路线获得的磷酸铁锂产品的质量和价格在很大程度上取决于磷酸铁，磷酸铁性能的好坏直接决定着正极材料磷酸铁锂性能的好坏，磷酸铁材料的含水率波动、形貌变化和粒度分布都会影响成品性能。

磷酸铁工艺生产的磷酸铁锂具有工艺稳定、压实高、克容量高等优点，在新能源乘用车领域应用广泛。

二、硝酸铁工艺

硝酸铁工艺是德方纳米独家采用的一种液相合成法，这种工艺被称为“自热蒸发液相合成纳米磷酸铁锂技术”。该技术综合了自热蒸发液相合成法、非连续石墨烯包覆等技术，在常温常压下，通过将原料锂源、铁源、磷源和辅料混合后即可自发反应，反应放热后快速蒸发水分而自动停止反应，得到纳米磷酸铁锂的前驱体，而后在烧结过程中加入碳源，进行两次高温分解，得到非连续的石墨烯包覆磷酸铁锂颗粒。

纳米磷酸铁锂的生产原材料主要有铁源、锂源、磷源、辅料等。其中锂源、磷源为外购取得，铁源分为外购铁源和自制铁源，2017 年以来德方纳米铁源外购逐渐减少，基本直接采购铁块自行生产铁源，即通过采购硝酸和铁块来制备硝酸铁。

硝酸铁工艺生产的磷酸铁锂产品具有一致性好、低温性能好、倍率性能好、循环寿命长等优点，在新能源客车、储能等领域应用较为广泛。

三、铁红工艺

铁红工艺是一种铁源来自于三氧化二铁的高温固相法合成工艺，生产工序与磷酸铁工艺接近。

铁红工艺路线由美国 Valence 最早开发，后来台湾长园、久兆科技、杭州金马等企业也采用过此工艺。其一般工艺过程如下：以磷酸二氢锂、铁红和碳源为原料，采用循环式搅拌磨进行混料，选用的分散溶剂为水或乙醇，然后进行喷雾干燥（氧化铁红具有较大的表面活性，不宜采用其他接触式干燥设备），干燥后的物料用窑炉进行一次烧结。烧结后的物料进行气流粉碎分级处理，随后的工序根据客户的需要增加包碳融合步骤，最后进入成品包装环节。

铁红工艺生产的磷酸铁锂优势在于成本低，价格便宜，而缺点在于产品性能一般，杂质含量偏高。

四、水热法工艺

水热法又称溶剂热法工艺，是一种全湿法工艺。水热法工艺是将硫酸亚铁、氢氧化锂和磷酸溶于水中或其他溶剂中，通过水热或者溶剂热过程进行反应，合成磷酸铁锂。

早期采用水热法工艺路线的主要有 Phostech、住友大阪水泥和韩国韩华。原料在反应釜内 160 ～ 240℃下反应数小时，中间相 [Li_3PO_4 和 $Fe_3(PO_4)_2$] 在热液条件下经历溶解重结晶的过程生成结晶态 $LiFePO_4$，过滤洗涤后得到磷酸铁锂颗粒。再与碳源的溶液混合，干燥后在回转窑或辊道窑中惰性气氛下 700℃热处理得到最终产物。

该工艺颗粒形貌和粒度可控，工艺重复性好。其缺点是设备昂贵，需要控制好工艺参数，以免高浓度 Li-Fe 反应缺陷的磷酸铁锂生成。而且在水热法合成中一般使用 $Ba(OH)_2$ 作沉淀剂，大大增加了原料的成本。

水热法的产品以 Phostech 的 P2 为代表，性能指标直到现在也仍然是磷酸铁锂材料的标杆。

目前水热法工艺生产的磷酸铁锂产品可以拥有较好的倍率性能和耐低温性能，-20℃放电容量可以做到常温容量的75%以上。由于生产成本高昂，目前批量采用水热法工艺的企业只有四川德阳威旭锂电。

相较于其他主流固相法工艺来说，水热法工艺在生产的一致性、低温性、倍率性等方面有一定的优势，但在克容量和压实密度方面则明显低于主流固相法产品。

水热法工艺虽然耐低温性能较好，但由于锂源采用氢氧化锂，同时除杂时需要采用$Ba(OH)_2$，整体生产成本比其他工艺要高出不少，因此只在对耐低温性能有额外要求的军工等领域有使用，个别企业购买少量水热法工艺的磷酸铁锂进行掺混，整体用量较少，相对小众。

五、草酸亚铁工艺

草酸亚铁工艺是磷酸铁锂最早产业化的路线之一，A123、北大先行、天津斯特兰、合肥国轩、湖南升华、烟台卓能等早期都采用了草酸亚铁工艺路线。

早期工艺原料主要是草酸亚铁、磷酸二氢铵、碳酸锂、碳源。经过球磨混合后进行干燥、烧结以及破碎分级获得产品。因为采用三种原料，混料的均匀性较难控制，需要消耗大量酒精。一般采用搅拌球磨机在无水乙醇分散下使浆料循环球磨，球磨时间要求3h以上，液固比（1.2～1.5）∶1。再采用真空干燥机在真空状态下干燥处理3～4h同时回收乙醇。然后进行高温焙烧，在750℃左右处理12～15h。由于烧失率＞50%，高温烧结过程需要采用排气性能好、可连续化生产、氧气含量＜100×10^{-6}的推板窑或辊道窑，而且在烧结过程中要控制升温速度及高温处理时间。草酸亚铁工艺路线适宜匹配的推板窑，可以依靠推速的调整来及时排出分解产生的大量废气和控制温度梯度，减少杂相的形成。

草酸亚铁工艺路线生产的磷酸铁锂振实密度一般偏低，但电化学性能较好，克容量和循环性能优异，自放电率低。由于产品的一致性受原料和工艺的影响较大，要获得一致性好的产品难度不小，产品的颗粒大小和形貌很难控制，产品的耐低温性能也一般。

由于产物表面能较高，必须高温长时间焙烧，才能获得较好的物理性能，导致生产周期长，在高温焙烧工序无法提高生产效率。球磨工序混料消耗大量酒精，原料成本也偏高，导致整个工艺成本难以下降。

六、磷酸锂工艺

磷酸锂工艺是德方纳米在2019年12月25日申请的一项专利技术，专利号CN 111137869A，专利公布日2020年5月12日。该方法是通过搅洗、酸溶、除磷、分布除杂得到纯锂溶液，然后加入铁源、磷源、碳源，经混合处理得到磷酸铁锂。

根据专利所述，废旧电池回收领域产生的粗制磷酸锂以及碳酸锂沉锂母液回收余锂产生的粗制磷酸锂价格便宜，可以作为替代锂源。

制备得到的磷酸铁锂为纳米级，其0.1C放电克容量可达到157mAh/g，1C放电克容量可达到138mAh/g，中值电压3.35V以上。磷酸锂工艺是2020年开始在行业内逐步引起重视，并投入力量进行研发的一项工艺路线。

磷酸锂工艺生产的磷酸铁锂主要优势是成本相对较低，通过盐湖提锂工序中前置采购磷酸锂，可以大幅度地压低锂源成本。

七、不同工艺对比

从工艺路线的命名上来看，人们习惯通过不同原料种类来对磷酸铁锂工艺进行分类。从实际应用角度出发，目前主流企业仍然采用的是磷酸铁工艺为主，其他工艺基本都是个别企业在独家采用。

值得注意的是，细究不同工艺的磷酸铁锂产品差异性，可以发现成本低廉的工艺在性能上往往较差（如铁红工艺），而成本较高的工艺则往往性能较好（如草酸亚铁工艺、水热法）。因此，考虑到成本与用途，不同工艺的磷酸铁锂往往可以应用在不同的领域，发挥自己独有的特点。具体见表 4-8。

表 4-8　不同工艺的磷酸铁锂优劣势

工艺	生产企业	磷源	铁源	锂源	优势	劣势
磷酸铁	湖南裕能、比亚迪、国轩高科等	氨法：磷酸、磷酸一铵 钠法：磷酸	氨法、钠法：硫酸亚铁 铁粉法：铁粉	碳酸锂	能量密度高	循环性能一般
硝酸铁	德方纳米	磷酸一铵	铁块	碳酸锂	低温、倍率以及循环性能优异	压实密度低、体积能量密度一般
铁红	重庆特瑞	磷酸一铵	三氧化二铁	碳酸锂	成本低	能量密度偏低、循环性能一般、批次稳定性差
草酸亚铁	富临精工	磷酸二氢锂	草酸亚铁	磷酸二氢锂	能量密度高、压实密度高	成本较高
水热法	德阳威旭	磷酸、磷铵	硫酸亚铁	氢氧化锂	低温性能优异	成本偏高、压实密度偏低
磷酸锂	德方纳米	磷酸	铁块	磷酸锂	理论成本低	磷酸锂来源不足

第四节
发展建议

从磷酸铁锂动力电池的需求来看，得益于新能源乘用车对安全性的较高要求和磷酸铁锂电池本身优良的安全性能，磷酸铁锂材料在国内外新能源乘用车的应用需求逐年走高。同时，宁德时代 CTP 技术以及比亚迪刀片电池技术等新技术的推广应用，显著提升了磷酸铁锂电池的能量密度，成本优势更加突出；随着国内越来越多的磷酸铁锂版热销车型如磷酸铁锂版 Model 3、比亚迪汉、宏光 MINI 接连发布，动力电池市场对磷酸铁锂材料的需求预计在未来仍将持续增长；从磷酸铁锂储能电池的需求来看，由于储能电池对安全性能的要求较高而对能量密度的要求相对较低，预计未来很长一段时间内储能市场主要以磷酸铁锂电池为主导。中国快速增长的储能市场将进一步推动磷酸铁锂材料的出货量增加。

尽管磷酸铁锂未来应用广泛，需求增长空间大，不过，根据供需数据分析，从中短期维度来看，磷酸铁锂材料潜在的扩产产能规模已经超过 500 万吨 / 年，即使其中部分产能不会真正达产，但对于 2025 年仅不足 300 万吨 / 年的需求量来说，磷酸铁锂的产能也已经出现明显的过剩，短期内不应该继续投扩建磷酸铁锂产能。

从长期发展角度来看，磷酸铁锂未来的产销规模将超千万吨，也将成为极为重要的大宗商品之一，未来对于成本的控制会越来越极致。在磷酸铁锂层出不穷的生产工艺中，最终影响成本的决定性因素仍然是锂源、磷源和铁源成本，工艺差异导致的成本差异并不大。企业在发展过程中，应该重视对于原料端的利用与协同。

从产业链协同的角度来看，磷酸铁锂企业通过与上游企业进行合作生产，在物料运输成本、中间品的销售成本、材料的损耗、企业的管理，以及技术的协作优势上面，都更具竞争力，有助于磷酸铁锂材料的降本增效和技术进步，各企业应该重视。

从技术演进角度来看，磷酸铁锂的生产工艺多样，不管是传统的草酸亚铁工艺、磷酸铁工艺，还是逐渐兴起的磷酸锂工艺，都有各自的优缺点，可以应对不同的使用场景。企业在发展过程中，可以继续探索新工艺、新体系，提升自身竞争力的同时，也能推动行业继续向前发展。

第五章

锰酸锂

中国无机盐工业协会 /

石油和化学工业规划院　尚建壮

第一节 概述

锰酸锂，分子式 Li_2MnO_4，分子量 180.81，黑灰色粉末，易溶于水。锰酸锂是锂离子正极材料之一，相比钴酸锂、三元正极材料，锰酸锂具有资源丰富、成本低、无污染、安全性好、倍率性能好等优点，但其较差的循环性能及电化学稳定性却大大限制了其产业化发展。锰酸锂主要包括尖晶石型锰酸锂和层状结构锰酸锂，其中尖晶石型锰酸锂结构稳定，易于实现工业化生产，如今市场产品均为此种结构。尖晶石型锰酸锂属于立方晶系，理论比容量为 148mAh/g，由于具有三维隧道结构，锂离子可以可逆地从尖晶石晶格中脱嵌，不会引起结构塌陷，因而具有优异的倍率性能和稳定性。

锰酸锂行业标准 YS/T677—2016 见表 5-1。某重点企业锰酸锂产品特点及使用领域见表 5-2。

表 5-1 锰酸锂行业标准 YS/T677—2016

性质类型			容量型锰酸锂	动力型锰酸锂
化学成分含量（质量分数）/%	主元素	Mn	58.0±2.0	57.5±2.0
		Li	4.2±0.4	4.1±0.4
	杂质元素	K	≤ 0.05	≤ 0.01
		Na	≤ 0.3	≤ 0.1
		Ca	≤ 0.03	≤ 0.03
		Fe	≤ 0.01	≤ 0.01
		Cu	≤ 0.005	≤ 0.005
		S	—	≤ 0.167
粒度分布		D_{50}/μm	6.0 ～ 14.0	10.0 ～ 14.0
		D_{max}/μm	≤ 100.0	≤ 60.0
振实密度 /(g/cm^3)			≥ 1.1	≥ 1.8
比表面积 /(m^2/g)			0.4 ～ 1.2	0.2 ～ 0.7
首次放电比容量 /(mAh/g)			≥ 110	≥ 100
循环寿命 / 次			≥ 500	≥ 1000
充放电效率			产品在规定条件下的首次充放电效率应不小于 90%	
平台容量比率			在规定条件下第 10 次充放电循环后平台容量比率不应低于 90%，第 100 次充放电循环后平台容量比率应不低于 85%	

表 5-2 某重点企业锰酸锂产品特点及使用领域

型号	类型	产品特点及适用领域
NM135	容量型	扣电 0.2C 克比容量≥ 115mAh/g，全电池 1C 克比容量≥ 108mAh/g，全电池循环寿命≥ 300 次；比容量高、加工性能好、压实密度较大、高性价比容量型锰酸锂；适用于各种通讯电子类产品、移动电源电池等

型号	类型	产品特点及适用领域
NM13H	容量型	扣电 0.2C 克比容量≥ 118mAh/g，全电池 1C 克比容量≥ 110mAh/g，全电池循环寿命≥ 400 次；比容量高、循环性能好、加工性能优异、压实密度高、磁性物等异物含量低；适用于中高端容量型通讯类电子产品、储能类电池、移动电源等
NM13D	动力型	扣电 0.2C 克比容量≥ 108mAh/g，全电池 1C 克比容量≥ 100mAh/g，全电池循环寿命≥ 1000 次；较高容量兼具长循环寿命、倍率性能与高温性能好、压实密度高、加工性能优越、磁性物等异物含量低、高性价比动力型锰酸锂；适用于高端长寿命通讯类电子产品、储能电池、各种动力型锂离子电池（低速车、电动工具）等
NM003	容量＆动力型	扣电 0.2C 克比容量≥ 114mAh/g，全电池 1C 克比容量≥ 102mAh/g，全电池循环寿命≥ 800 次；高容量兼具长循环寿命、倍率性能好、压实密度较高、加工性能好、磁性物等异物含量低、高性价比动力型锰酸锂；适用于高端长寿命通讯类电子产品、储能电池、各种动力型锂离子电池（低速车、电动工具）等
NM013	动力型	扣电 0.2C 克比容量≥ 106mAh/g，全电池 1C 克比容量≥ 98mAh/g，全电池循环寿命≥ 1200 次；高容量兼具长循环寿命、压实密度较高、加工性能优异、磁性物等异物含量低；适用于各种通讯类电子产品、小动力产品（共享充电宝、平衡车）等
NM021	容量＆动力型	扣电 1C 克比容量≥ 125mAh/g，全电池 1C 克比容量≥ 116mAh/g，全电池循环寿命≥ 700 次；类球形颗粒，粒度分布范围窄、超高容量，长寿命、磁性物等异物含量低；适用于高能量密度通讯类电子产品、储能类、动力类电池等
NM031	动力型	扣电 1C 克比容量≥ 115mAh/g，全电池 1C 克比容量≥ 104mAh/g，25℃全电池循环寿命≥ 1500 次，45℃循环寿命≥ 500 次；类球形颗粒，粒度分布范围窄、较高容量，超长寿命、高低温性能与倍率性能优异，磁性物等异物含量低；适用于长寿命动力型或超倍率型锂离子电池（如低速车、电动工具、无人机）等
电性能测试条件	扣式电池制作：LMO：SP：PVDF=90%：5%：5%，华瑞 HR310 电解液，金属锂片为负极，制成 CR2016 扣式电池，测试电压 3.00～4.30V。全电池制作：LMO（容量型）：CNT：PVDF=97%：1.8%：1.2%，LMO（动力型）：SP：S-：PVDF=92.5%：1.7%：2.6%：3.2%；华瑞 HR310 电解液，SAG-R 负极，建议负极过量 10% 左右。制成 523048 铝壳电池，测试电压 2.75～4.20V	

2021 年全球锰资源量超过 15 亿吨（金属量），我国是世界第一大锰生产和消费国，为发展锰酸锂产品提供了原料保障和相对较低的材料成本；锰酸锂凭借成本优势在价格敏感度较高的低端数码产品、电动两轮车、小储能和电动工具领域占据一定市场；由于循环性能较差，其在电动汽车、储能等领域难以大规模应用；但随着钴、镍原料价格的上涨，锰酸锂材料与三元等其他材料的混合使用是锂电池企业在新能源汽车开发和应用的重要技术路线之一。从产业链来看，我国锰酸锂行业上游主要原料为碳酸锂和二氧化锰，中游产品为锰酸锂电池，下游主要应用于数码设备和储能类型的容量型电池，同时部分和三元锂电池复配用于新能源汽车的动力型电池。

锰酸锂行业上下游产业链见图 5-1。

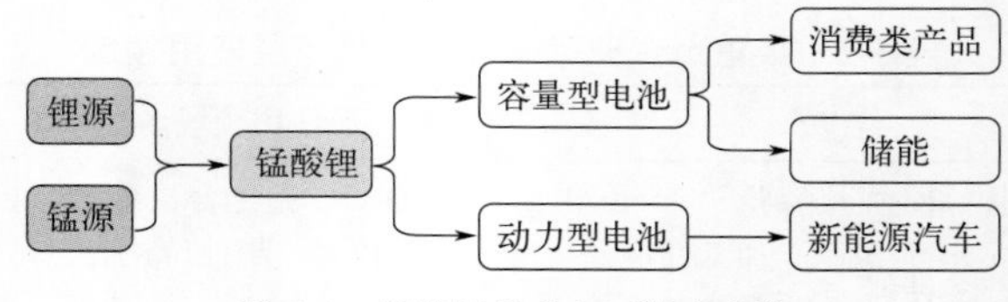

图 5-1　锰酸锂行业上下游产业链

第二节

市场供需

一、市场供需现状

我国锰酸锂企业布局主要受原料供应、目标市场等因素影响，目前主要分布在贵州、江西、广西等地区，主要生产企业包括博石高科、新乡弘力、南方锰业、贵州百思特、焦作伴侣、无锡晶石、新乡中天（广西立劲）、青岛乾运、湖南海利等。2022 年我国锰酸锂有效产能约为 18.6 万吨 / 年，其中装置产能超过 1 万吨 / 年的企业 7 家，合计产能 12.3 万吨 / 年，占全国总产能的比例约为 66.1%；产能低于 1 万吨 / 年的企业个数约为 18 家，合计产能约为 6.3 万吨 / 年。我国主要锰酸锂生产企业产能见表 5-3。

表 5-3　我国主要锰酸锂生产企业产能　　单位：万吨 / 年

序号	企业名称	产能	备注
1	安徽博石高科新材料股份有限公司	2.8	动力型、容量型、倍率型
2	新乡市弘力电源科技有限公司	2	
3	南方锰业集团有限责任公司	2	锰矿及下游产业链
4	贵州百思特新能源材料有限公司	2	技改基本完成，达到 2 万吨
5	焦作伴侣纳米材料工程有限公司	1.5	
6	无锡晶石新型能源股份有限公司	1	
7	广西立劲新材料有限公司	1	锰酸锂正极前驱体
8	青岛乾运高科新材料股份有限公司	0.8	
9	湖南海利锂电科技有限公司	0.5	动力型、容量型
10	其他	5	湖南信达等 10 余家企业
总计		18.6	

2022 年，受新冠肺炎疫情影响以及上游原材料碳酸锂价格持续上涨、消费预期不振等因素影响，我国锰酸锂行业开工率处于历史低位，出货量同比下降 35.6%，出货量约为 6.6 万吨。2022 年，我国锰酸锂产量最大的 3 家企业分别是博石高科、新乡弘力和南方锰业，分别占比约为 31%、8.9% 和 8.6%。2018—2022 年我国锰酸锂产量和增长率见图 5-2。

随着锂电池产业的快速发展，2017—2021 年我国锰酸锂表观消费量持续上行，从 3.77 万吨增长至 10.7 万吨，年均复合增长率为 29.8%。2022 年我国锰酸锂表观消费量大幅下降，为 6.7 万吨，同比下降 38%。主要因为锰酸锂产量下降，叠加锰酸锂价格大幅上涨，下游商家对锰酸锂涨价存在抵触情绪，对于锰酸锂需求量降低。2022 年我国锰酸锂电池消费结构比例见图 5-3。

我国锰酸锂产量足够满足国内需求，出口量大于进口量。根据数据显示，2022 年我国锰酸锂进口数量为 212 吨，出口量 303 吨，进出口量相比 2021 年均有较大幅度的下降（图 5-4）。

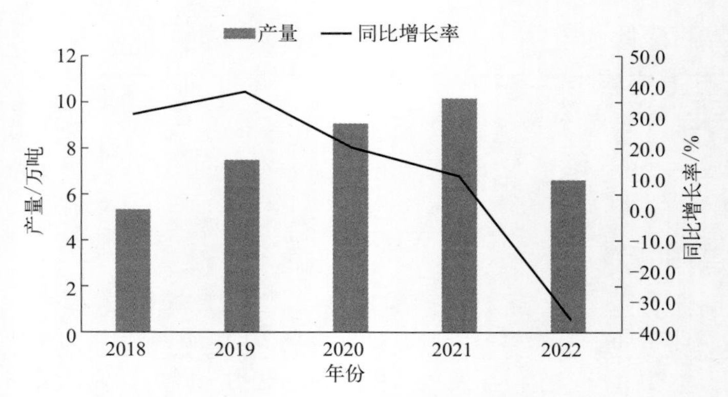

图 5-2 2018—2022 年我国锰酸锂产量和增长率

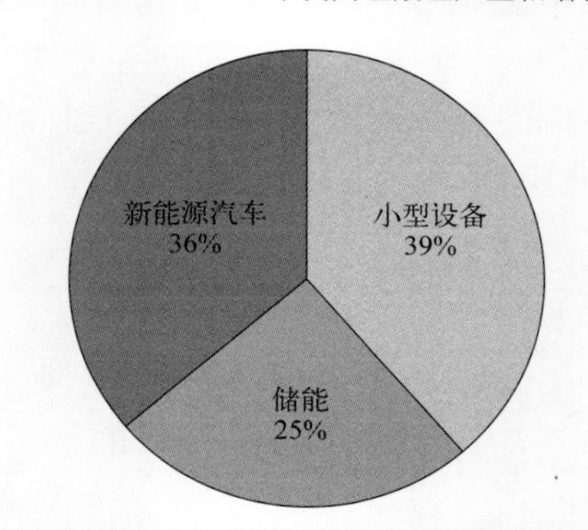

图 5-3 2022 年我国锰酸锂电池消费结构比例

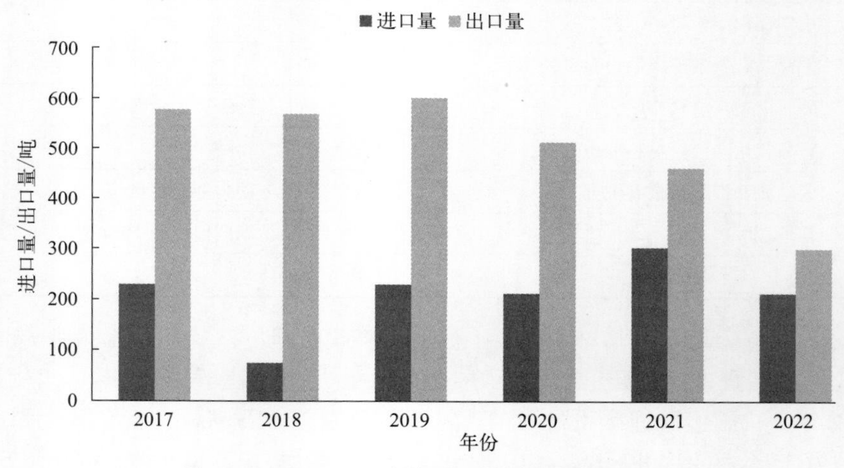

图 5-4 2017—2022 年我国锰酸锂材料进出口变化

二、市场发展趋势

（一）供应预测

受 2022 年出货量大幅度下降影响，我国锰酸锂行业开工率达到历史最低水平 35.5%，企业扩能热情大幅度降低。

近年来，电化学储能通过提升能源利用效率，减少分散排放，改变能源结构，有助于解决化石能源短缺、环境污染、气候变暖等全人类共同面临的课题，广泛应用在能源生产、储运和应用各个阶段。锂离子电池是今后各国发展电化学储能的重中之重，锂离子电池材料产业取得突飞猛进的发展，锰酸锂作为四大电池正极材料之一也得到了快速发展。随着“十四五”期间汽车、电动两轮车、储能等一系列政策落地，电化学储能仍将保持高速增长。

基于对行业前景的良好预期，我国现有锰酸锂企业仍有扩能的意愿，后三年能够形成产能的扩能企业主要是具有资源优势的贵州百思特、南方锰业等龙头企业，以及具有产能规模优势的安徽博石高科等企业，此外杉杉股份等具有多种正极材料生产的企业为保持产品的多样性有一定的扩能意愿，但新进入者相比“十三五”期间将大幅度减少。预计2025年我国锰酸锂产能将达到40万吨/年以上。

（二）消费预测

锰酸锂具有资源丰富、材料成本较低、电压平台高、安全性更优、倍率性能及低温性能好等优势，其在3C数码、电动两轮车、电动工具、A00级新能源汽车等领域具备较为清晰的应用场景；同时锰酸锂材料与三元等其他材料的混合使用也是当前锂电池企业为降低成本和改善电池安全性能选择的重要技术路线之一。考虑锂离子电池具有一定的可替代性，目前磷酸铁锂和三元正极材料具有较好的产业基础。随着规模化生产，其投资水平、消耗指标和管理费用等将出现明显的下降，对锰酸锂正极材料的发展将产生一定的影响。

1. 电动两轮车领域

2022年我国电动两轮车锂电渗透率约为20%，预计到2025年渗透率超过30%。考虑到换电需求一般为当年新车电池需求的2倍，锰酸锂渗透率按照50%计算，则电动两轮车领域对锰酸锂的需求为10万～11万吨左右。我国电动两轮车保有量约3.5亿辆，同时约7000万辆电动三轮车，以及约50%的电动两轮车用于出口，电动两轮车领域锂电池消费中将以锰酸锂电池为主。

2. 储能领域

预计到2025年底，电化学储能市场装机规模将接近228.4GWh，其中绝大部分为磷酸铁锂电池，考虑锰酸锂作为补充的情况下，预计储能领域对锰酸锂材料需求量约为5万吨。

3. 新能源汽车领域

在车型对于电池体系的选择方面，2020年以来市场风向出现了明显转变，磷酸铁锂电池由于成本优势突出，未来市场份额有望达到70%。三元材料与锰酸锂混合使用成为三元材料保持竞争力的主要技术路线之一，预计2025年新能源汽车领域对锰酸锂的需求量约为8万吨。

4. 其他领域需求展望

除电动两轮车领域、新能源车和储能领域以外，锰酸锂电池同样在船舶、电动叉车、户外路灯等领域对磷酸铁锂、三元正极材料有所补充，同时考虑在电动工具、低端数码产品等领域的应用，预计 2025 年其他领域对锰酸锂的需求约为 5 万吨。

综上所述，锰酸锂电池的需求主要集中在新能源车、储能、电动两轮车领域，其中电动两轮车由于新国标的实施，快递业带来的需求提升，以及出口影响仍是最大的消费领域，也是锰酸锂增量最大的消费领域；储能领域在“十四五”期间的爆发式增长将带来锰酸锂需求快速增长，但低于磷酸铁锂在该领域的增速；在新能源汽车领域则由于三元材料需要锰酸锂混合使用的场景增加，仍保持较快的增速；加上在低端数码、电动工具等其他领域的应用，预计 2025 年锰酸锂需求量将在 29 万吨左右。

第三节 工艺技术

目前锰酸锂制备方法主要有六种，包括高温固相烧结法、溶胶凝胶法、共沉淀法、水热合成法、熔融浸渍法、微波合成法。目前锰酸锂生产技术仍以高温固相烧结法合成为主。

一、高温固相烧结法

固相烧结法锰酸锂采用的主要原料中，锂源通常包括氢氧化锂、硝酸锂等，锰源包括二氧化锰、碳酸锰、硝酸锰、乙酸锰等。

固相烧结法锰酸锂生产目前主要采用二氧化锰和碳酸锂为原料，其生产过程可以概况为将两者充分混合后通过高温固相烧结获得钴酸锂正极材料，见图 5-5。通常采用一次烧结工艺，反应方程式如下：

$$2Li_2CO_3+8MnO_2 \longrightarrow 4LiMn_2O_4+2CO_2+O_2$$

其工艺流程通常分为以下 5 个阶段：

1. 原料混合：电解二氧化锰和碳酸锂经 Mn ∶ Li 的摩尔比为 2 ∶ 1.08 计量后干法混合，进行配比混料，获得充分混合均匀的原材料；

2. 预烧：将充分混合的原材料加热至 500 ～ 700℃，保温 1 ～ 2h；

3. 压块处理：预烧后材料以质量分数计为 2% ～ 5% 加入黏结剂，将混入黏结剂的物料在辊压机上压成块，将料块根据承烧板尺寸切成需要的大小得到块状进烧材料；

4. 烧成：将料块堆叠在承烧板上，放进烧成窑烧结，烧结温度为 800 ～ 850℃，保温 3 ～ 5h，自然降温完成烧结过程；

5. 破碎：采用轧料机将料块压碎，即得成品。

采用高温固相烧结法，原料须长时间在惰性或空气气氛中高温煅烧，以获得具有良好电化学性能的产品。该合成方法能耗较高，对原料混合度和细度要求高，但流程简单。

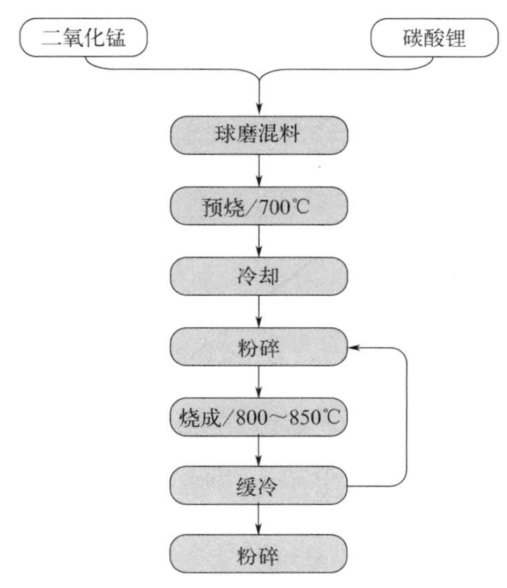

图 5-5　以二氧化锰、碳酸锂为原料的固相烧结法典型生产工艺

二、溶胶凝胶法

溶胶凝胶法是将金属醇盐或无机盐水解形成金属氧化物或金属氢氧化物的均匀溶胶，然后通过蒸发浓缩使溶质聚合成透明的凝胶，将凝胶干燥、焙烧去除有机成分得到所需要的无机粉体材料。近年来，柠檬酸被广泛用作络合剂，为了提高锰酸锂正极材料的质量，络合剂的选择越加多样化，见图 5-6。

图 5-6　以柠檬酸为络合剂的溶胶凝胶法典型生产工艺

该方法生产所得颗粒粒径较小，分布较好，产品具有良好的充放电比容量和循环稳定性。溶胶凝胶法中络合剂在形成稳定均匀的凝胶和更好的最终产品中起着主要作用，生产成本较高。

三、共沉淀法

共沉淀法是将锂源和锰源溶解在溶液中，在一定的 pH 下共沉淀，经过滤、洗涤和烘干得到前驱体，在一定温度下焙烧得到锰酸锂材料。

共沉淀法是制备前驱体的常用方法，操作相对简单，工艺流程相对较长，所得锰酸锂正极材料的粒子均匀且是纳米级，合成时间短、能耗低、产率好。

四、水热合成法

水热合成法是通过较低的温度（通常是 100 ～ 350℃）高压下在水溶液或水蒸气等流体中进行化学反应制备粉体材料的一种方法。采用水热合成法，将氢氧化氧锰（MnOOH）粉末溶解于不同浓度氢氧化锂（LiOH）水溶液中，在 130 ～ 170℃下恒温反应 48h，过滤即得到锰酸锂产物。

水热法合成锰酸锂一般包括制备、水热反应和过滤洗涤等 3 个步骤。与高温固相烧结法及溶胶凝胶法相比，其流程比较简单，在工业应用中有很大优势。

五、熔融浸渍法

熔融浸渍法是将锂源、锰酸充分混合后，在反应前加热混合物，使锂盐熔化并浸入锰盐的空隙中，然后再进行加热反应。其反应过程是固体与熔融盐的反应，因此反应速度相比高温固相烧结法要快。同时将反应混合物在锂盐熔点处加热几小时，降低了最终热处理材料的温度，大大缩短了反应的时间，最终得到的锰酸锂性能比较优良和均一。

该方法是目前制备高性能锰酸锂的一种有效的方法，由于需要的熔盐种类比较少，并且熔盐温度不易控制，不利于工业化生产。

六、微波合成法

微波合成法用于材料合成与传统的高温固相烧结法明显不同。高温固相烧结法通过材料外部加热，表面受热不均，同时较长时间受热会造成颗粒团聚现象。微波合成法是通过将微波转化为热能直接从材料内部加热，产生均匀的受热中心，快速升温至所需温度，能够大幅缩短反应时间。

七、小结

通过上述工艺技术比较可以看出，各工艺采用的原料有所不同，其过程复杂化程和产品性能差异较大，性价比差别较大使得工业化程度也有较大不同。目前来看高温固相烧结法和微波合成法工艺简单，易于实现大规模生产，但电化学性能相对较差；溶胶凝胶法、共沉淀法、熔融浸渍法产品电化学性能优越，但过程要求精确度高；水热合成法流程相对简单，晶体结构稳定，一致性相对较好。当前，采用两种方法相结合共同制备锰酸锂正极材料可以有效地提高其电化学性能，掺杂与包覆相结合也将是今后锂离子电池重要发展方向，可以满足材料性能与成本的最优化。

第四节 应用进展

在电池四大正极材料电池中，锰酸锂电池对应用场景的环境要求相对较低，经济性较好。锰酸锂电池是最早进入新能源车电池应用的锂电材料，由于循环寿命和能量密度低，近年来新能源车载电池已经转变为以磷酸铁锂和三元正极材料电池为主，但在与三元电池复配使用中仍具有一定的市场空间，同时在新能源 A 级车也有一定的应用。电动两轮车要求性价比高，使用环境较为宽泛，使得电动两轮车是其最具竞争优势的领域。此外锰酸锂电池在低端数码设备、电动工具等领域与钴酸锂、三元正极和磷酸铁锂都有一定的应用。某重点企业产品性能及应用领域见表 5-4。

表 5-4　某重点企业产品性能及应用领域

类型	产品性能	应用领域
容量型	克容量≥ 125mAh/g 首次效率≥ 95% 1C 循环 60 周平均衰减≤ 0.20 振实密度≥ 1.6g/cm^3 压实密度≥ 2.8g/cm^3	高能量密度通讯数码类锂电池等
	克容量≥ 118mAh/g 首次效率≥ 93% 1C 循环 60 周衰减≤ 0.20 振实密度≥ 1.6g/cm^3 压实密度≥ 3.0g/cm^3	通讯电子类、移动电源、3C、5C 类锂电池等
动力型	克容量≥ 108mAh/g 首次效率≥ 94% 1C 循环 60 周平均衰减≤ 0.10 振实密度≥ 1.6g/cm^3 压实密度≥ 3.0g/cm^3	电动两轮车、电动工具、电动玩具、矿灯、高倍率数码类锂电池等
	克容量≥ 110mAh/g 首次效率≥ 95% 1C 循环 60 周平均衰减≤ 0.10 振实密度≥ 1.8g/cm^3 压实密度≥ 2.8g/cm^3	高端通信电子类、矿灯、电动两轮车、中低端电动工具等动力型锂电池等

续表

类型	产品性能	应用领域
倍率型	克容量≥ 118mAh/g 首次效率≥ 95% 1C 循环 60 周平均衰减≤ 0.10 振实密度≥ 1.8g/cm³ 压实密度≥ 2.7g/cm³	中低端电动工具等倍率型锂电池
	克容量 100 ～ 106mAh/g 首次效率≥ 95% 1C 循环 60 周平均衰减≤ 0.08 振实密度≥ 1.7g/cm³ 压实密度≥ 2.7g/cm³	电动摩托车、高端电动工具、储能类电池，A00 级电动汽车锂电池

我国锂电池在电动两轮车占有率不断提升，2019 年在电动两轮车中锂电的占有率约为 42%，2022 年快速提高到 60% 以上，而其中锰酸锂占据主要的份额，随着新国标的落地导致大量铅蓄电池被锂电池替代，以及 50% 电动两轮车用于出口，未来 5 年内锰酸锂最大的消费领域仍是电动两轮车。

在储能领域，国家电网在北京大兴建设了 100kWh 梯次利用锰酸锂电池储能系统示范工程，组建了退役电池分选评估技术平台，制定电池配组技术规范，研制了高效可靠的电池管理系统。

第五节 发展建议

1. 谨防产能过剩风险

我国锰酸锂受益于电动两轮车新国标、电动车和储能市场快速增长，需求呈现快速增长，产能过快增长，受宏观经济影响，2022 年短期内需求出现了较大波动，使得整个行业开工率不足 40%，产能过剩风险短期内加大，应协调好产能与需求之间的关系，提升开工率。

2. 积极推进技术进步

锰酸锂生产工艺多样，且各有优缺点，可以应对不同的使用场景。企业在发展过程中，应继续探索新工艺、新体系，提升结构性能，重视掺杂与包覆相结合对性能的提升作用，尽最大可能提升性价比，才能在电化学储能方面占据重要一席。

3. 重视产业生态圈构建

目前磷酸铁锂、三元正极等锂电池正极材料生产厂商积极寻求从锂、钴、镍、磷、铁等资源到下游汽车、电网等一体化产业生态的构建，锰酸锂行业和企业规模相对偏小，尚未形成生态产业链，应通过与上游企业进行合作生产，在物料运输成本、中间品的销售成本、材料的损耗、企业的管理，以及技术的协作优势上面提升竞争力。

第六章

钴酸锂

中国无机盐工业协会 /

石油和化学工业规划院　尚建壮

第一节 概述

钴酸锂，分子式 $LiCoO_2$，分子量 97.88，灰黑色粉末，是一种重要的锂离子电池正极材料，钴酸锂具有工作电压高、能量密度及压实密度大、循环寿命较长、无记忆效应等优势，由于钴属于稀缺的战略性金属，生产成本高，在 3C 等钴锂小电池得到广泛应用。钴酸锂正极材料具有六方相层状结构，其在 3.00 ～ 4.25V 电压范围内进行充放电工作时较为稳定。表 6-1 所示为国家标准 GB/T 20252—2014 中钴酸锂相关参数。

表 6-1　GB/T 20252—2014 中钴酸锂相关参数

性质类型			指标
化学成分含量（质量分数）/%	主元素	Co	57 ～ 60
		Li	6.5 ～ 7.5
	杂质元素	K	≤ 0.02
		Na	≤ 0.03
		Ca	≤ 0.02
		Fe	≤ 0.01
		Cu	≤ 0.01
		Cr	≤ 0.01
		Cd	≤ 0.01
		Pb	≤ 0.01
粒度分布	常规钴酸锂	D_{50}/μm	7.0 ～ 13.0
		D_{max}/μm	≤ 50.0
	高倍率型钴酸锂	D_{50}/μm	4.0 ～ 8.0
		D_{max}/μm	≤ 40.0
	高压实型钴酸锂	D_{50}/μm	10.0 ～ 25.0
		D_{max}/μm	≤ 70.0
	高电压型钴酸锂	D_{50}/μm	10.0 ～ 25.0
		D_{max}/μm	≤ 70.0
振实密度 /（g/cm^3）	常规钴酸锂		≥ 2.3
	高倍率型钴酸锂		≥ 1.8
	高压实型钴酸锂		≥ 2.5
	高电压型钴酸锂		≥ 2.4
比表面积 /（m^2/g）	常规钴酸锂		0.15 ～ 0.5
	高倍率型钴酸锂		0.3 ～ 1.0
	高压实型钴酸锂		0.1 ～ 0.4
	高电压型钴酸锂		0.1 ～ 0.4

续表

性质类型		指标
比容量 /（mAh/g）	常规钴酸锂	≥ 155
	高倍率型钴酸锂	≥ 155
	高压实型钴酸锂	≥ 155
	高电压型钴酸锂	≥ 180
首次充放电效率 /%	常规钴酸锂	≥ 95
	高倍率型钴酸锂	≥ 95
	高压实型钴酸锂	≥ 95
	高电压型钴酸锂	≥ 95
平台容量比率 /%	常规钴酸锂	≥ 80
	高倍率型钴酸锂	≥ 80
	高压实型钴酸锂	≥ 75
	高电压型钴酸锂	≥ 75
倍率性能 /%	常规钴酸锂	—
	高倍率型钴酸锂	10C/1C ≥ 90
	高压实型钴酸锂	—
	高电压型钴酸锂	—
平台容量保持率 /%	常规钴酸锂	≥ 70
	高倍率型钴酸锂	—
	高压实型钴酸锂	≥ 70
	高电压型钴酸锂	≥ 70
循环寿命 / 次	常规钴酸锂	500
	高倍率型钴酸锂	—
	高压实型钴酸锂	500
	高电压型钴酸锂	500

钴酸锂具有电压平台高、压实密度大、倍率性能好等优点，由于综合性能好，在智能手机、笔记本电脑、平板电脑、无人机、电子烟及可穿戴设备（如 TWS 耳机、智能手表、手环等）等高端电子产品领域钴酸锂电池具有明显的优势地位。表 6-2 所示为某重点企业钴酸锂产品性能指标。

表 6-2　某重点企业钴酸锂产品性能指标

产品类型	比容量	倍率性能	循环寿命 / 次
高电压钴酸锂	188 ～ 194mAh/g（0.2C，3.0 ～ 4.5V）	＞ 93%（2C/0.2C）	＞ 1000
高倍率钴酸锂	178 ～ 186mAh/g（0.2C，3.0 ～ 4.5V）	＞ 90%（30C/0.2C）	＞ 500

钴酸锂行业上下游产业链见图 6-1。

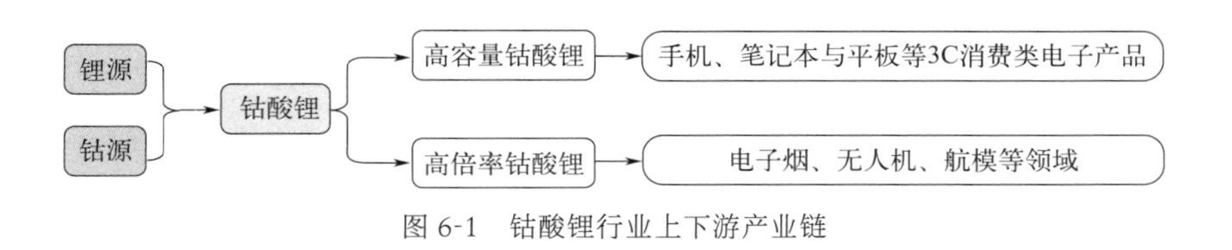

图 6-1　钴酸锂行业上下游产业链

第二节 市场供需

一、市场供需现状

我国钴酸锂生产企业相对比较集中，形成了一超多强的供应格局，其中厦门厦钨新能源材料有限公司连续多年出货量蝉联第一，巴莫科技、巴斯夫杉杉、盟固利、当升科技紧随其后，2022 年我国钴酸锂产能约为 11.9 万吨 / 年。厦钨新能源在钴酸锂高电压化市场趋势显著情况下，公司 4.5V 产品已开始小批量供货。天津巴莫科技有限责任公司 2022 年凭借在 4.45 ～ 4.48V 产品上的发力，跃进第二梯队。我国主要钴酸锂生产企业产能见表 6-3。

表 6-3　我国主要钴酸锂生产企业产能

序号	企业名称	产能 /（吨 / 年）	2022 年产量 / 吨
1	厦门厦钨新能源材料股份有限公司	45000	33200
2	天津巴莫科技有限责任公司	13500	11000
3	巴斯夫杉杉电池材料有限公司	20000	10000
4	荣盛盟固利新能源科技股份有限公司	12390	6520
5	北京当升材料科技股份有限公司	2900	1932
6	其他企业	25000	16000
总计		118790	78600

2017—2021 年，我国钴酸锂材料产量呈现快速上升的态势，主要受益于下游市场的快速增长带动。2022 年，新冠肺炎疫情反复、国际局势动荡、镍钴锂等原材料价格大幅波动，深度影响新能源产业发展，我国钴酸锂产量相比 2021 年有了明显下降，全年产量约 7.86 万吨，见图 6-2。

近年来我国钴酸锂市场集中度不断提高，头部集中化趋势逐步显现。2022 年，厦钨新能、巴莫科技、杉杉能源、盟固利、当升科技占据钴酸锂市场份额前五，合计占比约 80%（图 6-3）。

2022 年，钴酸锂产品传统下游领域消费包括手机、笔记本及平板电脑都出现了不同程度下降，其中下降幅度最大的是智能手机领域，见图 6-4。相比 2021 年我国智能手机出货量下降 23.10%，全球智能手机出货量同比下降 11.35%，导致钴酸锂下游应用市场格局发生了一些变化。

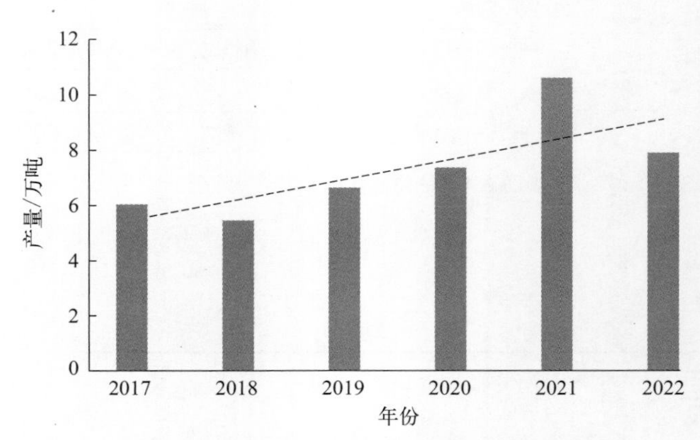

图 6-2　2017—2022 年我国钴酸锂产量变化情况

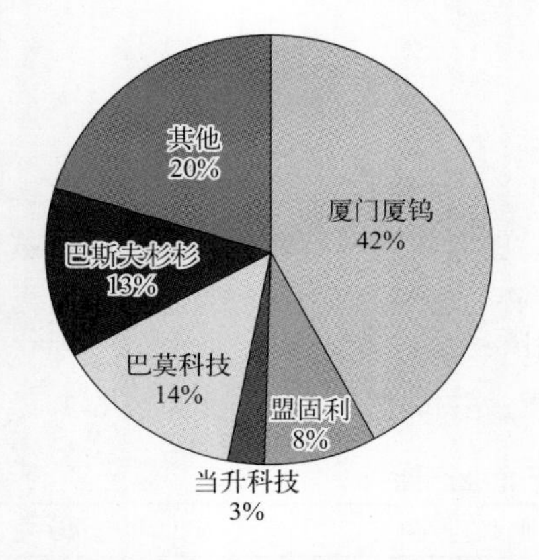

图 6-3　2022 年我国钴酸锂行业企业结构

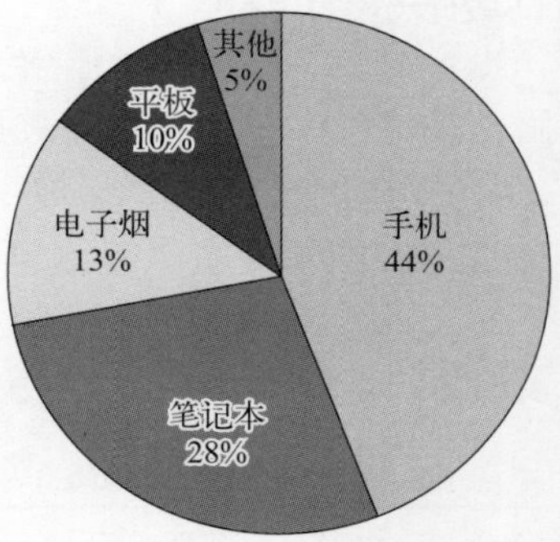

其他
5%
平板
10%
电子烟
13%
手机
44%
笔记本
28%

图 6-4　2022 年我国钴酸锂下游消费比例

我国仅有少量钴酸锂进口，从进口国家看，国内钴酸锂的进口国主要是芬兰；从进口省份看，主要是广东；从贸易方式看，钴酸锂的进口贸易主要是进料加工贸易。我国钴酸锂在保证国内需求的同时，部分出口到日本、韩国、中国台湾地区和欧美地区，2022 年，我国钴酸锂出口量为 3.5 万吨，同比下降 6.4%，反映出全球下游消费锂电市场低迷。

二、市场发展趋势

（一）供应预测

2022 年，全球锂钴镍价格大幅度上涨，经济持续低迷，全球多个主要经济体消费者信心指标均出现下滑，全球手机、平板、笔记本的出货量下降 11% ～ 23%。我国钴酸锂行业受此影响，全行业开工率达到历史较低水平的 66.2%。“十三五”期间我国钴酸锂行业产能出清基本完成，已经形成了“一超多强”的企业格局，不会出现类似磷酸铁锂、三元正极材料介入者多和规划产能多的局面，目前在建的钴酸锂项目包括当升科技 2 万吨 / 年钴酸锂项目、科恒 1.5 万吨 / 年钴酸锂项目，厦门厦钨 4 万吨 / 年装置可以灵活调整生产三元正极材料或钴酸锂产品，预计 2025 年我国钴酸锂产能将达到 20 万吨 / 年，主要集中在现有企业扩能。

（二）消费预测

钴酸锂下游应用领域主要包括手机、笔记本电脑、电子烟、平板和其他领域。

1. 手机

根据工信部数据，2012—2022 年中国智能手机出货量大致呈现先上涨后下降的趋势。2016 年，中国智能手机出货量触及顶峰，出货量规模达到 5.22 亿部，而后开始逐渐下滑到 2020 年的 3.08 亿部，2021 年手机出货量有所回升，年出货量达 3.43 亿部，2022 年国内市场手机总体出货量累计 2.72 亿部，同比下降 22.6%。2022 年 5G 手机出货量 2.14 亿部，同比下降 19.6%，占同期手机出货量的 78.8%。出口手机 8.22 亿台，同比下降 13.8%。

2010—2022 年，全球智能手机出货量规模呈现先上升后趋于平稳的趋势。2016 年，全球手机出货量达到 14.73 亿部，触及顶峰，而后开始有所下滑。2022 年，全球智能手机出货量规模约为 14.30 亿部，同比增长 3.6%。

从全球和我国手机的消费情况来看，手机性能和产品质量的提升，将使得手机更换率降低，叠加 5G 手机在全球的普及，预计 2025 年全球和我国的手机出货量将维持在现有水平。

2. 笔记本电脑

2017—2021 年，全球笔记本电脑出货量从 2.60 亿台增长至 3.48 亿台，年均复合增长率达 7.66%，总体呈增长态势，见图 6-5。2020 年初，全球笔记本电脑供应链和线下销售受到暂时影响，但随着居家办公和远程教学成为新趋势，笔记本电脑作为生产力工具，成为各行业工作者和学生必备的设备。因此，2020 年全球笔记本电脑出货量出现了大幅增长，达到 3.04 亿台，同比增长 13.52%，较 2019 年增加了 0.36 亿台；2021 年全球笔记本电脑销量相比 2020 年又上涨了 14.77%，达到创纪录的 3.48 亿台。2022 年，由于全球宏观经济疲软，全球笔记本电脑出货量有所下滑，2022 年全球笔记本电脑出货量 2.923 亿台，同比下跌 16.5%。

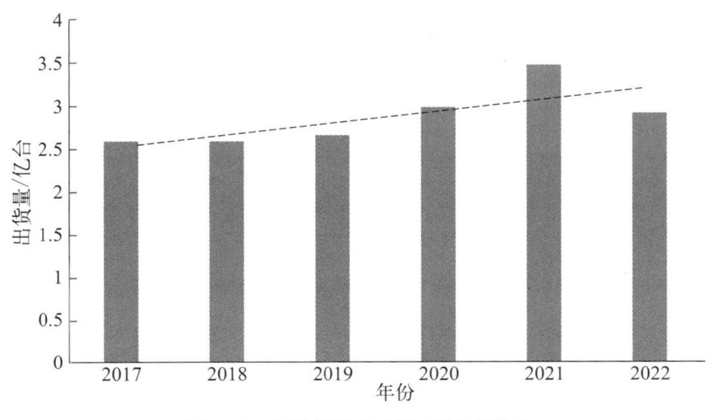

图 6-5 全球笔记本电脑历年出货量

2015—2020 年，我国笔记本电脑产量在 2016 年有所下降后呈现逐年增长的趋势，2019 年我国笔记本电脑产量达到 1.85 亿台，同比增长 4.3%。2020 年，我国笔记本计算机产量为

2.35 亿台，同比增长 26.9%。2021 年笔记本电脑产量约 2.3 亿台。2022 年，我国出口笔记本电脑 1.66 亿台，同比下降 25.3%。受疫情防控期间居家办公带来的笔记本电脑需求短期内达到顶峰影响，未来三年处于需求恢复阶段，预计 2025 年我国笔记本电脑产量保持在 2 亿台左右，对钴酸锂市场影响较小。

3. 电子烟

中国生产了全球 95% 以上的电子烟，其中 90% 供出口，国内销售约为 5%，国内消费市场依然较小，国际市场预计仍将保持较高的速度增长，国内电子烟市场逐渐扩大，预计到 2025 年电子烟领域将保持 20% 到 30% 的增长速度，相应将增加钴酸锂市场需求。

4. 平板

数据显示，全球平板电脑出货量由 2016 年的 1.86 亿台变化至 2020 年的 1.61 亿台，2022 年全球平板电脑出货量达 1.71 亿台。预计 2025 年全球和我国平板产量保持在 2020 年水平，对钴酸锂市场影响较小。

5. 其他领域

目前钴酸锂其他应用发展较快的领域包括智能穿戴、无人机等。

智能穿戴科技已经成为当前时尚潮流中的重要组成部分。随着科技的发展和人们对便利性和个性化的追求，智能穿戴设备越来越受到欢迎。从智能手表、智能眼镜到智能运动器材，智能穿戴设备在各个领域展现出了巨大的潜力。预计该领域将会在今后一段时期内呈现爆发式增长，逐渐成为钴酸锂主要消费领域之一，预计 2025 年该领域将保持 20% 左右的增长速度。

随着科学技术的飞速发展，无人机技术近年来得到了广泛关注。无人机作为一种可以自主飞行的飞行器，在军事、民用、科学研究等众多领域都有广泛应用。无人机也会逐渐成为钴酸锂主要消费领域之一，预计 2025 年该领域将保持 15% 左右的增长速度。

综上所述，可穿戴设备、电子烟、AR/VR、无人机等新型消费电子兴起，为钴酸锂正极材料提供了新的需求增长空间，带动钴酸锂行业规模增长。随着 5G 技术的商用化加速、应用场景的增加，智能手机等移动设备的单机带电量将大幅提升。另外 5G 终端产品的普及率的提升，智能手机将迎来更新换代需求，推动钴酸锂正极材料需求增长。预计 2025 年锰酸锂需求量将在 15 万吨左右。

第三节 工艺技术

钴酸锂的工业化生产一般采用高温固相合成技术，实验室多以液相合成技术为主；随着电子产品的轻量化、微型化，人们对钴酸锂体系锂离子电池能量密度和循环性能的要求逐渐提高，钴酸锂必然朝着更高电压、更大倍率方向发展；在开发高比容量活性材料、提升材料压实密度和提高工作电压三种方式中，提高工作电压是现阶段最有效的方式，主要通过生产过程控制、掺杂和包覆等后续处理来实现。

一、高温固相合成法

高温固相合成法制备钴酸锂正极材料，主要是以锂和钴的氧化物、氢氧化物、碳酸盐、硝酸盐、乙酸盐等作为锂源和钴源，其中钴源一般为四氧化三钴、碳酸钴、氢氧化钴等，锂源一般为碳酸锂、氢氧化锂等。

高温固相合成法生产钴酸锂的过程是将含钴的粉体原料与含锂的粉体原料干法混合，再进行高温烧结、粉碎、筛分、除磁性物质，制得钴酸锂正极材料。工业化装置一般以四氧化三钴和碳酸锂为原料生产钴酸锂正极材料，反应方程式如下：

$$2Co_3O_4+3Li_2CO_3+1/2O_2 = 6LiCoO_2+3CO_2$$

在这样的一个反应过程中，反应温度、时间、条件等对产品的结构和电化学性能有重要影响。固相合成法工艺流程中的关键工序一般为混合工序、烧结工序、破碎工序等。

高温固相合成法工艺简单，利于工业化生产，但它存在着以下缺点：反应物难以混合均匀，需要较高的反应温度和较长的反应时间，能耗巨大。产物粒径较大且粒径范围宽，颗粒形貌不规则，调节产品的形貌特征比较困难，导致材料的电化学性能不易控制。

二、溶胶凝胶法

溶胶凝胶法制备钴酸锂正极材料是在金属有机化合物中加入有机酸或聚合物等螯合物来固定金属离子，通过调节 pH 值等加速络合反应，形成固态凝胶后再进行热处理得到最终产物。

溶胶凝胶法能够使金属化合物在聚合或混溶过程中均匀分布在分子链上，从而达到原子或分子级混合，促进反应的进行。采用溶胶凝胶法制备钴酸锂正极材料的原料包括钴盐（一般为氯化钴、硝酸钴、硫酸钴、乙酸钴等）、锂盐（一般为氯化锂、硝酸锂、乙酸锂等），有机溶剂一般为柠檬酸及乙二醇的混合溶液、乙二醇、聚乙烯醇、聚乙二醇、马来酸、丙烯酸等。

合理的原料及有机溶剂选择是影响钴酸锂正极材料产品质量的关键因素之一。同时 pH 值、烧结温度、烧结时间等工艺参数的合理控制能够显著改善钴酸锂正极材料的电化学性能、循环性能、倍率性能等。

溶胶凝胶法钴酸锂正极材料进行掺杂改性的关键技术是掺杂物质的选择及配比。包覆方式包括锡掺杂氧化铟、铝掺杂氧化锌、氟掺杂氧化锡、锑掺杂二氧化锡中的一种或多种导电氧化物包覆、氟化镁包覆、碳包覆磷酸钒锂包覆、压电材料包覆等。掺杂 - 包覆方式如复合正极材料掺杂后磷酸镁盐包覆、稀土元素及常规元素共掺杂后石墨炔包覆等。

溶胶凝胶法制备钴酸锂可以有效地降低反应温度，缩短反应时间，减少能耗，具有产品纯度高、均匀性好、颗粒小、反应过程易控制等优点。该法的关键是选择适当的前驱体溶液，控制合适的 pH 值范围，在一定温度和湿度条件下形成溶胶。

三、化学共沉淀法

化学共沉淀法制备钴酸锂正极材料是向钴盐和锂盐溶液中加入沉淀剂发生共沉淀反应生成锂钴共沉淀物，再将沉淀物干燥、烧结等后制备钴酸锂。

采用化学共沉淀法制备钴酸锂正极材料的原料主要包括钴盐和锂盐，钴盐一般选取硝酸钴、硫酸钴等，锂盐一般选取碳酸锂、硝酸锂等，原料的选择和配比是影响产品质量的关键因素之一。烧结温度、烧结时间等工艺参数合理选择和控制能够改善钴酸锂正极材料的电化学性能。

化学共沉淀法钴酸锂正极材料掺杂技术有铝、镍等金属元素掺杂等；包覆可以采用与钴酸锂具有相同层状晶体结构且具有电化学活性的物质如四氧化三钴或一种（多种）梯度材料包覆等；掺杂 - 包覆技术有磷酸根、铝离子掺杂后采用含有磷酸根、铝离子、锂离子等的非晶包覆层、阴阳离子共同掺杂后氢氧化物包覆、阳离子掺杂后氧化物包覆等。

四、络合剂法

络合剂法制备钴酸锂是在钴盐和锂盐溶液中加入络合剂，形成前驱体络合物，将该前驱体络合物经干燥后烧结制得钴酸锂正极材料。原料中的钴盐一般为硫酸钴、氯化钴、硝酸钴、乙酸钴等，锂盐一般为硝酸锂、碳酸锂、氢氧化锂和乙酸锂等，络合剂一般为氨水、乙二胺四乙酸二钠、磺基水杨酸和甘氨酸等。采用络合剂法制备钴酸锂正极材料涉及的关键技术是原料和工艺参数的选择和控制、改性技术。工艺参数一般包括络合剂的种类、络合剂的加入量、反应温度、反应时间、反应 pH 等。

络合剂法钴酸锂正极材料掺杂改性包括 Ni 盐、Ca 盐、Zr 盐、Al 盐、Mg 盐、Ti 盐、Mn 盐和 Y 盐中的一种或多种金属盐溶液掺杂，Al、Ga、Hf、Mg、Sn、Zn、Zr 中的一种不变价及 Ni、Mn、V、Mo、Nb、Cu、Fe、In、W、Cr 中的一种变价元素掺杂等。包覆改性的方式包括 Zn、Cu、Mg、Mn、Co 的氧化物中的一种或两种以上钛基复合氧化物包覆，Al、Mg、Zr、Ti、Ni、Mn、Y、Zn、Mo、Ru、Ta、W、Re、Sn、Ge、Ga 的氢氧化物中的任意一种或至少两种的组合包覆等，聚苯胺、聚吡咯、聚噻吩等导电聚合物包覆等。采用络合剂方式对钴酸锂进行掺杂 - 包覆改性能够提高电池的使用寿命和安全性能。采用络合剂法对钴酸锂进行掺杂 - 包覆方式包括金属元素掺杂后金属氢氧化物包覆、金属单质或金属盐或金属氧化物掺杂后再采用金属氢氧化物或金属盐包覆等。

五、小结

钴酸锂材料的合成方法可以分为干法和湿法，高温固相法合成钴酸锂是干法制备中最常见的方法，该方法工艺简单，产量大，适合工业化。由于 3C 及其他领域对电池的能量密度要求越来越高，快速充电越发流行，高压钴酸锂的难点主要集中在以下几个方面：①体相结构的控制。在高电压下，层状结构钴酸锂由于过度脱锂，结构发生剧烈变化，伴随着相变及应力的产生，过度的应力会使颗粒开裂，破坏体相结构，使得循环性能变差。可以通过微量元素共掺杂来抵消应力，以达到抑制材料开裂的目的；②表面界面结构的控制。主要通过引入新的表面包覆优化表面结构，抑制过渡金属溶解，抑制表面重构，从而达到提高性能的目的；③抑制表层氧的活性。氧的溢出伴随着过渡金属溶解及产气的发生。通过表层处理及高压电解液的配套使用，降低材料表面气体溢出，从而达到提高高温稳定性及循环性能的目的。

钴酸锂工艺采用的原料有所不同，其过程复杂化程和产品性能差异较大，性价比差别较大，使得工业化程度也有较大不同。目前来看高温固相法工艺简单，易于实现大规模生产，但电化学性能相对较差；湿法技术产品质量较好，易于控制反应过程，但在实际生产过程仍有较大的优化提升空间。掺杂与包覆相结合将是今后钴酸锂实现高压化的重要发展方向。

第四节

应用进展

在新能源汽车方面，2013 年量产的特斯拉 Model S 等车型采用松下 18650 型钴酸锂电芯；2015 年量产的特斯拉 Model S 和 Model X 采用松下 18650 型镍钴铝电芯；2019 年量产的特斯拉 Model 3 采用松下 21700 型镍钴铝电芯；2020 年在上海制造的特斯拉 Model 3 和 Model Y 采用 LG21700 型镍钴铝电芯同时，还采用能量密度为 125Wh/kg 的宁德时代磷酸铁锂电芯。

在高功率要求设备方面，无人机、航模等高功率设备要求锂电池既具有高输出功率，要既能满足高速飞行和爬升，又具备高能量密度，以满足无人机、航模等更长的续航时间，钴酸锂电池具有较好的应用前景。

在智能设备方面，钴酸锂电池广泛应用于机器人、自动导引车（AGV）、轨道交通、医疗电子、应急后备、勘探测绘、商用金融、仪器仪表、消费电子等，目前这些领域也有部分采用磷酸铁锂和三元正极材料。

钴酸锂电池结构稳定、比容量高、综合性能突出、成本非常高，主要用于中小型号电芯，在手机、平板方面具有广泛用途。某企业钴酸锂手机电池使用 4.4V 钝钴酸锂体系，供货量 500K 以上，产品能量密度达 720Wh/L，容量 4240mAh。

第五节

发展建议

钴酸锂是第一代商业化正极材料，在几十年的发展中逐渐改进和提高，具有放电平台高、比容量较高、循环性能好、合成工艺简单等优点。近年来在新能源汽车和储能领域的市场份额较小，主要因为钴酸锂含钴较多，成本较高。我国锂、钴资源短缺，需要大量进口，废旧电池回收对于保障钴酸锂产业链原料供给具有重要作用，在废弃物资源化的同时，降低了环境污染，具有较好的经济效益和社会效益。

在钴酸锂电池消费传统领域，市场份额主要受智能手机、笔记本电脑、平板等消费产品景气度影响，钴酸锂消费量趋于稳定。二次电子烟、智能穿戴设备等新兴消费领域将成为拉动钴酸锂消费的重点领域。

钴酸锂在四大电池正极材料中受原料价格影响，使得其应用被磷酸铁锂、三元正极材料替代明显，应突出其高倍率、高功率特点，推进钴酸锂高压化发展，提升能量密度，未来钴酸锂生产企业在高压领域量产产品，有望实现弯道超车，并实现在特定领域的高端化应用。

第七章

硫酸镍

China
New Energy Materials
Industry Development Report
2023

上海钢联电子商务有限公司　王鑫泰

第一节

概述

硫酸镍是镍矿冶炼加工后的一种初级产品，自然界中存在无水、六水和七水三种形态的硫酸镍晶体，市面上流通的商品几乎都为六水硫酸镍，在中国属于九类危险品，按用途主要分为电池级及电镀级。硫酸镍主要参数指标见表 7-1。

表 7-1　硫酸镍主要参数指标

化学成分及物理性能	电池级标准	电镀级标准
镍（Ni）/%	≥ 22	≥ 22.2
钴（Co）/%	≤ 0.05	≤ 0.0005
锰（Mn）/%	≤ 0.001	≤ 0.001
镉（Cd）/%	≤ 0.0005	≤ 0.0003
铬（Cr）/%	≤ 0.0005	≤ 0.0005
铅（Pb）/%	≤ 0.0010	≤ 0.0005
铁（Fe）/%	≤ 0.0005	≤ 0.0005
钙（Ca）/%	≤ 0.0020	≤ 0.005
钠（Na）/%	≤ 0.1	≤ 0.005
铜（Cu）/%	≤ 0.0005	≤ 0.0005
镁（Mg）/%	≤ 0.0015	≤ 0.0005
锌（Zn）/%	≤ 0.0005	≤ 0.0005
硅（Si）/%	≤ 0.002	≤ 0.002
汞（Hg）/%	≤ 0.001	≤ 0.001
磁性异物（magnetic material）/$\times10^{-6}$	≤ 50	≤ 100
水不溶物（water-insoluble）/%	≤ 0.005	≤ 0.005
油（oil）/%	≤ 0.001	≤ 0.001
产品外观	绿色晶体	绿色晶体

注：数据来自钢联数据。

电池级硫酸镍及电镀级硫酸镍主要区别在于对钴及磁性异物的要求不同，电池料硫酸镍下游主要为三元材料，其本身就需要钴元素，磁性异物在电池生产过程中属于有害元素，所以电池级硫酸镍对磁性异物要求更高；而在电镀过程中钴元素属于有害物质，所以电镀硫酸镍中对钴元素要求较高。由于电池级硫酸镍在三元材料带动下产量快速增加，所以行业标准较统一。国内电池材料市场由于电芯企业对元素控制要求不断提高，导致硫酸镍企业不断改进工艺，生产电池级硫酸镍企业大多可转产电镀级硫酸镍产品。电镀级硫酸镍处于存量市场竞争状态，且市场有逐步转移东南亚的趋势，持续生产的企业在国内仅五家左右，所以各企业电镀级硫酸镍标准均有一定区别；电镀硫酸镍终端市场分散，厂家众多，并且单次交易量明显低于电池级硫酸镍，所以电池级硫酸镍转至电镀级硫酸对销售供应链有一定挑战。

硫酸镍在生产过程中均为液体形态，为了方便运输，一般使溶液结晶形成晶体进行包装。溶液的镍含量只有 8% ～ 11%，蒸发结晶后得到镍含量≥ 22% 的硫酸镍晶体。溶液运输的优势在于硫酸镍企业可以节省结晶环节的费用，同时下游三元前驱体企业可以节省溶解环节的费用。劣势是在同样金属量下，溶液的运输成本比晶体高，因此不适宜远程运输，通常在 300 公里以内性价比最高，溶液运输需严格按照危险品运输，而国内晶体运输成本明显低于液体。

硫酸镍主要用途及应用领域：①三元锂电池行业：用于制备镍钴锰三元前驱体，并且镍含量的高低决定电池材料能量的多少，大有前景。②电镀行业：是电镀镍和化学镍的主要镍盐，也是金属镍离子的来源，能在电镀过程中，离解镍离子和硫酸根离子。③电镍生产的主要原料，电镍生产过程中其电解液多为硫酸镍，而电镍也可生产硫酸镍，所以硫酸镍与电镍互为原料。④硬化油生产中是油脂加氢的催化剂。⑤医药工业用于生产维生素 C 中氧化反应的催化剂。⑥无机工业中用作生产其他镍盐（如硫酸镍氨等）的主要原料。⑦印染工业中用作生产酞菁艳蓝的络合剂，用作还原染料的媒染剂。

上述多个行业的应用中，属电镀、化学镀及充电电池领域用量最大。目前新能源行业发展迅猛，对硫酸镍需求越来越多已成趋势。2022 年电镀消费不足 4%，其余 96% 以上都是电池消费。

第二节 市场供需

一、市场供应情况

全球碳达峰碳中和目标背景下，新能源产业加速发展。而能源危机的发生，使得欧洲为减少对传统石油和天然气等石化能源的依赖，将新能源汽车替换燃油车、大规模建设风电和光电等绿色能源的规划提上日程，缩短实现周期，各国均出台多项政策支持绿色能源行业。在发电侧和输电侧，储能需求高速增长；用户侧，新能源汽车消费爆发，二者均带动锂离子电池行业进入爆发期。

正极材料价格对比见图 7-1。

在新能源车产量大幅攀升的同时，三元电池叠加高镍化趋势对镍的需求也加速提升，对硫酸镍需求增加明显。2016 年在提高能量密度政策推动下，硫酸镍产业迎来第一波产量快速增长。2021 年新能源行业对镍的需求日益增高，带动硫酸镍产量快速增长，并且再生镍由于体量、资质、技术等一些问题导致供应难有明显增加，所以硫酸镍原料中 82.98% 的来源为原生镍。随着三元动力电池的逐步退役再生镍的用量也在逐步增加，但短期来看行业面临来源、资质、环保等问题，且市场处于较为原始的状态，企业布局该板块大多为进入行业，部分企业甚至亏损多年，再生镍行业需时间沉淀使其进一步成长。

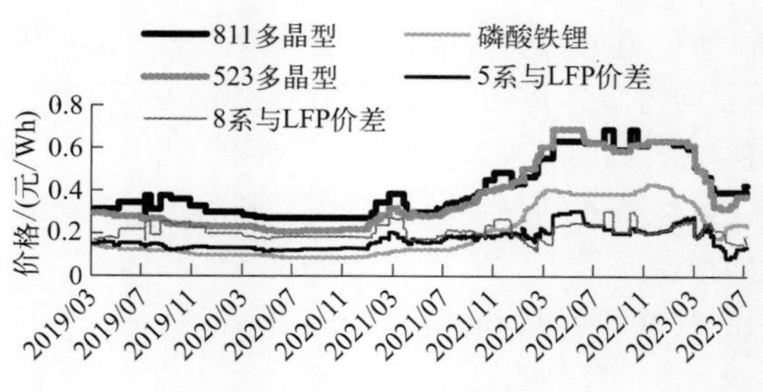

图 7-1　正极材料价格对比

中国镍盐产量见图 7-2。

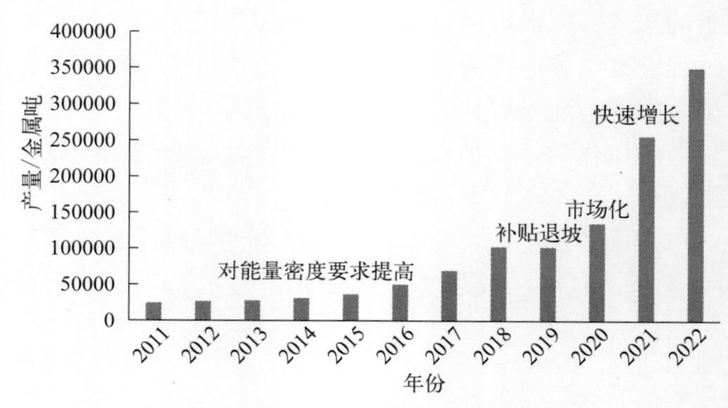

图 7-2　中国镍盐产量

数据来自钢联数据

国内企业积极拓展硫酸镍产能。2022 年中国硫酸镍产能占全球的 77% 左右，毫无疑问中国是全球硫酸镍产能最大的国家。后续国内还有硫酸镍产能将会不断释放，中国硫酸镍在全球的占比亦将不断提高。现阶段硫酸镍产能大多为三元前驱体企业建设，所以硫酸镍后续产能大多为三元前驱体企业扩产，硫酸镍 - 三元前驱体一体化企业产能占比已达到 75%，2022 年在自用满足情况下三元前驱体企业已经开始往市场销售硫酸镍，只生产硫酸镍的企业竞争优势逐渐下降。2023 年开始硫酸镍企业将进行新一轮洗牌，只生产硫酸镍的企业将逐步沦落为代工厂。镍金属全球规划产能见表 7-2。中国硫酸镍产量见图 7-3。

表 7-2　镍金属全球规划产能

项目	国家	企业	原料	项目总设计年产能（镍金属量）/(万吨 / 年)	投产完成时间	是否流入市场
中国规划产能	中国	中伟新材料股份有限公司	镍锍	8.0	2024 年四季度	否
	中国	宜昌邦普循环科技有限公司	NPI、镍豆镍粉	4.4	2024 年	否
	中国	盛屯矿业集团股份有限公司	镍锍 / 镍精矿	3.3	2024 年	是
	中国	陕西聚泰新材料科技有限公司	镍锍	2.0	2024 年二季度	是
	中国	荆门市格林美新材料有限公司	镍锍、废料、镍豆	2.8	2025 年	否
	中国	金川集团股份有限公司	镍锍	3.1	2025 年	是
	中国	江西佳纳能源科技有限公司	镍豆 / 镍粉、废料	3.0	2023 年 3 月	否

续表

项目	国家	企业	原料	项目总设计年产能（镍金属量）/(万吨/年)	投产完成时间	是否流入市场
中国规划产能	中国	吉林吉恩镍业股份有限公司	镍矿	0.9	2024 下半年	是
	中国	湖南金源新材料股份有限公司	MHP、废料	4.6	2024 下半年	是
	中国	广东飞南资源利用股份有限公司	镍锍、废料	1.5	2024 年	是
	中国	宁德邦普循环科技有限公司	镍铁合金、镍豆镍粉	1.5	2024 年 6 月	否
	中国	浙江格派钴业新材料有限公司	镍锍	2.5	2024 年四季度	是
	合计			37.6		
海外规划产能	巴西	Centaurus Metals	硫化镍矿	2.0	2023 年三季度—2024 年	是
	加拿大	VALE	镍矿	2.5	2026 年	是
	加拿大	FPX Nickel Corp.	镍矿	4.4	2024 年	是
	印尼	LGES	镍矿	3.3	2025 年	否
	印尼	LYGEND	MHP	5.3	2022 年四季度	是
	印尼	PT Bumi Mineral Sulawesi	镍矿	2.2	2024 年	否
	印尼	PT QMB	MHP	3.3	2024 年	否
	印尼	华友 49，青山 51	镍锍	5.0	2024 年	是
	澳大利亚	Queensland Pacific Metals	红土镍矿	1.6	2025 年	是
	印尼	PT Sinar Jaya Sultra Utama	MHP	3.7	2024 年	是
	美国	Wave Nickel	MHP	2.0	2028 年	是
	印尼	Nickel Industries	红土镍矿	7.2	2025 年四季度	是
	韩国	Korea Zin	废料	4.3	2026 年	是
	韩国	LS MnM	MHP	2.2	2026 年	是
	韩国蔚山	Korea Zin	MHP、镍锍	4.3	2026 年	是
	澳大利亚	Cobalt Blue Holdings Ltd	MHP	0.1	2024 年	是
	合计			53.3		

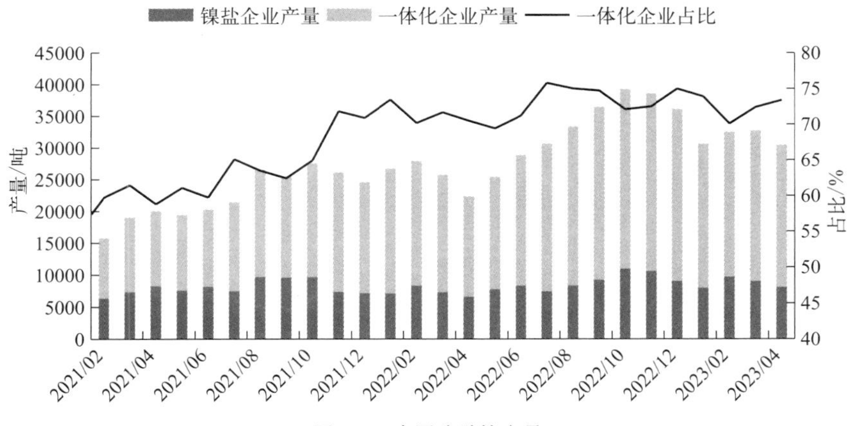

图 7-3 中国硫酸镍产量

数据来自钢联数据

快速增长的硫酸镍对镍原料的需求不断扩大。从 2018 年开始，正极前驱体企业将目光再一次瞄向了红土镍镍矿，通过湿法 HPAL 工艺和火法高冰镍工艺对红土镍矿进行大规模开发，生产镍中间品作为硫酸镍原料。原生镍上下游产业链见图 7-4。

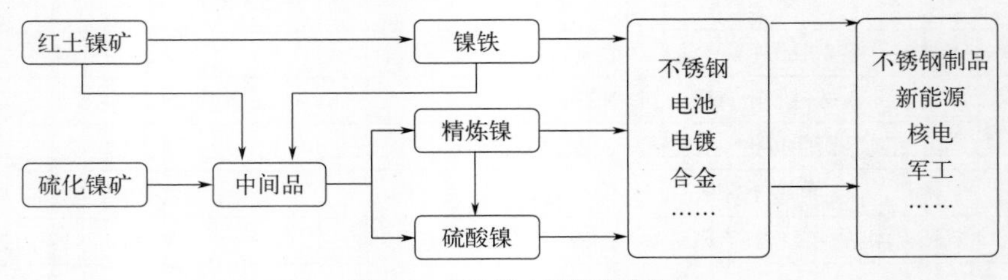

图 7-4　原生镍上下游产业链

镍中间品包括镍锍（亦称冰镍）、硫化镍钴（MSP）和氢氧化镍钴（MHP），传统上可通过火法冶炼硫化镍矿制得镍锍、通过湿法处理硫化镍矿制得 MSP、通过湿法处理红土镍矿得到 MHP 或 MSP。全球镍中间品主要由印度尼西亚、芬兰、菲律宾、澳大利亚、古巴、巴布亚新几内亚、新喀里多尼亚和土耳其等国家生产。2018—2021 年全球镍中间品产量基本稳定在 26 万～ 30 万金属吨。但自 2021 年起，由于新能源产业异军突起，对镍原料的需求大增，大量的中间品项目在印度尼西亚投建；不仅如此，通过火法工艺加工镍生铁成为镍锍、火法加工红土镍矿制作镍锍等新的工艺路径被逐步打通，中间品产量猛增。2022 年全球镍中间品产量为 51.93 万金属吨，同比增加 79.75%。

2018—2022 年全球镍中间品产量见图 7-5。2022 年全球镍中间品产量比例见图 7-6。2019—2022 年全球中间品产量见表 7-3。

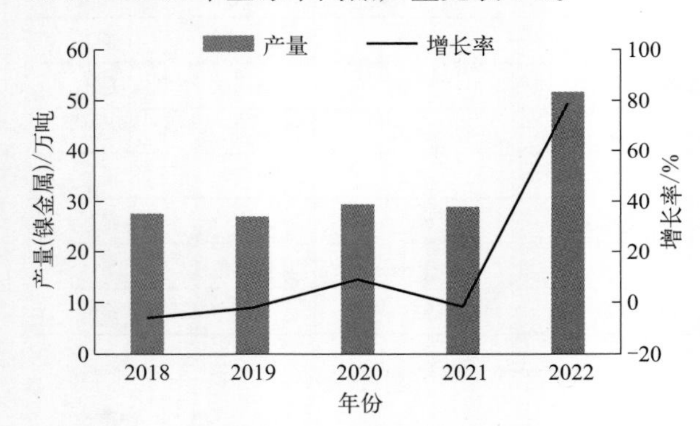

图 7-5　2018—2022 年全球镍中间品产量

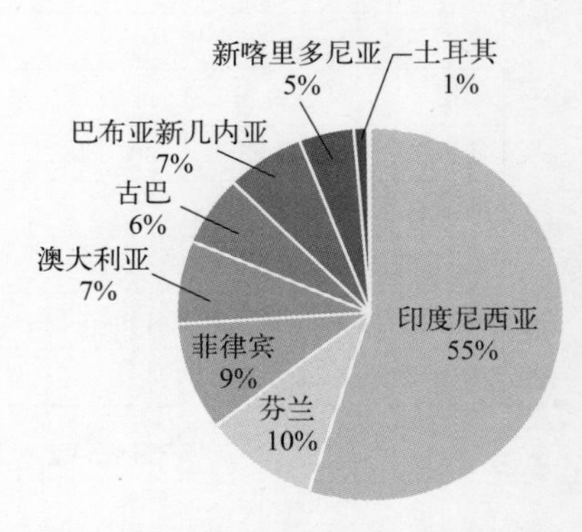

图 7-6　2022 年全球镍中间品产量比例

数据来自钢联数据

表 7-3　2019—2022 年全球中间品产量（镍金属）　　单位：万吨

国家	2019 年	2020 年	2021 年	2022 年	2023 年
印度尼西亚	7.1	7.22	7.95	28.61	43.05
澳大利亚	1.69	2.75	3.36	4.08	4.99
巴布亚新几内亚	3.27	3.37	3.16	3.43	3.28
芬兰	5.38	5.42	4.72	4.76	5.25

续表

国家	2019 年	2020 年	2021 年	2022 年	2023 年
菲律宾	5.09	4.97	4.36	4.71	4.5
古巴	3.59	3.36	3.12	3.23	2.92
土耳其	0.22	0.47	0.52	0.64	0.62
塞浦路斯	0	0	0	0.06	0.11
新喀里多尼亚	0.65	1.83	1.7	2.41	3.59
总计	26.99	29.39	28.89	51.93	68.31
同比	-6.00%	8.89%	-1.70%	79.75%	31.54%

注：数据来自钢联数据。

从原料供需来看，2023—2025 年高冰镍及 MHP 的合计镍金属量增长为 17.87 万吨、26.98 万吨、37.34 万吨。2023—2025 年需求端增长为 5 万吨、13 万吨、17 万吨。原料规划排产所投放的量级远超需求水平。

原料的价格与镍矿关联，镍矿与镍价挂钩，由于镍产品之间壁垒打通，产业的错配修复速度相比以往会有明显提速。未来原生镍过剩预期下，镍价难以回归 2022 年高位，对应原料成本将呈下行趋势。2023 年新能源汽车去库存导致生产放缓，全球动力电池需求不及预期，增量预估回调至 15% 左右。2023 年中国硫酸镍产量到达 38.8 万金属吨，同比增加 3.44 万吨。其中原生材料主要由火法及湿法中间品提供，原生供应量为 33 万金属吨，中间品供应较 2022 年同比增加近 11 万吨（总产量为 39 家口径）。随着 2023 年新能源汽车市场全面去库存以及原材料大跌，2024 年在库存、成本低位情况下，有望呈现较好的恢复增长预期。2025 年政策支持将会进一步带动产业发展。

二、消费预测

由于新能源行业发展是必然趋势，而高镍电池在能源密度等方面有优势，这意味着在三元电池行业高镍电池占比将继续增加。从长远角度来看，高能源密度电池仍是新能源行业发展的主要趋势，这同样意味着在未来很长一段时间，电池用镍仍将持续快速增加。预计到 2025 年，全球三元前驱体需求量将达到 212 万吨，相较于 2023 年上涨 57%，结构上表现为 NCM111 和 NCM523 三元材料需求占比下降，高镍三元材料 NCM811 和 NCA 需求占比增加，这意味着到 2025 年全球电池用镍需求将达到 88 万吨以上。

2030 年新能源行业将继续迅猛发展，预计 2030 年全球锂电池需求将达到 4500GWh，以 2015 年为基准，复合增长率将达到 30%，其中主要的需求增量来自于动力电池市场。结构上高镍三元材料市场占有率将进一步提高，届时高镍三元材料市场占有率将与磷酸铁锂市场占有率持平。预计 2030 年全球电池用镍将达到 152 万吨。

2035 年电池行业发展相较于前十年增速将明显放缓，新能源汽车渗透率增速降低，行业开始进入成熟期，此时全球镍消费结构也将趋于稳定。预计 2035 年全球电池用镍将达到 188 万吨，但其中废镍电池回收占比将提高，或将影响原生镍的消费量级。

全球电池用镍量见图 7-7。

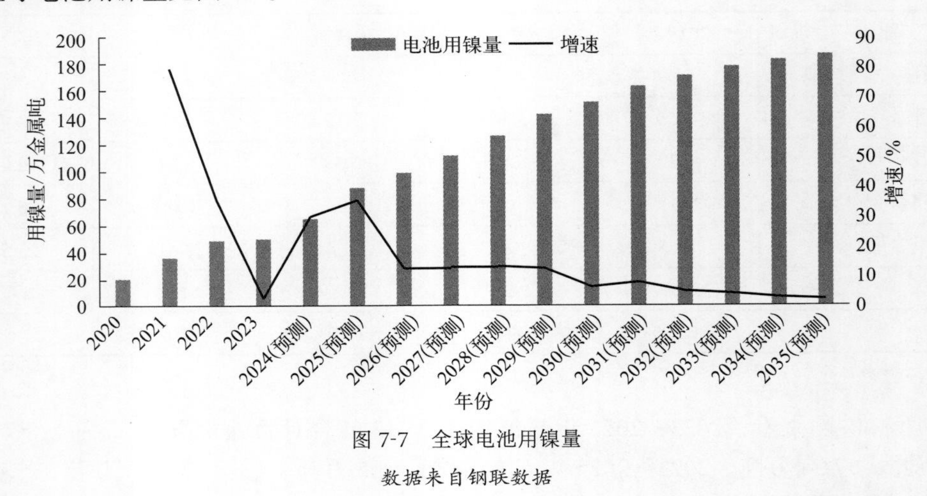

图 7-7　全球电池用镍量

数据来自钢联数据

第三节 工艺技术

硫酸镍生产均为湿法工艺，根据不同原料会有一定区别，总体为浸出、净化、萃取、结晶等步骤。

一、镍豆、镍粉溶解工艺

镍豆作为镍含量≥ 99.8% 的产品，其杂质相对最少，所以只需简单酸溶即可生产硫酸镍。产线从规划至投产只需 3 个月时间，是调节硫酸镍原料供需紧张的有力保障。

① 浸出　将镍豆投料至反应釜，添加硫酸溶液进行酸溶。酸溶的目的主要是提取镍豆中的镍元素，同时对混合溶液进行初步提纯。酸浸过程中需用蒸汽加热到 60℃左右，有利于反应的进行。

② 净化　加入辅料（NaOH 调节 pH）后去除硫酸镍溶液中的铁、铝等杂质。

③ 固液分离　采用压滤机压滤进行固液分离，得到的浸出溶液进行萃取提纯。

④ 萃取　多使用 P204、P507、Cyanex 272[1] 等萃取剂将镍钴镁铝根据不同需求进行萃取分离。

镍豆生产硫酸镍大多为溶液，至此便可检验出厂。

[1] P204：磷酸二辛酯（CAS：298-07-7）；P507：2- 乙基己基膦酸单 2- 乙基己基酯（CAS：14802-03-0）；Cyanex 272：双（2, 4, 4- 三甲基戊基）膦酸（CAS：83411-71-6）。

二、MHP（氢氧化镍钴）工艺

MHP 多包含镍钴锰元素，其产线多为镍钴锰盐一体化产线，由于其原料供应相对稳定且成本相对较低，所以其为硫酸镍生产原料中的最主要原料。

① 浆化　MHP 为粉末状固体，将其送至浆化桶内加水进行浆化。

② 浸出　将浆化后的氢氧化镍钴送入浸出反应釜添加硫酸溶液进行酸溶浸出。酸溶的目的主要是提取 MHP 中的镍元素，同时对混合溶液进行初步提纯。将氢氧化镍与浓度 30% 的硫酸发生化学反应即可生成硫酸镍溶液。酸浸过程中需用蒸汽加热到 60℃左右，有利于反应的进行。

③ 净化　加入辅料（NaOH 调节 pH）后去除硫酸镍溶液中的铁、铝等杂质。

④ 固液分离　采用压滤机压滤进行固液分离，得到的浸出溶液进行萃取提纯。

⑤ 萃取　多使用 P204、P507、Cyanex 272 等萃取剂将镍钴镁铝根据不同需求进行萃取分离。

⑥ 结晶　将萃取提纯出来的硫酸镍溶液送到 MVR 蒸发器进行浓缩，浓缩后硫酸镍溶液转移到结晶锅通冷却水进行间接冷却结晶，硫酸镍结晶送到干燥器通入蒸汽进行干燥。干燥后硫酸镍结晶经过混料、筛分、除磁后打包作为产品进行销售。

三、高冰镍原料工艺

① 球磨 - 浆化　使用球磨机将高冰镍进行逐级研磨、分级、再研磨、再分级，直至获得纳米粉体，而后输送至浆化桶内加水进行浆化。

② 预浸出　将浆化后的高冰镍输送至浸出釜内，加入 30% 硫酸在常温常压状态下进行预浸出。

③ 加压浸出　由于常压浸出过程中高冰镍浸出率较低，需进一步进行氧压浸出，运行压力 1.2 ～ 1.8MPa 即可。

④ 净化　加入辅料（NaOH 调节 pH）后去除硫酸镍溶液中的铁、铝等杂质。

⑤ 固液分离　采用压滤机压滤进行固液分离，得到的浸出溶液进行萃取提纯。

⑥ 结晶　将萃取提纯出来的硫酸镍溶液送到 MVR 蒸发器进行浓缩，浓缩后硫酸镍溶液转移到结晶锅通冷却水进行间接冷却结晶，硫酸镍结晶送到干燥器通入蒸汽进行干燥。干燥后硫酸镍结晶经过混料、筛分、除磁后打包作为产品进行销售。

四、废电池料工艺

电池料作为未来新能源产业增量最明显的原料，其原料包含镍钴锰锂铝等各种金属元素，其处理产能为多种元素的综合产线，综合处理能力最强。

① 电池料浸出　三元正负极粉料用 98% 硫酸 + 双氧水浸出，一次浸出液经除铁铝、除

氰等工序处理净化后获得电池料液体。

② 萃取　电池料除杂后经 P204、P507 萃锰钴、经 P507 萃镍得到硫酸镍液体后进行萃取提纯。

③ 结晶　将萃取提纯出来的硫酸镍溶液送到 MVR 蒸发器进行浓缩，浓缩后硫酸镍溶液转移到结晶锅通冷却水进行间接冷却结晶，硫酸镍结晶送到干燥器通入蒸汽进行干燥。干燥后硫酸镍结晶经过混料、筛分、除磁后打包作为产品进行销售。

五、不同工艺对比

镍钴萃取分离工艺工程化较成功的一般分为以下几类：

① P204 净化除杂—P507 萃钴镁并分步产硫酸钴—P507 萃镍产硫酸镍；

② Cyanex 272 净化产硫酸镍—硫酸钴液净化产硫酸钴；

③ P204 净化除杂—P507 萃钴产硫酸钴—P507 萃镁产硫酸镁—深度除镁产硫酸镍。

这几种萃取工艺流程各有特色，通常根据原料的性质、杂质含量以及产出硫酸镍的目标销售去向而定。

工艺①，由于采用镍全萃工艺，其原料适应性最强，产出的硫酸镍品质最佳，但酸碱消耗试剂成本最高，萃取设施投资最大。

工艺②，由于采用不萃镍工艺，对原料杂质成分要求相对较苛刻，通常用于钴、镁含量较低，镍含量较高的料液，适用于高镍锍原料的镍钴分离采用此工艺萃取设施。

工艺③，同样是采用不萃镍工艺，通过四段萃取工艺对钴、镁、镍进行分离，由于各步骤净化深度各不相同，可操作弹性大，该流程一般应用于 MHP 原料（氢氧化镍钴）的处理。

中长期来看，高冰镍及 MHP 原料供应将成为硫酸镍主力原料，而电池废料供应或将在 2025 年之后逐步爆发。所以现阶段国内企业主流工艺会根据镍中间品来设计建造，而几种原料生产工艺在国内几无生产壁垒，国内企业在考虑利润最大化的情况下多考虑未来原料供应情况来设计产能。

我国硫酸镍生产成本见图 7-8。

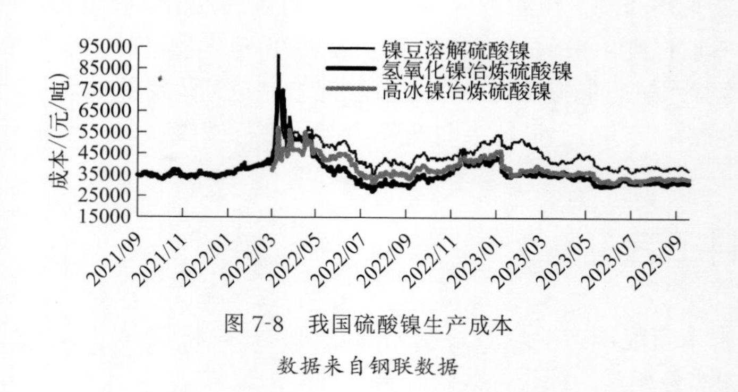

图 7-8　我国硫酸镍生产成本

数据来自钢联数据

第四节 应用进展

一、电池方向

在新能源快速发展的推动下，中国三元前驱体产量快速增长，但受制于磷酸铁锂的影响，其产量增速低于磷酸铁。但海外动力电池仍以三元为主，所以中国三元前驱体出口量仍较乐观。近年来高镍化发展明显，由于高镍产品在性能、经济性上均优于中低镍产品，6系、8系及LFP等产品对5系替代明显，5系已成为存量市场；且终端对能量密度要求较高，导致现阶段企业研发均为高镍产品，未来电池用镍为硫酸镍最主要增量。

中国分型号三元前驱体产量见图7-9。全球新能源汽车销量见图7-10。中国硫酸镍终端用量见图7-11。

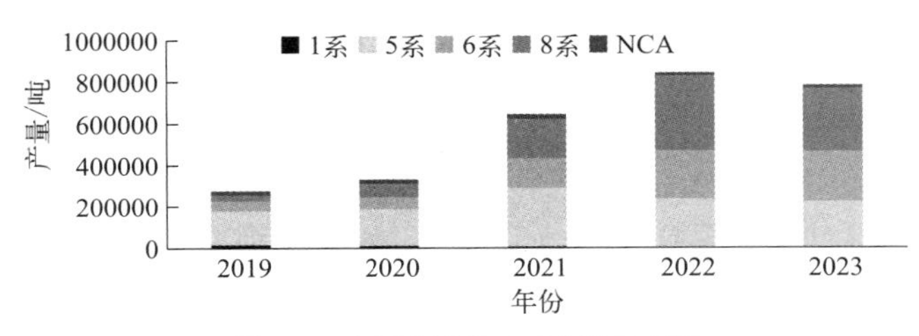

图7-9 中国分型号三元前驱体产量

数据来自钢联数据

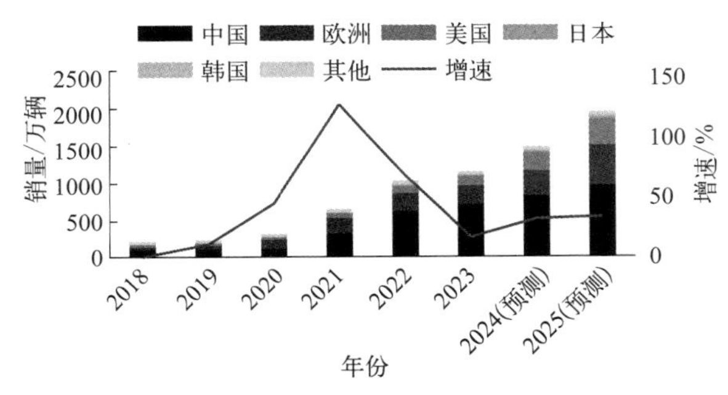

图7-10 全球新能源汽车销量

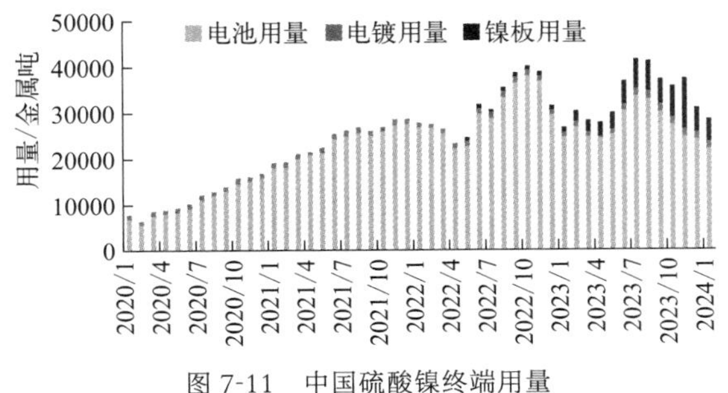

图7-11 中国硫酸镍终端用量

数据来源：钢联数据

二、电镀方向

电镀级硫酸镍主要用于五金、卫浴、汽车、印刷电路板（PCB）等表面电镀领域，国内电镀市场属于存量市场，并且镍不是唯一电镀金属，铬、锌、铜等金属都可进行电镀，国内电镀产业萎缩且转移至东南亚的情况下处于存量市场，未来难有大的增量。

三、纯镍方向

传统电积工艺生产纯镍过程中，硫酸镍为其中间产品。2018—2022 年新能源产业快速增长，带动硫酸镍利润好于纯镍，大多使用电积工艺的纯镍企业停产纯镍，直接出售硫酸镍。2022 年下半年开始，由于硫酸镍生产纯镍利润巨大，企业开始恢复纯镍生产，成为近两年硫酸镍的主要终端之一。生产纯镍对企业的镍原料风险对冲带来一定保障，但终端需要有极高利润才可推动，难以稳定持续增长。

中国硫酸镍及下游产品即期盈亏见图 7-12。

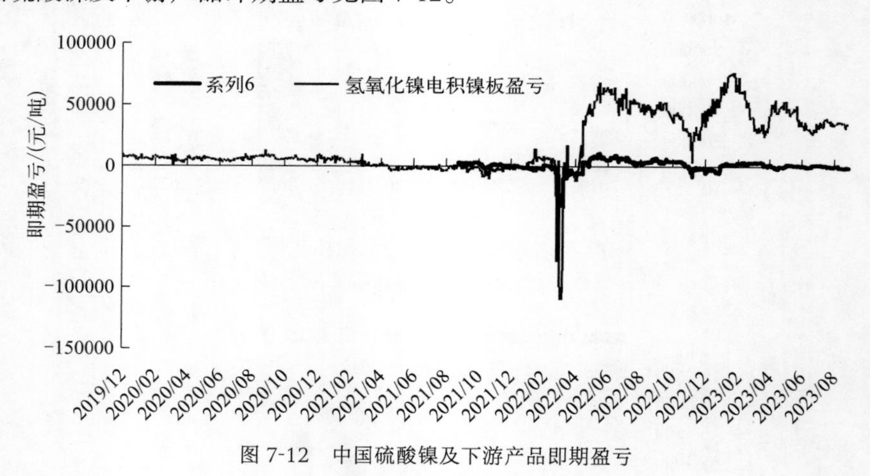

图 7-12 中国硫酸镍及下游产品即期盈亏

数据来自钢联数据

第五节 发展建议

我国作为全球硫酸镍最大生产国，硫酸镍冶炼技术已达到全球领先水平，但硫酸镍原料依旧依靠进口为主，原料供应面临诸多风险。车企对碳排放供应链要求日益提高，2022 年签署的美国《通胀削减法案》（IRA 法案）对中国硫酸镍供应比例亦带来一定影响，回收体系占比要求将逐步提升中，这将成为日后硫酸镍发展面临的主要问题。

综上所述，将硫酸镍向大宗商品方向发展尤为重要；从原料开始建立完善的供应链体系，增加原料多样化、原料产地多样化保证原料安稳供给尤为重要；在“一带一路”的政策下鼓励企业走出去，带动当地产业同时保证全球协同发展；硫酸镍产业碳排放主要在于镍矿开采冶炼端，提升镍矿开采冶炼过程中的工艺技术尤为重要；逐步淘汰落后高碳排放产能，以便达到低碳排放要求；与终端车企、拆车厂等企业完善回收体系以便于产业协同发展，并在政策上设立“白名单”以便加快产业良好发展，逐步提升再生原料占比使其成为真正的“绿色可循环”的新能源尤为重要。

第八章

三元前驱体及三元正极材料

中国无机盐工业协会　问立宁

第一节 概述

在当今的能源领域中，电池作为一种重要的储能技术，广泛用于移动设备、电动车辆和能源存储系统等领域。因此，开发高性能、高能量密度和长寿命的电池材料对于实现可持续能源的应用至关重要。

过去几十年来，电池材料研究取得了显著进展。传统的锂离子电池以其高能量密度和较长的循环寿命成为了最为主流的电池技术。然而，随着电动汽车和可再生能源的兴起，对电池材料的需求日益增加，传统锂离子电池的能量密度和循环寿命已经不能满足日益增长的能源存储需求。

常见的锂离子正极材料一般为嵌入式化合物。包括层状结构的钴酸锂、尖晶石结构的锰酸锂以及橄榄石结构的磷酸铁锂等。开发具有较高的氧化还原电位和输出电压、较高的可逆充放电比容量、较好的电子和离子导电性、良好的循环稳定性的正极材料体系是锂离子电池领域重要研究内容。

三元正极材料是在20世纪90年代末首次被提出的，当时针对镍酸锂结构不稳定和热稳定性差的缺点，研究者将锰元素和钴元素共同掺入材料中，这种方式显著提升了镍酸锂结构的稳定性，也是最早形式的镍钴锰（NCM）三元材料。

三元正极材料，具有与$LiCoO_2$材料类似的α-$NaFeO_2$型层状岩盐结构，属六方晶系$R3m$空间群，图8-1为其晶体结构图。氧负离子的堆积方式是立方密堆积，而锂离子和过渡金属离子按化学计量比交替占据其八面体间隙，各离子分布呈层状排列。其中，Li处于晶体结构中3a位，O处于6c位，Ni、Co、Mn处于3b位，一起组成了MO_6八面体。因为不同过渡金属离子之间的半径有所差异，所以三元正极材料体系的晶体参数随着x值的不同而发生变化。随着材料中Ni含量的不断提高，其中Co含量在逐渐减少，晶格常数a和c逐渐变大。

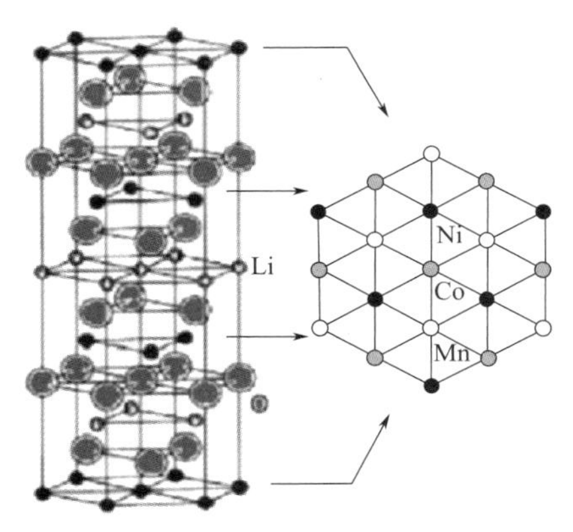

图8-1 $LiNi_xCo_yMn_{1-x-y}O_2$的结构示意图

NCM三元材料结构通式为$LiNi_xCo_yMn_zO_2$（$x+y+z=1$）。在三元材料中，Ni和Co参与电化学反应，其中Ni主要以Ni^{2+}/Ni^{4+}的价态存在，其相对含量对电池容量有着重要的影响，在氧化还原过程对应Li^+的脱出与嵌入，可以有效增加NCM材料中的可嵌入Li^+数量，提升材料的放电容量；Co为+3价，在充电过程中可以变为+4价，从而可以提高材料的放电容量，其既能使材料的层状结构得到稳固，又能减小阳离子的混排程度，便于材料深度放电，Mn为+4价，在充放电过程中，+4价的Mn不参与电化学反应，Mn作为骨架在材料中起到稳定晶格结构的作用。

按照镍钴锰的比例不同，商业化的三元材料产品型号从111三元材料到424、523、622、811三元材料，甚至更高的镍含量。随着镍含量递增，电池能量密度也相应得到了提高。

表 8-1 所示为几种三元材料的性能比较。

表 8-1　几种三元材料的性能比较

类型	0.1C 放电比容量（-4.3V）/（mAh/g）	放电中压 /V	能量密度 /（Wh/kg）	安全性能	成本
111	166	3.8	180	较好	最高
523	172	3.8	200	较好	较低
622	181	3.8	230	一般	较高
811	205	3.8	280	稍差	较高

三元正极材料作为新型电池材料，具有广阔的应用前景。首先，三元正极材料的比容量较高，在相同体积下可以储存更多的电能，因此可以提高电池的能量密度。其次，三元正极材料相对于传统锂离子电池的正极材料具有较高的循环寿命，即在长时间循环充放电过程中能够保持较好的循环稳定性。

三元前驱体作为锂离子电池的关键组分，直接影响着电池的能量密度和循环寿命。因此，通过深入研究三元前驱体的合成方法和结构控制，可以有效提高锂离子电池的性能和稳定性。三元前驱体是三元正极材料制备的关键原材料，通常为镍钴锰氧化物和镍钴铝氧化物，按照元素的不同构成比例，可以分为 NCM811 前驱体、NCM622 前驱体、NCM523 前驱体和 NCA 前驱体等。在锂电正极产业链中，正极材料的最终性能会继承其前驱体的形貌结构特点，前驱体的品质（形貌、粒径、粒径分布、比表面积、杂质含量、振实密度等）直接决定了正极烧结产物的理化指标。

据统计，2022 年国内三元材料总产能约 104 万吨 / 年，同比增长 46%；产量为 60 余万吨，同比增长 53%。全球范围内三元材料总产量约为 99 万吨，同比增长 30% 以上，其中高镍正极材料出货约 32.8 万吨，同比增长 64%。表 8-2 为 2016—2022 年中国三元材料产能产量统计。

表 8-2　2016—2022 年中国三元材料的产能产量情况

年份	产能 /（万吨 / 年）	同比增长 /%	产量 / 万吨	同比增长 /%
2016 年	16	—	7	—
2017 年	26	63	12.3	76
2018 年	33	27	16.5	34
2019 年	44	33	19.5	18
2020 年	58	32	21	8
2021 年	71	22	40	90
2022 年	104	46	61	53

表 8-3、表 8-4 分别是近几年我国三元材料及前驱体的进出口情况，反映出我国三元材料及前驱体在产业制造方面快速增长的态势，尤其是前驱体材料，我国具有雄厚的基础和较强的竞争力。

表 8-3　2018—2022 年我国三元材料进出口情况

年份	进口量 / 吨	出口量 / 吨	进口同比 /%	出口同比 /%
2018 年	20393.401	11755.842	—	—

续表

年份	进口量 / 吨	出口量 / 吨	进口同比 /%	出口同比 /%
2019 年	38177.867	19159.335	87.21	62.98
2020 年	59617.683	38710.416	56.16	102.04
2021 年	60161.934	67998.05	0.91	75.66
2022 年	91730.179	104531.644	52.47	53.73

注：数据来自中国海关。

表 8-4　2018—2022 年我国三元材料前驱体进出口情况

年份	进口量 / 吨	出口量 / 吨	进口同比 /%	出口同比 /%
2018 年	3534.699	44062.254	—	—
2019 年	5095.96	67927.869	44.17	54.16
2020 年	1649.731	92656.1	-67.63	36.40
2021 年	5605.706	136684.068	239.80	47.52
2022 年	7975.399	129537.635	42.27	-5.23

注：数据来自中国海关。

从产能分布国家来看，前五大国家已经占据了99% 的产能份额，国家集中度很高；作为锂电产业大国的中国，拥有最多的三元正极产能，达到 122 万吨 / 年，与韩国、日本位列产能前三大国家，合计份额超过 90%，见图 8-2。

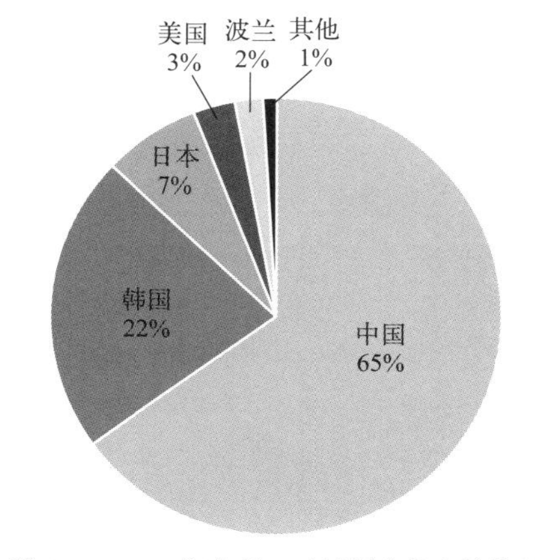

图 8-2　2022 年全球三元材料产能占比情况

数据来自上海有色网（SMM）

2022 年国内三元材料行业集中度继续稳步提升，产量前五位达到 52%，前驱体前五位达到 71%。2022 年中国三元材料及前驱体产业集中度见图 8-3。

三元正极材料和三元前驱体是三元锂电池关键性材料，而前驱体是对正极材料性能影响较大的锂电原材料。从三元前驱体市场供给来看，2021 年全球及中国三元正极前驱体产量分别为 75 万吨和 62 万吨，

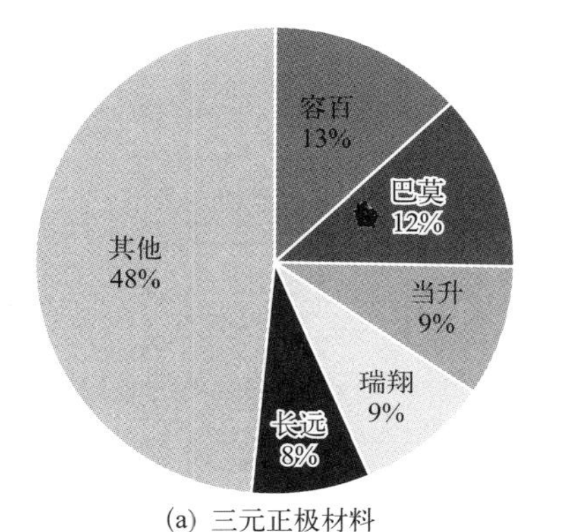

(a) 三元正极材料

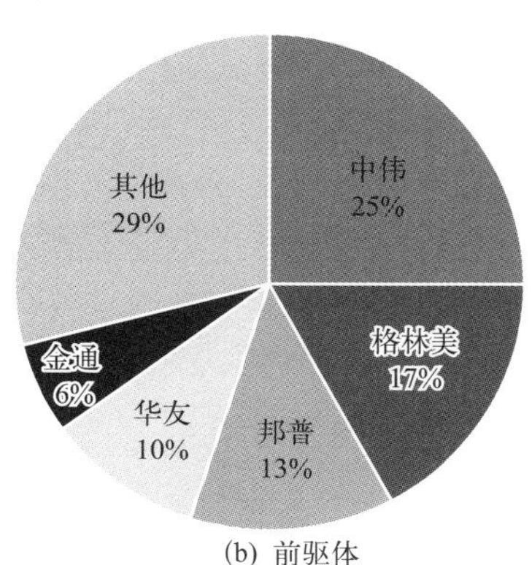

(b) 前驱体

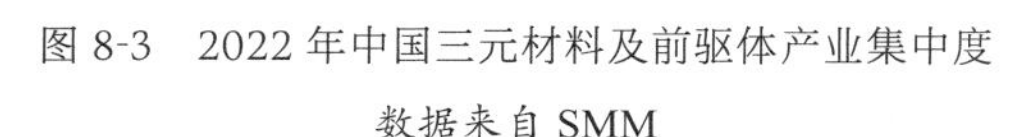

图 8-3　2022 年中国三元材料及前驱体产业集中度

数据来自 SMM

2022 年中国三元前驱体产量为 86 万吨，同比增长 38.7%，保持高速增长态势，见图 8-4。

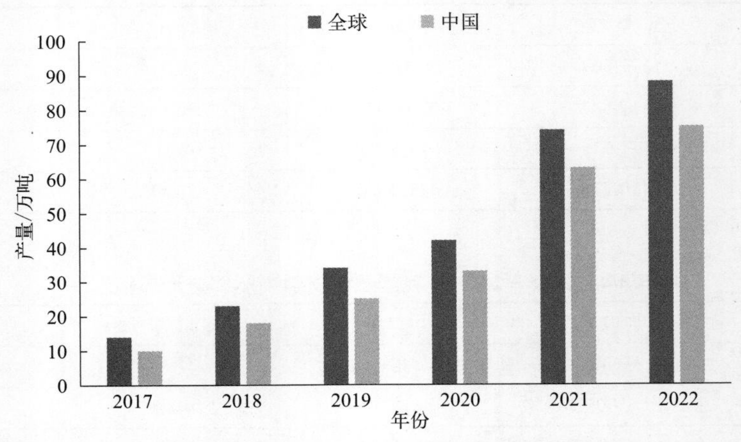

图 8-4　2017—2022 年全球及中国三元正极前驱体产量情况

数据来自 ICC 鑫椤资讯

从三元正极材料供给情况来看，2022 年全球三元正极材料产量近 100 万吨，中国三元正极材料产量达到 65 万吨，见图 8-5。

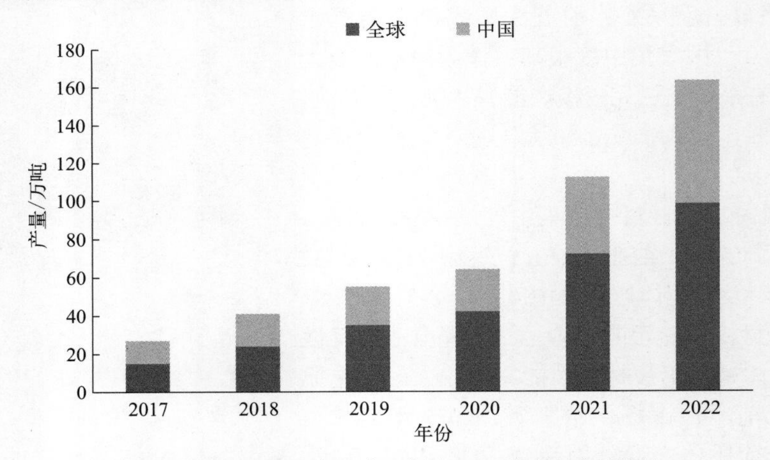

图 8-5 2017—2022 年全球及中国三元正极材料产量情况

数据来自 ICC 鑫椤资讯

从 2022 年全球三元材料企业来看，中国企业占据全球前 11 的 7 家，见表 8-5。

表 8-5　2022 年全球三元材料产量前 11 的企业

第一梯队（年产量≥ 8 万吨）	容百科技
	天津巴莫
	Ecopro
第二梯队（4 万吨≤年产量＜ 8 万吨）	LQC
	当升科技
	长远锂科

续表

第二梯队（4 万吨≤年产量＜ 8 万吨）	巴斯夫
	南通瑞翔
	住友金属
	厦钨新能源
	贵州振华

注：数据来自华经产业研究院。

第二节 市场供需

一、三元材料原材料成本分析

正极行业整体呈现“来料加工”属性，正极的原材料成本占到整体成本构成的 80% ～ 90%，是四大主材中原料成本占比最高的环节。厂商普遍按照“原材料成本 + 加工费”的公式来定价。原材料的成本公式由各类金属盐原材料的价格及单位产品各原材料的耗用比率构成，各类金属盐原材料的价格一般参考上海金属网等第三方机构数据。

在“双碳”背景下，新能源锂离子电池迎来快速发展期，2021 年以来，正极价格一路高涨。2020 年之前，中低镍三元材料的价格基本稳定在 12 万～ 16 万元 / 吨，高镍三元价格在 17 万～ 20 万元 / 吨，磷酸铁锂价格基本维持在 3.4 万～ 4.8 万元 / 吨。由于下游新能源车需求高增，而上游资源开发存在滞后，导致原材料市场紧缺，正极材料价格随原料价格一路高升，尤其是三元材料。2022 年 4 月，三元材料 NCM523、NCM622、NCM811 以及磷酸铁锂分别达到了 37.1 万元 / 吨、38.2 万元 / 吨、42.3 万元 / 吨、16.8 万元 / 吨的高位。

正极材料大幅上涨的最主要原因是 2021 年以来锂价飙升，受到需求大幅攀升，但供给端产能受限的错配限制，到 2022 年 12 月，碳酸锂、氢氧化锂价格同 2021 年初相比分别增长了 967%、1018%。

硫酸镍、硫酸钴价格同样出现了较大幅度的上涨，进一步推高正极原材料成本，但随后有所回调。

长期来看，随着锂矿产能释放，盐湖提锂技术提高，后续贡献增量，锂价将逐步下降至合理位置。

二、三元材料加工费分析

加工费是正极厂商主要的盈利来源，加工费主要与产品制造难度和客户构成的相关性较强。一般而言，海外企业的加工费高于国内，高镍产品的加工费高于中低镍产品。由于原材料成本一路高升，下游电池厂盈利承压，部分厂商会与上游材料环节进行调价博弈，以分担部分原料上涨压力，直接体现为正极厂商向下游电池厂完全传导原料成本的难度有所加大。行业加工费存在一定的下滑态势。2021 年上半年行业处于低谷，多种产品加工费处于历史低点。2022 年上半年，NCM523、NCM622、NCM811 的加工费，分别约为 2.85 万元 / 吨、3.05 万元 / 吨和 3.25 万元 / 吨。虽然，高镍三元材料的加工费最高，但与其他产品加工费差距在逐步缩小。

随着扩建产能的释放，三元正极材料加工费呈现下滑态势，符合技术趋势的产品加工费有支撑。行业产能大幅扩张，据统计，2022、2023 年三元行业需求与产能的比值为 43% ：49%；产需均处于过剩状态，届时加工费将进一步下降，远期看维持各环节合理利润水平。正极材料前期虽是高技术含量产品，但随着市场需求扩大，前景广阔，企业投资经济性随之高涨，产品由过去的小众产品变成大宗产品，技术门槛降低，产能在国内过剩是必然。市场的出清是通过技术差异完成的，符合技术方向的公司将维持较高产能利用率，实现高利润。

三、三元材料供应分析

随着新能源汽车销量高速增长，以及电动工具等市场稳定增长，三元正极材料出货量持续保持高速增长。据统计，截至 2023 年底，国内前驱体及三元正极材料的产能分别约 188.6 万吨和 156 万吨，同比增长 55.7% 和 64.6%，见表 8-6、表 8-7。

表 8-6　2023 年国内前 20 家三元前驱体材料企业产能情况　　单位：万吨 / 年

序号	企业名称	省份	产能
1	中伟新材料股份有限公司	贵州省	35.0
2	华友新能源科技（衢州）有限公司	浙江省	22.0
3	荆门市格林美新材料有限公司	湖北省	15.0
4	宁德邦普循环科技有限公司	福建省	12.0
5	湖南邦普循环科技有限公司	湖南省	10.0
6	宁波容百新能源科技股份有限公司	浙江省	6.0
7	南通金通储能动力新材料有限公司	江苏省	5.0
8	福安青美能源材料有限公司	福建省	5.0
9	江西佳纳能源科技有限公司	江西省	5.0
10	浙江海创锂电科技有限公司	浙江省	5.0
11	浙江帕瓦新能源股份有限公司	浙江省	5.0
12	河南科隆新能源股份有限公司	河南省	5.0
13	兰州金川新材料科技股份有限公司	甘肃省	5.0
14	江门市优美科长信新材料有限公司	广东省	5.0
15	广西巴莫科技有限公司	广西壮族自治区	4.5
16	广东佳纳能源科技有限公司	广东省	4.4
17	华金新能源材料（衢州）有限公司	浙江省	4.0

续表

序号	企业名称	省份	产能
18	中冶瑞木新能源科技有限公司	河北省	4.0
19	广东芳源新材料集团股份有限公司	广东省	3.6
20	浙江华友浦项新能源材料有限公司	浙江省	3.5
21	其他		24.6
总计			188.6

注：数据来自百川盈孚 BAIINFO。

表 8-7　2023 年国内前 20 家三元材料企业产能情况　　单位：万吨 / 年

序号	企业名称	省份	产能
1	宁波容百新能源科技股份有限公司	浙江省	25
2	南通瑞翔新材料有限公司	江苏省	13
3	湖南长远锂科有限公司	湖南省	12
4	广西巴莫科技有限公司	广西壮族自治区	10
5	成都巴莫科技有限责任公司	四川省	8.75
6	贝特瑞新材料集团股份有限公司	广东省	8.3
7	贵州振华新材料股份有限公司	贵州省	7.6
8	厦门厦钨新能源材料股份有限公司	福建省	7
9	当升科技（常州）新材料有限公司	湖南省	7
10	巴斯夫杉杉电池材料有限公司	江苏省	7
11	宜宾锂宝新材料有限公司	江苏省	5
12	四川新锂想能源科技有限责任公司	四川省	5
13	江苏当升材料科技有限公司	四川省	5
14	江门市优美科长信新材料有限公司	广东省	4.5
15	格林美股份有限公司	安徽省	3
16	合肥国轩高科动力能源有限公司	广东省	3
17	陕西红马科技有限公司	陕西省	2.5
18	天津国安盟固利新材料科技股份有限公司	天津市	2.5
19	江门市科恒实业股份有限公司	广东省	2
20	新乡市新天力锂电材料有限公司	河南省	2
21	其他		16
总计			156.15

注：数据来自百川盈孚 BAIINFO。

四、需求预测

新能源汽车和锂电池行业持续快速增长，也将推动电池设备的投资，在“碳中和”大背景下，大力发展清洁能源、储能等又成为了热点话题。在经济发展和政策双重推动下，锂电池的下游需求继续旺盛，反映行业发展持续向好。2021 年 7 月国家工信部颁布了《新型数据中心发展三年行动计划（2021—2023 年）》，支持探索利用锂电池作为数据中心多元化储能和备用电源装置，加强动力电池梯次利用产品推广应用。2020—2021 年中国锂电行业相关支持政策见表 8-8。

表 8-8　2020—2021 年中国锂电行业相关支持政策

时间	政策文件	主要内容
2020.12	《关于进一步完善新能源汽车推广应用财政补贴政策的通知》	将新能源汽车推广应用财政补贴政策施期限延长至 2022 年底。2020 年，保持动力电池系统能量密度等技术指标不作调整，适度提高新能源汽车整车能耗、纯电动乘用车纯电续驶里程门槛
2021.03	《“十四五”规划和 2035 年远景目标纲要》	大力发展纯电动汽车和插电式混合动力汽车，重点突破动力池能量密度、高低温适应性等关键技术，建设统一、兼容互通的充电基设施服务网络，完善持续支持的政策体系，全国新能源汽车累计产销量超过 500 万辆
2021.05	《国家能源局关于 2021 年风电、光伏发电开发建设有关事项的通知》	保障性并网项目之外的项目采用市场化并网机制，项目方需要通过市场化方式落实并网条件，包括电化学储能技术成本持续下降和商业化规模应用
2021.07	《国家发展改革委　国家能源局关于加快推动新型储能发展的指导意见》	坚持储能技术多元化，推动锂离子电池等相对成熟新型储能技术成本持续下降和商业化规模应用
2021.07	《新型数据中心发展三年行动计划（2021—2023 年）》	支持探索利用锂电池作为数据中心多元化储能和备用电源装置，加强动力电池梯次利用品推广应用
2021.11	《新能源汽车产业发展规划（2021—2035 年）》	到 2025 年，新能源汽车新车销售量达到汽车新车销售量的 20% 左右。到 2035 年，纯电动汽车成为 新销售车辆的主流，公共领域用车全面电动化

随着新能源汽车销量高速增长，以及电动工具等市场稳定增长，三元正极材料出货量持续保持高速增长。

三元正极材料行业竞争格局分散但稳定。目前全球三元材料产能主要位于中国、韩国、日本。其中，2021 年中国三元材料出货量占全球三元材料出货量的比例为 58.77%，占比超过一半，产品以镍钴锰酸锂为主，日本三元材料以镍钴铝酸锂为主，韩国则兼有镍钴锰酸锂和镍钴铝酸锂。2021 年我国三元正极材料市场占有率前三分别为容百科技、当升科技、天津巴莫，各自市场占有率差距较小，未出现绝对领先的企业。

《中国锂离子电池行业发展白皮书（2023 年）》数据显示，2022 年，全球锂离子电池总体出货量 957.7GWh，同比增长 70.3%。中国锂离子电池出货量达到 660.8GWh，同比增长 97.7%，超过全球平均增速，且占全球锂离子电池总体出货量的 69.0%，中国锂离子电池产业在全球仍然居于领军者角色。

从出货结构来看，2022 年全球汽车动力电池出货量为 684.2GWh，同比增长 84.4%；储能电池出货量 159.3GWh，同比增长 140.3%。其中，中国锂离子电池出货量达到 660.8GWh，同比增长 97.7%，在全球锂离子电池总体出货量的占比达到 69.0%，而在 2021 年中国锂电池出货量占全球的 59%，2022 年中国锂电池出货量全球占比进一步提高。预计 2030 年全球将达到 7290GWh，相比 2022 年增长 664.2%，年均复合增速达 28.9%。2022—

2030 年全球锂电池出货量将保持快速增长主要是因为锂电池占较大比例的汽车动力电池、储能电池将保持快速增长。

2022—2030 年全球汽车动力电池、储能电池和 3C 消费电池的复合增速预计分别为 26.3%、42.4%、5.8%。2022 年汽车动力电池、储能电池和 3C 消费电池分别占全球锂电池总出货量的 71.8%、16.1% 和 10.0%，到 2030 年汽车动力电池、储能电池和 3C 消费电池预计将分别占全球锂电池总出货量的 60.7%、35.7% 和 2.1%，储能电池比例提升较大，汽车动力电池和 3C 消费电池占比有所下降。

随着新能源车渗透率提升，三元材料出货量持续增长。2017—2022 年，中国三元材料出货量从 9 万吨增长至 64 万吨，全球三元材料出货量从 15 万吨增长至 72 万吨，预计 2025 年国内将达到 100 万吨，全球将达到 210 万吨。

第三节 工艺技术

一、三元前驱体的制备方法

三元前驱体生产流程见图 8-6。常见的三元前驱体合成方法包括溶液凝胶法、水热 / 溶剂热法、共沉淀法、固相法、氧化还原法等，工业中最广泛的、最常用的方法是共沉淀法。

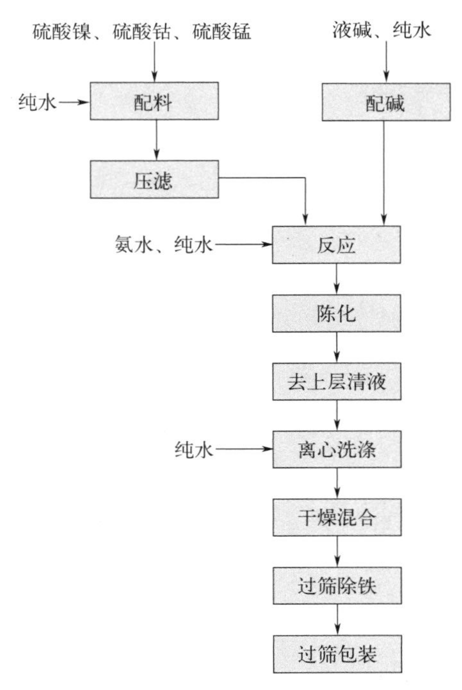

图 8-6　三元前驱体生产流程

（一）共沉淀法

共沉淀法是一种常用的合成三元前驱体的方法。这种方法的优点是操作相对简单，且合成产物的纯度较高。缺点是合成过程中需要使用大量的稀贵金属盐，并且容易产生大量废液，对环境造成一定的污染。

共沉淀法的合成步骤如下：①在溶液中加入适量的金属盐，目的是使金属离子溶解并与其他金属离子发生反应。②根据反应条件的不同，通过调整 pH 值、温度和反应时间等条件来控制反应的速度和产物的形态。③反应完成后，通过过滤将产物分离出来。④将分离后的沉淀颗粒进行洗涤和干燥，得到最终的合成产品。

（二）水热 / 溶剂法

水热 / 溶剂法也是一种常用的合成三元前驱体的方法。该方法利用高温高压下水的特殊性质，通过溶液中金属离子的反应生成沉淀物。这种方法的优点是合成温度相对较低，且合成产物的纯度较高。缺点是合成过程中需要较长的反应时间，并且对设备要求较高。

水热 / 溶剂法的合成步骤如下：①在溶液中加入适量的金属盐，目的是使金属离子溶解并与其他金属离子发生反应。②调整溶液的 pH 值和温度，使溶液达到理想的反应条件。③在高温高压下，使溶液中的金属离子发生反应，生成沉淀物。④将反应完成后的溶液通过离心或过滤等方式分离出沉淀物。⑤将分离后的沉淀颗粒进行洗涤和干燥，得到最终的合成产品。

（三）合成方法比较

五种三元前驱体合成方法及优缺点见表 8-9。

表 8-9　五种三元前驱体合成方法及优缺点

合成方法	内容	优点	缺点
溶液凝胶法	将反应物溶解在蒸馏水中形成均匀溶液，然后加入络合剂制成具有液体特性的溶胶，加热干燥后形成具有固体特性的凝胶，最后通过研磨和热处理合成目标产品	原料组分的化学计量比得到精确控制且各组分均匀混合，有利于结晶材料的形成和生长，反应温度较低	原料昂贵，反应周期长
水热 / 溶剂法	在以水 / 乙醇等为溶剂的密闭压力容器中使粉末溶解并重结晶来制备材料	晶粒发育完整，粒径小，分布均匀，颗粒团聚较少，原料便宜，易于获得合适的化学计量比和晶形等	反应周期长，对生产设备的依赖性强，难以批量生产
共沉淀法	将两种或更多种阳离子以均匀的方式浴解在溶液中，然后添加沉淀剂以引起溶液的沉淀反应，获得各种均匀的产物	具有精确的化学计量，简单的工艺易于控制的条件，较短的合成周期等	添加沉淀剂可能导致局部浓度过高，从而导致团聚或组成不均匀
固相法	将材料在固相中充分研磨和混合，然后通过高温加热完成反应	操作方便，成本低，产量大，制备工艺简单	能耗大，效率低，粉末不够细，并且容易与杂质混合
氧化还原法	在强碱环境下利用强氧化剂保护金属离子防止其发生氧化反应	操作方便，合成工艺简单	强氧化剂较危险，合成配比要求精确

因此，三元前驱体的合成技术壁垒在于如何保障元素的均匀分布、合理的形貌设计和尺寸控制，主要改善举措包括调节原料的浓度和进料速率、掺杂金属离子、加入表面活性剂、形成特殊结构（核壳）、材料复合。三元前驱体制备具备原材料成本高、专业技术壁垒高的特征。

二、三元正极材料的制备方法

（一）共沉淀法

共沉淀法是一种通过溶液中的化学反应使前驱体直接生成固态材料的方法。该工艺的原理是在溶液中混合含有金属阳离子和氢氧化物阴离子的溶液以及添加的沉淀剂和络合剂，三种溶液同时加入反应釜中，并控制反应溶液的 pH 值、温度、搅拌速度等工艺参数，通过化学反应使金属离子还原成金属氢氧化物，随后通过加热和煅烧的过程将金属氢氧化物转化为金属氧化物。共沉淀法制备的材料具有均匀的成分和微观结构，具有良好的电化学性能。共沉淀法通过控制结晶，能够得到针形或块形一次颗粒团聚成的球形二次颗粒，其颗粒表面光滑、粒径分布均一、振实密度高，而且原料在晶格中分布均匀，材料杂相较少，是最合适工业生产的一种方法。共沉淀法的优点是工艺简单、成本低廉，适用于大规模生产。缺点是制备过程中产生的固体颗粒较大，易形成聚集体，导致材料的比表面积和离子传导性能较差。湿法过程在整个三元正极材料的工艺中占据 60%，剩余部分工艺体现在前驱体与锂源共混煅烧的火法过程，煅烧制度调控是最终三元材料性能的保证。

共沉淀法流程示意见图 8-7。

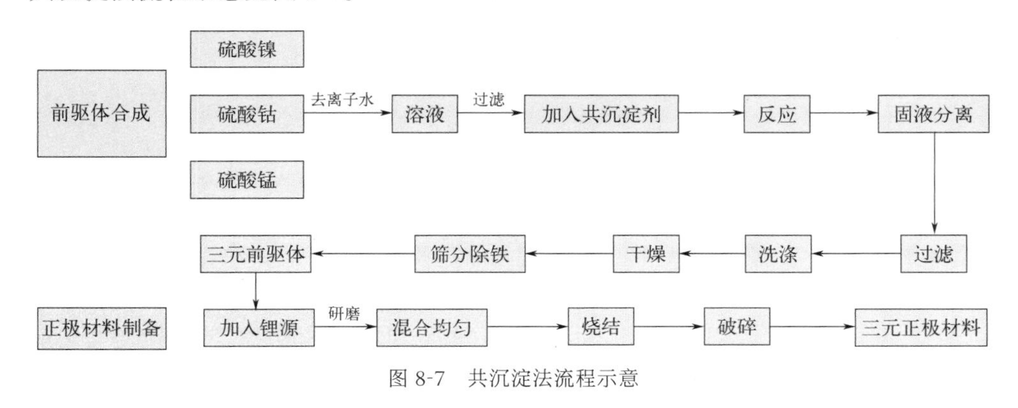

图 8-7　共沉淀法流程示意

（二）高温固相法

高温固相法是一种通过高温反应使固体之间在高温下通过界面接触反应、成核生长制备产物的方法。该工艺的原理是将正极活性物质的前驱体混合均匀，并在高温下进行反应，使前驱体转化为稳定的晶体结构。高温固相法制备的材料具有高度的结晶度和晶体品质，具有优良的电化学性能。高温固相法的优点是制备过程简单、反应温度较高，能够合成高温稳定的材料。但是其反应过程主要是靠固相传质进行，需要长期高温处理来促进原子间扩散，合成过程能耗过大且效率低；另外高温固相法混料过程主要为机械混合，各种过渡金属原料无法充分混合均匀，导致其最大的缺点就是材料质量难控制，包括材料的颗粒形貌、组分以及尺寸等，导致电化学性能的一致性、稳定性和重现性较差。

（三）溶胶凝胶法

溶胶凝胶法以金属有机盐或无机盐溶液为原料，在络合剂作用下发生水解、缩合等反应，形成亚稳定的溶胶体系，在陈化等条件作用下，溶胶形成固体颗粒位置相对固定的凝胶，凝胶经过干燥脱出溶剂得到空间结构发达、金属离子均匀分布的干凝胶，加热除去干凝胶体系中残留的有机杂质，接着经热处理制备出所需目标产物。

溶胶凝胶法制备的材料具有较高的比表面积和孔隙结构，有利于离子和电子的传导，提高了材料的电化学性能。溶胶凝胶法的优点是制备过程可控性好，可以制备复杂形状和微细结构的材料，产物具有化学成分均匀、纯度高、粒径分布窄且均匀、热处理温度低、化学计量比可精确控制等优点。但是此法的缺点也很明显，如溶胶凝胶法的耗时较长，成本高、工艺复杂，产物的形貌难控制、工业化难度大。同时，溶胶凝胶选用的络合剂多为有机溶剂，会对环境造成污染且成本高，需要进一步筛选环保、廉价的原料，来提升其实用性。

（四）水热法

水热法是将金属盐溶液和沉淀剂或络合剂混合均匀，于高温高压下在反应釜中反应一段时间得到前驱体或混合物，再经过烧结得到所制备材料的一种方法。水热法制备过程简单，合成的材料均匀性好、结晶度高，但需要对反应釜内的原料、沉淀剂和溶液体积等变量进行严格控制。水热法对反应釜的耐高压性能有较高的要求，在一定程度上增加了反应成本，并且其大规模产业化也有一定难度。

（五）喷雾干燥法

喷雾干燥法是一种通过将金属氧化物机械球磨或砂磨成浆料，或者将可溶性金属盐按照化学计量比配制成均一溶液，然后将浆料或溶液通过喷雾干燥设备，快速蒸干溶剂，进行喷雾造粒的物理方法。收集得到的固体粉末进行煅烧后得到目标产物。喷雾干燥法得到的材料的元素分布能够达到原子级别的混合，自动化程度高、可实现连续化生产，制备周期短、无工业废水产生，但使用大量有机物络合剂是该法的一大缺陷。

（六）模板法

模板法指采用具有一定形貌或结构的前驱体物质，通过拓扑效应使最终产物能够将模板剂形貌继承并保持下来，是一种常见的制备具有一定形貌三元正极材料的方法。

除上述方法外，还有离子交换法、辐照凝胶聚合法、微波合成法、自燃法、脉冲激光沉积、化学气相沉积法等。不同的制备方法对材料的混合程度及物理性质有较大影响，在三元材料合成中各有优缺点。因为某些方法或多或少存有一些缺陷，比如：产品循环性能差或容量低，生产过程污染环境，成本高，故不适合大规模的工业化生产，需要对这些方法进行改进。

共沉淀法、高温固相法、溶胶凝胶法、水热法和喷雾干燥法是制备三元正极材料常用的工艺技术。不同的工艺技术具有各自的优缺点，适用于不同的材料和应用场景。在实际应用中，需要根据材料的要求和制备条件选择适当的工艺技术。工艺技术的选择将直接影响到材料的结构和性能，因此对工艺技术的研究和优化具有重要意义。

三、相关工艺技术的分析

（一）低比能量和容量衰减问题

在三元前驱体及三元正极材料的制备和应用过程中，存在着低比能量和容量衰减的问题。低比能量和容量衰减是指材料在循环充放电过程中，相对初始状态的比能量和容量明显下降。这是由材料结构破坏、活性物质损失以及电化学反应动力学等因素所造成的。该问题限制了三元正极材料在电池领域的广泛应用。

为了解决低比能量和容量衰减问题，研究人员采取了多种策略。一种常见的策略是通过合成新型的三元前驱体来改善材料性能。例如，相比传统材料（例如锂镍钴锰氧化物），采用溶胶凝胶法合成的硫酸盐基钴镍锰氧化物材料具有更高的比能量和容量保持率。这是由于溶胶凝胶法能够实现均匀的金属离子分布和粒径控制，同时增强材料的反应活性。

另一种策略是通过优化材料的化学组成来改善循环稳定性。例如，研究人员发现通过调节三元前驱体的元素含量比例，可以显著提高材料的循环性能。相比传统材料，具有适当的Li/Ni/Mn比例的材料表现出更高的比能量和容量保持率。

除了合成方法和化学组成的优化，研究人员还开展了对电池运行机制的深入研究，以解决低比能量和容量衰减问题。例如，研究人员发现在充放电过程中锂离子的迁移速率是影响电池性能的关键因素之一。为了改善锂离子迁移速率，研究人员提出了多种手段，如表面涂层、界面工程和缺陷控制等。这些手段能够有效提高电池的比能量和容量保持率。

低比能量和容量衰减是三元正极材料在实际应用中面临的重要问题。通过合成新型前驱体、优化化学组成以及研究电池运行机制，可以有效解决低比能量和容量衰减问题，提高材料性能和电池循环性能。

（二）结构稳定性和界面问题

结构稳定性和界面问题是制备和应用三元正极材料时所面临的另一个重要挑战。在循环充放电过程中，材料的结构可能发生变化或破坏，从而导致材料性能下降。

一方面，结构稳定性问题主要体现在材料晶体结构的稳定性和颗粒间的结构相互作用。由于正极材料在充放电过程中的结构变化，活性物质的溶出和沉积等现象可能导致晶体结构破坏或颗粒结构松散，从而导致材料性能下降。为了解决这个问题，研究人员开展了对材料结构稳定性的研究，并提出了多种策略。例如，通过锂离子渗透和离子升压机制来增强材料结构的稳定性，以提高材料循环性能和电池寿命。

另一方面，界面问题是由电池内部各组分之间的相互作用引起的。例如，电解液和电极材料之间的界面反应可能导致界面偏压和电极表面的膜层形成，从而降低电池的性能。为了解决界面问题，研究人员设计了新型电解液和材料表面修饰方法。通过优化电解液配方和改善电极表面的涂层，可以减少界面偏压和膜层形成，从而提高电池性能和循环稳定性。

结构稳定性和界面问题是三元正极材料制备和应用中的挑战。通过研究材料结构稳定性和界面相互作用，并通过设计新型电解液和材料表面修饰方法，可以有效解决这些问题，提高材料性能和电池寿命。

（三）安全性和环境问题

在三元前驱体及三元正极材料的制备和应用过程中，还存在着安全性和环境问题。这些问题主要涉及材料的热稳定性、热失控和环境污染等方面。

一方面，三元正极材料在充放电过程中可能产生大量的热量，导致电池温度升高。如果无法有效控制电池温度，可能会引发热失控和爆炸等严重安全问题。为了提高电池的热稳定性，研究人员开展了对材料热性能的研究，并改进了电池设计和制造工艺。例如，通过在材料表面涂层热稳定剂和改善材料的导热性能，可以有效减少电池的温升，提高电池的安全性能。

另一方面，三元正极材料的制备和应用过程可能会产生大量的有毒气体和废水等环境污染物。为了解决这个问题，研究人员致力于开发绿色和可持续的制备方法，以减少环境污染。例如，通过采用水热合成、溶胶凝胶法等绿色制备方法，可以降低化学合成的有害物质排放，减少对环境的污染。

安全性和环境问题是三元前驱体及三元正极材料制备和应用中的重要考虑因素。通过改进材料热稳定性，优化电池设计和制造工艺，以及采用绿色制备方法，可以有效解决安全性和环境问题，推动电池材料的可持续发展。

四、工艺技术进展

（一）单晶化

正极材料由多晶向单晶发展，可以提高压实密度、循环寿命等。正极单晶化，对烧结工艺提出更高要求，并且更高温度烧结容易加剧锂镍混排，单晶化也容易引起倍率性能降低。从图 8-8 和图 8-9 可以看出，单晶的性能要好于多晶材料。

（二）高电压化

提高锂电池的充电截止电压，可以提高正极材料的克容量，从而提高锂电池的能量密度。但是提高充电电压，容易引起正极材料表面结构重构、过渡金属溶解并在负极表面沉积、电解液氧化等。另外，采用单晶正极，有利于提高正极材料的耐高电压性能。

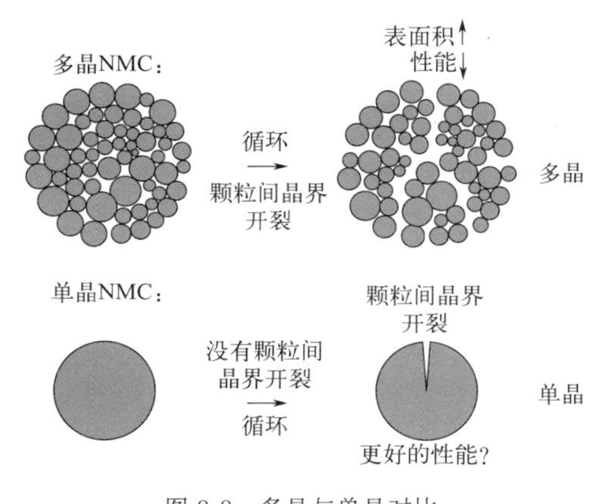

图 8-8　多晶与单晶对比

资料来自 Energy Storage Materials、方正证券研究所

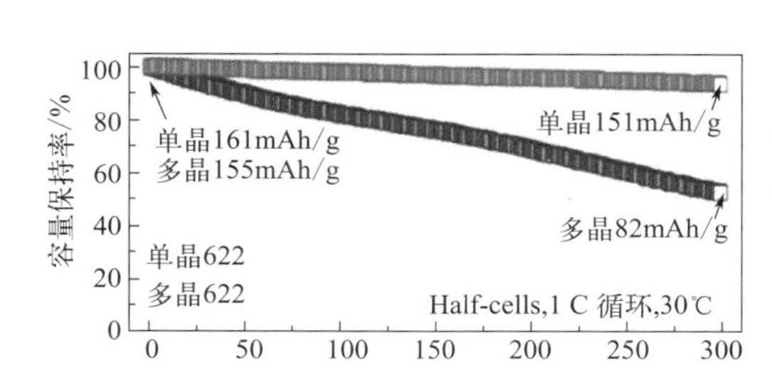

图 8-9　多晶与单晶正极材料循环性能比较

以 5 系三元材料为例，当充电截止电压由 4.2V 提高到 4.4V 时，正极材料放电克容量可以由 158.4mAh/g 提高到 188.6mAh/g，提高 19%。并且充电截止电压到 4.5V 时，正极克容量可以超过 200mAh/g，见图 8-10 和图 8-11，克容量明显提高，但其带来问题是循环性变差。

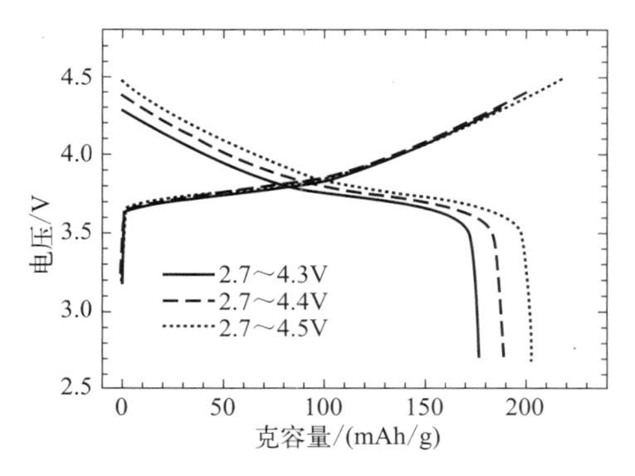

图 8-10　NCM551530 充放电曲线

资料来自 Journal of The Electrochemical Society、《储能及动力电池正极材料设计与制备技术》

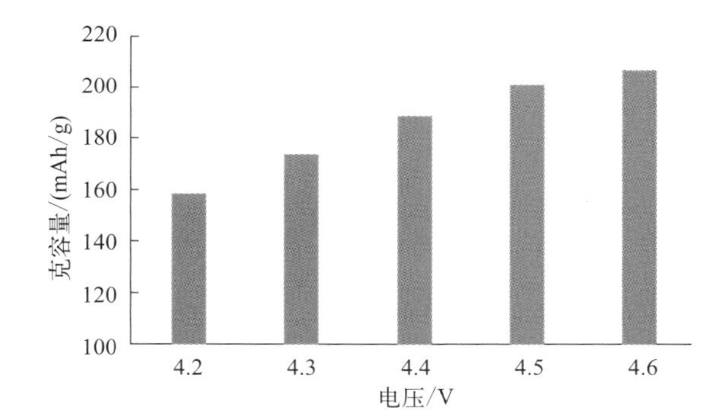

图 8-11　NCM551530 克容量（0.2C 充放）

（三）高镍化

三元正极材料由中低镍向高镍（8 系）、超高镍（9 系）发展。高镍化主要目的是为了提高克容量，但是二价镍在空气中难氧化，对锂源、烧结气氛、生产设备等提出更高要求。并且高镍材料更活泼，随镍含量提升，材料的热稳定性降低，循环寿命下降，也容易与空气中的水和氧气反应等。在高镍材料中，采用单晶也可以提高循环性能、安全性等。在 NCM 体系中，钴含量越高，倍率性能越好；镍含量越高，克容量越高；锰含量越高，结构越稳定。一般 8 系三元的克容量可以做到超过 200mAh/g。随着镍含量提高，钴含量逐步降低，但是导电性、锂离子扩散性方面仍然可以做得很好，电导率方面：NCM523 为 4.9×10^{-7}S/cm，811 可以做到 1.7×10^{-5}S/cm。锂离子扩散系数：5 系可以做到 10^{-10} 级别，8 系可以做到 10^{-8} 级别，见表 8-10 和图 8-12。

表 8-10　三元正极材料电导率

材料	电导率（5cm^{-1}）/（S/cm）
$Li[Ni_{1/3}Co_{1/3}Mn_{1/3}]O_2$ $Li[Ni_{0.5}Co_{0.2}Mn_{0.3}]O_2$	5.2×10^{-8} 4.9×10^{-7}
$Li[Ni_{0.6}Co_{0.2}Mn_{0.2}]O_2$	1.6×10^{-6}
$Li[Ni_{0.7}Co_{0.15}Mn_{0.15}]O_2$	9.3×10^{-6}
$Li[Ni_{0.8}Co_{0.1}Mn_{0.1}]O_2$	1.7×10^{-5}
$Li[Ni_{0.85}Co_{0.075}Mn_{0.075}]O_2$	2.8×10^{-5}

注：数据来自厦钨新能公告。

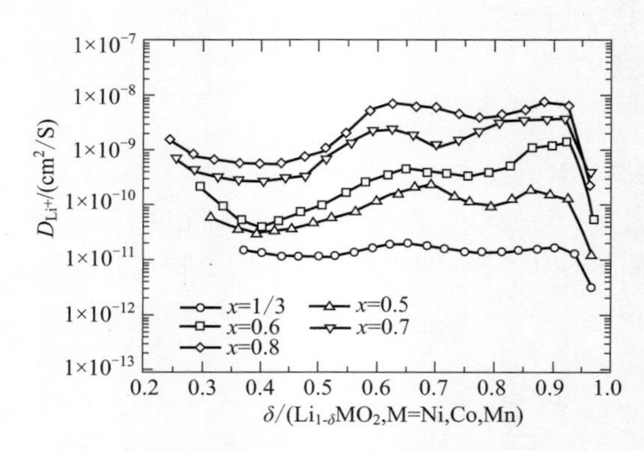

图 8-12　三元正极材料锂离子扩散系数

数据来自《储能及动力电池正极材料设计与制备技术》、方正证券研究所

（四）国内中镍高电压、高镍对比

国内三元正极的两个发展方向存在一定的竞争：中镍高电压和高镍（常规电压）。从能量密度指标上来看，对于中镍高电压 6 系产品，充电截止电压 4.4V，6 系正极材料的能量密度可以做到接近镍 83 的水平，见表 8-11。从热稳定性指标上来看，中镍高电压产品一般好于高镍。622 充电电压到 4.5V，热分解温度比 811 高，放热量比 811 小，见图 8-13。

表 8-11　三元正极材料性能比较

产品		5 系	6 系	8 系	9 系
NCM 比例		55/15/30	65/7/28	83/11/6	92/5/3
常规电压	充电截止电压 /V	4.25	4.25	4.2	4.2
	克容量 /（mAh/g）	170	180	202	214
	平均放电电压 /V	3.71	3.72	3.66	3.66
	能量密度 /（Wh/kg）	630.7	669.6	739.32	783.24
高电压	充电截止电压 /V	4.35	4.4		
	克容量 /（mAh/g）	180	195		
	平均放电电压 /V	3.78	3.77		
	能量密度 /（Wh/kg）	680.4	735.15		

（五）核壳结构 +NCMA

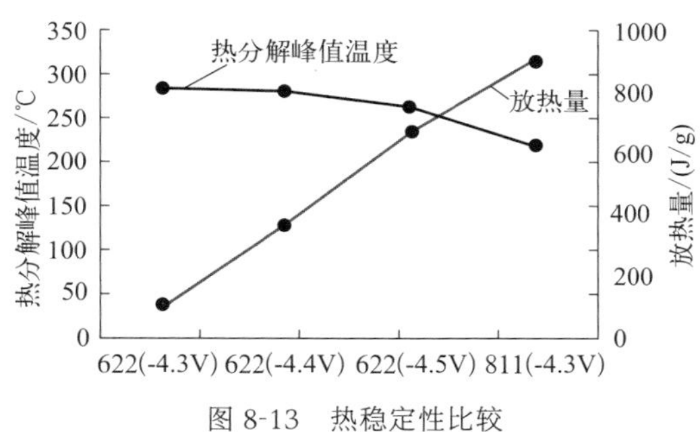

图 8-13 热稳定性比较

数据来自厦钨新能公告、《储能及动力电池正极材料设计与制备技术》、方正证券研究所

除了国内常规的单晶、中镍高电压、高镍等，国外也在推核壳结构和四元 NCMA。正极材料表面改性一般是包覆，但是普通的包覆容易损失克容量，可以升级为核壳结构，也可进一步升级为梯度材料。新的结构体系，对于生产工艺和生产成本提出了更高的要求。LG 公司推出了 NCMA。根据韩国汉阳大学发布的结果来看，①从 NCA89 到 NCM90，钴含量由 10% 下降到 5%，循环性能更好。② NCMA89 可以理解为对 NCM90 进行改性，铝掺杂比例为 1%。见图 8-14 ～图 8-16。

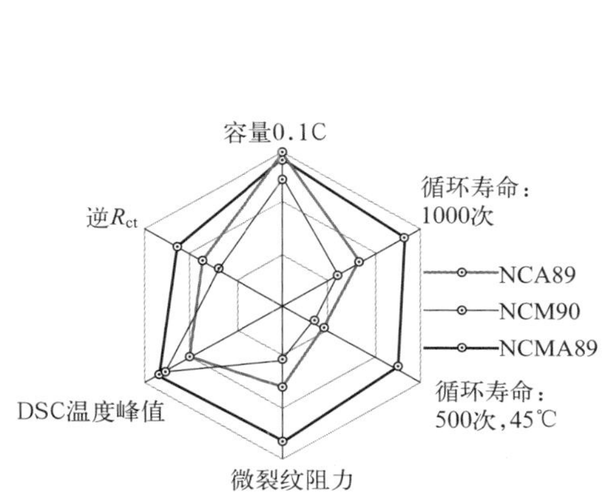

图 8-14 综合性能比较

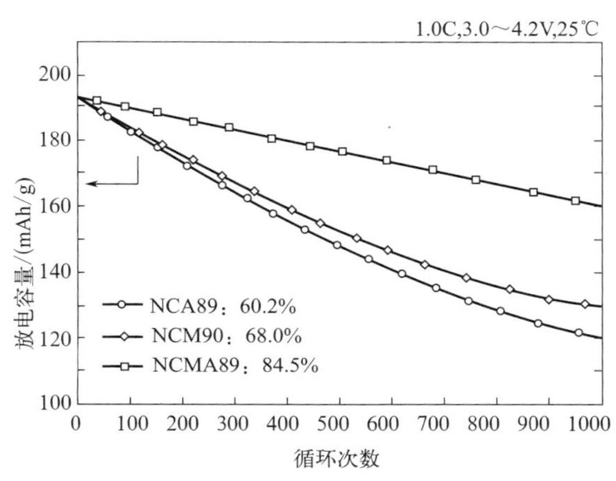

图 8-15 循环性能比较

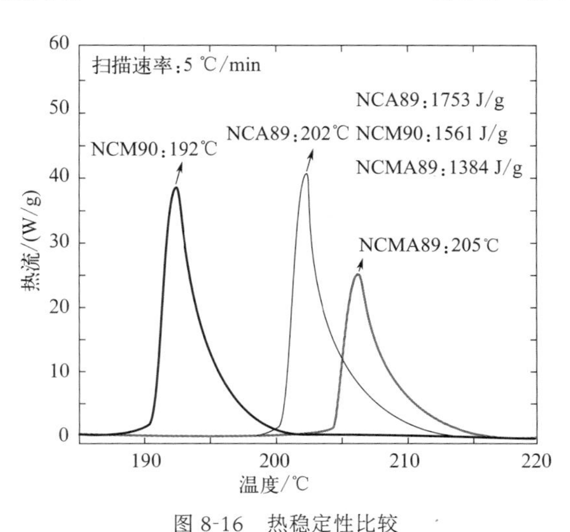

图 8-16 热稳定性比较

数据来自 ACS Energy Letters、方正证券研究所

此外，随着三元材料的高电压、高镍化技术的成熟，下一代的产品可能是无钴，或者

富锂锰基材料等材料。富锂锰基克容量更高，可以超过 250mAh/g。晶体结构主要为层状相，锂离子进一步取代过渡金属层中的元素（图 8-17）。其成分可以理解为 Li_2MnO_3 与三元正极 NCM 的混合（固溶体 / 纳米尺度混合）。制备工艺：富锂锰基与现有三元正极类似，前驱体 + 高温烧结。①首次效率低，Li_2MnO_3 组分激活需要首充电压超过 4.4V，Li 和 O 以 Li_2O 和 O_2 的形式脱出，放电时只有一个 Li^+ 嵌回，并且晶格氧的氧化还原反应难控制。②倍率性能低。③放电电压平台衰减更快。④高电压，充电电压高于 4.6V，当前商用电解液的分解电压通常在 4.4V 以下，见图 8-18。

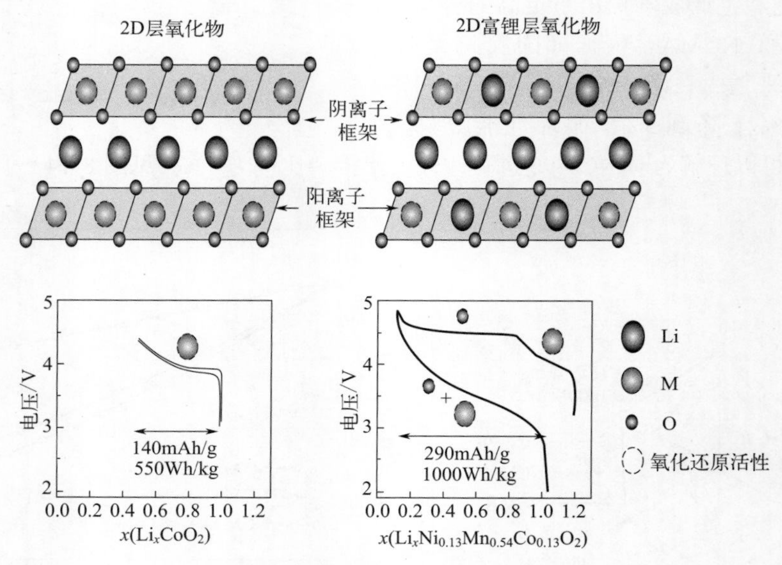

图 8-17　富锂锰基晶体结构与性能

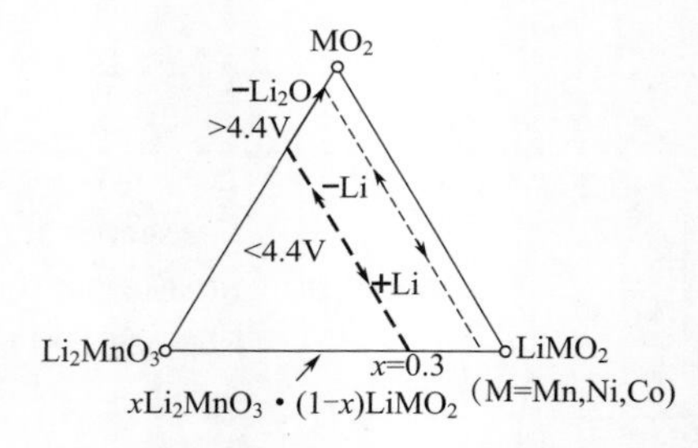

图 8-18　富锂锰基材料充放电机理

资料来自 Nature Energy、方正证券研究所

第四节 应用进展

新能源汽车市场的增长预期将带动锂电池需求持续增长，这将进一步推动正极材料市场

规模扩大。

近两年新能源汽车和储能行业高度景气，对电池的需求急速增长，新能源车用电池的装车占比下降。随着俄乌冲突加剧和新能源储能占比日益提高，储能需求暴增。由于镍、钴的价格高涨，形成三元锂电池与磷酸铁锂电池的差异化增长。

三元前驱体及三元正极材料具有高能量密度、良好的循环性能和较高的安全性，可以满足锂离子电池的高能量密度和长循环寿命的需求。随着电动汽车技术的不断发展，三元锂电池的高能量密度、长寿命等优点将为电动汽车带来更好的性能和更长的续航里程。同时，三元锂电池的环保特性也将有助于减少对环境的影响。

其次，三元锂电池在移动设备、智能家居等领域的应用也将不断扩大。随着人们生活水平的不断提高，移动设备、智能家居等电子产品市场将继续增长，而三元锂电池的高能量密度、长寿命等优点将为这些产品带来更好的用户体验。

三元锂电池在储能领域的应用也将逐渐增加。随着可再生能源的快速发展和智能电网的建设，储能技术得到了广泛的关注。三元前驱体及三元正极材料作为储能系统的重要组成部分，可以提高储能系统的效率和稳定性。

三元前驱体及三元正极材料的应用前景见图 8-19。

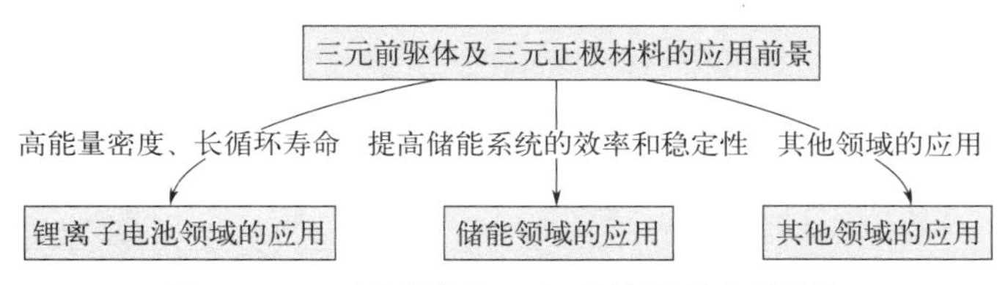

图 8-19　三元前驱体及三元正极材料的应用前景

磷酸铁锂和三元材料在电池容量和重量方面存在明显的差异。

在同等重量的情况下，三元材料的电池可以提供更高的能量输出和更长的续航时间。同等容量的磷酸铁锂电池比三元锂电池重约 20%。这使得磷酸铁锂电池在轻量化方面存在一定的劣势。

综上所述，磷酸铁锂和三元材料在电池容量和重量方面各有优劣。三元材料电池具有更高的能量密度和更轻的重量，适用于对重量和能量密度要求较高的应用场景；而磷酸铁锂电池具有更稳定的化学性质和更长的使用寿命，适用于对安全性和寿命周期要求较高的应用场景。在选择电池时，应结合实际需求和产品特点进行综合考虑。

2021 年我国三元电池产量为 93.9GWh，销量为 79.6GWh，装机量 74.3GWh，同比分别增长 93.6%、128.7%、91.0%；2022 年，我国三元电池产量 212.5GWh，占国内电池总产量 38.9%，同比增长 126.4%；三元电池装机量 110.4GWh，占国内总装机量 37.5%，同比增长 48.6%。整体所有动力电池都在增长，但三元电池装机量占动力电池装机量的比重在下滑，2019 年占比达 65.1%，2021 年下降至 48.1%，2022 年进一步下降。主要原因包括：① 2020 年起，纯电动汽车续航里程补贴调整为两档，并将门槛提高到 300 公里，在越来越多车型续航超过 300 公里的情况下，单纯追求续航里程带来的补贴增量已经不大，车企开始寻求推出低成本走量车型；②相对于三元锂电池，磷酸铁锂电池性价比更高，2021 年磷酸铁锂电池每千瓦时价格为 500 ～ 600 元左右，而三元锂电池则在 800 元左右，两者之间存在 20% ～ 30% 的价格差距；③磷酸铁锂电池技术的进步，性能劣势逐渐被弥补，如宁德时代发布 CTP、比亚迪推出刀片电池。但对于高端车型来说，三元锂电池目前仍然是车企的主流选择。从装机量分布来看，我国三元电池行业集中度较高，被宁德时代、中创新航、LG 新能源等几家大型企业占据主要市场份额。

2020—2023 年 10 月我国内销汽车动力电池装车率见表 8-12。

表 8-12　2020—2023 年 10 月我国内销汽车动力电池装车率　　单位：GWh

电池装车	装车电池		三元电池		磷酸铁锂		三元电池占比 /%	
	当月	累计	当月	累计	当月	累计	当 月	累计
2023 年 10 月	39.2	294.9	12.3	93.9	26.8	200.7	31	32
2023 年 9 月	36.4	255.7	12.2	81.6	24.2	173.8	34	32
2023 年 8 月	34.9	219.3	10.8	69.3	24.1	149.7	31	32
2023 年 7 月	32.2	184.4	10.6	58.5	21.7	125.8	33	32
2023 年 6 月	329	152.1	10.1	47.9	22.7	104.0	31	32
2023 年 5 月	28.2	119.2	9.0	37.9	19.2	81.2	32	32
2023 年 4 月	25.1	91.0	8.0	28.8	17.1	62.1	32	32
2023 年 3 月	27.8	85.9	8.7	20.8	19.0	44.9	31	32
2022 年 12 月	36.2	295	11	110	25	184	32	37
2021 年 12 月	26	155	11	74	15	80	42	48
2020 年 12 月	13	64	6	39	7	24	46	61
2019 年 12 月	10	62	5	42	5	20	50	67

2023 年 1—10 月我国动力电池装车量 294.9GWh，同比增长 32%。其中，三元电池装车量 93.9GWh，同比增长 7%。磷酸铁锂电池装车量 200.7GWh，同比增长 48%。

第五节 发展建议

三元电池作为中高端电动车市场的主流选择，市场需求空间巨大。三元材料作为当今电池技术领域的关键组成部分，其发展对于推动电动汽车、可再生能源等领域的技术进步具有重要意义。

一、新型三元前驱体的合成方法

新型三元前驱体的合成方法是目前研究的热点之一。传统的合成方法存在一些不足之处，例如复杂的工艺流程、低产率等问题。因此，未来的研究应着重于开发新的合成方法，以提高合成效率和产品质量。一种可能的方法是采用溶胶凝胶法，该方法具有简单的工艺流程、可控的合成过程和高纯度的产物等优点。另一种可能的方法是利用区域控制化学气相沉积技术，该技术可以制备出纳米级的三元前驱体颗粒，并具有良好的均匀性和可控性。此外，还可以考虑使用电化学法合成新型三元前驱体，该方法具有低成本、高效、可控性好等优点。通过开发新型的三元前驱体合成方法，可以更好地满足高镍材料的制备需求，加快新材料的研发进程。

新型三元前驱体的合成方法见图 8-20。

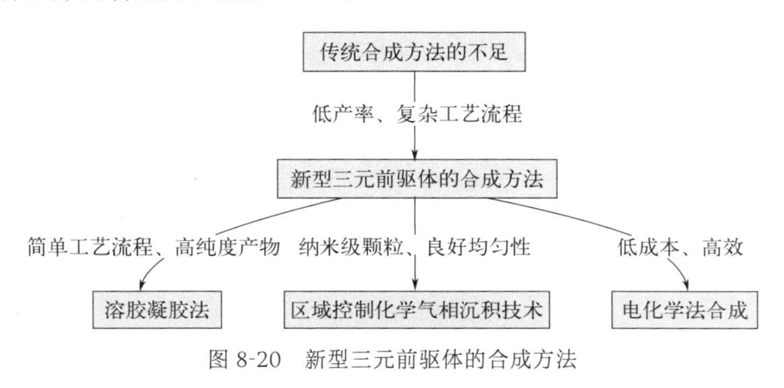

图 8-20 新型三元前驱体的合成方法

二、新型三元正极材料的工艺技术

在三元正极材料的工艺技术方面，需要开展更多的研究，以提高材料的性能和稳定性。一方面，可以优化材料的烧结工艺，通过调控烧结温度、时间和气氛等参数，来改善材料的结晶性和晶界结合强度。另一方面，可以改进材料的涂布工艺，例如采用微波辐射烘干或真空滚涂等技术，以提高电池正极片的质量和一致性。此外，还可以尝试利用可控电化学沉积和磁控溅射等方法，来制备高性能的三元正极材料。通过优化工艺技术，可以实现材料性能的准确控制和提高，从而为高镍材料的应用提供更好的支持。新型三元正极材料的工艺技术见图 8-21。

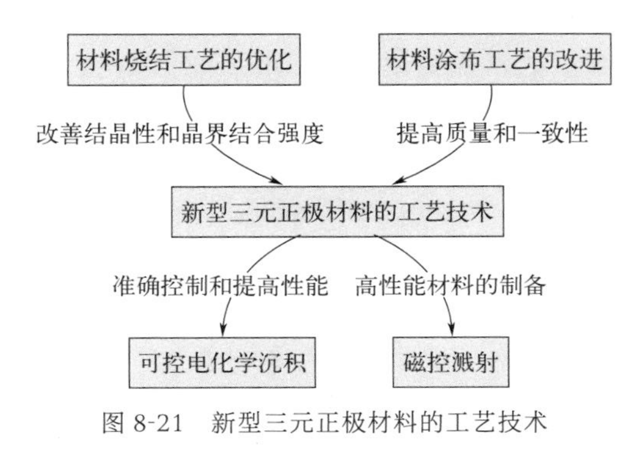

图 8-21 新型三元正极材料的工艺技术

三、针对高镍材料的进一步研究

高镍材料在电池领域具有广阔的应用前景，但其存在一些问题亟待解决，见图 8-22。首先，高镍材料的循环稳定性和寿命需要进一步提高。由于高镍材料具有较高的比容量和能量密度，其在循环过程中容易出现容量衰减和电解液的不稳定等问题。因此，可以通过优化材料的结构和掺杂技术，来改善高镍材料的循环性能。其次，高镍材料的价格较高，限制了其在市场上的应用。因此，可以考虑降低高镍材料的成本，例如采用廉价的材料替代和改进高镍材料的制备工艺等方法。此外，高镍材料的安全性和可靠性也需要关注，在材料的设计和制备过程中需考虑这些因素。通过针对高镍材料的进一步研究，可以克服这些问题，提高高镍材料在电池领域的应用潜力。

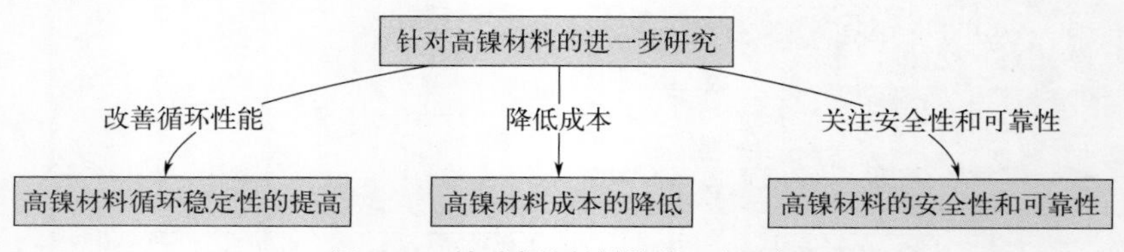

图 8-22　针对高镍材料的进一步研究

四、环境友好与可持续发展

降低能耗与排放：优化生产工艺，降低三元材料制备过程中的能耗和排放。采用节能技术和环保设备，提高资源利用效率，减少对环境的负面影响。

回收利用与资源循环：建立完善的回收体系，提高三元材料的回收利用率。研发环保的回收技术和方法，降低回收成本，实现资源循环利用。

绿色生产与监管：加强环保法规的制定和执行，确保三元材料生产过程中的环保合规性。建立绿色生产标准和认证体系，推动产业绿色化发展。

第九章

锂离子电池负极材料

China
New Energy Materials
Industry Development Report
2023

中钢集团鞍山热能研究院有限公司

刘书林　马　畅　和凤祥　郭明聪

湖州启源金灿新能源科技有限公司　蔡新辉

第一节
概述

在全球能源结构由传统的化石能源向低碳、清洁和安全的绿色能源转变的背景下，以二次电池为代表的电化学储能技术已成为最有前途的储能技术之一。锂离子电池作为一种先进的绿色电化学储能器件，凭借其比能量高、工作电压高、循环寿命长和体积小、自放电低、绿色环保等特点，自其商品化以来，在电动汽车、手机、无人机、电子手表、笔记本电脑、航空航天等各个领域得到了非常广泛的应用。

锂离子电池作为一种快充电池主要依靠锂离子在正极和负极之间快速移动来工作。电池充电时，外加电势迫使锂离子从正极的化合物（正极材料）中游离出来并嵌入负极的活性物质负极材料中；放电时，锂离子又从负极材料中析出，再次与正极材料相结合。锂离子在正负两极之间移动产生电流，为相关设备提供能源。从对产品性能影响程度看，续航能力、电池寿命、安全性能是电动汽车的核心评价指标，而锂离子电池负极材料和正极材料是影响动力电池能量密度、循环性能、安全性能的决定性因素。

锂离子电池主体由正极、隔膜、负极、封装壳体四大主要部件组成。就提高电池的比能量而言，提高负极性能相对于改进正极、隔膜、封装壳体更容易。负极由负极活性物质（负极材料）、黏结剂和添加剂混合制成糊状均匀涂抹在铜箔两侧，经干燥、滚压形成。负极材料是锂离子电池四大关键材料（正极材料、负极材料、电解液和隔膜）之一，主要影响锂离子电池的容量、首次效率、循环性能等，占锂电池成本为 10% ～ 15%。本文以下内容中的负极材料均指锂电池负极材料。

负极材料主要分为炭材料和非炭材料两大类。伴随技术的进步，目前负极材料已经从单一的石墨类发展到了多种负极材料共存的局面。炭材料主要包括石墨类、石墨烯类和无定形类；非炭材料主要包括锡基材料、钛基材料、氮化物和硅基材料等。负极材料分类见图 9-1。

负极材料性能的指标主要有首次效率、比容量、倍率性能、循环寿命、压实密度、振实密度、真密度、比表面积、粒度等。

首次效率：是指首次放电效率，通过第一次充放电循环放电容量除以充电容量计算得出。部分锂离子从正极脱出并嵌入负极后，无法重新回到正极参与充放电循环，导致首次充放电效率不足 100%。这部分锂离子无法回到正极的原因一是形成了负极表面的团体电解质界面膜（SEI 膜），二是存在一部分不可逆嵌锂。

比容量：是指单位质量的活性物质所能够释放出的电量。

倍率性能：是衡量电池充放电能力的一项指标，多种不同倍率充放电电流下表现出的容量大小、保持率和恢复能力。

循环寿命：循环寿命与膨胀具有正相关关系。负极材料在嵌锂的过程中会发生一定的体积膨胀，例如石墨材料会膨胀 10% 左右，而硅基材料的体积膨胀则会达到惊人的 300% 以上。负极膨胀后，第一会造成卷芯变形，负极颗粒形成微裂纹，将新的界面裸露出来，SEI 膜破裂重组，导致电解液持续分解，还会消耗电池内部有限的活性锂离子，循环性能变差；

第二会使隔膜受到挤压，尤其极耳直角边缘处对隔膜的挤压较严重，极易随着充放电循环的进行引起微短路或微金属锂析出。此外，低温充电、快充和过充导致负极析锂也是导致锂离子电池容量衰降的重要原因之一。

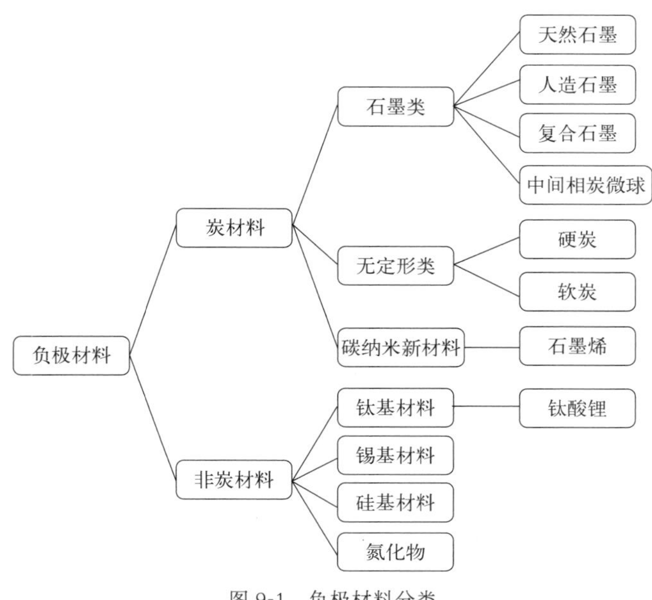

图 9-1　负极材料分类

压实密度：指负极活性物质和黏结剂等制成极片后，经过辊压后的密度，压实密度 = 面密度 / (极片碾压后的厚度减去铜箔厚度)，单位为 g/cm^3。一般来讲，压实密度越高，单位体积内的活性物质越多，容量也就越大，但同时孔隙也会减少，吸收电解液的性能变差，浸润性降低，内阻增加，锂离子嵌入和脱出困难，反而不利于容量的增加。压实密度的影响因素主要是颗粒的大小、分布和形貌。

振实密度：是依靠震动使得粉体呈现较为紧密的堆积形式下的密度，单位为 g/cm^3。

真密度：材料在绝对密实状态下（不包括内部空隙），单位体积内固体物质的重量，单位为 g/cm^3。由于真密度是密实状态下测得，会高于振实密度。

振实密度和真密度是针对负极材料，压实密度则是针对极片。

比表面积与粒度：比表面积指单位质量物体具有的表面积，单位为 m^2/g。颗粒越小，比表面积就会越大。小颗粒、高比表面积的负极，锂离子迁移的通道更多、路径更短，倍率性能就比较好，但由于与电解液接触面积大，形成 SEI 膜的面积也大，首次效率也会变低。大颗粒则相反，优点是压实密度更大。

不同类型负极材料性能对比见表 9-1。

人造石墨负极材料是当前市场主流的负极材料产品种类，天然石墨负极材料占据一定的市场份额，硅基等新型负极材料已有小规模的市场应用。人造石墨负极材料因其综合性能较好，一般应用于动力电池、中高端 3C 消费电池、储能电池等领域。天然石墨负极材料一般应用于 3C 消费电池。

表 9-1　不同类型负极材料性能对比

性能	天然石墨	人造石墨	中间相炭微球	软 / 硬炭	钛酸锂	硅碳复合材料
比容量 /（mAh/g）	340 ～ 370	310 ～ 360	300 ～ 340	250 ～ 400	165 ～ 170	800 ～ 4200
首次效率 /%	90	93	94	80 ～ 85	99	84
循环寿命 / 次	＞ 1000	＞ 2000	＞ 1000	＞ 1500	＞ 30000	500 ～ 800
工作电压 / V	0.2	0.2	0.2	0.5 ～ 0.8	1.55	0.3 ～ 0.5
快充特性	一般	一般	一般	好	好	一般
安全性	良好	良好	良好	良好	好	差
优点	技术及配套工艺成熟，成本低	技术及配套工艺成熟，循环性能好	技术及配套工艺成熟，倍率性能好，循环性能好	电化学储能性能优异，充电速度快，可提高锂电池的负载能力	倍率性能优异，高低温性能优异，循环性能优异，安全性能优异	理论比能量高
缺点	比能量已到极限，循环性能及倍率性能差，安全性能差	比能量低，倍率性能略差，安全性能稍差	比能量低，安全性能较差，成本高	比能量低，加工性能差，配套工艺不成熟	技术及配套工艺不成熟，成本高，能量密度低	技术及配套工艺不成熟，成本高，充放电体积膨胀大，导电性差
发展方向	低成本化，改善循环	提高容量，低成本化，降低内阻	提高容量，低成本化	低成本化，改善兼容性	解决钛酸锂与正极、电解液的匹配问题，提高电池能量密度	低成本化，解决与其他材料的配套问题

注：资料来自中国汽车工业信息网、中银证券。

石墨类材料综合性价比较高，相比于其他类型负极材料，石墨类电池的技术及配套工艺更成熟，原料来源广泛，价格便宜，综合性价比方面具备优势。但伴随锂电池性能需求的提升，石墨类材料的劣势也开始显现，比容量成为其短板。目前主流石墨类负极材料的比容量性能理论上限为 372mAh/g，而行业部分龙头企业的产品可以达到 365mAh/g，基本达到极限值，性能提升的空间非常有限。

在这种背景下，比容量远高于其他材料的硅基负极材料应运而生。硅基负极材料作为一种新型负极材料，是目前已知的比容量最高的锂电池负极材料（理论比容量高达 4200mAh/g）。

硅基材料也因为更为优异的比容量被视为未来极具应用潜力的负极材料，因而成为当前行业研发的主要方向。但在硅基负极材料的锂电池充放电过程中，硅发生的体积变化很大，导致材料粉化、内阻增加，失去电接触，容量衰减较快，循环性能较差，并且新型负极材料与其他锂电材料存在一定的匹配问题，其规模化应用仍然存在一定障碍。

硅碳负极材料是将硅基材料的缺陷进行改良而获得的材料，目前被作为硅基负极材料产业化的主要路线。硅碳负极材料在日本已经获得批量使用，而国内头部企业亦逐步具备硅碳负极材料产业化的能力。但硅碳负极材料的价格仍较高，市场价格超过 15 万元 / 吨，是高端人造石墨负极材料的两倍。未来在技术突破支撑下，硅碳负极有望成为新型负极材料发展的主流方向，但短期内还难以大规模替代常规石墨类负极材料。

第二节 市场供需

一、世界供需分析及预测

（一）负极材料生产供应现状

目前，全球负极材料产能集中于中国。据鑫椤资讯统计，2022 年中国负极材料产量为 141.5 万吨，同比增长 74.5%。全球负极材料产量为 146.8 万吨，同比增长 67.3%；中国负极材料全球市场占有率进一步攀升，从 2021 年的 92% 上升至 96%。国内负极材料供应商主要有深圳贝瑞特、上海杉杉、江西紫宸、中科星城、尚太科技、翔丰华、凯金能源等。国外负极材料企业主要有日立化成、三菱化学以及韩国浦项化学等。中国负极材料企业在全球来看优势明显，在产业链布局、产品性能、成本方面都具有明显优势。但未来 3—5 年随着欧美自建负极材料产能，国外负极材料产量也将呈现逐步上升态势，会有更多的外资企业参与到行业中。2022 年中国主流负极材料企业市场占有率见图 9-2。

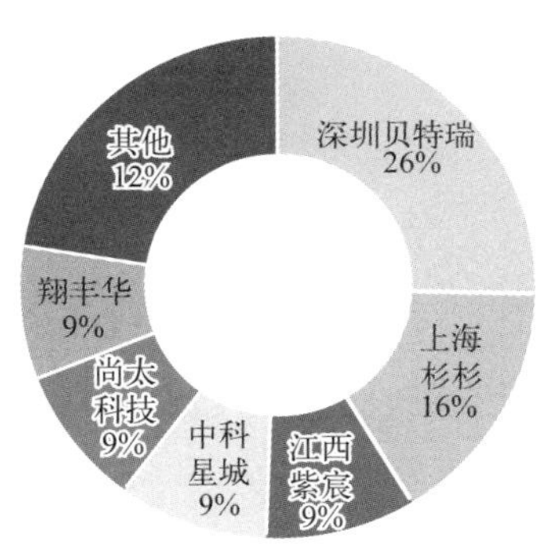

图 9-2　2022 年中国主流负极材料企业市场占有率

数据来自 ICC 鑫椤资讯

研究机构 EVTank、伊维经济研究院联合中国电池产业研究院共同发布的《中国负极材料行业发展白皮书（2023 年）》数据显示，2022 年中国负极材料出货量达到 143.3 万吨，同比增长 84.0%；2022 年全球负极材料出货量达到 155.6 万吨，同比增长 71.9%，与鑫椤资讯统计数据基本接近。

EVTank 在“白皮书”中预测，到 2025 年和 2030 年中国负极材料总体出货量将分别达到 331.7 万吨和 863.4 万吨，在全球出货量中的占比将保持 90% 以上。

（二）需求分析及预测

锂离子电池负极材料的终端应用主要包括动力电池、消费电池和储能电池市场。在全球碳中和大趋势和新能源汽车渗透率快速增长的背景下，全球锂电行业保持高度景气，其中动力锂电池是拉动行业增长的主要因素。研究机构 EVTank、伊维经济研究院联合中国电池产业研究院共同发布了《中国锂离子电池行业发展白皮书（2024 年）》。白皮书数据显示，2023 年，全球锂离子电池总体出货量 1202.6GWh，同比增长 25.6%，增幅相对于 2022 年已经呈现大幅度下滑。从出货结构来看，2023 年，全球汽车动力电池出货量为 865.2GWh，同比增长 26.5%；储能电池出货量 224.2GWh，同比增长 40.7%；小型电池出货量 113.2GWh，同比下滑 0.9%。2023 年，中国锂离子电池出货量达到 887.4GWh，同比增长 34.3%，在全球锂离子电池总体出货量的占比达到 73.8%，出货量占比继续提升，见图 9-3。

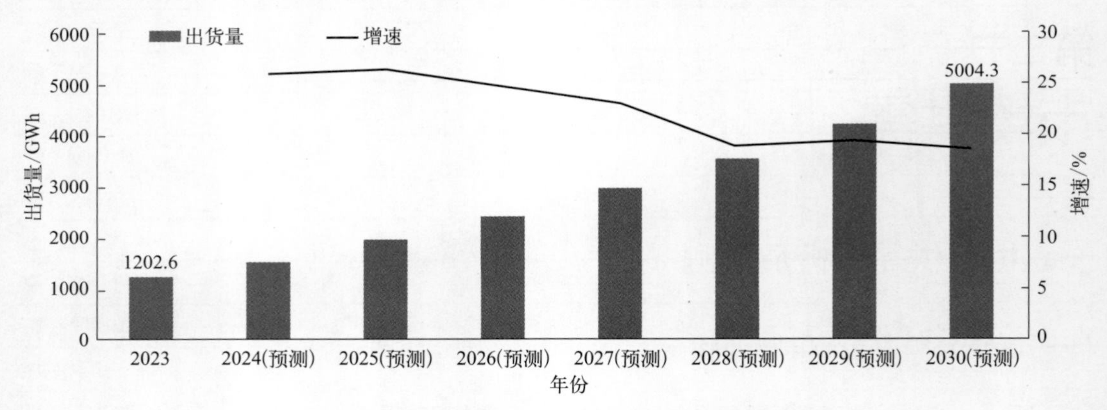

图 9-3　2023—2030 年全球锂离子电池出货量及预测

数据来自 EVTank

中国电池产业研究院院长吴辉预计，2025 年全球动力电池需求量将达到 1268.4GWh，加上小型电池和储能电池，合计出货量将达到 1615GWh。按照 1GWh 电池需要 0.12 万吨负极材料估算，2025 年负极材料需求 193.8 万吨。

高工锂电预计 2025 年全球动力、储能等场景合计将产生 1800GWh 电池需求。按照 1 GWh 电池需要 0.12 万吨负极材料估算，负极材料需求量为 216 万吨。EVTank 对全球负极材料市场的需求更为乐观。根据 EVTank 预计，全球动力电池需求在 2025 年正式进入 TWh 时代，并在 2030 年达到 2661GWh，年复合增长率超过 46%，按照 1 GWh 电池需要 0.1 万～ 0.14 万吨负极材料估算，负极材料需求量为 266 万～ 372 万吨。

二、国内供需及预测

（一）国内生产现状

负极材料生产具有能耗高和技术密集的特点，得益于资金和技术等方面的壁垒，负极材料市场集中度较高，行业竞争格局较好。国内销量第一梯队分别为贝特瑞、璞泰来、杉杉股份，东莞凯金近年表现出色，行业格局由“三大多小”向“四大多小”演进的趋势。

2022 年以来，巨大的增量市场仍吸引着大量资本快速进场，预计负极材料企业的竞争格局还将继续调整。整体来说，二三线企业仍有着大机遇，未来企业竞争核心点主要为产品性能、成本、开发能力以及快速占领市场。

表 9-2 所示为 2022 年我国负极材料投资扩产项目。

表 9-2　2022 年我国负极材料投资扩产项目

企业	时间	规模 /（万吨 / 年）	项目
四川杉杉	1 月	20	四川眉山 20 万吨 / 年负极材料一体化基地
中晟新材	2 月	10	云南水富 10 万吨 / 年负极材料一体化项目
山西瑞君（贝特瑞）	3 月	7	山西长治 7 万吨 / 年人造石墨负极材料一体化生产线项目
杉杉股份	4 月	30	云南 30 万吨 / 年负极一体化项目，项目内容包括石墨化、碳化、成品加工等
内蒙古紫宸（璞泰来）	4 月	5	兴丰二期 5 万吨 / 年石墨化项目已投产
凯金能源	4 月	10	贵州负极一体化项目，一期建设 10 万吨 / 年石墨化产能
锦州时代（宁德时代）	4 月	40	辽宁锦州负极材料一体化项目
东岛新能源	4 月	30	30 万吨 / 年负极一体化项目落地雷州
索通发展	4 月	20	20 万吨 / 年负极一体化项目落地嘉峪关
道氏技术	4 月	15	15 万吨 / 年负极一体化落户兰州
奇高新能源	5 月	5	5 万吨 / 年负极材料一体化项目落地云南楚雄
中科电气	5 月	10	四川眉山 10 万吨 / 年锂电池负极一体化项目开工
贝特瑞	5 月	20	云南大理 20 万吨 / 年锂电池负极材料一体化基地项目
云南杉杉	5 月	30	昆明 30 万吨 / 年负极材料一体化项目，一期项目规划产能 20 万吨 / 年，二期项目规划产能 10 万吨 / 年，建设周期各为 16 个月
海达新材料	5 月	3	3 万吨 / 年高纯石墨及锂离子电池负极材料（二期）开工，项目生产工艺主要为石墨化工序、负极工序
贝特瑞	6 月	20	山西阳泉负极材料一体化成品线项目开工
万锂泰	7 月	10	10 万吨 / 年天然石墨锂电负极材料一体化生产线
湖南镕锂	7 月	20	20 万吨 / 年高端锂离子电池负极材料一体化项目
云南中晟	8 月	10	10 万吨 / 年锂离子电池石墨负极材料一体化项目（二期）开工建设

续表

企业	时间	规模/(万吨/年)	项目
华启新能源	8月	10	巴彦淖尔10万吨/年动力电池负极材料加工产业园开工建设
贝特瑞	9月	10	四川宜宾10万吨/年锂电池负极材料一体化项目
贝特瑞	9月	40	黑龙江40万吨/年鳞片石墨及20万吨/年天然石墨负极一体化项目
贝特瑞	9月	20	广东云浮20万吨/年天然石墨负极一体化项目（一期）签约成功
弗迪、中科电气合资	9月	10	10万吨/年锂离子负极材料项目
中科电气	10月	10	兰州10万吨/年锂电池负极材料一体化项目签约
云南杉杉	10月	/	60亿元增资云南30万吨/年负极一体化项目
福建杉杉	10月	/	福建杉杉三期石墨化一体化项目，建成后将新增5条生产线，该项目的建成将实现杉杉科技从原材料加工、生料加工、石墨化、碳化到成品加工一体化的战略布局
雁大新能源	10月	3	3万吨锂离子电池负极材料石墨化项目
尚太锂电	10月	20	山西尚太锂电负极材料一体化项目三期项目投产
四川紫宸（璞泰来）	11月	28	规划产能28万吨/年，一期和二期均为10万吨/年，三期8万吨/年
四川瑞鞍（贝特瑞）	11月	10	10万吨/年锂离子电池高端负极材料一体化项目
炽蓝新能源	11月	10	新疆10万吨/年锂电池负极材料一体化项目
大中矿业	11月	10	内蒙古赤峰10万吨/年人造石墨负极材料一体化项目
黑猫碳材料	12月	22	22万吨/年锂电池负极材料一体化项目备案获确认
总计		518	

注：资料来自高工锂电。

整体来看，2022年我国新能源车渗透率逼近30%大关，新能源车市场的火热带动电池企业、上游原材料企业加码投产。在负极材料领域，新增产能以负极材料一体化项目为主。例如杉杉股份子公司上海杉杉4月在云南投建30万吨/年负极一体化项目，项目内容包括石墨化、碳化、成品加工等；璞泰来内蒙古紫宸兴丰二期石墨化、四川紫宸一期10万吨/年一体化项目产能释放；凯金能源贵州负极一体化项目也在4月开工，其中一期建设10万吨/年石墨化产能。头部负极材料企业通过打通石墨化、碳化及原材料等实现负极材料的一体化布局，不仅有效控制成本，同时保障上游原材料的供应安全，进一步提升与电池企业的议价权，未来一体化布局是依旧是未来的发展主流。但是，随着产能集中释放，负极材料结构性过剩将快速显现。

硅负极材料方面，国内能够量产硅基负极材料的厂商数量不多，竞争格局相对集中，部分量产厂商已经开始新一轮扩产，还有数家公司处于中试、送样阶段。贝特瑞于2013年实现硅基负极材料的产业化并批量销售，是国内最早量产硅基负极材料的企业之一，目前拥有3000吨/年硅基负极产能，主要应用在电动工具及动力电池等领域，其中动力电池用量占比约六到七成。2022年3月，贝特瑞与广东省深圳市光明区人民政府签署《贝特瑞高端锂离子电池负极材料产业化项目投资合作协议》，在深圳市光明区内投资建设年产 4 万吨硅基负极材料项目，该项目按计划逐步推进中。杉杉股份的硅碳负极材料已建成一条中试产线，开始逐步放量，但目前出货占比不高，其高容量硅合金负极材料已产业化并已对宁德时代供货。璞泰来在江西和溧阳与中国科学院物理所合作建立中试车间，第二代硅基产品已具备产业化的基本条件；在溧阳还建立了氧化亚硅中试线。璞泰来全资子公司紫宸科技研发的硅碳负极材料系列可用于 3C 数码电池、储能电池、动力电池等，已经通过部分客户认证；翔丰华硅基负极已经具备产业化基本条件。

（二）需求分析及预测

2022 年全球负极材料出货量达到 155.6 万吨，同比增长 71.9%，其中中国负极材料出货量同比增长 84.0% 达到 143.3 万吨，同比增速创历史新高。中国企业负极材料出货量全球占比继续提升，2022 年已经超过 90%。

全国各地陆续出台了关于购买新能源汽车的补贴政策，在一定程度上促进车市回暖，加之新能源汽车下乡政策，将有望提振消费信心，促进汽车消费的增长，带动对负极材料的市场需求。展望未来，预计在下游锂离子电池需求量的带动下，全球负极材料出货量在 2025 年和 2030 年将分别达到 331.7 万吨和 863.4 万吨，其中 90% 以上将是中国企业生产。高工产研锂电研究所（GGII）预测，2025 年中国锂电池出货量将达 1456GWh，按照 1GWh 需求 1000 吨负极材料估算，2025 年负极材料的需求量将达 145.6 万吨。

2023 年以来，硅基负极产业化有提速之势。多孔硅碳技术路线的出现让硅碳负极材料的性能实现了群体性突破，包括天目先导、兰溪致德、索理德等国内主要硅基负极厂商的产品均达到了动力电池领域的性能要求：循环次数达 1000 次以上，首次效率达 90% 以上，比容量达 1800mAh/g；并且在生产方面，多孔硅碳硅基负极可以减少预锂化、预镁化，相比于硅氧路线具有大幅降本的潜力。硅基负极产品实现群体性性能达标，从而使得硅基负极在动力电池领域的规模化应用有望加快。根据盖世汽车研究院统计，目前全球主要针对 46 系列大圆柱电池的产能规划已经突破 500GWh。GGII 预测，2024 年大圆柱电池将迎来 GWh 批量交付，大圆柱电池放量将带动硅基负极材料出货量增加，2025 年国内硅基负极材料出货有望超 6 万吨。

第三节 工艺技术

一、石墨类负极材料工艺技术

1991 年，日本索尼公司开始商业化生产锂离子电池，采用了以钴酸锂为正极、以炭为负极的材料体系，这种体系一直沿用至今。整个 90 年代，锂电池的下游应用主要是照相机、摄像机和随身听。2000 年之后，手机和笔记本电脑成为了锂电池两个最大的应用，之后又相继出现了平板电脑、充电宝、电动两轮车、电动工具等新的应用领域。近几年，电动汽车飞速发展，2017 年以后已成为锂电池最大的应用领域。在 90 年代，无论是锂电池还是负极材料，均以日本企业为主导，其负极材料市场占有率超过 95%。起初，索尼公司的锂电池负极材料用是没有经过石墨化等改性处理的石油焦，结构不规整、比容量很低，很快就被中间相炭微球（MCMB）所取代。MCMB 的领先企业曾是日本的大阪煤气公司，在 1993 年成功将 MCMB 产品用到了锂电池中。日本的日立化成公司也有相应的产品，当时 MCMB 价格在 50 万～ 70 万元 / 吨，几乎是现在负极材料价格的 10 倍以上。

我国自 20 世纪 90 年代起，负极材料行业开始起步，并经历了跨越式的发展，实现了负极材料的进口替代。我国负极材料起步于中间相炭微球，逐步实现进口替代。在技术研发方面，1997 年，鞍山热能研究院首先研发出中间相炭微球，实现小规模试产；1999 年，上市公司杉杉股份与鞍山热能研究院合资成立“上海杉杉科技有限公司”；2001 年，杉杉股份实现中间相炭微球的规模化生产，开始国产化替代，打破了国内 MCMB 依靠日本进口的局面，MCMB 价格马上降到了 30 万元 / 吨以下，日本大阪煤气公司很快就败下阵来将产线关停，杉杉取代日本成为国内中间相炭微球主要供应商。

2000 年之后，在上海杉杉（采用中钢热能院技术国产化 MCMB、2005 年首创牌号为 FSN-1 负极材料）、江西紫宸（G1 系列高各向同性、极低的膨胀，实现 FSN-1 之后的又一次突破）、贝特瑞（首家掌握天然鳞片石墨的球形化技术，还掌控上游的矿山和浮选）这三家企业的带动下，中国企业在负极材料领域实现技术突破，同时产业规模不断壮大，实现了快速发展。

目前主流的负极材料仍然是天然石墨和人造石墨。

天然石墨的最上游是石墨矿石，分布在黑龙江、山东等地区；石墨矿石经过浮选后得到鳞片石墨（此外还有一种微晶石墨）。浮选工艺包括原矿破碎、湿法粗磨、粗选、粗精矿再磨再选、精选、脱水干燥、分级包装等步骤。浮选后的鳞片石墨经过粉碎、球形化、分级处理，得到球形石墨，球形石墨再经过固相或者是液相的表面包覆以及后续的一些筛分、炭化等工序，就变成了最终的改性天然石墨负极。球形石墨的杂质含量高，微晶尺寸大，结构不可改变，用于锂离子电池负极时必须进行改性处理，目的是缓解炭电极表面的不均匀反应，以使得电极表面的 SEI 成膜反应能够均匀地进行，得到质量好的 SEI 膜。负极材料对鳞片石墨有特殊的要求，例如粒度要小于 100 目、纯度高、结晶要好、比重要大、铁含量要少。考虑到这些要求，球形化的原料主要选择黑龙江萝北、黑龙江鸡西以及青岛莱西等地的鳞片石墨。

图 9-4 所示为贝特瑞天然石墨负极材料工艺流程。

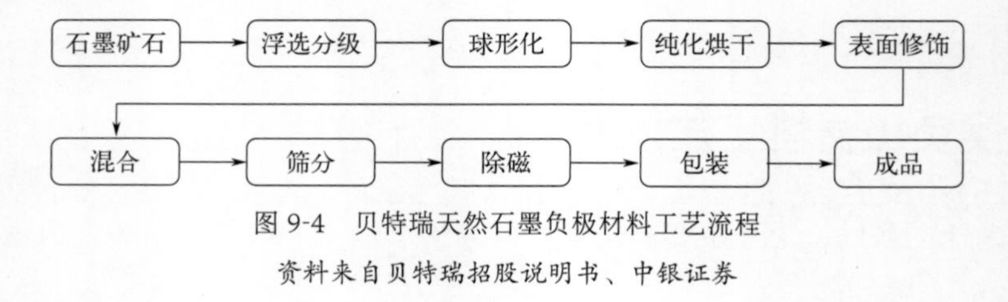

图 9-4　贝特瑞天然石墨负极材料工艺流程

资料来自贝特瑞招股说明书、中银证券

人造石墨类负极材料生产工艺则更加复杂一些，主要是以石油焦、沥青焦或针状焦为主要原料，沥青为包覆剂或造粒黏结剂，生产流程主要分为破碎、造粒、石墨化和筛分四大环节近十余个小工序，各个企业在细分环节可能采取不同工艺流程，这些工艺细节均会影响产品的最终性能。天然石墨生产流程主要分为提纯、改性、混合、炭化四大环节，因为不需要石墨化这一高能耗环节，天然石墨的生产成本要低于人造石墨。

图 9-5 所示为江西紫宸人造石墨负极材料工艺流程。

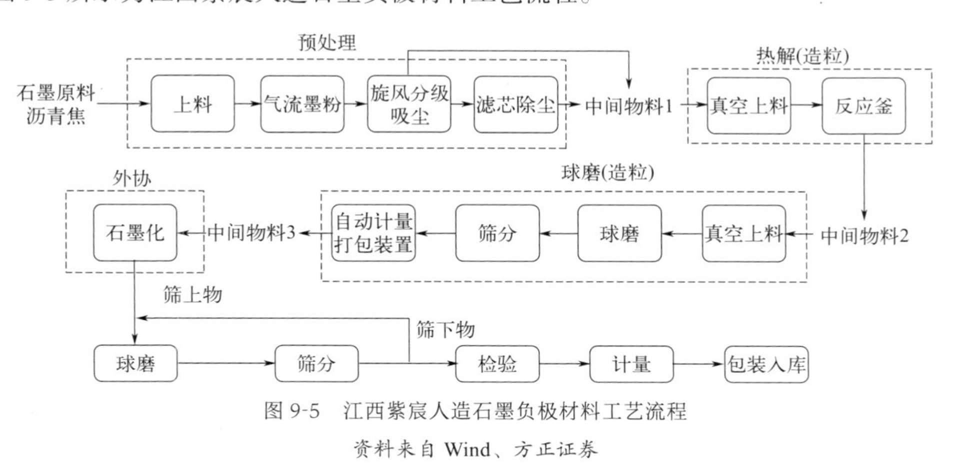

图 9-5　江西紫宸人造石墨负极材料工艺流程

资料来自 Wind、方正证券

人造石墨负极材料生产流程的四大环节中，破碎和筛分相对简单，体现负极行业技术门槛和企业生产水平的主要是造粒和石墨化两个环节。石墨化基地建设的固定资产投资较大，且石墨化电阻料废料的处置需要稳定的钢厂、铝厂客户资源，专业性较强。石墨化、原料粉碎工艺均是碳素行业传统成熟的工艺，可选择外委外工的厂商比较多，但石墨化外委加工和自有石墨化的成本差异大，故大多数企业均在自建石墨化基地以降低成本。

1. 破碎、筛分

将石墨原料（针状焦或石油焦），进行气流磨粉（破碎）。物料通过真空上料机转入料斗，然后由料斗放入空气流磨中进行气流磨粉，将 5 ～ 10mm 粒径的原辅料磨至 5 ～ 10μm。气流磨粉后采用旋风收尘器收集所需粒径物料，收尘率约为 80%，尾气由滤芯过滤器过滤后排放，除尘效率大于 99%。滤芯材质为孔隙小于 0.2μm 的滤布，可将 0.2μm 以上的粉尘全部拦截。风机控制整个系统呈负压状态。

差异性：预处理磨粉分机械磨粉和气流磨粉，现在主流为气流磨粉。

预处理不是关键环节，主要是筛分得到所需粒径前驱体，并尽可能得到各向同性颗粒，降低膨胀系数。

2. 造粒 / 二次造粒

造粒是人造石墨加工关键环节，造粒分为热解工序和球磨筛选工序（图 9-5）。

热解工序：将中间物料 1 投入反应釜中，在惰性气体氛围和一定压力下，按照一定的温度曲线进行电加热，于 200 ～ 300℃搅拌 1 ～ 3h，而后继续加热至 400 ～ 500℃，搅拌得到粒径在 10 ～ 20mm 的物料，降温出料，即中间物料 2。

球磨筛分工序：真空进料，将中间物料2输送至球磨机进行机械球磨，10～20mm物料磨制成6～10μm粒径的物料，并筛分得到中间物料3。筛上物由管道真空输送返回球磨机再次球磨。

石墨颗粒的大小、分布和形貌影响着负极材料的多个性能指标。总体来说，颗粒越小，倍率性能和循环寿命越好，但首次效率和压实密度（影响体积能量密度和比容量）越差，反之亦然，而合理的粒度分布（将大颗粒和小颗粒混合，后段工序）可以提高负极的比容量；颗粒的形貌对倍率、低温性能等也有比较大的影响。

差异性：目前各家企业对颗粒大小筛分差异性不大，主要体现在细节和成本。

二次造粒：小颗粒比表面积大，锂离子迁移的通道更多、路径更短，倍率性能好，大颗粒的压实密度高、容量大。兼顾大颗粒和小颗粒的优点、同时实现高容量和高倍率的方法就是采取二次造粒。采用小颗粒石油焦、针状焦等基材，通过添加包覆材料和添加剂，在高温搅拌条件下，通过控制好材料比例、升温曲线和搅拌速度，能将小粒度的基材二次造粒，得到较大粒度的产品。二次造粒的产品与同粒度的产品相比，能有效提高材料保液性能和降低材料的膨胀系数（小颗粒和小颗粒之间存在凹孔），缩短锂离子的扩散路径，提高倍率性能，同时也能提高材料的高低温性能和循环性能。

差异性：二次造粒工序壁垒高，包覆材料和添加剂种类多，且容易出现包覆不均或者包覆脱落等问题，或者包覆效果不佳等，是高端人造石墨的重要工序。以紫宸为例，紫宸最先开始应用二次造粒技术，研发出畅销产品G1，用于高端消费负极以及LG快充低膨胀动力负极，膨胀系数极低，大幅提高动力电池快充性能和循环寿命。其他负极企业也有掌握二次造粒工艺，但和江西紫宸有些差距。

3. 石墨化

石墨化是利用热活化将热力学不稳定的碳原子实现由乱层结构向石墨晶体结构的有序转化，因此，在石墨化过程中，要使用高温热处理（HTT）对原子重排及结构转变提供能量。为了使难石墨化炭材料的石墨化度得到提高，也可以添加催化剂。

为了得到较好的石墨化效果，需要做好三个方面：①掌握向炉中装入电阻料和物料的方法（有卧装、立装、错位和混合装炉等），并能根据电阻料性能的不同调整物料间的距离；②针对石墨化炉容量和产品规格的不同，使用不同的通电曲线，控制石墨化过程中升降温的速率；③在特定情况下，在配料中添加催化剂，提高石墨化度，即“催化石墨化”。

差异性：不同品质的人造石墨，升降温速率、保温时间、催化剂等不一样，预计所用石墨化炉类型不同，导致性能和成本差别比较大。脱离前后端工序的石墨化，特别是升降温过程基本是程序化的，但石墨化时间长，设备投资大，因此较多外委处理，无技术外泄风险。

包覆炭化：包覆炭化是以石墨类炭材料作为“核芯”，在其表面包覆一层均匀的无定形碳，形成类似“核-壳”结构的颗粒。通常用的无定形碳的前驱体有酚醛树脂、沥青、柠檬酸等。无定形碳材料的层间距比石墨大，可改善锂离子在其中的扩散性能，这相当于在石墨外表面形成缓冲层，从而提高石墨材料的大电流充放电性能，还可以在表面形成致密的SEI膜，提高首次效率、循环寿命等。

差异性：不同厂家选用前驱体不同、加热程序不同，使得包覆层厚度、均匀度等也不同，从而产品成本和性能也会有所差异。以紫宸为例，紫宸首先应用包覆技术，工艺领先，厚度均匀，并应用到畅销产品G1的生产工艺中，可用于高能量密度快充消费或者动力负极，其他主流负极厂也都有掌握，但略逊于江西紫宸，低成本低端人造负极甚至不会用包覆炭化工序。

4. 分筛 / 掺杂

石墨化后的物料通过真空输送到球磨机，进行物理混合、球磨，使用270目的分子筛进行筛分，筛下物进行检验、计量、包装入库。筛上物进一步球磨达到粒径要求后再进行筛分。

掺杂改性：掺杂改性方法较灵活，掺杂元素多样，目前研究者们对该方法的研究比较活跃。非碳元素掺杂到石墨中可以改变石墨的电子状态，使其更容易得电子，从而进一步增加锂离子的嵌入量。例如将磷原子和硼原子成功地掺杂到石墨表面，并与之形成化学键，有助于形成致密的SEI膜，从而有效地提高了石墨的循环寿命和倍率性能。在石墨材料中掺杂不同元素，对其电化学性能有不同的优化效果。其中，添加同样具有储锂能力的元素（Si、Sn）对石墨负极材料比容量的提高作用显著。

差异性：不同厂家掺杂元素不同，产品性能差异很大，其中江西紫宸、贝特瑞和杉杉科技储备较多，掺杂改性对提高石墨的特定性能效果显著，是高端人造负极产品做出差异化的关键工序。

在负极材料制备市场，紫宸独创的各向同性化技术、超细粉体表面微胶囊化改性技术，杉杉科技自主研发的高能量密度低膨胀技术、快充包覆技术、硅负极前驱体合成技术等均处于行业前列，在人造石墨负极动力领域和数码领域的全球市场份额领先，为中国占据全球主要负极材料主流地位立下了汗马功劳。

据统计，2023年我国负极材料出货量中，人造石墨和天然石墨占比分别为82.5%、14.1%。天然石墨胜在价格优势，在平价消费电池中仍有市场空间，未来储能市场有望为天然石墨带来规模化应用机会；而人造石墨循环性能好，能量密度高，在新型负极材料规模化应用前，石墨类负极材料仍将占据主导地位，渗透率有望继续提升。现阶段，在多样化的性能指标衡量维度下，面对新能源汽车降本、储能平价的市场需求，持续的工艺改进和有效的成本控制将成为企业的核心竞争力。

二、硅基负极材料工艺技术

天然石墨和人造石墨各具优势，但在能量密度方面的发展已接近其理论比容量（372mAh/g）。随着新能源汽车对续航能力要求的不断提高，锂电池负极材料也在向着高比容量方向发展，硅的理论比容量为4200mAh/g，该理论比容量远超石墨类负极材料，是已知的容量最高的负极材料，在电池能量密度不断提升的大趋势下有望成为未来发展方向。长期来看，随着对能量密度需求的不断提升，硅基材料比容量优势将更加突出，硅碳负极的研发和导入将加速进行。但硅负极材料在嵌脱锂过程中会发生近300%的体积膨胀，极大地限制了硅负极的产业化应用。

目前硅基负极材料主要分为硅碳负极材料和硅氧负极材料两大类别。商业化的硅碳负极容量在 450mAh/g 以下，首次效率高，但体积膨胀较大，导致循环差，一般用于消费电池。国外部分企业已经实现了硅碳负极材料的量产。日立化成是全球最大的硅碳负极供应商，特斯拉使用的硅碳就由其供应。大部分国内企业硅碳负极产业化应用都在推进中，动作相对较慢；硅氧负极理论容量为 2400mAh/g，但成本较高，首次效率相对较低，循环性能好，既可用于消费，也可用于动力电池。日韩企业在这一路线上起步较早，处于领先地位，已经推出了多种较为成熟的 SiO_x 产品。国内厂家近年来也开始尝试将 SiO_x 负极材料推向市场，但是相比于日韩厂家仍然有一定差距。

从制备工艺和流程上看，相对石墨负极材料，硅基负极的制备工艺复杂，各家生产流程不同，没有统一标准。目前常见的制备方法有化学气相沉积法、机械球磨法、高温热解法等，工业上为了保证更好的性能通常使用多种手段组合来制备。

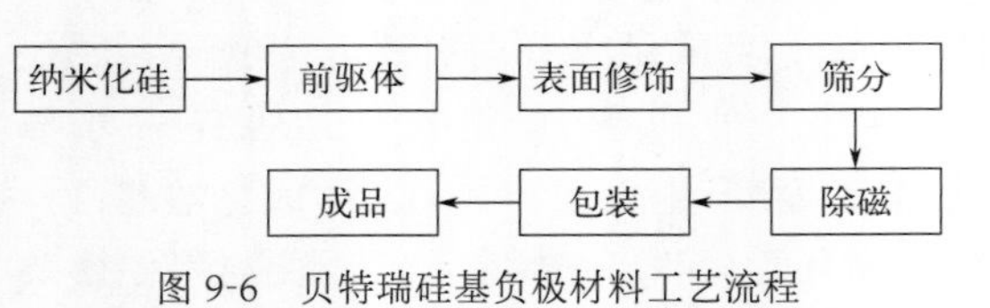

图 9-6　贝特瑞硅基负极材料工艺流程

资料来自贝特瑞招股说明书、中银证券

图 9-6 所示为贝特瑞硅基负极材料工艺流程。

三、负极材料一体化布局及石墨化新技术

（一）主流厂商积极布局“一体化”

长期以来，多数负极厂商一般将投入较大、污染较高的石墨化环节进行外包，而在当前石墨化产能紧缺的背景下，越来越多的负极厂开始自建石墨化产线，布局一体化项目，在降低整体生产成本的基础上，保障供应链安全。高工锂电统计显示，2022 年第一季度国内新增负极材料扩产项目达 21 个，一体化项目占比过半，达到 11 个。在石墨化供应紧缺、原材料上涨压力下，一体化布局已经成为负极材料企业核心“护城河”。包括璞泰来、杉杉股份、星城石墨、凯金、翔丰华等负极企业近两年均在积极加快石墨化、炭化及上游原材料等一体化产业链布局。其中，璞泰来已形成了从原材料针状焦的供应、前工序造粒、石墨化加工、炭化包覆到负极材料产成品的一体化负极材料产业链布局，石墨化和炭化等关键环节自供率行业领先。目前，负极厂商自建石墨化产能已初具规模效应，主流负极企业一体化项目大都在 10 万吨级及以上的量级。

（二）石墨化技术有望加速迭代

石墨化是指将非石墨碳材料在高温电炉内加热到 2800℃以上，使材料转变成具有石墨有序结构的过程。根据翔丰华招股说明书测算，石墨化加工费在人造石墨负极材料中占 60%，是人造石墨负极成本的主要组成部分。根据石墨化设备的运行方法，石墨化工艺一般可划分为间歇式石墨化法、连续石墨化法。传统间歇式设备主要为艾奇逊炉、内热串接石墨化炉；其中艾奇逊炉为使用最久、应用最广泛的石墨化炉，工作原理为将在约 1200℃进行一次焙烧的碳素制品作为半成品，在 2300℃以上的温度进行高温热处理使之成为石墨制品。该工艺优点为设备结构简单、易于维修、操作方便等，缺点为通电时间长、能量利用率低、

炉内温差大、不适用于颗粒状石墨化生产等。

目前以艾奇逊炉、内热串接炉为代表的传统石墨化生产技术仍处于较低水平，远不能满足工业化生产的要求，厂家通过炉型改造、工艺革新等方式追求石墨化的技术升级，箱体、连续石墨化有望引领技术发展。箱体石墨化工艺，是以艾奇逊石墨化炉为基础，在炉内设置炭板箱体，通过扩大装炉量以降低吨耗、提升产能，目前工序已实现自动化，代表厂商包括璞泰来、杉杉股份、中科电气等；连续石墨化采用循环技术，最高温度可达3000℃以上，可实现高温下的连续进料和出料，具备加工周期短、吨耗低、环境友好的优势，但加工高石墨化度负极材料较为困难，目前尚未实现产业化应用，代表厂商包括山河智能等。

第四节
应用进展

锂电池负极材料下游的主要应用领域有动力电池、3C数码电池和储能电池。其中，动力电池是未来锂电需求的重要增长极，受益于新能源汽车带动，动力电池正步入加速发展阶段，在各国政策的支持下，动力锂电池负极材料需求增长确定性相对较强，未来成长空间广阔；传统3C数码市场已步入成熟阶段，市场趋于饱和，数码电池未来需求主要来自智能家庭设备和可穿戴设备，5G换机潮也将对数码电池需求形成一定支撑；储能则是锂电池的蓝海领域，有望为锂电负极材料需求带来巨量市场。

第五节
发展建议

随着消费电子类产品的更新换代、新能源汽车产业的蓬勃发展、智能电网的迅速推广以及其他技术领域对高性能电池的旺盛需求，锂离子电池产业必将在未来10～20年持续高速发展。这为我国锂离子电池负极材料产业的发展提供了很大的机遇，但同时也提出了更高的要求。.

目前，人造石墨与改性天然石墨负极材料还可以继续在新兴领域获得应用，但性能提升的幅度不大，技术成熟度很高，生产企业较多，利润率较低。改性天然石墨负极材料的广泛应用需要大量开采石墨矿，天然石墨矿的无序开采以及人造石墨的石墨化除杂质过程均有可能对环境造成污染或者具有较高能耗。在未来较长的时间，石墨类负极材料的生产依然会持续增长。从环境保护、低碳绿色发展角度考虑，应该鼓励开发生产过程环境友好、低能耗的新型负极材料。

在电化学性能方面，其他负极材料都还存在着不同程度的不足。硬炭材料首次效率低，成本较高；软炭材料首次不可逆容量大，体积能量密度低；高容量的硅基负极材料首次效率、循环性能、倍率性能都还有待提高，体积膨胀问题也需要解决。虽然已经通过各种改性处理方法不断完善这些负极材料的制备工艺，并逐渐开发了适合这些材料的电池，但是这些新材料的产业化程度和技术成熟度与石墨类碳材料相比还有一定距离，针对材料在各类电池中应用时的电化学反应、储锂机制、热力学、动力学、稳定性、界面反应等基础科学问题的深入研究，综合性能指标改进、材料匹配性、服役与失效机制等关键技术攻关、寻找创新的综合技术解决方案等工作是下一阶段的主要任务。

从行业发展需求及材料发展潜力看，硅基负极材料因其具备高理论容量、低脱嵌锂电位、环境友好、储量丰富等优点，被视为最具潜力的下一代负极材料。但硅基负极材料本身存在的体积膨胀大、循环性能差的特点，限制了其大规模应用。从市场看，硅基负极处于商业化初期，出货量与渗透率都处于很低水平，增速也不及负极行业整体扩张速度。另外，近年来行业技术人员对硅基负极材料提出的改性方法大都存在工艺复杂、成本高昂的问题，这要求研究人员不断加强基础原理研究，开发简单高效的技术制备硅基负极材料，着眼于终端低膨胀、首次效率高、倍率大、安全友好的锂离子电池开发，在电动汽车领域实现更高水平的应用突破。

第十章

硅碳负极材料

China
New Energy Materials
Industry Development Report
2023

西安理工大学　李　明　李喜飞

第一节

概述

在“碳达峰、碳中和”的战略背景下，我国电池能源产值规模迅速增长，新能源汽车的产销规模已跃居世界首位，但受限于锂离子电池（LIBs）较低的能量密度，“里程焦虑”已成为电动汽车（EV）产业化发展的首要问题。根据国家发布的《促进汽车动力电池产业发展行动方案》，计划到2025年，新体系动力电池单体比能量达到500Wh/kg。基于石墨负极与磷酸铁锂（$LiFePO_4$）、三元正极的全电池分别提供170Wh/kg、300Wh/kg的能量密度，已无法满足EV/HEV快速增长的需求，迫切需要开发具有超高能量和功率密度的LIBs。图10-1为负极容量和电池能量密度的对应关系（正极容量相同：180mAh/g）。

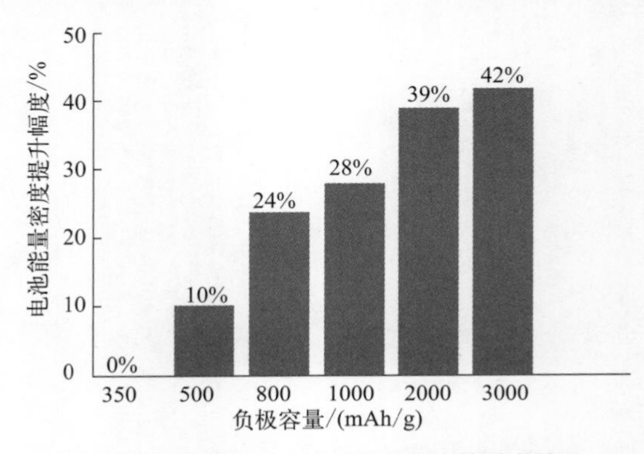

图10-1　负极容量和电池能量密度的对应关系

硅基负极材料的理论比容量高达4200mAh/g（约为石墨10倍），能有效提高电池的能量密度，且具有嵌锂电位低（＜0.5V vs. Li/Li^+）、储量丰富、绿色环保等优势，成为商业化LIBs负极重要候选材料之一。然而，硅基材料在实际应用中很大程度上受到导电性差、循环稳定性弱和首次循环库伦效率低的限制。目前，硅碳负极（硅碳复合）是产业化进展最快的硅基负极改性方法，尽管掺硅量大都在10%以下，但仍可明显提升全电池能量密度（290～330Wh/kg）。因此，硅碳负极的应用将大幅度提升锂离子电池能量密度上限。表10-1为商业化负极材料的性能指标对比。

表10-1　商业化负极材料性能指标对比

指标	天然石墨负极	人造石墨负极	硅碳负极	硅氧负极
理论克容量/(mAh/g)	372	372	Si：4200	SiO：1800
实际克容量/(mAh/g)	340～370	310～360	硅碳：800～4200	硅氧：400～800
首次库伦效率/%	普通：92； 高端：95	普通：90； 常规：93； 高端：95	75～90	65～75

续表

指标	天然石墨负极	人造石墨负极	硅碳负极	硅氧负极
循环寿命 / 次	＞1000	＞2000	500～800	＞1000
倍率性能	一般	一般	较好	较好
安全性	较好	较好	较差	较差
成本	最低	较低	较高	较高
技术成熟度	比较成熟	比较成熟	不够成熟	不够成熟
优点	成本低，工艺成熟	成本低，工艺成熟，循环寿命好	容量高，倍率性能好；工艺相对成熟（硅基范围比较）	膨胀率相对较低；循环性能、倍率性能好（硅基范围比较）
缺点	容量较低	容量较低	膨胀率较高；工艺复杂，循环性能差	首次库伦效率低，需预锂化；工艺复杂，生产成本高

从性能指标上来看，相比于商业化石墨负极，硅碳负极材料在成本、循环寿命及技术成熟度等方面还存在差距，但少量硅与石墨共混就可显著提升比容量，能量密度优势明显、可发掘潜力巨大，在新能源汽车动力电池及促进其产业化方面有绝对优势，预计将硅和石墨复合或制备更高能量密度的硅碳负极将会占据主要市场。硅氧负极材料为硅基负极另一个产业化进展较快方向，特别是近年来各大厂商对其首次效率的提升，部分已进入产业化应用；但受制于制备工艺复杂及生产成本高，大规模应用会受到阻碍。近年来，随着硅碳负极材料技术不断进步，市场迎来快速增长，出货量不断增加。表 10-2 为 2017—2022 年中国硅碳负极材料的出货量及增速。

表 10-2　2017—2022 年中国硅碳负极材料的出货量及增速

年份 / 年	出货量 / 万吨	增速 /%
2017	0.15	—
2018	0.249	66
2019	0.5	101
2020	0.60	20
2021	1.1	83
2022	1.5	36

基于特斯拉 4680 电池的量产及大圆柱电池的推广应用，全球硅碳负极材料迎来爆发式增长，2022 年全球硅基负极材料市场规模达到 32 亿元，2023 年全球市场规模达到 37 亿元以上。展望中国市场，企业对硅基负极材料的研发速度加快。由表 10-2 可知，2022 年中国硅基负极复合后的出货量为 1.5 万吨，市场规模约为 10 亿元。2023 年出货量超 2 万吨，预测 2025 年出货量有望超 6 万吨。然而，国内现有硅基负极材料产能不足 2 万吨 / 年，未来规划产能超 26.2 万吨，其中硅碳负极占比超过 65%，硅氧负极占比在 35% 左右。短期来看，产业化进展较快的硅氧负极已占据一定市场，但从长期研发及商业化应用角度来看，硅碳负极在成本、工艺及能量密度方面将占据决定市场。目前，主要的核心厂商包括贝特瑞、杉杉股份、璞泰来、胜华新材及硅宝科技等。鉴于硅碳负极核心技术及产业化的局限性，

各企业应提前做好战略布局，加快核心技术的研发速度，预计硅碳负极的竞争赛道将愈发激烈。

从发展趋势看，中国锂离子电池行业已进入快速成长期，在新能源汽车、消费电子等终端市场中，客户对续航时间、续航里程和轻量化提出更高要求，带动锂电负极材料需求高速增长，高能量密度电池成为行业趋势。硅碳负极材料由于具有提升电池比容量上的绝对优势，成为各大企业的研发热点，未来市场空间广阔。回顾硅碳负极材料的发展，2021 年以前，受制于产品售价较高及配套产业链不成熟等原因，产业化进展不如预期，近两年，随着特斯拉、宁德时代等企业开始量产使用硅碳负极的动力电池产品，尤其是特斯拉 4680 大圆柱电池的量产，2022 年硅基负极市场迎来爆发增长，预计全球硅基负极材料 2025 年市场空间将达 297.5 亿元，众多企业涌入硅碳负极产业化领域。目前，硅碳负极材料仍处于商业化应用初期，市场需求旺盛。预计随着技术革新，硅碳负极材料渗透率将不断提升。

从消费结构看，硅碳负极材料是为了提升电池能量密度的一种新型电极材料，被广泛用于汽车电池、无人机电池、工业电池、航空电池和商业电池等领域，由于其具有高安全性、高保真性、高经济性，成为重要的候选负极材料之一。其中新能源汽车用电池的市场份额占比最大，紧随其后的是无人机电池、消费用电池、储能电池及工业电池等，市场份额相对较小。造成消费结构差异的主要原因：①高能量密度在动力电池中的优先级较高；②相比传统的石墨负极电池，硅碳负极基电池技术成熟度较低，大规模应用仍存在阻碍；③行业集中度较高，受成本、工艺及安全性等因素影响。预计随着各大厂商的积极布局，硅碳负极材料将从成本、技术、能量密度、安全性及工艺等方面得到综合提升，除动力电池外的其他消费也会逐步增加。

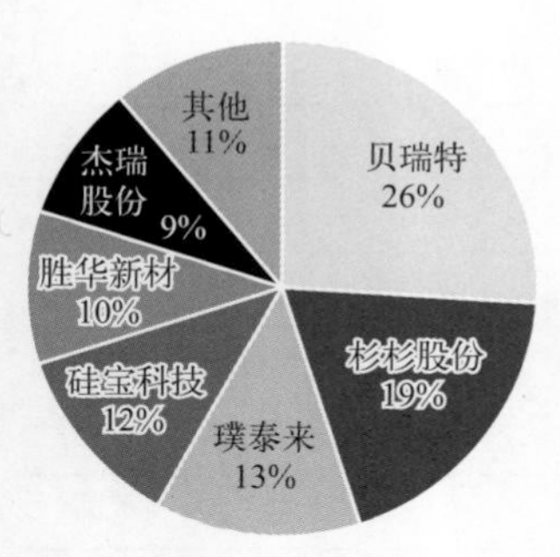

图 10-2　国内硅碳负极材料（硅基）企业参与情况

从生产企业看，硅碳负极的行业集中度较高，只有少量企业在早期进行了布局，重点企业包括贝特瑞、杉杉股份、璞泰来、凯金能源、中科星城、胜华新材料和天目先导等。其中，真正实现硅碳负极量产及批量供货的企业只有贝特瑞、杉杉股份，其余企业都处于研发、中试及小规模应用阶段。图 10-2 为国内硅碳负极材料（硅基）企业的参与情况。

目前，国内负极材料及电池龙头企业如比亚迪、宁德时代、国轩高科、力神、比克、万向等都处于布局、中试或研发阶段。尽管硅碳负极电池实际应用较少，但根据企业发布的规划，电池的能量密度已得到巨大提升（350Wh/kg），未来产业化步伐仍需加速。表 10-3 为国内企业硅碳负极材料的布局情况。

表 10-3　国内企业硅碳负极材料的布局情况

公司名称	硅碳负极材料的产业化布局情况
贝特瑞	硅碳负极材料均已批量出货；拥有 3000 吨 / 年硅基负极产能，产品已供应松下；硅基负极材料已突破至第三代产品，提升比容量 650mAh/g 至 1500mAh/g，更高比容量的第四代硅碳产品正在开发
杉杉股份	硅碳负极材料的比容量＞ 500mAh/g，正在加快硅碳产品研发；硅碳负极的研发始于 2009 年，2017 实现放量并供货；计划宁波鄞州建设 4 万吨 / 年锂电池硅基负极一体化基地项目，总投资金额约 50 亿元，强化公司硅基负极技术和产品的领先性

续表

公司名称	硅碳负极材料的产业化布局情况
璞泰来	与中国科学院物理所合作量产硅基负极材料；硅碳试验车间于 2019 年投入使用，已完成第二代产品研发，产品已送至下游客户进行测试和认证；在溧阳已建成硅负极材料中试线
胜华新材	包括普通型 SiO_x-C 负极和首次效率高 SiO_x-C 负极，产品已送至下游客户进行测试；1000 吨 / 年硅基负极材料生产设施已安装完毕并通过竣工验收，进入试生产阶段；子公司胜华能源规划 2 万吨 / 年硅基负极产能，处于设备调试和投产验证阶段
硅宝科技	2016 年与中国科学院共同开发硅基负极材料，2019 年建成 50 吨 / 年硅碳负极中试生产线，项目通过四川省经济和信息化厅成果鉴定，鉴定结论为国际先进水平
翔丰华	硅碳负极材料产品处于中试阶段，已具备产业化条件
天目先导	开发出新一代新型硅碳负极产品，克容量、首次效率、膨胀、循环等性能与当前产品相比均有显著提升；改性产品有望将在 2024 年实现万吨级规模化生产

除了中游硅碳负极材料的研发，各大企业也在积极应用硅碳负极。特斯拉将硅碳负极应用于 Model 3 相关电池，并计划在 4680 电芯中大规模应用硅碳负极材料，该方向强有力地驱动了产业链的更新迭代，同时也促进了其商业化进展，未来硅碳负极的高能量密度优势将更加突出，在高端电动车中的应用优势明显。松下、亿纬锂能和 LG 等电池厂商均在 4680 圆柱电池上进行了产能规划，其量产有望带来硅碳负极进一步渗透。宁德时代、力神电池、国轩高科等动力电池厂商规划的高容量电池发展方向中，硅碳负极基电池占据了极大比重，极大加快了各大企业的研发步伐。经过几年来的不断发展，2023 年硅碳负极材料的产量不断增加，涌入企业的市场前景良好，产业结构由国内企业、外资企业和私人资本组成。预计未来进一步提升硅碳负极的生产效率，其产量将呈现“爆炸性”增长，市场份额也会逐步增加。表 10-4 为硅碳负极的产业化应用情况。

表 10-4　硅碳负极材料的产业化应用情况

公司名称	硅碳负极材料产业化应用情况
宁德时代	2016 年，启动以高镍材料为正极，硅碳复合材料为负极的动力电池研发项目；采用“掺硅补锂”技术提升硅含量，最大航里程超过 1000km
力神电池	2018 年，开发出高比能量高镍系正极材料，同时研制性能良好的硅碳负极，并基于该体系开发出的电芯单体比能量达 303Wh/kg
国轩高科	高镍三元电芯，负极采用硅碳材料，能量密度可达 300Wh/kg
比克动力	研发重点集中于硅基材料，是国内第一家开发高镍搭配硅碳体系的圆柱电池企业
松下	2017 年已批量应用于动力电池，供应特斯拉
特斯拉	采用碳包覆氧化亚硅的技术方案，在人造石墨中加入 10% 的硅制备硅碳复合材料并将其应用到量产车型 Model 3
广汽集团	2021 年宣布海绵硅负极电池技术（纳米复合硅技术）将应用在 AIONLX 车型上，电芯能量密度提高到 280 Wh/kg 左右，续航里程达 1000km
蔚来	负极使用“无机预锂化硅碳负极技术”，同时使用半固态电解质，单体能量密度达 350 Wh/kg
华为	公开“硅碳复合材料及其制备方法和锂离子电池”发明专利，提供包括内核和包覆在内核表面的碳层
小米	2021 年 3 月，小米 11 Ultra 首发超级快充硅氧负极电池，新能源汽车的电池技术应用于手机，通过在负极增加纳米硅材料，带来 10 倍于石墨的理论克容量

第二节

市场供需

一、硅碳负极材料供应分析

硅碳负极材料作为新一代高容量负极材料，潜在的市场空间广阔，众多企业正积极布局和研发，硅碳负极技术呈现“百花齐放”状态，各企业的硅碳负极技术均有所进展。贝特瑞是中国最早量产硅碳负极材料的厂商，拥有 3000 吨 / 年的产能，产品已供应给核心客户，可用于生产动力电池与消费电池。目前，贝特瑞硅碳负极已经突破至第三代产品，比容量从第一代的 650mAh/g 提升至第三代的 1500mAh/g，且正在开发更高容量的第四代硅碳负极材料产品。主要供货商有松下、三星 SDI、LG 化学、宁德时代、比亚迪、国轩高科、力神及亿纬锂能等境内外主要锂电池企业。杉杉股份、翔丰华、璞泰来的硅碳负极均处于中试阶段，已具备产业化条件。

随着特斯拉、宁德时代等企业相继量产并使用硅碳负极的高能量密度动力电池产品，硅碳负极材料需求急剧增加，预计 2025 年全球硅基负极需求量有望达到 20 万吨，硅碳负极材料成为行业布局的热点。除贝特瑞、杉杉股份等企业外，璞泰来、翔丰华、硅宝科技及中科电气等都已实现小批量供货并积极规划硅碳负极材料发展。硅宝科技在 2019 年已建成 50 吨 / 年硅碳负极中试生产线，通过数家电池厂商测评并实现小批量供货。中科电气在长沙、铜仁、贵安、曲靖等地都进行了规划，该项目投产后硅碳负极材料的合计产能达到 25.7 万吨 / 年，预计 2025 年合计产能 50 万吨 / 年。表 10-5 为各企业硅碳负极材料的产能。

表 10-5　各企业硅碳负极材料的产能

公司名称	硅基负极产能	负极生产基地
贝特瑞	硅氧 / 硅碳： 已有 0.5 万吨 / 年，在建 4 万吨 / 年	深圳、江苏、四川 天津、云南
杉杉股份	硅氧 / 硅碳：已有 20 吨 / 年（硅氧），在建 4 万吨	长沙、上海、宁波 宁德、东莞
璞泰来	硅氧 / 硅碳：中试阶段	上海、成都、溧阳
胜华新材	硅碳：已有 0.1 万吨 / 年，在建 5 万吨 / 年	北京、青岛、泉州 武汉、眉山
翔丰华	硅碳：中试阶段，具备产业化基本条件	福建、四川
硅宝科技	硅碳：已有 50 吨 / 年，在建 1 万吨 / 年	成都、吉林、眉山
天目先导	硅氧 / 硅碳：已有 8000 吨 / 年，在建 15 吨 / 年	江苏粟阳、河南许昌四川成都
杰瑞股份	硅氧 / 硅碳：在建 2 万吨 / 年（中试阶段）	甘肃天水
中科电气	硅基负极：已建设中试生产线并向客户进行送样测试	湖南长沙、贵州铜仁
国轩高科	硅碳：已有 5000 吨 / 年	安徽合肥、南京、青岛
金硅科技	硅碳：10 万吨 / 年以上的硅碳负极（计划于 2025 年实现全面达产）	湖南益阳
Group 14	硅碳：已有 120 吨 / 年，在建 1.2 万吨 / 年	华盛顿

二、硅碳负极材料需求分析及预测

随着互联网、物联网和智能制造的发展，对高能量密度、高性能、高安全性动力电池需求不断提高，硅碳复合负极材料的使用率逐年增长，特别是在锂离子电池领域得到了广泛应用。目前，动力电池是锂离子电池硅碳负极材料行业的第一大终端市场，消费类电池及储能电池需求也在逐年增长，结合我国对动力电池的能量密度提出要求，至 2026 年，我国硅碳负极材料市场需求或达 50 万吨。

（一）新能源车市场需求

随着全球能源危机和环境污染问题日益突出，发展低碳环保的新能源汽车已经成为广泛共识，新能源汽车产业已经成为锂电池硅碳负极材料行业的第一大终端市场。此外，在“双碳”背景下，国内能源发展方向明确，在各领域的行业实施方案翔实，新能源汽车市场前景的进展政策健全，为电池行业的发展提供了坚实的保障。根据国务院发布的《新能源汽车产业发展规划（2021—2035 年）》，2025 年国内新能源汽车新车销售量将达到汽车新车销售总量的 20% 左右（2022 年已提前完成）；2035 年，纯电动汽车成为新销售车辆的主流，公共领域用车全面电动化。与燃油车相比，新能源汽车的能源补充成本更低并享有政策和补贴，吸引了越来越多的消费者从燃油车转向新能源汽车。近年来，新能源汽车市场渗透率持续提升，渗透率从 2016 年的 1.8% 增长至 2020 年的 5.4%，2021 年中国新能源汽车市场占有率达到 13.4%，高于上年 8 个百分点，至 2022 年市场渗透率达 27.6%，预测到 2025 年新能源汽车的渗透率将达到 50%。图 10-3 为 2016—2025 年中国新能源汽车市场渗透率及预测情况。

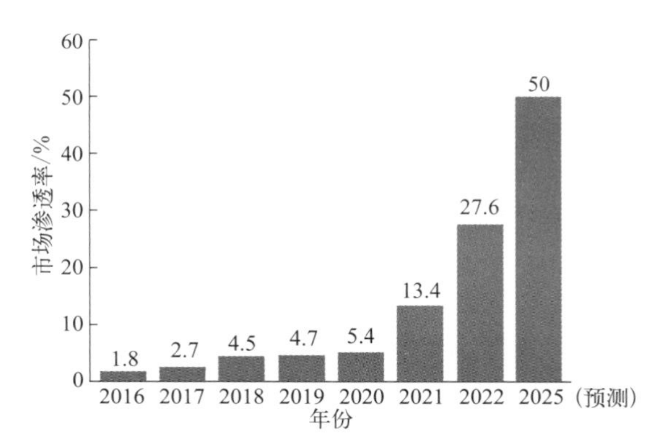

图 10-3　2016—2025 年新能源汽车市场渗透率及预测情况

据统计，2021 年以来，中国新能源汽车的产量急剧增加，2022 年新能源车产量达 700 万辆，销量 688 万辆，连续 3 年居世界首位，全国新能源汽车保有量已达约 1310 万辆。因此，中国作为世界上最大的新能源汽车生产国和消费市场，新能源汽车已成为汽车产业未来的发展方向，预测在 2025 年中国新能源汽车产量将达到 1500 万辆。图 10-4 为 2016—2025 年中国新能源汽车产量及预测情况。

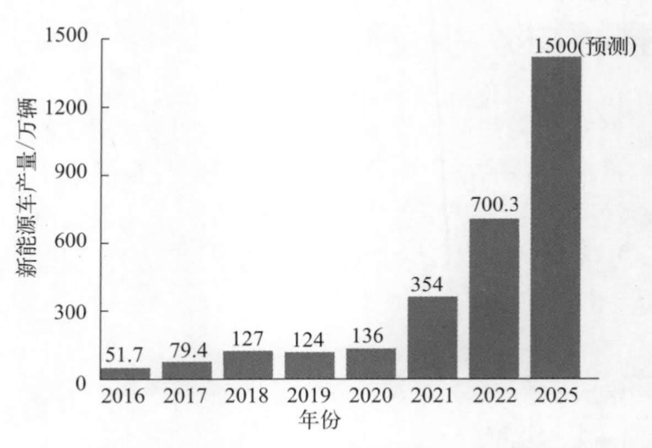

图 10-4　2016—2025 年中国新能源汽车产量及预测情况

新能源汽车的发展离不开高能量密度电池的开发，众多主流电池厂商都在不断探究能量密度高峰、挑战快充速度方面进行布局，高镍正极搭配硅碳负极方案对提升电池整体的能量密度至关重要。此外，特斯拉 4680 电池也极大刺激了相关电池厂商在主辅材方面的研发，促使电池向高能量、高倍率的方向加速升级。从适配程度、能量密度角度而言，“高镍 + 高硅”将是最适合搭配 4680 电池的方案。因此，高镍三元的研发也是带动硅碳负极发展的一个重要信号。目前，三元 8 系已经大规模应用，9 系电池也已经在路上，松下、LG 新能源、三星 SDI、SKI 等日韩电池巨头，都已经宣布即将量产，甚至已经量产镍含量 90% 的新型电池产品，这意味着高镍动力电池即将进入 9 系时代。此外，国内头部三元前驱体企业和正极材料企业都在积极研发 Ni90/NCMA 前驱体和正极材料，具备高能量密度优势的三元材料在新能源车的动力和续航能力方面扮演着重要角色，硅碳负极材料也将随之进一步发展。图 10-5 为 2016—2025 年中国三元正极材料出货量及预测情况。

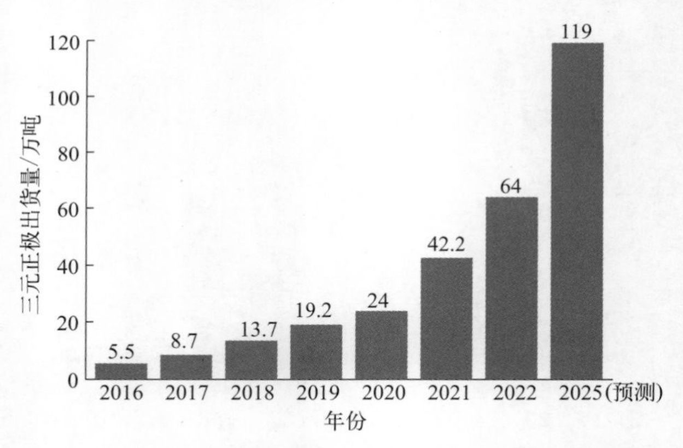

图 10-5　2016—2025 年中国三元正极材料出货量及预测情况

新能源汽车的快速发展，为高能量硅碳负极材料带来了春天。尽管从 2021 年以来，硅负极参与车企明显增加，但在动力电池领域真正实际使用硅碳负极的企业仍比较少，特斯拉在人造石墨中加入 10% 的硅，将负极容量提升至 550mAh/g，蔚来发布预锂化硅碳负极的半固态电池，配套蔚来 ET7，续航里程达 1000km。从全球动力电池的需求以及中圆柱动力电池的需求，预测 2025 年硅碳负极的需求有望达到 20 万吨 / 年。表 10-6 为 2025 年中国不同电池中硅碳负极的需求量预测情况。

表 10-6　2025 年中国不同电池中硅碳负极需求量预测情况

电池形状	2025 年需求 /GWh	硅碳负极渗透率	使用硅碳负极电池 /GWh	单 GWh 硅碳负极需求 /（吨 / GWh）	硅碳负极需求 / 万吨
消费类电池	174	50%	87	750	7
圆柱动力电池	171	35%	60	750	4
方形动力电池	581	20%	116	750	9
合计	—	—	263	—	20

（二）消费市场需求

随着我国经济的快速发展以及居民消费能力的持续提升，消费类电子产品的普及程度越来越高，近年来，我国 3C 数码类、电动工具类和小动力类产品需求量不断扩大，锂离子电池的容量也在不断提升，如手机电池容量从最初的 1000mAh 发展到现在的 4000mAh 以上。此外，在可穿戴设备、电子烟、无人机、服务机器人、电动工具等新兴市场快速增长背景下，消费型锂电池需求呈较快增长态势，预计随着 5G 技术的进一步普及、应用场景的持续拓展，未来锂电池在消费相关领域将释放更大的市场空间，带来更多发展机遇。图 10-6 为 2016—2025 年中国消费型锂电池产量及预测情况。

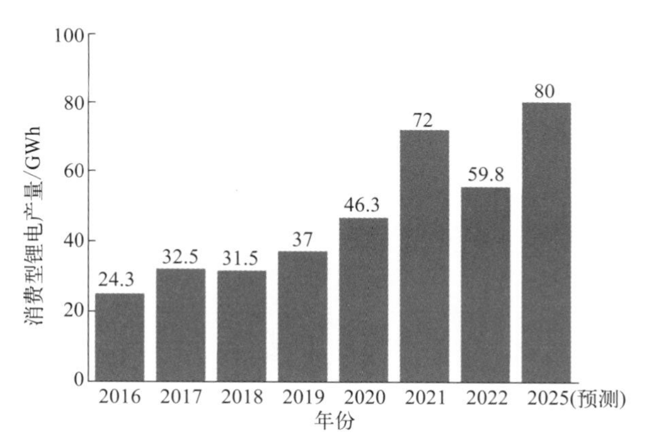

图 10-6　2016—2025 年中国消费型锂电池产量及预测情况

笔记本电脑是目前计算机市场上最热门的产品，经过多年发展，市场规模已经进入稳定发展阶段。由于产商的不断增加，“品牌效应”导致市场竞争更加激烈，这也就赋予的消费者购买的巨大选择权。同时，笔记本电脑厂商针对市场的多元化，陆续推出游戏本、轻薄本、工作站等强化特定优势的差异化产品，新型笔记本电脑也会搭载 5G 技术，从而获得更迅速、更流畅的信息处理，提高用户体验，确保市场得以继续增长。新冠肺炎疫情防控期间，远程居家办公与在线教育的需求不断增大，带动国内外笔记本电脑市场快速增长。2020 年全球笔记本电脑出货量突破 2 亿台，同比增长 28.6%，中国市场出货 2960 万台，同比增长 8.0%。尽管疫情结束后，笔记本电脑的出货量略有下降，但仍高于疫情前的水平，预计随着市场的稳定化及科技水平的提高，笔记本电脑的应用将保持平稳上升状态。图 10-7 为全球笔记本电脑出货量增长统计及预测情况。

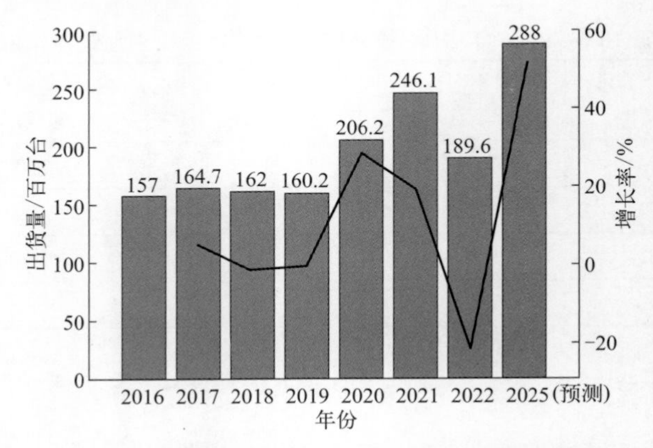

图 10-7　全球笔记本电脑出货量增长统计及预测情况

在笔记本领域硅碳负极的发展可以有效提高电池的能量密度，从而延长设备的使用时间。

智能手机和可穿戴设备的发展也为高能量密度电池的研发带来了新的机遇，如小米的澎湃电池采用了新一代的硅碳负极技术，做到了更高容量、更大密度、更小体积，电池容量提升了 10%，实现了长续航。同时作为互联网和物联网深度融合重要体现的可穿戴设备，需求量也在随着居民收入水平的提高而不断增加。据国际数据公司（IDC）统计，2022 年全球可穿戴设备的年出货量为 4.9 亿台，相比于 2021 年下降了 7.7 个百分点，但令人鼓舞的是，2023 年第三季度全球可穿戴产品的出货量突破 1.5 亿台。表 10-7 为全球可穿戴设备品类出货量及市场占有率的预测情况。

表 10-7　全球可穿戴设备品类出货量及市场占有率的预测情况

设备	2023 年出货量 / 亿台	2023 年市场份额 /%	2027 年出货量 / 亿台	2027 年市场份额
耳机	3.13	62.1	3.906	62.1%
智能手表	1.573	31.2	2.062	32.8%
手环	0.321	6.4	0.301	4.8%
合计	5.024	99.7	6.269	99.7%

随着城市化进程加速，电动两轮车作为重要的绿色环保短途交通工具，已渗透到个人出行、即时配送、共享出行等诸多领域，电动车市场呈现出快速增长的态势。电动车在小动力电池应用方面，正逐步用锂电池替代原有的铅酸蓄电池，是除新能源汽车外重要的动力锂电池需求市场。2022 年全球电动两轮车出货量 7500 万辆，同比增长 14.33%，预估在 2025 年达到 11000 万辆。图 10-8 为全球电动两轮车出货量及预测情况。

总之，在消费电池方面，尽管传统 3C 类产品以及智能手机增速放缓，但主流终端手机对内置电池和软包聚合物电池的应用促使对高性能负极材料的需求增加，硅碳负极的应用将再次提升该领域内产品的竞争力。此外，可穿戴设备以及无人机等新兴产业对锂电池的需求增大，硅碳负极材料的需求也将呈上升趋势。

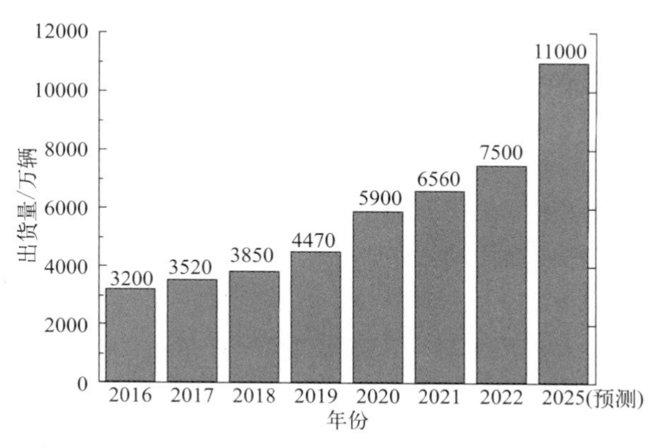

图 10-8　2016—2025 年全球电动两轮车出货量及预测情况

（三）储能市场需求

自“十四五”以来，国家政府在一系列重大发展战略和规划中，出台了一系列相关政策为储能产业大发展蓄势，均明确提出加快发展高效储能技术的研发及应用。2021 年，国家出台的储能产业政策明确指出，至 2025 年，国内新型储能（除抽水蓄能外的储能系统）装机总规模达 30GW 以上，到 2030 年，实现新型储能全面市场化发展的主要目标。2022 年国家发展改革委、国家能源局印发《“十四五”新型储能发展实施方案》，提出 2025 年步入规模化发展阶段，2030 年实现全面市场化的发展目标。储能电池作为储能系统的核心环节，市场容量将有望持续快速扩大。同时，在全球能源危机爆发、“双碳”目标推进以及对绿电需求增长的背景下，全球范围内储能需求会大幅增长。目前，国内储能领域锂电池替代铅酸电池趋势日益明显，锂离子储能电池已成为市场的主流技术，技术占比达 66%。而且，随着我国能源转型步伐的加快，锂离子储能电池累计装机量占电化学储能电池总装机量比重高达 94%。据统计，2021 年，全球电化学市场装机规模达 209.4GW，同比增长 9.58%；中国市场装机规模达 46.1GW，同比增长 29.49%，占全球市场的 22.02%。图 10-9 为中国电化学储能市场累计装机规模及分布情况。

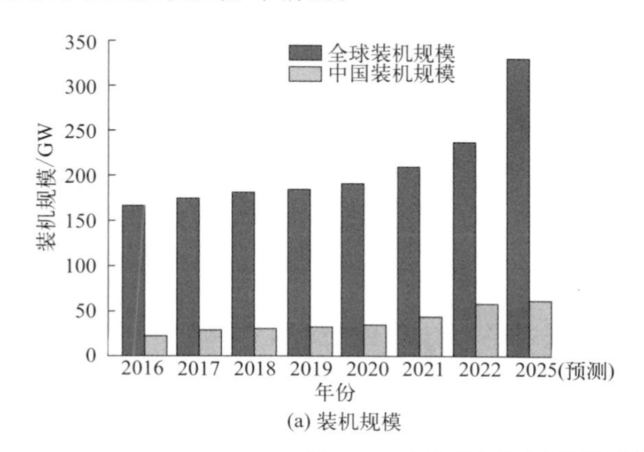

(a) 装机规模

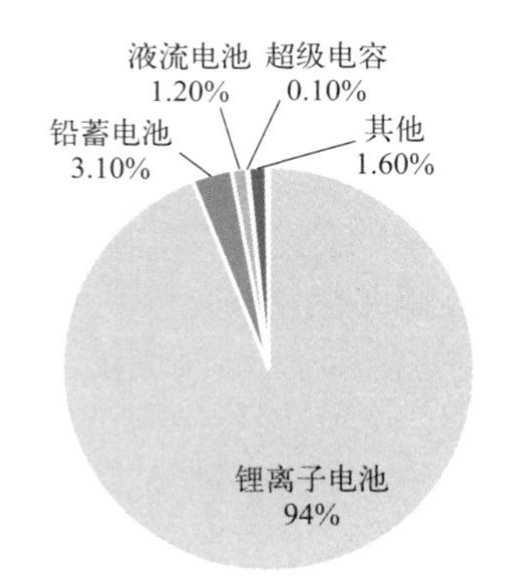

(b) 2022年中国电化学储能市场分布情况

图 10-9　电化学储能市场累计装机规模及分布

“新能源+储能”是应对电力系统陈旧、电能供不应求、电网调峰问题日益严峻等的关键方法。电化学储能系统凭借安装方便灵活、响应速度快、可控性好等特点，可显著提高风、光等可再生能源的电网消纳能力。近年来，在风电、光伏装机量持续增长与5G基站建设加快的背景下，储能锂电池需求快速增长。自2021年后，全球化石能源价格上涨，受中国政策、电力与通信储能市场推动，储能型锂电池需求增长速度加快，2021年国内储能电池出货量达到32GWh，2022年达到100GWh，预测2025年将达到324GWh。图10-10为2016—2025年中国储能型锂电池产量及预测情况。

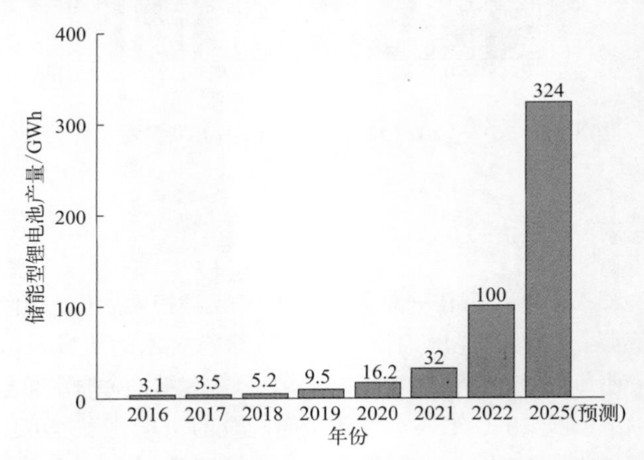

图10-10　2016—2025年中国储能型锂电池产量及预测情况

储能市场受政策影响，新型储能预计将于2025年步入规模化发展阶段，市场处于快速增长时期，锂离子电池作为电化学储能主流技术路线，成本降低和性能的进一步提升，将迎来快速发展期。面对储能电站对锂离子电池能量密度的更高要求，硅碳负极材料的高能量密度恰好对解决这种需求提出了可能的解决方案。随着储能市场的发展，硅碳负极材料极有可能迎来进一步的“爆发”。

（四）其他领域需求展望

硅碳负极材料在电动汽车、智能手机、笔记本电脑和储能系统中的应用已进行了详细介绍，受益于高能量密度，硅碳负极还可用于电动工具领域，包括建筑道路、住房装修、木工加工、金属加工、园艺和船舶制造等国民经济领域，预计随着工艺技术的进一步提升，硅碳负极基电池的能量密度及循环性能将得到平衡，进一步提升综合电化学性能。根据现有市场对电池性能的把控，容量要高于3500mAh的产品绝大部分必须用到硅碳负极材料。此外，航空航天、船舶舰艇等领域用动力电池也对锂离子电池提出了更高的能量密度和功率密度的要求。因此，作为现阶段在能量密度方面最具开发潜力的负极材料，随着各个领域在高比能量、轻量化方面需求的增加，硅碳负极的开发和应用前景将得到进一步提升。

（五）2023—2028年硅碳负极材料需求量预测

从整体来看，硅碳电池的产业化正处于起步阶段，主要集中于新能源汽车动力电池中的应用，鉴于其高能量密度，在笔记本电脑、无人机和航空航天等领域都具有极大的应用潜力。随着硅基负极出货量在新能源车动力电池、消费领域和储能领域的快速增长，预计2025年全球硅碳负极材料的需求量将达到31.3万吨，2026年达到50万吨。目前硅碳负极材料在动力电池中的应用占比超过80%，若全球未来硅碳负极应用结构预计为动力电池、消费型电池、储能型电池、其他的各自占比6∶2∶1∶1，则2026年动力电池领域需求量30万吨、消费型电池领域需求量10万吨、储能型电池领域需求量5万吨、其他领域需求量5万吨。

第三节 工艺技术

硅碳负极材料是指纳米/微米硅与碳材料复合，利用碳材料良好的循环稳定性和优异的导电性，提升硅负极材料的电化学性能，根据硅的分布方式，分为包覆型、嵌入型和接触型。目前，各企业常见的工业化制备主要为少量硅和石墨的混合或利用碳包覆提升其电化学性能。根据硅基负极材料研发的方法和进展，硅碳负极材料的制备工艺可分为机械球磨法、化学气相沉积法、高温裂解法和喷雾干燥法等。

一、机械球磨法

机械球磨法在硅碳负极的制备过程中较先应用，在各大厂商开发中并未形成标准方法，主要过程是将硅和碳材料（石墨）放入研磨罐中，利用高温、高能作用使材料细化、尺寸减小，实现硅和碳材料的复合。通常，简单、低成本的产业化方法是将少量纳米硅（含量＜10%）和石墨机械球磨获得硅碳负极材料，该方法可将纳米硅嵌入或均匀分散在石墨基体上以提升循环性能，然而，随着硅含量的增多，电化学性能会急剧恶化。因此，在硅和石墨球磨过程中再次引入碳源，配合后续的高温热解法实现碳材料的均匀分布，硅碳复合材料的电化学性能会得到进一步提升。具体工艺如下：

①准备硅和石墨的混合物，硅和石墨的比例具体可按照实际情况调整，在此过程中也可以加入不同种类的碳源；②将硅和石墨的混合物放入球墨罐中，加入适量的球磨介质，根据实际情况考虑是否进行真空或气氛处理；③球磨过程，根据实际需求设置球磨时间和球磨速度；④球磨结束后可结合高温热解法实现碳包覆。需要注意的是，机械球磨过程涉及到优化多个参数（包含球磨时间、球磨转速、球料比和球磨珠的尺寸等）才能获得综合性能优异的硅碳复合材料。然而，硅碳材料球磨时不可避免地会引入杂质，且两种物质在机械力的作用下混合，部分会出现团聚现象，影响硅碳负极材料的循环寿命和稳定性。因此，采用机械球磨制备出纯度较高且分散均匀的硅碳复合材料仍面临进一步的挑战。再者，机械球磨法一般会联合高温热解法进行制备，这也是制约其产业化应用的一个关键因素。

球磨法制备硅碳负极材料的优点在于制备过程简单、成本低廉、可以大规模生产等。同时，球磨过程中硅和碳的微观结构也会发生改变，两者复合有利于解决硅材料的固有缺陷，提升其循环性能。由于硅碳负极的产业化设计到各大厂商技术的保密性，根据现有的市场资料，贝特瑞、合肥国轩高科、溧阳紫宸等公司都利用机械球磨法在硅碳负极材料的研发方面取得了一定进展。

二、化学气相沉积法

化学气相沉积是一种利用气体或蒸汽物质在另一组分界面上反应生成高纯度固体沉积物的化学方法，该方法具有反应过程易控制、制备工艺简单和薄膜均匀且结合力强等优点，在硅碳负极材料产业化研发方面极具潜力。产业化硅碳负极材料大多利用单质硅 / 硅化合物为硅源，碳 / 有机物为碳源，将其中一种组分作为基体，另一种组分均匀沉积在基材表面制备硅碳复合材料。如将含碳元素的气体（甲烷、乙醇、苯等）引入反应室，在高温条件下，有机气体分解为碳源，并沉积在硅表面，实现碳包覆硅。此外，由于该方法的化学作用，硅和碳材料之间连接紧密、结合力强，沉积层均匀稳定、不易出现团聚现象，则制备的硅碳复合材料具有优良的循环稳定性和更高的首次库伦效率。然而，值得注意的是，化学气相沉积中包含的硅源和碳源等组分可能有毒，而且反应过程复杂并伴随着一定的污染风险，不利于环保，限制了其大规模实际应用前景。目前，市面上应用该方法的有杉杉、锂宸等公司，鉴于化学气相沉积的成本与纳米硅之间有较好的平衡，各大厂商对其关注度逐渐上升。

三、喷雾干燥法

喷雾干燥法是可以一步将液体溶液生产出成品，同时也可应用于物料干燥的一种方法，主要原理是将原料分散为液滴，利用热气体将物料迅速干燥为类球状固体物质，有利于简单合成和工业化生产。喷雾干燥法在制备高性能的硅碳复合负极方面具有一定的优势，主流制备方法有两种：①构造包覆结构，将硅分散于水 / 酒精溶液中，加入可溶解性碳源，利用喷雾干燥技术制备硅碳复合材料前驱体，结合高温热解法实现碳包覆硅；②将硅和石墨材料分散于水 / 酒精溶液中，加入具有黏结性的碳源，利用喷雾干燥技术制备硅碳复合材料前驱体，然后结合高温热解法制备硅碳复合负极材料，在硅和石墨之间引入缓冲碳层，该材料一般具有良好的循环性能。硅碳材料喷雾干燥过程所需时间较短，大幅度提升工作效率，且一次进料量大，工业化应用潜力巨大。但在硅碳负极材料制备过程中，纳米硅趋向于团聚，因此纳米硅在水 / 酒精中的分散性对循环性能的提升非常重要。目前，贝特瑞采用砂磨加喷雾干燥的方法已可实现硅碳负极的量产。

四、高温热解法

高温热解法是目前制备硅 / 碳复合材料最常用的方法，只需要将硅和复合的碳源混合后置于惰性气氛下高温裂解，即可制备硅碳复合材料。通过热解有机物得到的无定型碳能更好的缓解硅在充放电过程中的体积变化，可有效改善硅材料在电化学反应中的循环性能。硅碳负极材料的制备方法一般都会结合高温热解法，该方法工艺简单、容易操作且易重复，有利于实现碳材料的均匀分布，产业化应用潜力巨大。应当注意的是，硅碳负极材料的高温热解过程需在保护气氛下进行，且要根据碳源严格控制加热温度及保温时间。

五、不同工艺对比

硅碳负极材料不同制备工艺对比见表 10-8。

表 10-8　硅碳负极材料不同制备工艺对比

方法	优点	缺点
机械球磨法	制备过程简单、成本较低、粒度较小且分布均匀，工艺简单，适合工业化生产	产品团聚现象严重，需要严格控制研磨时间
化学气相沉积	循环稳定性好，首次充放电效率高，对设备要求简单，适合工业化生产	总比容量相对较低，成本较高
喷雾干燥法	生产过程简单，操作便利，全自动化控制，产量大	投资费用较高，热效率比较低
高温热解法	工艺简单，易产业化，能较好地缓冲充放电过程中的体积变化	碳的分散性能较差，碳层分布不均匀，易发生团聚

第四节 应用进展

受国家政策及技术更新的推动，硅碳负极材料逐渐成为新能源电池行业的主力军，新能源汽车领域是最大的应用市场，得益于高能量密度，硅碳负极材料在笔记本电脑、智能手机、可穿戴产品及储能领域方面具有广泛的应用潜力。此外，硅碳负极材料还可用于航空航天、船舶制造及电动工具领域。

从新能源汽车领域来看，硅碳负极材料已正式用于动力电池，在商业化软包电池中，在正极材料使用 NCM811 的情况下，若以比容量为 450mAh/g、550mAh/g、800mAh/g 的硅碳负极材料，全电池能量密度可以自 280Wh/kg 提升至 295Wh/kg、310Wh/kg、330Wh/kg，可显著提升新能源汽车的续航里程。2018 年，力神电池团队基于硅碳负极材料开发高能量密度电池，近期宣布将推出 4695 大圆柱电池（图 10-11），能量密度高达 280Wh/kg，能够满足 1000 公里汽车续航。2020 年，特斯拉发布 4680 电池（硅基负极）并计划 2022 年量产，随后将硅碳负

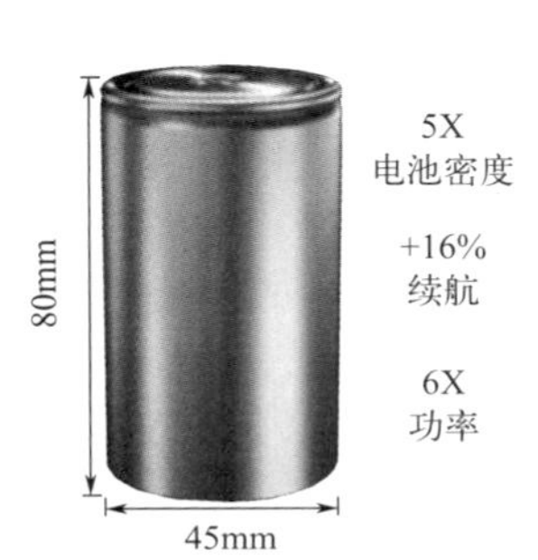

图 10-11　4680 电池示意图

极材料用于 Model 3 车型中，极大提高了电池的单体能量密度，硅碳负极就成为锂电池高密度高续航发展的趋势和方向。极氪汽车采用宁德时代的麒麟电池（硅基负极），能量密度可达 255Wh/kg，宁德时代开发的高镍三元正极和硅碳负极电池的比能量已经达到 304Wh/kg。从电池体系来看，宁德时代、比亚迪、国轩高科、力神电池及比克动力等电池企业等都在加快硅碳负极基电池的开发。从材料角度来看，贝特瑞凭借早期完备的制备工艺已实现产业化应用，杉杉股份、江西紫宸等具备了小量试产能力，受益于巨大的市场规模，其余各大企业都在积极推进硅碳负极材料的研发。因此，硅碳负极材料在研发、生产及应用等方面形成了较为全面的体系，预计随着正极材料容量的提升、新能源动力电池的发展，其应用将进一步增加。尽管硅碳负极材料在动力电池方面还未进行大规模应用，但从中国动力电池的出货量仍可体现出高能量硅碳负极材料未来的应用潜力，截至 2022 年，中国动力电池的出货量达到 465.5GWh。

随着智能手机、笔记本电脑和可穿戴设备等领域等需求量不断增长，对锂离子电池的能量密度提出了更高的要求，高容量硅碳负极迎来了广阔的市场。2019 年，小米在概念机 MIX Alpha 上采用硅碳负极电池，电池容量达到 4050mAh，近期发布的小米 MIX Fold 3 在新一代硅碳负极电池的加持下，容量提升了 10%，续航能力得到进一步提升。荣耀自研的“青海湖技术”商用了硅碳负极电池技术，电池能量密度提升了 12.8%，低电压电池容量提升达 240%，已商用于 Magic5 Pro 机型上并实现了 5450mAh 的容量，据荣耀报道，该机型的预售成绩远超预期，预售 12h 的销量，打破了一年内所有安卓机的销量和销售额记录，这无疑是硅碳负极材料发展的又一标志。此外，人们对笔记本电脑、可穿戴设备和电动车的需求增加，也会带动硅碳负极材料的商业化进程。

在储能领域，受益于政策及未来发展规划，可再生能源加速建设，使其商业化更加迫切。锂离子电池在储能领域具有重要占比，据统计，2022 年储能电池（锂离子电池）出货量 130GWh，同比增长 306.25%，作为主要研发趋势的硅碳负极材料需求量也将呈上升趋势。

第五节
发展建议

锂离子电池的快速发展带动了硅碳负极材料需求高速增长，其应用大多向高能量密度、大倍率充放电、循环性能及安全性等方面发展，开发出具有优异电化学性能的硅碳负极材料依旧是各大厂商关注的重点。硅材料的本征固有问题是阻碍硅碳复合材料产业化的障碍，只有少量企业掌握关键技术，行业整体仍处于初创期。据统计，硅碳负极材料的销售在 2023 年才真正开始，随着高能量密度电池需求的进一步加大，需求量将进一步增加，预测到 2025 年硅碳复合材料的全球市场需求量将达到数十亿美元。因此，未来硅碳负极将在整体负极材料中占据极大比重。根据硅碳负极研发现状，掌握核心技术、提升综合电化学性能依旧是重中之重。其次，成本、技术先进性和工艺成熟度也是商业化进程中应重点考虑的因素。最后，企业应加快硅碳负极在锂离子电池领域的布局，重视与上游和下游企业的合作。

各大企业的硅碳负极材料制备工艺虽不相同，但总体目标都是为了实现能量密度和循环寿命的统一。除本征硅碳负极材料的研发之外，黏结剂、电解液和导电剂也是影响硅碳负极电化学性能的关键因素。因此，硅碳负极材料需求增长有望带动配套材料的市场扩大，企业应在上游材料（纳米硅粉、石墨）、黏结剂、导电剂（单壁碳纳米管）及电解液等方面积极研发和布局。

从技术和产业化程度来看，硅碳负极材料的商业化应用处于上升期，各企业还未形成完备体系，尽管在政策及需求量的带动下，市场效应刺激了大量企业纷纷入局，但掌握产业化核心技术的还较少。硅碳负极材料的综合电化学性能与制备工艺、电解液、黏结剂关系密切，量产难度较高，在研发和应用方面存在着较高的技术壁垒。此外，性能较好的硅碳负极材料需要纳米尺度的硅颗粒，实际生产设备及投入成本是也制约其产业化应用的重要因素，只有当成本能与商用石墨相竞争时，才能真正实现硅碳负极材料商业化规模扩大。综上，硅碳负极材料发展和应用的关键是开发更简单、更可靠、成本更低的制备方法，同时需要材料企业、电池企业和应用企业的共同努力，协同提高硅碳负极基电池的比能量和安全性。

第十一章

六氟磷酸锂

多氟多新材料股份有限公司

李世江　闫春生　薛峰峰

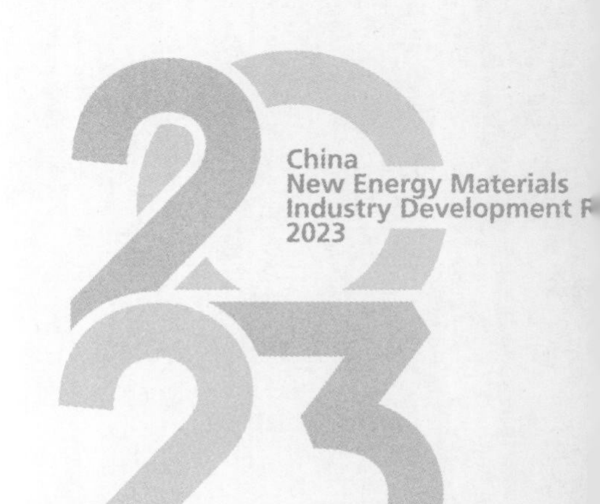

第一节
概述

一、锂离子电池电解液

锂离子电池主要由电解液、隔膜、正极材料和负极材料、封装材料构成。电解液作为锂离子的载体，在充放电过程中运送锂离子，一般由溶剂、溶质和添加剂等原料在一定条件下，按一定比例配制而成。

电解液是锂离子电池的重要组成部分，在电池中承担着正负极之间传输离子的作用，可谓是锂离子电池的“血液”。它对电池的比容量、工作温度范围、循环效率和安全性能等具有重要影响。

传统电池中，电解液均采用以水为溶剂的体系，这是由于水对许多物质有良好的溶解性以及人们对水溶液体系物理化学性质认识深入。但由于水的理论分解电压只有 1.23V，即使考虑到氢或氧的过电位，以水为溶剂的电解液体系的电池电压最高也只有 2V 左右（如铅酸蓄电池)。锂离子电池电压高达 3 ～ 4V，传统的水溶液体系显然已不能满足需要，必须采用非水电解液体系作为锂离子电池的电解液。

锂离子电池的有机电解液应该具备以下性能：

① 离子电导率高，一般应达到 10^{-3} ～ 2×10^{-2}S/cm，锂离子迁移数应接近于 1；

② 电化学稳定的电位范围宽，必须有 0 ～ 5V 的电化学稳定窗口；

③ 热稳定好，使用温度范围宽；

④ 化学性能稳定，与电池内集流体和活性物质不发生化学反应。

电解液中溶剂、溶质锂盐和添加剂的质量占比分别为 80% ～ 85%、10% ～ 12%、3% ～ 5%，成本占比分别为 25% ～ 30%、40% ～ 50%、10% ～ 30%。其中溶剂质量占比最高，溶质成本占比最高。

溶质是锂离子的提供者，很大程度上决定了电解液的物理和化学性质，是电解液最重要的组成部分。

满足锂离子电池需要且性能优良的电解质锂盐应具有以下特性：

① 锂盐在有机溶剂中有足够高的溶解度，缔合度小，易于解离，保证电解液较高的电导率；

② 阴离子具有较高的抗氧化性，保证在阴极的稳定性；

③ 阴离子在电解液中具备较好的稳定性；

④ 阳离子和阴离子都应当对电池其他组件（如隔膜、电极集流体、封装材料等）保持惰性；

⑤ 阴离子应当低毒或无毒，并对因热引起电解液和电池其他组件的反应具备一定抵抗性。

目前市场上的溶质主要是六氟磷酸锂（$LiPF_6$)，此外还有四氟硼酸锂（$LiBF_4$）和新型锂盐双氟磺酰亚胺锂（LiFSI）等。

双乙二酸硼酸锂（LiBOB）和二氟草酸硼酸锂（LiODFB）具有较好的热稳定性与离子

电导率，但其溶解度较小不适合大规模应用，目前主要作为添加剂辅助使用。LiFSI 作为新型锂盐在离子电导率、热稳定性、溶解度等各方面性能突出，还能有效提高电池低温放电性能，抑制软包电池胀气，因此有望成为下一代锂电池溶质的最优选择。FSI 离子电导率更高，能有效提高电池的低温放电性能和循环次数，但是生产技术难度大、成本较高，同时容易腐蚀铝箔，需要添加其他抑制腐蚀的锂盐；四氟硼酸锂（$LiBF_4$）、双乙二酸硼酸锂（LiBOB）、二氟草酸硼酸锂（LiODFB）分别能提升电池的高低温性能、循环性能、安全性，但由于电导率、成本、溶解度等因素，通常作为添加剂少量使用。综合来看，$LiPF_6$ 仍将成为未来主流锂盐。

各类锂盐性能比较见表 11-1。

表 11-1　各类锂盐性能比较

性能	六氟磷酸锂（$LiPF_6$）	双氟磺酰亚胺锂（LiFSI）	四氟硼酸锂（$LiBF_4$）	双乙二酸硼酸锂（LiBOB）	二氟草酸硼酸锂（LiODFB）
电导率	较高	较高	低	较高	高
熔点 /℃	200	128	300	300	265
水中溶解性	好	好	好	差	一般
热稳定性	较差	好	较好	较好	较好
优点	①离子电导率较高；②能协同碳酸酯溶剂在石墨表面生成稳定 SEI 膜，提高电池循环性能；③可以在铝箔表面形成稳定钝化膜	①离子电导率高；②能有效提高电池低温放电性能和循环次数；③安全性较好	①工作温度区间宽，高低温性能好；②能增强电解液的成膜能力，抑制集流体腐蚀	①电导率较高，工作温度区间宽；② SEI 成膜性能好，具有较好的循环性能；③对正极 Al 箔集流体具有钝化保护作用	电化学稳定性高，能抑制电解液的氧化分解，提升电池安全性
缺点	①热稳定性差，易生成 HF 腐蚀集流体；② SEI 膜生成依赖 EC 体系溶剂；③低温性能较差	①生产技术难度大，成本较高；②集流体有腐蚀性，需要添加抑制腐蚀的锂盐	极易与电解液中的有机溶剂发生配位，导致锂离子电导率相对较低	①在 EC 体系溶剂中溶解度较低，对水敏感；②低温性能较差	①低温电导率下降快；②成本较高；③形成的 SEI 膜较厚，影响首次效率

注：资料来自鲍恺婧《低温锂离子电池的研究进展》。

六氟磷酸锂作为商品化锂离子电池中应用的电解质锂盐，具有如下优点：

① 电极上，尤其是碳负极上，可形成适当的 SEI 膜；

② 对正极集流体实现有效的钝化，以阻止其溶解；

③ 有较宽广的电化学稳定窗口；

④ 在各种非水溶剂中有适当的溶解度和较高的电导率；

⑤ 有相对较好的环境友好性。

二、六氟磷酸锂性质

纯净的 $LiPF_6$ 为白色晶体，加热至 175 ～ 185 ℃时将大量分解。$LiPF_6$ 分解焓 $\Delta_d H$（298.15K）为（84.27±1.34）kJ/mol，生成焓 $\Delta_f H^\Theta$（298.15K）为（−2296±3）kJ/mol。$LiPF_6$ 易溶于水，可溶于无水氟化氢、低烷基醚、腈、吡啶、酯、酮和醇等非水溶剂，可以和多种

醚（如乙二醇二甲醚 DME 等）形成稳定的结晶配合物，但难溶于烷烃、苯等有机溶剂。

（一）热稳定性

$LiPF_6$ 热稳定性较差，即使是高纯状态也容易发生分解，热分解反应在 80℃以上即可能发生。

$$LiPF_6 \longrightarrow LiF + PF_5$$

所生成的气态 PF_5 具有很强的路易斯酸性，容易和溶剂分子中氧原子的孤电子对作用而使溶剂发生分解，生成二氧化碳等气体，对电池产生不利影响。

（二）水的影响

$LiPF_6$ 对水非常敏感，在环境水分大于或等于 10×10^{-6} 时即发生反应放出腐蚀性气体 HF，反应方程式如下：

$$LiPF_6 \longrightarrow LiF + PF_5$$

$$PF_5 + H_2O \longrightarrow POF_3 + HF$$

过高含量的水还会与电解液中的溶剂反应，生成相应的醇，以碳酸丙烯酯（PC）为例：

$$C_4H_6O_3 + H_2O \longrightarrow HO(CH_2)_3OH + CO_2$$

水在电池首次充放电过程中，会在碳负极上发生如下反应：

$$H_2O + e^- + Li^+ \longrightarrow LiOH + 1/2H_2$$

$$LiOH + e^- + Li^+ \longrightarrow Li_2O + 1/2H_2$$

上述反应，一方面会消耗掉电池中有限的锂离子，从而使电池的不可逆容量增大；另一方面反应产物氧化锂和氢氧化锂对电极电化学性能的改善不利，同时反应中气体的大量产生也会导致电池内压增大。

随着有机电解液中水含量的增高，锂离子电池的充放电、循环效率等性能将明显下降。

（三）氟化氢的影响

氟化氢对六氟磷酸锂和电解液的影响包括：对六氟磷酸锂的水解起到一定的催化作用，加速有机电解液的变质；催化有机溶剂的聚合，导致有机电解液黏度增加，电导率降低。

氟化氢对电池性能的影响主要表现在三个方面：

① 氟化氢在电池首次充放电过程中，会在碳负极上发生如下电化学还原反应：

$$HF + e^- + Li^+ \longrightarrow LiF + 1/2H_2$$

上述反应不仅会消耗电池中有限的锂离子，增大电池内压，而且 LiF 是一种热力学稳定的组分，导锂能力较差，碳负极表面 SEI 膜（固体电解质相界面）组分中 LiF 含量增多，会导致电极 / 有机电解液界面阻抗的增大，从而增大电池内阻。

② 氟化氢会和电极表面上的 SEI 膜发生反应，生成水或醇等，反应中产生的水和乙醇又会和六氟磷酸锂反应生成氟化氢，该过程不断循环，导致电池比容量、循环效率等不断减小，直至整个电池被破坏。

③ 氟化氢会和正极材料如锰酸锂反应，引起 Mn 的溶解，致使正极材料容量衰减：

$$4H^+ + 2LiMn_2O_4 \longrightarrow 3\lambda\text{-}MnO_2 + Mn^{2+} + 2Li^+ + 2H_2O$$

（四）金属杂质离子影响

金属杂质离子具有比锂离子低的还原电位，因此在充电过程中，金属杂质离子将首先嵌入碳负极中，减少了锂离子嵌入的位置，减小了锂离子电池的可逆容量。

高浓度的金属杂质离子的含量不仅会导致锂离子电池可逆比容量下降，而且金属杂质离子的析出还可能导致石墨电极表面无法形成有效的钝化层，使整个电池遭到破坏。

三、发展历程

六氟磷酸锂作为锂电池电解液最重要的溶质，国内产业化发展历程主要经历三个阶段（表 11-2）。

第一阶段（2010 年前）：全球六氟磷酸锂主要由日本三家厂商（森田化学、关东电化和 SUTERAKEMIFA）垄断，三家产能占全球产能 85% 左右。我国厂商尚未有六氟磷酸锂生产能力，产品主要依赖进口。

第二阶段（2010—2017 年）：2010 年，多氟多公司 200 吨 / 年六氟磷酸锂建成投产，2011 年 2000 吨 / 年六氟磷酸锂（1 期）建成投产，标志着我国六氟磷酸锂产品打破依赖日本进口的局面，开启国产化替代进程。此后九九久、天赐材料、永太科技等公司纷纷公布六氟磷酸锂投产计划，六氟磷酸锂国产化进程加速。

第三阶段（2018 年至今）：2017 年末，我国六氟磷酸锂已基本实现国产化；2018 年我国六氟磷酸锂首次出口量超越进口量，成为六氟磷酸锂净出口国家；2021 年六氟磷酸锂出口量为进口量的 20 倍，出口量约占国内总产量的 1/5。此外，国内以六氟磷酸锂为主的电解质行业也逐渐成熟，形成了以多氟多、天赐材料为主要龙头企业的竞争格局。

表 11-2　六氟磷酸锂产业发展历程

阶段	主要特征	我国发展历程
第一阶段（2010 年前）	国内 $LiPF_6$ 尚未产业化，产品主要依赖进口	1996 年天津化工研究设计院在国内首次开展 $LiPF_6$ 电解质的产业化研究
		2004 年天津金牛 80 吨 / 年 $LiPF_6$ 投产
		2009 年多氟多 20 吨 / 年 $LiPF_6$ 中试线试产成功，产品质量国际领先
		2010 年天津金牛形成 250 吨 / 年产能，全部自用
第二阶段（2010—2017 年）	国内多家企业逐步掌握 $LiPF_6$ 生产技术，开启 $LiPF_6$ 国产替代化进程，但 $LiPF_6$ 市场整体仍处于净进口状态	2010 年多氟多 200 吨 / 年 $LiPF_6$ 建成投产，标志 $LiPF_6$ 开启国产化进程
		2011 年多氟多 2000 吨 / 年 $LiPF_6$（1 期）建成投产
		2012 年九九久（现为延安必康）400 吨 / 年 $LiPF_6$ 建成投产，新增 1600 吨 / 年产能在建设中
		2012 年天赐材料 700 吨 / 年锂电池电解质开工建设
		永太科技、天际股份等多家公司纷纷公告 $LiPF_6$ 投产计划，$LiPF_6$ 国产化进程加速，到 2017 年末，$LiPF_6$ 已经基本实现国产化

续表

阶段	主要特征	我国发展历程
第三阶段（2018年至今）	国内 $LiPF_6$ 市场逐渐成熟，行业格局基本形成，$LiPF_6$ 出口量迅速增长	2018年 $LiPF_6$ 出口量首次超越进口量，实现净出口1994吨，此后进出口差量逐步扩大，2021年出口量为进口量的20倍
		市场逐渐形成以多氟多、天赐材料等为龙头企业的电解质行业

注：资料来自高工锂电、各公司公告。

第二节 市场供需

一、生产厂家与市场份额分析

2022年，我国锂电池电解液出货量为89.1万吨（来自EVTank统计数据），同比增长75.7%，在全球电解液中的占比为85.4%，见图11-1。按照应用领域分类，动力、储能、数码的占比分别为68%、19%和13%。

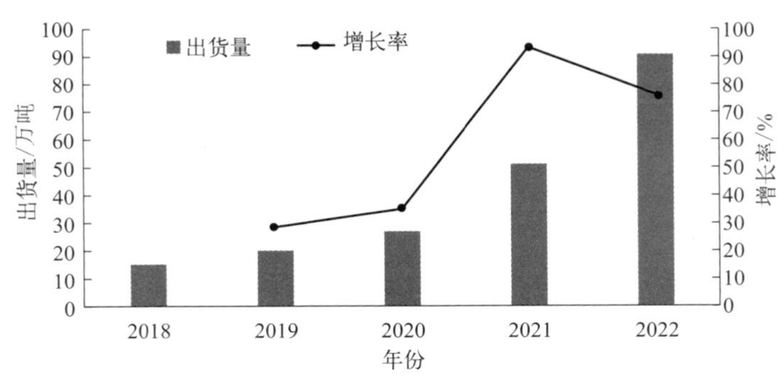

图11-1　我国电解液历年出货量及增速

动力电池稳健增长，储能电池快速增长，带动电解液需求。假设2023—2025年，全球动力电池的增速分别为30%、30%、25%，消费电池连续3年增速为10%，储能电池连续3年增速70%，可推测到2025年，全球电解液需求量为262万吨，六氟磷酸锂需求量31万吨，2023—2025年的年化复合增速为33%，见表11-3。

表11-3　全球锂电电解液、溶质需求预测

项目	2021年	2022年	2023年	2024年预测	2025年预测
动力电池 /GWh	371	684	865	1156	1445
消费电池 /GWh	125	114	113	138	152

续表

项目	2021 年	2022 年	2023 年	2024 年预测	2025 年预测
储能电池 /GWh	66	159	224	460	783
合计电池出货量 /GWh	563	958	1203	1755	2380
单 GWh 电池需要电解液用量 / 吨	1200	1175	1150	1125	1100
电解液需求量 / 万吨	68	113	148	197	262
六氟磷酸锂需求量 / 万吨	8	14	18	24	31

注：数据来自 EVTank、高工锂电。

根据上述市场规模的测算，预计 2025 年六氟磷酸锂的需求约为 31 万吨，远低于各企业总规划的产能，故判断未来电解液供给端较为宽松。在未来电解液竞争加剧的背景下，具备六氟磷酸锂、添加剂、溶剂等一体化生产的企业，将更具备竞争优势。

各厂商电解液产能和扩产规划见表 11-4。

表 11-4　各厂商电解液产能和扩产规划　　单位：吨 / 年

厂商简称	产能	新增产能（2023 年）	新增产能（2024 年）	新增产能（2025 年）
天赐材料	506000	530000	200000	370000
国泰华荣	190000	70000	560000	300000
新宙邦	160400	59000	335000	100000
永太科技	150000	200000		
比亚迪	100000			
金光高科	70000			
法恩莱特	70000	14000		
杉杉股份	60000			
湖州昆仑	60000		100000	
安徽兴锂	50000	200000		
赛纬电子	50000	110000	100000	

注：数据来自百川盈孚、各公司公告。

2021 年，新能源汽车渗透率快速提高，带动六氟磷酸锂需求上升，处于供不应求态势，价格不断上升，2022 年 2 月达到 59 万元 / 吨高点，后续随着其产能释放，价格大幅回落。截至 2024 年 1 月 4 日，六氟磷酸锂市场均价约为 6.6 万元 / 吨，较 2018 年以来的历史最高点下跌 88.52%。六氟磷酸锂和电解液的价格见图 11-2。

2023 年，全球六氟磷酸锂的产量为 16.9 万吨（图 11-3），从供给端来看，随着国内企业陆续突破日韩的专利技术壁垒，以及龙头企业的大力扩产，按照现有的产能规划，全行业处于较为严重的产能过剩状态。从需求端来看，六氟磷酸锂总需求的大幅增长同步带动合理库存较历史平均水平有所提高，同时由于价格持续下跌，产业链各环节对库存管理较为谨慎。

图 11-2 六氟磷酸锂和电解液的价格

资料来自百川盈孚、开源证券研究所

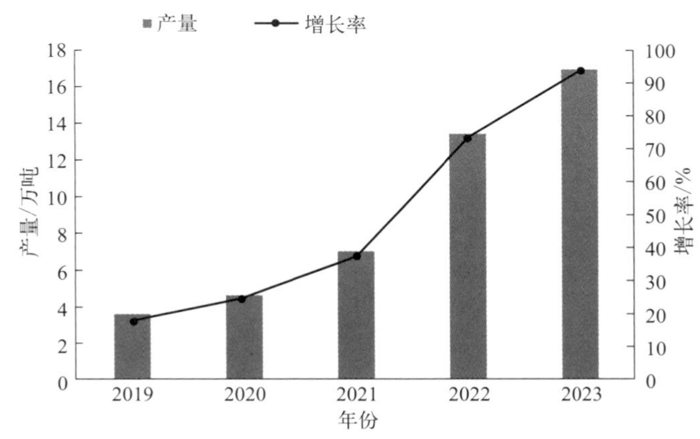

图 11-3 全球六氟磷酸锂历年产量及增速

资料来自鑫椤资讯、中商产业研究院

截至 2023 年底，我国六氟磷酸锂产能约 31.32 万吨 / 年，产量约 13.81 万吨，同比分别增长 63.16% 和 34.07%。产能利用率 44.1%，保持较低水平，产能增速高于产量增速。据统计，我国六氟磷酸锂在建和拟建项目超过 70 个，合计规划年产能逾百万吨，已远超需求端预期，但是行业整体产能的释放进度或慢于规划的进度，龙头公司的释放进度却有望超预期，主要原因是六氟磷酸锂行业中各企业的成本管控能力相差较大。

多氟多、天赐材料等公司规划新增六氟磷酸锂产能较大。六氟磷酸锂新增产能规划预计将持续造成行业的整体供给过剩。表 11-5 为部分企业 2024 年六氟磷酸锂规划产能。

表 11-5 部分企业 2024 年六氟磷酸锂规划产能

企业	项目	规划新增产能 /(吨 / 年)	计划投产日期
天赐材料（湖北）	年产 40 万吨锂电池材料及 10 万吨锂电池回收项目（20 万吨 / 年液体六氟磷酸锂）	66000	2024/12
多氟多	年产 10 万吨锂离子电池电解液关键材料一期项目	25000	2024/12
九江天赐	年产 20 万吨锂电材料项目（20 万吨 / 年液体六氟磷酸锂）	66000	2024/03

续表

企业	项目	规划新增产能/(吨/年)	计划投产日期
泰瑞联腾	年产3万吨六氟磷酸锂、6000吨高纯氟化锂等新型电解质锂盐及一体化配套项目	30000	2024/06
立中新能源	年产1.8万吨六氟磷酸锂项目一期	10000	2024/06
万华化学	年产1万吨六氟磷酸锂项目	10000	2024/09
浙江新湖集团股份有限公司	四川自贡锂电新材料项目	63000	2024/09
云图新能源（荆州）	云图氟资源综合利用项目年产2万吨无水氟化氢和1.2万吨六氟磷酸锂	12000	2024/09
多氟多阳福	年产2万吨高纯晶体六氟磷酸锂及添加剂二期	10000	2024/12
楚元新能源	年产1万吨六氟磷酸锂项目	10000	2024/12
宝尼新材料	二期建设年产20000吨六氟磷酸锂项目	20000	2024/12
鲲鹏半导体	年产10万吨高纯电子化学品生产基地二期	10000	2024/12
战马新能源	一期年产2万吨六氟磷酸锂、7.6万吨副产盐酸项目	20000	2024/12
川恒化工	年产4万吨六氟磷酸锂一二期项目	40000	2024/12
邵武永太	年产13.4万吨液态锂盐产业化项目	20000	2024/12
百川新材料	年产10000吨六氟磷酸锂生产线、5000吨双氟磺酰亚胺锂生产线	10000	2024/12

资料来自百川盈孚、开源证券研究所。

未来，成本与技术将成为六氟磷酸锂行业的两大护城河。从新型电解质的角度来看，行业的技术迭代速度更快、进入门槛更高。因此，未来行业龙头公司市占率有望进一步提升，龙头公司将凭借超前的布局和长期的技术积累、规模优势和成本优势获取更多市场份额。

二、市场需求量预测

目前通用的锂离子电池电解液溶质为六氟磷酸锂，从六氟磷酸锂行业需求端来看，未来十年新能源汽车有望保持年均30%以上的增速，电池端需求增速则远高于30%，预计动力电池材料需求也将实现高速增长。同时电化学储能等行业的兴起将成为带动锂电材料需求增长的又一极，预计2025年六氟磷酸锂总需求将达到30万吨以上。表11-6为全球六氟磷酸锂出货量及预测。

表11-6　全球六氟磷酸锂出货量及预测

项目	2021年	2022年	2023年	2024年预测	2025年预测
磷酸铁锂电池需求合计/GWh	137	337	594	1025	1535
磷酸铁锂电池 $LiPF_6$ 单GWh用量/吨	125	125	125	125	125
三元电池需求合计/GWh	242	328	370	426	585
三元电池 $LiPF_6$ 单GWh用量/吨	110	108	106	102	100
$LiPF_6$ 出货量/万吨	7	13.4	16.9	23	31

注：数据来自《储能产业研究白皮书2021》《2022年中国两轮电动车行业白皮书》《中国六氟磷酸锂行业发展白皮书（2023年）》。

第三节
工艺技术

一、生产工艺简介

六氟磷酸锂合成工艺主要有气 - 固反应法、氟化氢溶剂法、有机溶剂法、离子交换法等，目前大规模工业生产主要采用氟化氢溶剂法。

（一）气 - 固反应法

自从美国科学家于1950年率先提出$LiPF_6$合成方法以来，已出现多种制备$LiPF_6$的方法，并将$LiPF_6$用于锂电池的电解质。六氟磷酸锂最初的制备工艺是气 - 固反应法，即将 LiF 用无水 HF 处理形成多孔 LiF，然后通入 PF_5 气体与多孔 LiF 反应，从而得到 $LiPF_6$。

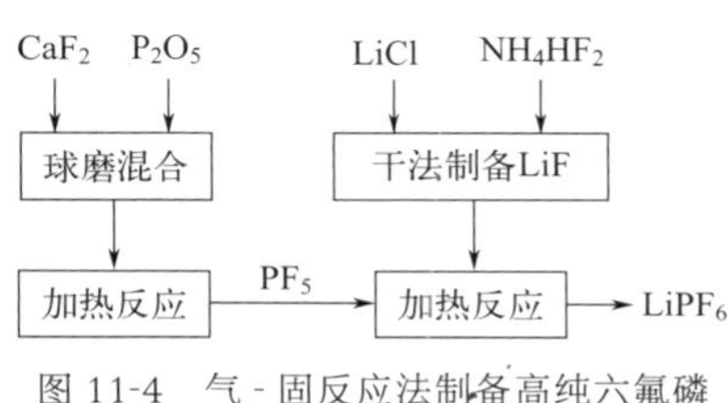

图 11-4　气 - 固反应法制备高纯六氟磷酸锂工艺流程图

资料来自黄可龙等《锂离子电池原理与关键技术》

经过多年摸索与优化，现主要采用氟化钙和五氧化二磷为原料干法制备五氟化磷气体，再将高纯纳米氟化锂与五氟化磷气体在加压条件下干法合成高纯六氟磷酸锂。工艺流程见图 11-4。

工艺优点：操作较为简单。工艺缺点：要求通入干燥惰性气体进行保护，设备密封要求严格，工业规模化生产难度大；反应只在固体表面进行，转化率低，最终产物中含有大量 LiF，未进行分离纯化，得到的产品纯度偏低。

（二）氟化氢溶剂法

从国内公开的六氟磷酸锂生产工艺来看，氟化氢溶剂法占 80% 以上。从国内外产业化规模生产来看，氟化氢溶剂法是主要工艺。国内采用氟化氢溶剂法生产六氟磷酸锂工艺，根据工艺过程的不同主要有以森田化工（张家港）有限公司为主的氟化氢溶剂法和多氟多公司自主研发的氟化氢溶剂法两种。

森田化工氟化氢溶剂法制备六氟磷酸锂工艺流程图见图 11-5。

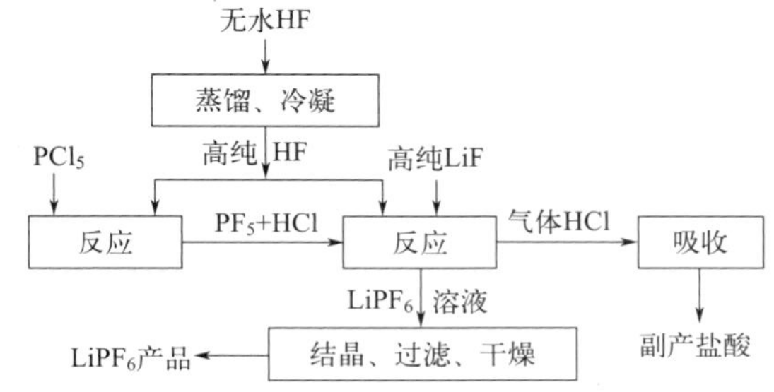

图 11-5　森田化工氟化氢溶剂法制备六氟磷酸锂工艺流程图

资料来自森田化工（张家港）有限公司，一种六氟磷酸锂的制备方法：中国，102009972A

多氟多在氟化氢溶剂法基础上进行创新，形成了一套“双釜法”生产固态 $LiPF_6$ 的工艺（图 11-6），在产品生产成本及产品纯度方面具备明显优势：

① 原料来源：多氟多具备用工业氢

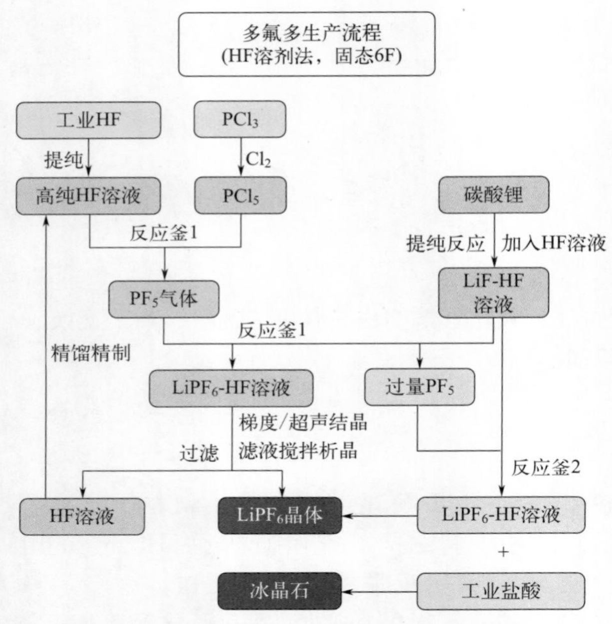

图 11-6　多氟多“双釜法”$LiPF_6$ 生产工艺

资料来自 GGII、多氟多官网、中国专利信息网

氟酸生产无水氢氟酸以及用三氯化磷生产五氯化磷的能力，向产业链上游延伸的同时可以利用副产物氢氟酸溶液循环制造无水氢氟酸。

② 原料利用率：多氟多的“双釜法”是将 PF_5 与 LiF-HF 溶液在第一个反应釜反应完成后过量的 PF_5 通入第二个连通的反应釜继续反应，可以提高 PF_5 30% 的利用率，降低约 20% 的成本。

③ 副产物经济价值：多氟多将生产 $LiPF_6$ 时产生的含氟盐酸废液进行除杂提纯成工业盐酸，作为公司另一块业务冰晶石的原料，提高了经济性。

④ 生产效率：多氟多采用真空过滤干燥一体化的独特工艺，与国内外其他同类技术的过滤和烘干为两个工段相比，缩短了工艺流程，提高生产效率 10%。

⑤ 产品纯度：多氟多通过采用超声波诱导成核并在搅拌下以一定的降温速率实现梯度降温结晶，明显提高了 $LiPF_6$ 晶体纯度，产品质量达到国际领先水平。

多氟多六氟磷酸锂产品质量见表 11-7。

表 11-7　多氟多六氟磷酸锂产品质量

项目	行业标准	多氟多	日韩企业
主含量 /%	99.9	≥ 99.98	99.98
DMC 不溶物含量 /（mg/kg）	1000	＜ 125	156
水分 /（mg/kg）	20	＜ 1	5.07
游离酸（HF）含量 /（mg/kg）	150	＜ 50	60

注：数据来自 GGII、多氟多官网。

工艺优点：两种工艺虽然都使用了腐蚀性介质氟化氢，但由于五氟化磷与氟化锂均易溶于氟化氢中，可以在液相中发生均相反应，因此，整个反应易于进行和控制。

工艺缺点：结晶不易控制，残留在产品中的 HF 以配合物 $LiPF_6$-HF 的形式存在于产品中，一般方法极难将 HF 质量分数降至 1×10^{-5} 以下，产品纯度受影响较大；残留 HF 对电池材料有腐蚀，从而影响电池电性能；该工艺对设备材质及防腐措施以及生产的安全措施要求均高，加大了资金投入；该工艺为深冷工艺，能耗大，生产成本高。

（三）有机溶剂法

有机溶剂法是采用制造锂离子电池电解液的有机溶剂如碳酸丙烯酯（PC）、碳酸甲乙酯

（EMC）、碳酸二乙酯（DEC）、碳酸二甲酯（DMC）为溶剂，添加催化剂或增溶剂制备液态六氟磷酸锂；或将制备六氟磷酸锂所需原料溶解在溶解性和分散性比较好的有机溶剂中进行反应，此类有机溶剂可选择无水乙腈、碳酸酯类、乙二醇二甲醚、无水乙醚、吡啶、四氢呋喃中的一种或多种。前者以中海油天津化工研究设计院为代表（图 11-7）；后者以湖北诺邦化学有限公司为代表（图 11-8）。

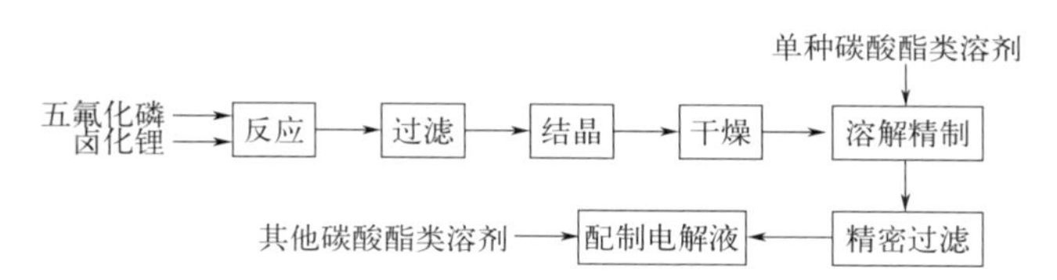

图 11-7　中海油天津化工研究设计院六氟磷酸锂制备工艺流程图

资料来自天津化工研究设计院，六氟磷酸锂的溶剂精制方法：中国，1884046A

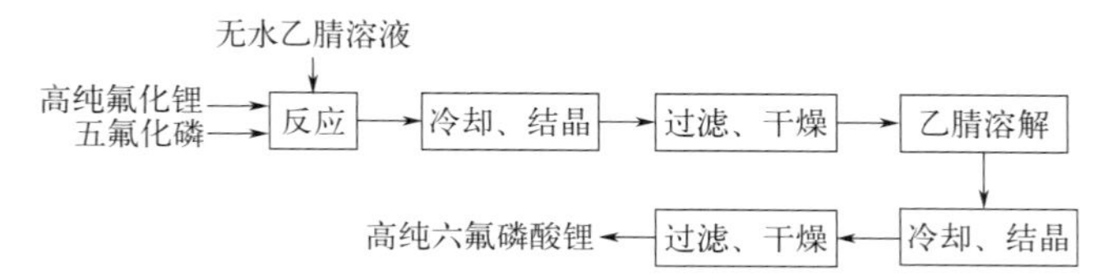

图 11-8　湖北诺邦化学有限公司六氟磷酸锂制备工艺流程图

资料来自湖北诺邦化学有限公司，有机溶剂法制备高纯六氟磷酸锂：中国，103253646A

工艺优点：避免了使用氟化氢，且反应中生成的 $LiPF_6$ 不断溶解在有机溶剂中，使得反应界面不断更新，所得电解液可直接用于锂离子电池。

工艺缺点：原料固体在有机溶剂中溶解度很低，导致反应效率和产率较低；反应原料会和有机溶剂如 DEC、DMC 等发生反应引起聚合、分解，很难获得高纯度产品，且此法只适合制备液体六氟磷酸锂。

（四）离子交换法

离子交换法是指六氟磷酸盐离子置换法，是将六氟磷酸盐与含锂化合物在有机溶剂中发生离子交换反应得到 $LiPF_6$ 的方法，其反应式为 $MPF_6+LiR=LiPF_6+MR$。美国专利详细报道了其中的一种方法，指出非锂碱金属、NH^{4+}、有机胺的六氟磷酸盐与含锂的化合物在乙醚或乙腈中反应可得到 $LiPF_6$。

工艺优点：避免了使用 PF_5 为原料，同时反应一步到位。工艺缺点：制得的 $LiPF_6$ 纯度不高，一般都含有未反应完的其他六氟磷酸盐；采用 Na^+、K^+ 等强碱或 NH^{4+} 有可能与有机溶剂发生副反应，生成锂离子电池不希望存在的醇，且成本高；$LiPF_6$ 比较容易吸水，不安全，必须使用安全无水的溶剂。

围绕锂（Li）、氟（F）、磷（P）3 种元素，可采用不同的原材料制备六氟磷酸锂产品。其中，根据锂来源不同，有碳酸锂法、氯化锂法或氟化锂法等；根据磷来源不同，有五氯化磷法、五氧化二磷法、固体磷法、五氟化磷法或磷酸法等；根据氟来源不同，有无水氟化氢法、氟化盐法等。

六氟磷酸锂六种主流生产工艺对比见表 11-8。

表 11-8　六氟磷酸锂六种主流生产工艺对比

合成方法	气 - 固反应法	氟化氢溶剂法	有机溶剂法	离子交换法	流变相法	固 - 固法
制备过程	以 PF_5 气体和 LiF 固体为原料发生气固反应制得 $LiPF_6$	将 LiF 溶于无水氟化氢中，制备出均相的 LiF 溶液，再将 PF_5 气体引入到 LiF 溶液中生产 $LiPF_6$	将 LiF 及 PF_5 溶解在有机溶剂里（如碳酸酯类）进行连续反应生成 $LiPF_6$	以六氟磷酸盐（MPF_6，$M \neq Li$）和卤化锂为原料，将它们溶于乙腈或碳酸酯类等溶剂中，发生转化反应生成 $LiPF_6$	以 PCl_5 和无水 HF 为原料制得二氯六氟磷酸，再将二氯六氟磷酸与 LiF 微细粉末及适量的氟化氢溶剂混合搅拌，进行流变相反应获得 $LiPF_6$	将 PF_5 和 LiF 的固体混合物在密闭反应器中、190 ～ 250℃下进行反应，产物用醚类等有机溶剂萃取出 $LiPF_6$
优势	不需要使用溶剂，操作简单	工艺简单，结晶后杂质含量少，纯度高	工况温和产率高，大规模生产成本低；相比 HF 溶剂法避免使用腐蚀性物质，降低设备要求	转化条件温和，无毒无氟化氢，绿色环保	减少了无水氟化氢的用量	工艺简单，绿色环保
缺陷	只在固体表面进行，会存在大量 LiF 未反应；多孔活性 LiF 制备困难；需要使用惰性气体进行保护	由于 HF 的强腐蚀性，需要对设备及管道有特殊要求，设备要求高，能耗大，成本较高	PF_5 易与溶剂产生副反应，产品杂质脱除困难，适用于制备液态 $LiPF_6$	仅处于实验室阶段	还未大规模产业化	混合物分离复杂；反应转化率低，成本相对较高
代表企业	—	多氟多、天际股份	天赐材料、永太科技、石大胜华	中国海油	—	—

二、技术难点及解决方法

六氟磷酸锂作为锂离子电池的核心材料，纯度是影响其性能的关键指标，要达到99.9%以上。提高产品纯度的方法主要有控制原辅材料纯度、采用先进设备、控制产品结晶和控制产品干燥四种。

行业龙头企业的关键生产设备反应釜和精馏釜多采用国内先进设备，可以有效减少杂质和能耗。此外，在控制六氟磷酸锂产品结晶、干燥、尾气回收等制备工艺流程中持有多项专利，可以生产高纯度六氟磷酸锂，具备行业核心技术优势，技术经验十分丰厚，研发优势突出。以天赐材料和多氟多公司为例，公司六氟磷酸锂制备原材料氢氟酸和氟化锂皆为自主生产，可以有效控制原料的纯度与一致性。

六氟磷酸锂技术难点及解决方法见表11-9。

表11-9 六氟磷酸锂技术难点及解决方法

技术难点	主要影响	解决方法	企业优势
产品纯度	杂质包括三个方面：①不溶物（氟化锂等）；②游离酸（氟化氢）；③杂质金属离子（如Fe^{2+}、Ni^{2+}等）。氟化锂会导致锂离子电池内阻增大，电池容量快速衰减，循环寿命缩短；游离酸不仅会腐蚀电池壳体还会造成电池正极活性物质溶出，使电池的性能和安全性下降；Fe^{2+}、Ni^{2+}等金属杂质离子会导致锂离子电池可逆比容量下降	控制原辅料纯度	天赐材料和多氟多公司六氟磷酸锂主要原材料氢氟酸和氟化锂自主生产，可以有效控制原材料纯度及一致性
		选择防止金属溶出的生产设备	天赐材料和多氟多等行业龙头公司生产线反应釜、精馏釜多采用国内先进设备，采用仪表及集散控制系统，减少杂质的同时也减少能耗
		控制结晶，保证晶粒均匀一致	多氟多通过采用超声波诱导成核并在搅拌下以一定的降温速率实现梯度降温结晶，解决了现有技术中，六氟磷酸锂的结晶颗粒生长不均匀、析晶时间长的问题
		进行干燥控制，有效分离游离酸和控制六氟磷酸锂热分解	多氟多采用微波辐射法干燥六氟磷酸锂，相较传统热干燥法，在同等干燥程度下微波辐射干燥可大大缩短干燥时间，减少保护气用量，同时降低产品中游离酸的含量，有效除去夹杂中的HF，提高产品质量
安全生产和环境保护	六氟磷酸锂生产过程中存在腐蚀、泄漏、污染等安全隐患，要考虑污染物的回收及生产过程安全	对腐蚀性酸进行回收利用	天赐材料采用二级水吸收系统和碱吸收系统，能将六氟磷酸锂生产过程中产生的大量氯化氢和氟化氢气体吸收制备混酸供后续副产品生产用，并且有效减少后续碱洗过程中碱吸收液的使用量
		采用设备自动化、建立预报警系统、设置紧急泄压装置、电器设计有备用电源等	天赐材料生产全过程实行计算机控制投料，对生产过程中的各项控制参数实施自动监控，既降低操作人员的劳动强度，又能减少人工操作失误，保证安全生产；设置可燃气体、有毒气体自动检测报警系统，并在反应釜、尾气处理装置等处安装安全联锁装置，在紧急情况下可自动启动应急程序，安全切断生产

注：资料来自陈俊彩《电解质盐$LiPF_6$制备工艺研究进展》、宋丽萍《六氟磷酸锂合成工艺》。

第四节
应用进展

双碳背景下，新能源汽车和储能市场快速发展，带动电解液行业进入爆发式增长期。2021 年国内电解液出货量高达 50 万吨，同比增长 1 倍。未来几年，受政策推动和消费者需求拉动，新能源汽车市场发展潜力巨大，将持续拉动电解液出货量上升，预计到 2025 年国内电解液出货量将超过 170 万吨。

新能源汽车行业作为战略性新兴产业受到国家政策大力支持。动力锂电池作为新能源汽车的动力源，依存于新能源汽车行业的发展。近几年，在环境保护和双碳背景下，新能源汽车多次被列入国家相关产业发展规划及目录，一直是国家产业和科技政策重点扶持的对象。新能源汽车行业的发展必将拉动上游原料产业快速发展，而六氟磷酸锂作为近年来最受青睐的锂盐必将迎来黄金发展。

在居民消费增长叠加“双碳”目标政策影响下，新能源汽车市场需求不断提升，渗透率持续提高，上游锂离子电池材料六氟磷酸锂出货量大幅增长。据 EVTank 统计，2023 年在下游电解液需求的带动下，全球六氟磷酸锂出货量达 16.9 万吨，预计未来一段时间总体保持 30% 以上高速增长。全球六氟磷酸锂出货量及预测见图 11-9。

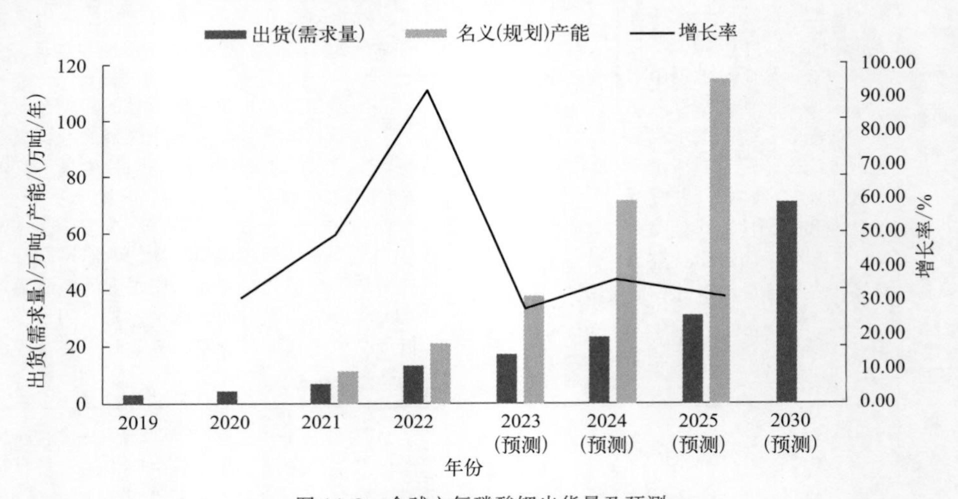

图 11-9　全球六氟磷酸锂出货量及预测

第五节
发展建议

六氟磷酸锂作为目前电动车锂离子电池主要电解质，拥有高电压、高储能的特点，是其他电池电解质目前无法取代的。随着我国政府对新能源汽车行业的扶持和我国新能源汽车行业市场需求不断增加，六氟磷酸锂的技术发展与产量将持续提升，具有广阔的产业前景。

近年来，我国在六氟磷酸锂的原料、装备、工艺和废液回收等方面都进行了深入的研究，也取得了重大突破，但仍有待进一步提升。一方面，要结合国家政策避免产能的盲目扩张；另一方面，要抓紧完善和优化现有生产工艺技术，降低生产成本，提升产品质量，为市场占有率的提高奠定基础，也为我国新能源产业的发展做好支撑。

第十二章

双氟磺酰亚胺锂

多氟多新材料股份有限公司

杨华春　李凌云　杨明霞

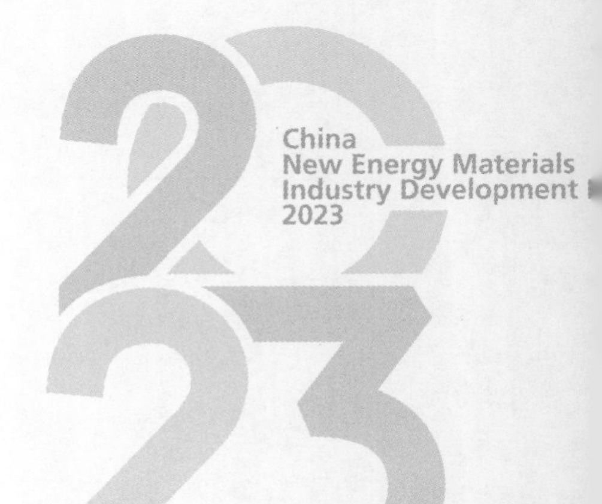

第一节 概述

一、产品特性

双氟磺酰亚胺锂（LiFSI），外观为白色粉末，分子式为 $LiN(SO_2F)_2$，英文名称 lithium bis-(fluorosulfonyl) imide，CAS 号 171611-11-3，分子量为 187.07，熔点 124 ～ 128℃。

双氟磺酰亚胺锂盐可作为锂离子电池电解液添加剂，应用于可充电锂电池的电解液中，能有效降低形成在电极板表面上的 SEI 层在低温下的高低温电阻，降低锂电池在放置过程中的容量损失，从而提供高电池容量和电池的电化学性能，也可以作为一次电池用电解质使用，或者作为聚合反应催化剂，还可用于工业领域内抗静电剂使用。

目前，无机锂盐六氟磷酸锂（$LiPF_6$）由于技术成熟占据市场主导地位，但仍存在高温易水解、低温环境下效率受限、易产生有毒气体氟化氢等缺陷，与高镍正极不能兼容，影响了电池的安全性和使用寿命，逐渐无法跟上锂电池发展的需求。

LiFSI 和 $LiPF_6$ 的技术指标对比见表 12-1。

表 12-1　LiFSI 和 $LiPF_6$ 的技术指标对比

性能	具体指标	LiFSI	$LiPF_6$
基础物性	分解温度	＞ 200℃	＞ 80℃
	氧化电压	≤ 4.5V	＞ 5V
	溶解度	易溶	易溶
	电导率	较高	较高
	化学稳定性	较稳定	差
	热稳定性	较好	差
电池性能	低温性能	好	一般
	循环寿命	高	一般
	耐高温性能	好	差
工艺成本	合成工艺	复杂	简单
	成本	高	低

注：资料来自康鹏科技招股说明书。

考虑到电池成本、安全性能等因素，$LiPF_6$ 是商业化应用最为广泛的锂电池溶质锂盐，然而在使用过程中，$LiPF_6$ 也存在热稳定性较差、易水解等问题，造成电池容量快速衰减并带来安全隐患。新型电解液溶质锂盐 LiFSI 具有远好于 $LiPF_6$ 的物化性能：

① 更高的热稳定性—— LiFSI 熔点为 145℃，分解温度高于 200℃；

② 更好的电导率；

③ 更优的热力学稳定性——LiFSI 电解液与 SEI 膜的两种主要成分有很好的相容性，只会在 160℃时与其部分成分发生置换反应。

因此，LiFSI 可成为改善 $LiPF_6$ 缺陷的最佳替代品，符合未来电解液的发展趋势。

将 LiFSI 加入 $LiPF_6$ 电解液中能够提高电解液的电导率和锂离子迁移数，增强电解液导离子能力，当加入浓度为 0.1mol/L 的 LiFSI 时，电解液的电导率由 11.03 增大到了 11.18，同时锂离子迁移数也由 0.4874 增大到 0.5133，当 LiFSI 浓度增加到 0.3mol/L 时，因为黏度的增加使电导率下降至 11.14，但仍高于未加 LiFSI 电解液的电导率，此时锂离子迁移数增加至 0.5484，当 LiFSI 浓度进一步增大到 0.5mol/L 时，电导率继续下降，低于未加 LiFSI 的电解液，而锂离子迁移数持续增加。

不同温度、浓度下 LiFSI 和 $LiPF_6$ 电解液（溶剂为 EC：MC，质量比为 30：70）离子电导率关系见图 12-1。

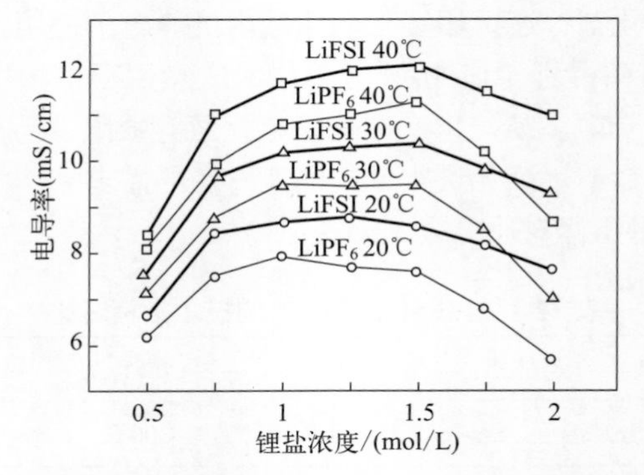

图 12-1　不同温度、浓度下 LiFSI 和 $LiPF_6$ 电解液离子电导率关系

资料来自 Zhijia Du，*Enabling fast charging of high energy density Li-ion cells with high lithium transport eectrohytes*

此外，LiFSI 有助于降低电极表面膜阻抗，形成稳定的、导电性较好的钝化膜，相对于纯 $LiPF_6$ 电解液，LiFSI 的加入明显降低了电解液 / 电极界面的阻抗，这说明 LiFSI 的加入使 $LiFePO_4$ 表面形成更有利于锂离子通过的钝化膜。

不同锂盐浓度电解液的电导率、黏度和离子迁移数见表 12-2。循环 3 圈后 $LiFePO_4$/Li 电池的电化学阻抗谱图见图 12-2。

表 12-2　不同锂盐浓度电解液的电导率、黏度和离子迁移数

锂盐浓度	电导率 /（mS/cm）	黏度 /（mm^2/s）	离子迁移数
1.2mol/L $LiPF_6$ + 0.1mol/L LiFSI	11.18	4.3875	0.5133
1.2mol/L $LiPF_6$ + 0.3mol/L LiFSI	11.14	5.8478	0.5484
1.2mol/L $LiPF_6$ + 0.5mol/L LiFSI	10.38	7.8638	0.5583
1.2mol/L $LiPF_6$	11.03	2.727	0.4874

注：资料来自李萌《$LiPF_6$/LiFSI 混合盐在高功率锂离子电池中的应用》。

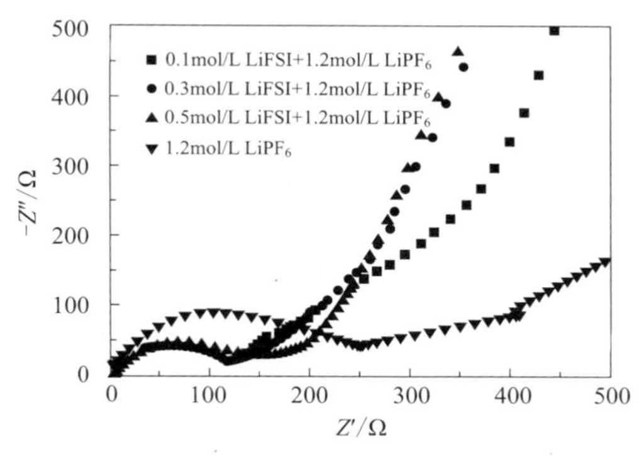

图 12-2 循环 3 圈后 $LiFePO_4$/Li 电池的电化学阻抗谱图

资料来自李萌《$LiPF_6$/LiFSI 混合盐在高功率锂离子电池中的应用》

二、价格趋势

虽然 LiFSI 性能优于 $LiPF_6$，但尚未得到广泛应用，原因有两点：一是 LiFSI 使用成本较高，目前 LiFSI 售价 20 万～30 万元 / 吨，远高于 $LiPF_6$ 价格；二是 LiFSI 制备技术还有待改进。LiFSI 制备步骤繁多、过程复杂，而且还存在易爆炸、溅液等危险因素，限制其大规模批量化生产。因此，目前 LiFSI 主要作为 $LiPF_6$ 的添加剂使用，用于改善、提升电解液性能。自 2020 年底 $LiPF_6$ 价格一路上涨，最高接近 60 万元 / 吨，而随着 LiFSI 技术进步与规模扩张，LiFSI 价格逐步降低，与六氟磷酸锂价差呈缩减之势，未来 LiFSI 价格有望继续降低。

中国 $LiPF_6$ 与 LiFSI 价格走势见图 12-3、图 12-4。

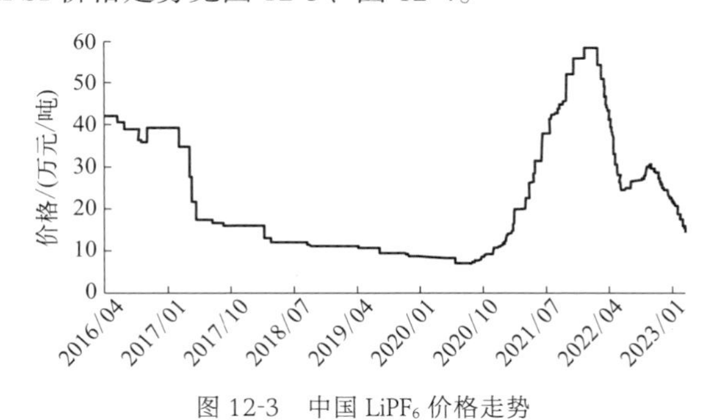

图 12-3 中国 $LiPF_6$ 价格走势

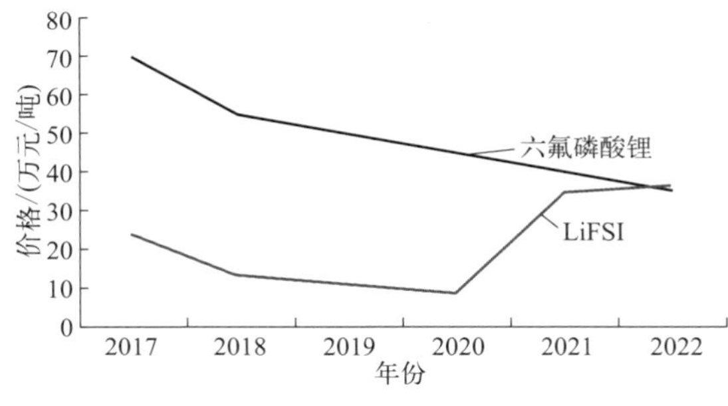

图 12-4 中国 $LiPF_6$ 与 LiFSI 年均价

资料来自 Wind、华经产业研究院

第二节

市场供需

一、政策支持

近年来，国家出台了多项法律法规和政策大力支持新能源电池行业及下游新能源汽车行业、消费电子行业及储能行业的发展，也对行业高质量发展以及整体技术水平提升进行了规范及引导。《关于进一步完善新能源汽车推广应用财政补贴政策的通知》要求适当提高技术指标门槛，稳步提高新能源汽车动力电池系统能量密度门槛要求，适度提高新能源汽车整车能耗要求，提高纯电动乘用车续航里程门槛要求。《中国化学与物理电源电池行业“十三五”发展规划》表示，将重点推进锂离子电池体积比能量提升，提升我国小型锂离子电池在中日韩市场地位的比例至 35% ～ 40%，力争出口在有序竞争中扩展（年均增 10%），在国家新能源汽车有利政策支持下，保持国内市场高速发展（年均增 20%），不断夯实做强锂离子电池行业。

国家的政策扶持为行业带来了新的发展机遇。一方面，行业政策推动行业内企业加大研发投入，从而带动产业结构优化升级；另一方面，国家政策也将扩大下游新能源汽车、消费电子及储能等行业的市场规模，进而带动公司产品的市场需求。自 2015 年起，我国新能源汽车产业进入迅猛发展时期，成为新能源电池行业主要的增长引擎。

我国新能源行业相关政策清单见表 12-3。

表 12-3　我国新能源行业相关政策清单

序号	名称	发布单位	发布时间	相关内容
1	《“十四五”可再生能源发展规划》	发改委、财政部等九部门	2022 年 6 月	加强可再生能源前沿技术和核心技术装备攻关。加强前瞻性研究，加快可再生能源前沿性、颠覆性开发利用技术攻关。研发储备钠离子电池、液态金属电池、固态锂离子电池、金属空气电池、锂硫电池等高能量密度储能技术
2	《国务院办公厅关于进一步释放消费潜力促进消费持续恢复的意见》	国务院办公厅	2022 年 4 月	大力发展绿色消费，支持新能源汽车加快发展。充分挖掘县、乡消费潜力，鼓励有条件的地区开展新能源汽车和绿色智能家电下乡，推进充电桩（站）等配套设施建设
3	《“十四五”新型储能发展实施方案》	发改委、国家能源局	2022 年 1 月	开展钠离子电池、新型锂离子电池、铅炭电池、液流电池、压缩空气、氢（氨）储能、热（冷）储能等关键核心技术、装备和集成优化设计研究。研究开展钠离子电池、固态锂离子电池等新一代高能量密度储能技术试点示范
4	《锂离子电池行业规范条件（2021 年本）》	工信部	2021 年 12 月	鼓励企业取得省级以上独立研发机构、技术中心或高新技术企业资质，主要产品拥有技术发明专利，企业应采用技术先进、节能环保、安全稳定、智能化程度高的生产工艺和设备，对电池能量密度、正极材料比容量等指标提出具体要求

续表

序号	名称	发布单位	发布时间	相关内容
5	《锂离子电池行业规范公告管理办法（2021年本）》	工信部	2021年12月	工信部负责全国锂离子电池行业规范公告管理工作，组织对省级行业主管部门审核推荐的申请材料进行复核、抽检、公示及公告，并动态管理锂离子了电池行业规范公告名单
6	《“十四五”能源领域科技创新规划》	国家能源局、科技部	2021年11月	研发钠离子电池、液态金属电池、钠硫电池、固态锂离子电池、储能型锂硫电池、水系电池等新一代高性能储能技术、开发储热蓄冷、储氢、机械储能等储能技术
7	《关于印发2030年前碳达峰行动方案的通知》	国务院办公厅	2021年10月	大力推广新能源汽车，逐步降低传统燃油汽车在新车产销和汽车保有量中的占比，推动城市公共服务车辆电动化替代。推动低碳零碳负碳技术装备研发取得突破性进展
8	《关于加快推动新型储能发展的指导意见》	发改委、国家能源局	2021年7月	强化电化学储能安全技术研究。坚持储能技术多元化，推动锂离子电池等相对成熟新型储能技术成本持续下降和商业化规模应用
9	《中共中央关于制定国民经济和社会发展第十四个五年规划和2035年远景目标的建议》	中国共产党第十九届中央委员会	2020年11月	发展战略性新兴产业。加快壮大新能源、新能源汽车等产业

按照工信部、中国汽车工程学会发布的《节能与新能源汽车技术路线图2.0》，到2025年，我国纯电动汽车动力电池的能量密度目标为400Wh/kg，2030年目标为500Wh/kg，可以预见未来国家对享有补贴的新能源汽车的电池能量密度要求逐渐提高。目前国内的三元锂电池能量密度约为240Wh/kg，磷酸铁锂电池能量密度约为180Wh/kg。因此，若要实现更高的能量密度目标，使用高镍三元锂电池将成为未来发展趋势。

未来，随着三元锂电池市场占有率逐渐提升，其相对较差的高温安全性（相对于磷酸铁锂）将成为亟待解决的问题。换而言之，这将推动电解液往高压、高安全性的方向发展。传统的六氟磷酸锂盐在高温高压电领域应用有限，而LiFSI能大幅提高电解液耐高温和高压性能，在实现电池高温循环稳定性方面，包括延长循环寿命、提高倍率性能和安全性上均会有极大的提升。在政策的助力下，LiFSI正式迎来发展机遇。

二、需求预测分析

随着全球范围内汽车电动化快速推进，以及消费电子、储能等应用领域需求的持续发展，锂离子电池电解液以及相应锂盐的需求也在快速增长。根据市场预测数据，2022年全球电解液锂盐主盐需求量为13万吨，预计2025年电解液锂盐主盐的需求量将达到34万吨。

前期受限于LiFSI合成难度较高、成本较高，LiFSI主要作为锂盐添加剂配合$LiPF_6$使用，在作为锂盐添加剂使用时，LiFSI的添加比例介于0.5%～3%之间。近年来随着LiFSI合成工艺的突破以及生产规模的扩大，LiFSI在主流电解液配方中的添加比例逐渐增加。

2020年9月特斯拉公开发布了4680电池（即直径46mm，高80mm的电池），4680电池电解液是目前 LIFSI 添加比例较高的新型产品，其容量是 2170 电池的 5 倍，续航提升 16%，功率提高 6 倍。目前常规三元电池中 LiFSI 的使用量约为 1% ～ 3%。而在 4680 电池中 LiFSI 直接代替 $LiPF_6$ 作为主盐使用，其使用量达到 15%。随着各大电池厂纷纷布局以 4680 电池为代表的大圆柱电池，预计未来大圆柱电池的出货量有望快速增长，从而带动 LIFSI 的市场需求。

目前最常用的主盐 $LiPF_6$ 在电解液中占比约为 12% ～ 13%。前期由于 LiFSI 的工艺成熟度有限，导致其价格较高，限制了其在市场中的使用，随着 LFSI 合成工艺的突破与优化，以及产品规模化量产带来的边际效应，LiFSI 的成本逐下降，有望部分代替 $LiPF_6$ 作为主盐使用。据预测，随着三元锂电池高镍化成为重要发展趋势，这一趋势将带动 LiFSI 需求增长。

基于下游新能源汽车对高续航性能提出更高的要求推动了锂电高镍化进程，2018—2022 年我国高镍占三元电池比重逐年增长，2022 年占比约 44%（图 12-5）。由于过量镍会导致电池的热稳定性变差，而 LiFSI 能够大大改善高镍电池的化学性能，因此 LiFSI 的需求随之上涨。比如特斯拉 4680 电池采用 NCM811 作为正极材料，LiFSI 的添加比例约 5%，未来可以进一步提高到 7% 以上。

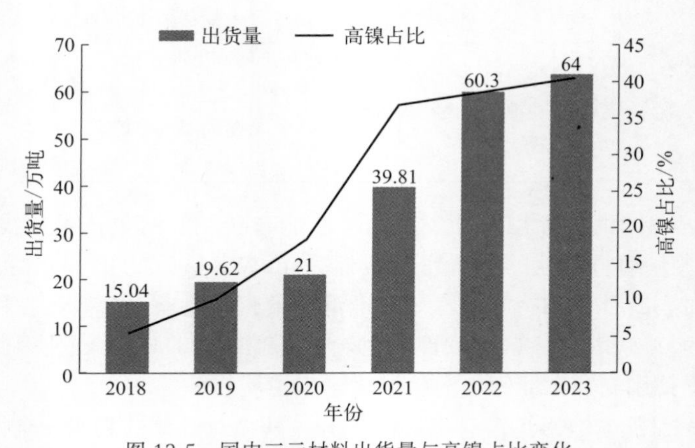

图 12-5　国内三元材料出货量与高镍占比变化

注：资料来自 GGII、《中国锂电池添加剂行业发展研究白皮书》

目前，由于 LiFSI 技术难度大、成本高，LiFSI 通常是作为溶质添加剂与 $LiPF_6$ 混用，主要用于三元动力电池电解液中以改善其性能。随着 LiFSI 生产技术不断突破，产品规模化大幅降本后，LiFSI 有望逐步替代 $LiPF_6$。预计 2026 年 LiFSI 作为添加剂使用比例降至 10%，作为电解质对 $LiPF_6$ 的替代率达 50%，LiFSI 需求总量预计增长至 18.5 万吨，市场空间广阔。

2021—2026 年 LiFSI 国内供需平衡及预测见图 12-6。

三、主要生产厂家和规划产能

锂离子电池对性能要求的提升带动电解液材料产品不断推陈出新，新产品通常具有较高的技术含量，同时应用规模也相对较小，因此往往具有高价格、高毛利、市场规模较小的特点，LiFSI 刚推出时，其每吨价格曾超过 100 万元。随着产品合成工艺的成熟以及下游市场需求的持续扩大，产品的价格及毛利率会逐步下降并成为市场上的成熟产品，与此同时，随

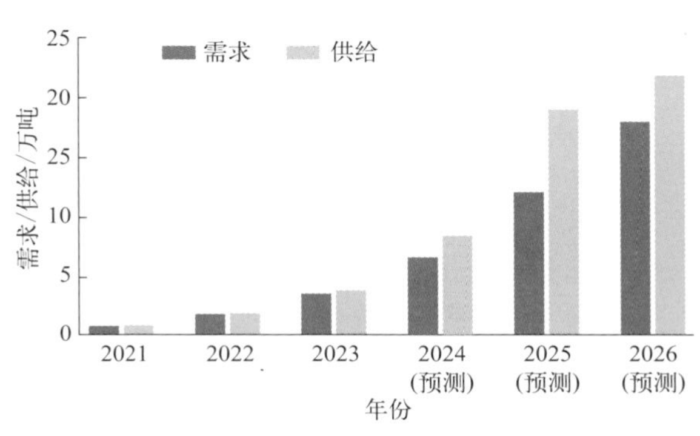

图 12-6　2021—2026 年 LiFSI 国内供需平衡及预测

资料来自《中国锂电池添加剂行业发展研究白皮书（2022）》

着市场空间的快速扩大，产品总体的销售规模、盈利空间和发展前景会持续改善。

基于 LiFSI 综合性能优势，国内电解液企业大都加速 LiFSI 布局。截至 2023 年 12 月，我国主要锂盐生产企业现有双氟磺酰亚胺锂年产能 4.82 万吨，较 2022 年全球 LiFSI 有效产能 1.4 万吨，增长 244%。预计到 2025 年，我国主要企业 LiFSI 年产能将超过 30 万吨。在 LiFSI 需求快速提升以及成本高企的背景下，提前进行相关产能布局的企业，如天赐材料、多氟多、永太科技、时代思康等，将拥有较强的电解液成本控制能力。

表 12-4　国内主要企业 LiFSI 布局情况　　单位：吨 / 年

公司名称	现有产能	扩产项目	扩产产能	预计投产日期
时代思康	10000	年产 5 万吨双氟磺酰亚胺锂项目	50000	
天赐材料	26300	年产 24.3 万吨锂电及含氟新材料项目	20000	2024 年
		年产 9.5 万吨锂电基础材料及 10 万吨二氯丙醇项目	30000	2024 年逐步投产
康鹏科技	1700	年产 2.55 万吨电池材料项目（一期）	15000	2024 年
多氟多	6600	年产 4 万吨双氟磺酰亚胺锂项目	40000	2025 年底
		年产 1 万吨双氟磺酰亚胺锂项目	10000	一期 5000 吨已投产
		年产 5000 吨双氟磺酰亚胺锂项目	5000	
新宙邦	1200	年产 2400 吨双氟磺酰亚胺锂项目（二期）	1200	
如鲲新材	1000	年产 10755 吨锂电化学品和电子化学品项目	8500	
永太科技	900	年产 1500 吨双氟磺酰亚胺锂项目	1500	达产时间根据项目进度而定
			67000	
研一新材	0	年产 1.5 万吨新型锂盐项目	10000	
立中集团	0	新能源锂电新材料项目	8000	2024 年
宏氟锂业	0	会昌基地项目	3500	
石大胜华	0	年产 5000 吨动力电池材料项目	1000	
三美股份	500	双氟磺酰亚胺锂项目	3000	一期 500 吨 2023 年 11 月试生产
合计	48200		273700	

注：资料来自储能前沿、浙江氟化工、公司公告、国联证券研究所。

第三节
工艺技术

LiFSI在有水的环境下、受热或者高温条件下易分解，且生产过程中若引入其他金属离子会给LiFSI的性能带来不良影响，因此，为满足电解液的使用要求，LiFSI对于水分、金属离子等指标有严格的限定。

目前LiFSI的制备一般包括以下三个步骤：

① 合成双氯磺酰亚胺；

② 双氯磺酰亚胺通过氟化反应制备双氟磺酰亚胺；

③ 双氟磺酰亚胺盐的制备。

不同的研究者为了提高LiFSI产品的纯度和产品的收率，针对不同的反应过程分别进行了优化，但是也存在着金属离子超标、反应时间过长、成本过高等不同的问题。

一、双氯磺酰亚胺的制备工艺

双氯磺酰亚胺的主流生产工艺包括两种：一种是以氨基磺酸、氯磺酸和氯化亚砜作为原料合成双氯磺酰亚胺。例如专利CN101747242B公开了一种双氟磺酰亚胺的制备方法，包含双氯磺酰亚胺的合成过程，其以氨基磺酸、氯化亚砜、氯磺酸为原料，在110～130℃的高温下反应20～24h，然后精馏得到双氯磺酰亚胺，反应方程式如下：

$$Cl-\overset{O}{\underset{O}{\overset{\|}{\underset{\|}{S}}}}-OH+NH_3-\overset{O}{\underset{O}{\overset{\|}{\underset{\|}{S}}}}-OH+2SOCl_2 \longrightarrow Cl-\overset{O}{\underset{O}{\overset{\|}{\underset{\|}{S}}}}-NH-\overset{O}{\underset{O}{\overset{\|}{\underset{\|}{S}}}}-Cl+2SO_2+3HCl$$

该工艺由于其生产成本较低而被广泛应用，但是其每生产1分子的产品，即副产2分子二氧化硫及3分子氯化氢，造成该工艺的原子利用率低、副产三废多，违背目前精细化工行业清洁环保的发展要求，且该工艺反应周期长、反应温度高，导致能源消耗高、副反应较多，亟须优化升级。

另一种是以氯磺酸、氯磺酰异氰酸酯为原料合成双氯磺酰亚胺。例如专利CN1606447288B公开了一种双氟磺酰亚胺锂盐的制备方法，包含双氯磺酰亚胺的合成过程。其以氯磺酸、氯磺酰异氰酸酯为原料，在催化剂的作用下，120～140℃高温反应，蒸馏得到双氯磺酰亚胺，反应方程式如下：

$$Cl-\overset{O}{\underset{O}{\overset{\|}{\underset{\|}{S}}}}-OH+Cl-\overset{O}{\underset{O}{\overset{\|}{\underset{\|}{S}}}}-NCO \longrightarrow Cl-\overset{O}{\underset{O}{\overset{\|}{\underset{\|}{S}}}}-NH-\overset{O}{\underset{O}{\overset{\|}{\underset{\|}{S}}}}-Cl+CO_2$$

此工艺的优势在于无副产二氧化硫、氯化氢气体，原子利用率高，但是其问题同样突出，氯磺酰异氰酸酯制备原料是氯化氰和三氧化硫，氯化氰不仅毒性极大，其价格也很高，导致氯磺酰异氰酸酯原料使用成本过高，压低了双氯磺酰亚胺的市场利润空间，因此该工艺难以大规模使用。

除此之外，专利 CN113800486A 提到，以氨基磺酸、氯化亚砜和三氧化硫为原料的双氯磺酰亚胺的生产工艺，包括以下步骤：将氨基磺酸、氯化亚砜加入反应釜至固体全部溶解，然后将三氧化硫匀速加入反应釜中，三氧化硫加完后，升温至 90 ～ 120℃继续反应 5 ～ 10h，后恢复至常压，开启冷凝器的冷凝液接出阀，继续反应 1 ～ 3h，至无冷凝液从冷凝器中流出，进行减压精馏，得到目标产物双氯磺酰亚胺。此发明相较于原氯磺酸法工艺，减少氯化氢废气量 1/3，并且二氧化硫尾气可回收套用至氯化亚砜生产装置，进一步减少了三废产量，属于符合绿色化工产业发展要求的创新型工艺。

二、双氟磺酰亚胺的制备工艺

该工艺主要通过对双氯磺酰亚胺进行氟化反应得到双氟磺酰亚胺锂。氟化试剂主要有氟化钾、三氟化砷、三氟化锑、三氟化铋、氟化锌、无水氟化氢等。以三氟化锑为例，其反应方程式如下：

$$3H[N(SO_2Cl)_2] + 2SbF_3 \xrightarrow[25℃]{4h} 3H[N(SO_2F)_2] + 2SbCl_3$$

对于此反应步骤的研究主要是氟化试剂的优化和反应过程中参数和催化剂的优化。

专利 CN107651654A 提出以双氯磺酰亚胺为原料，加入氟化锌作为氟化剂，并加入锌离子络合剂，在极性有机溶剂乙腈中反应得到双氟磺酰亚胺，收率达到 70% ～ 88%，该反应使用的试剂低毒、条件温和，使用的设备容易实现，但是引入的金属离子难以去除，影响产品纯度。针对此问题，专利 CN107986248B 采用氟化锑作为氟化剂，在 25℃条件下，反应 4h，但由于反应副产物氯化锑易升华，减压蒸馏时与主产物一起蒸出，因此使用减压蒸馏的方式来提纯双氟磺酰亚胺非常困难，难以得到纯度 99.5% 以上的双氟磺酰亚胺，而且收率仅为 45% 左右。

在此基础上，有研究提出使用氟化铋、氟化钾、氟化铋、氟化锌等两种或者两种以上的氟化物作为复合氟化剂，在有机溶剂中对双氯磺酰亚胺进行氟化，借此来提高氟化反应效率，产品纯度和收率。但同样引入了金属离子，杂质难以去除。因此也有研究者提出用氟化氢作为氟化剂，对双氯磺酰亚胺进行氟化反应。专利 CN108002355A 提到，将双氯磺酰亚胺通入无水氟化氢气体，生成的产物为双氟磺酰亚胺和氯化氢，氯化氢容易挥发，且作为尾气容易吸收，进而提高了产品的纯度。为了提高反应转化率对此工艺进行了进一步优化，专利 CN110467163B 设计了连续制备方法，包括：①一级反应：在管式反应器中，在氟化催化剂存在下，双氯磺酰亚胺和无水氟化氢以对流的方式连续通入一级反应的管式反应器，得到双氟磺酰亚胺粗品，所述无水氟化氢相对于双氯磺酰亚胺过量，未反应的无水氟化氢和生成的氯化氢以气体的方式从管式反应器顶部逸出；②二级反应：在管式反应器中，在氟化催化剂存在下，一级反应管式反应器顶部逸出的无水氟化氢与氯化氢的混合气体通入二级反应器，同时向二级反应器中加入双氯磺酰亚胺，待无水氟化氢反应完全后，得到含有双氟磺酰亚胺和双氯磺酰亚胺的反应产物循环至一级反应的管式反应器；通过两级反应的方式，使原料无水氟化氢充分的反应，具有原料无水氟化氢利用率高、产物纯度高、反应速度快、操作简单、安全、易于放大和生产成本低的优点。但同时氟化氢作为原料污染严重、毒性大，只能在特定的反应容器中进行，对于工业化的普及有一定的难度和门槛。

三、双氟磺酰亚胺锂的制备工艺

此反应步骤是由双氟磺酰亚胺与碱性锂盐，如氢氧化锂或碳酸锂等在低极性有机溶剂中发生酸碱中和反应，生成双氟磺酰亚胺锂和水；再加入氯化亚砜，通过氯化亚砜和水反应达成去除水分的目的，同时生成氯化氢和二氧化硫气体。再通过过滤，固液分离，再进行进一步的纯化处理得到产品。

该过程的反应方程式如下：

$$2F-\underset{\underset{O}{\|}}{\overset{\overset{O}{\|}}{S}}-\overset{H}{N}-\underset{\underset{O}{\|}}{\overset{\overset{O}{\|}}{S}}-F+Li_2CO_3+SOCl_2\longrightarrow 2Li^+[F-\underset{\underset{O}{\|}}{\overset{\overset{O}{\|}}{S}}-N^--\underset{\underset{O}{\|}}{\overset{\overset{O}{\|}}{S}}-F]+SO_2\uparrow+CO_2\uparrow+2HCl\uparrow$$

但此反应主要缺陷在于：

① 其反应原理本质上是酸碱中和反应，双氟磺酰亚胺是质子强酸，和碱反应非常剧烈，会产生大量热量，因此反应过程需要在极低温度下进行，需要冷冻低温控制，大大增加了能耗成本。

② 酸碱中和反应中生成了等物质的量的水，而产品双氟磺酰亚胺锂在有水环境下极易分解，使用氯化亚砜难以完全去除水分，导致产品中水分残留、酸根离子、氯离子超标，难以得到高品质的产品。

③ 反应时间较长，产生三废较多。

四、双氟磺酰亚胺锂盐新工艺探索

近几年，随着锂电行业的高速发展双氟磺酰亚胺锂受到的关注度也越来越高，更多的研究者在合成路线的优化和工艺的改良上取得了很多成果，可供参考。

专利 CN108946686A 公开了一种双氟磺酰亚胺锂的制备方法：首先使用六甲基二硅氮烷和硫酰氟作为原料反应制备双氟磺酰亚胺酸，并同时得到副产物三甲基氟硅烷，再将上步得到的双氟磺酰亚胺酸与碱性锂反应生成双氟磺酰亚胺锂，反应结束后进行固液分离，可得到双氟磺酰亚胺锂的粗品，第三步将产生的副产品三甲基氟硅烷与氨气反应生成六甲基二硅氮烷作为原料循环使用。这种双氟磺酰亚胺锂的制备方法成本低、副产物少、后处理简单，具有工业化生产的潜力，但是，双氟磺酰亚胺酸和碱性锂的反应也属于酸碱中和反应，会产生水，难以避免双氟磺酰亚胺锂的遇水分解，因此，如何保证产品的品质和纯度需要进一步验证。

专利 CN113135555A 公开了一种双氟磺酰亚胺锂的制备方法：使用氮化锂和过量硫酰氟气体在有机溶剂体系中反应，得到双氟磺酰亚胺锂溶液和氟化锂固体的料浆，再进行固液分离，将所得液体进行搅拌结晶，得到结晶料浆，副产品也可经过处理得到高纯氟化锂。该工艺三废少、产品收集率及纯度高，但根据美国麻省理工全球变化科学院最新研究表明，其原材料硫酰氟散发到空气中会成为一种强效温室气体，且本身属于剧毒物质，其危害大于科学家先前的判断。

专利 CN105858626B 公开了一种双氟磺酰亚胺锂盐的制备方法：以芳香甲基胺与有机硼作为原料进行反应，再与卤族磺酰进行反应，得到含有磺酰的芳香甲基胺；再通过氢化还原反应得到双氟磺酰亚胺；最后用树脂锂进行离子置换反应，得到双氟磺酰亚胺锂盐。此发明在双氟磺酰亚氨锂盐的最后一步强碱反应中使用树脂锂离子交换技术打破以往常规方法，该方法具有反应过程简易、后处理简单、无须复杂工作，最后树脂锂可以循环使用等优点。但此反应存在工序步骤多，反应过程中产生的副产物需要去除，而且树脂锂造价昂贵等缺点。

专利 CN112645294B 公开了一种高纯双氟磺酰亚胺锂盐的制备方法：在双氟磺酰亚胺引入锂离子的反应过程中使用锂合金，在有机溶剂中和室温条件下反应生成双氟磺酰亚胺锂，其反应速率适中，不会产生其他副反应，且不用加入惰性气体，该反应产物纯度较高、制备工艺简单，对工业化也具有参考价值。

专利 CN112174101A 公开了一种高纯度双氟磺酰亚胺锂的制备方法：将氟化氢、双氯磺酰亚胺、氟化锂一锅法混合在一起，反应生成粗品双氟磺酰亚胺锂盐，然后用非极性有机溶剂溶解粗品双氟磺酰亚胺锂，再通过加热结晶，获取高纯度双氟磺酰亚胺锂，此方法优化了三步法的工艺流程，具有产品收率高、杂质少、工艺流程短、绿色环保的特点。

专利 CN113511639B 公开了一种双氟磺酰亚胺锂及其制备方法和应用：以氨气和三氧化硫作为原料合成亚氨基二磺酸，然后用氯化亚砜进行氯代反应而得到双氯磺酰亚胺，再依次进行氟化和锂化反应最终得到双氟磺酰亚胺锂，该反应优化了双氯磺酰亚胺的合成工艺，与传统工艺相比，原料简单、副反应少、三废少，容易产业化生产。

以氨基磺酸三步法路线工艺而言，整体原料成本占比较高，其中碱性锂受锂矿整体价格影响持续高涨，虽整体使用量相较氨基磺酸、氯磺酸和氯化亚砜等较少，但整体成本占比影响最大，相较氯磺酰异氰酸路线，氨基磺酸路线中氨基磺酸等原料可得性强，受上游非锂产品限制较小。

制备 LiFSI 氨基磺酸路线成本结构占比见图 12-7。

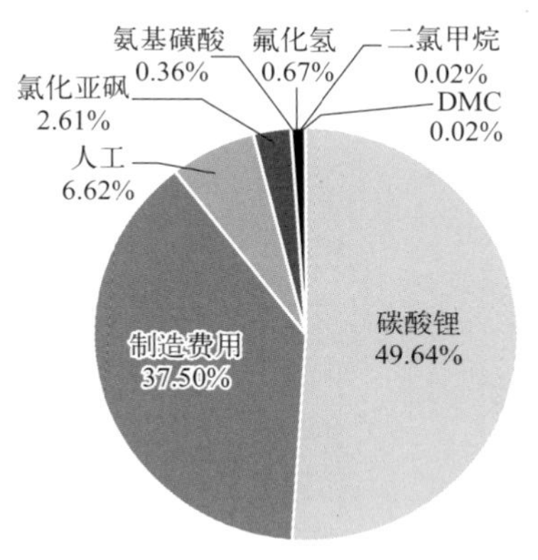

图 12-7　制备 LiFSI 氨基磺酸路线成本结构占比

资料来自华经产业研究院

异氰酸酯路线，原料氯磺酰异氰酸酯一般由氯化氰和三氧化硫反应得到，原材料行业规模相对较小，且氯磺酰异氰酸酯单价更高，制备反应条件苛刻，制备需要加入光气，光气作为第三类监控化学品，国家对其控制极严，光气生产资质获取难，扩产受限，后期大规模投产后光气生产资质将使氯磺酰异氰酸酯价格继续承压。

就异氰酸酯路线成本结构而言，相较氨基磺酸整体环保费用占比较高，制作费用和人工之间差距较小，但整体锂化原料成本仍是主要成本影响因素。对比天赐材料（氨基磺酸路线）和多氟多（异氰酸酯路线）原料和溶剂的进入产品量、循环量以及进入三废量整体利用率均高于 94%，部分原料单程转化率仍有提升空间，改进后可降低成本。

制备 LiFSI 氯磺酰异氰酸酯路线成本结构占比见图 12-8。

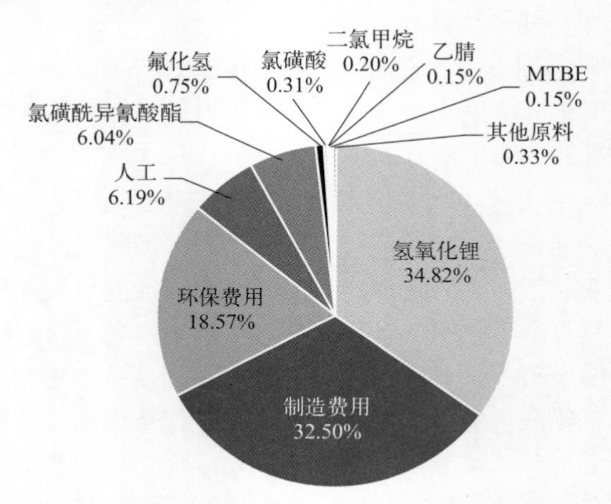

图 12-8　制备 LiFSI 氯磺酰异氰酸酯路线成本结构占比

资料来自华经产业研究院

按照降本方式，主要可分为三种类别：一是氯化和氟化环节通过更换原料或修改配比提升收率、利用率或降低环保费用，如采用氟气或无水氟化氢作为强氧化剂进行氟化并实现闭路循环，降低氟化成本，如双氯磺酰亚胺的合成原材料直接采用三氧化硫，而非使用氯磺酸，可以有效减少氯化氢废气的排放，降低环保成本；二是副产品无害化处理并梯级回收，降低生产成本，如回收副产二氧化硫将节省环保费用，回收副产氯化氢将节省二氯亚砜外购费用；三是规模化生产后能够进一步降本增效，数据显示，随着 LiFSI 规模化持续推动，单产制造费用可大幅度降低。

LiFSI 制备规模化成本变动简单测算见图 12-9。

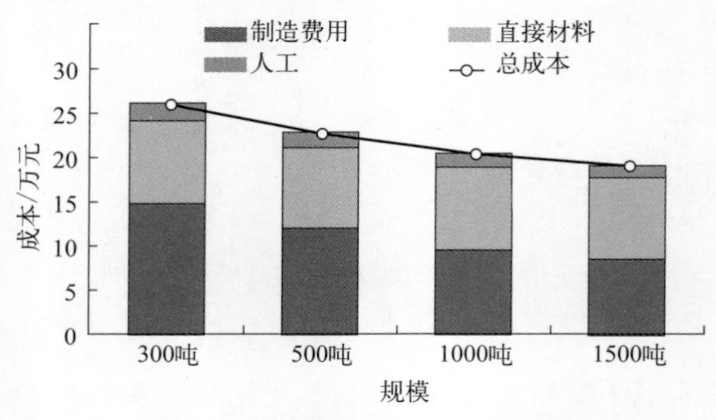

图 12-9　LiFSI 制备规模化成本变动简单测算

资料来自华经产业研究院

对于产品的专利数量变动情况而言，随着全球和国内相关企业和机构研发投入和专利公开量持续增长，数据显示，2022 年全球 LiFSI 专利新的公开数量达新高，为 454 个。国内而言，截至 2022 年 11 月初，共有 1041 个专利数量，占比全球专利数量一半以上。

2017—2022 年全球 LiFSI 专利申请及公开数量变动见图 12-10。2022 年全球 LiFSI 专利数量分布情况见图 12-11。

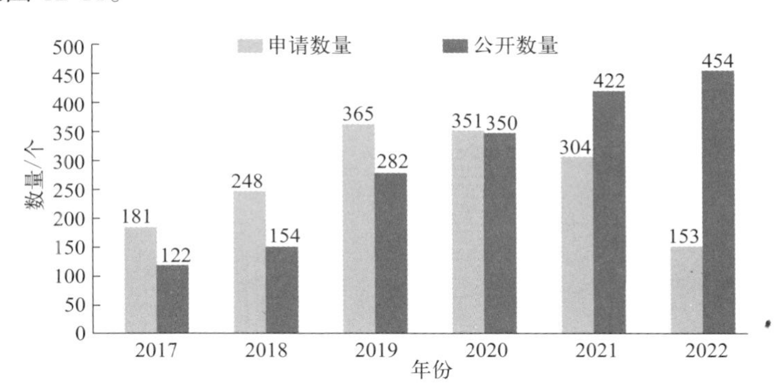

图 12-10　2017—2022 年全球 LiFSI 专利申请及公开数量变动

数据来自华经产业研究院

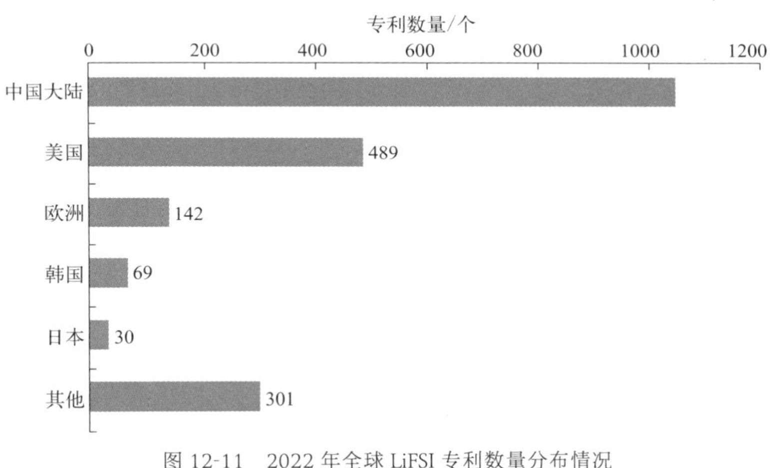

图 12-11　2022 年全球 LiFSI 专利数量分布情况

数据来自华经产业研究院

第四节
应用进展

受益于新能源汽车市场的增长，近年来锂电池出货量保持持续增长态势。根据高工锂电数据，2023 年中国锂电池总出货 885GWh，同比增长 34%。锂离子电池产量的上升带动上游锂离子电池材料行业的快速增长。2023 年全球锂离子电池电解液出货量达到 131.2 万吨，同比增长 25.8%，其中我国电解液出货量为 113.8 万吨，同比增长 27.7%，我国电解液出货量的全球占比继续提升至 86.7%。锂离子电池电解液锂盐及功能性添加剂作为锂离子电池电解液的重要组成部分，下游市场需求也保持快速增长。

受益于近几年全球新能源汽车产业的迅猛发展，动力电池需求迅速增长，从而带动电解液产量和出货量同比实现高速增长。预计 2024—2026 年全球电解液出货量将分别达到 179 万吨、227 万吨和 265 万吨。

2015—2023 年我国锂离子电池电解液出货量及同比增速见图 12-12。

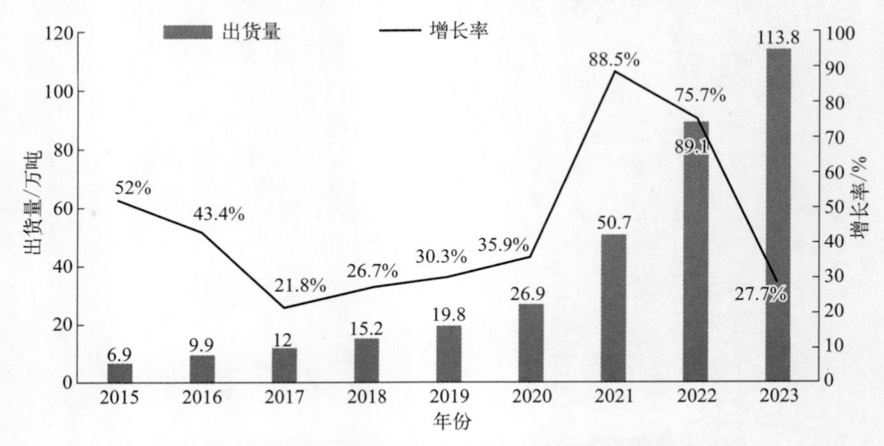

图 12-12　2015—2023 年我国电解液出货量及同比增速

数据来自 EVTank、国联证券研究所

提升锂电池的续航能力（即锂电池能量密度）一直是行业研究的重心之一。根据工业和信息化部与中国汽车工程学会于 2020 年发布的《节能与新能源汽车技术路线图》，2020 年我国纯电动汽车动力电池的能量密度目标为 350Wh/kg，2025 年目标为 400Wh/kg，2030 年目标为 500Wh/kg。但是我国现阶段三元锂电池的能量密度约为 200 ～ 300Wh/kg 之间，磷酸铁锂电池能量密度仅约为 180Wh/kg，与国家发布的能量密度目标差距较大。当前提高新能源电池能量密度的主要方式包括改善电解液性能、增加电池中正负极活性物质占比、提高正负极材料比容量、提高工作电压、减少电池配件重量等途径。其中，采用高镍的三元正极材料、改善电解液性能是未来提高动力电池能量密度的重要发展趋势。

目前，高镍的三元电池正极材料主要存在以下问题：

① 产气：镍离子具有较高的催化活性，正极材料中镍含量增加将催化电解液氧化分解。

② 破坏 SEI 膜：金属镍的活泼属性将导致正极表面镍离子溶出，破坏负极表面 SEI 膜，导致溶剂分子共嵌入，破坏电极材料。

③ 安全性较低：高镍三元电池目前最大的问题是安全性，镍元素发生反应后不仅破坏电池使用性能、改变电池的物理形态，而且由于放热等原因会导致电池短路。

为解决上述问题，采用高安全性、高能量密度的电解液替代普通电解液是未来的重要趋势。同时，若采用提高工作电压来提升新能源电池能量密度，则也需要匹配高压条件下的新型电解液。一方面，通过使用新型锂盐构建复合锂盐体系，可以适应更高的电压及工作温度，同时也可以提升在低温下的工作性能。另一方面，通过使用多类型的功能性添加剂，可以缓解电池正负极被破坏的问题，显著改善电池的性能。

第五节

发展建议

国家对未来新能源汽车的能量密度和安全性提出了更高的要求，将推动电解液往高压、高安全性的方向发展，为具有更高安全性的 LiFSI 带来发展机遇。如今，随着全球锂离子电池需求量的迅速扩大，电解液产销量加速增长，必将带动 LiFSI 的使用量逐年上升。无论是作为通用锂盐添加剂，还是直接作为核心溶质，LiFSI 的需求将呈现快速增长态势，市场前景十分广阔。

从产品质量方面来讲，目前规模化生产 LiFSI 质量仍存在一定波动，产品中除了金属阳离子、游离氟、游离氯外，硫酸根、氨基磺酸根、氟磺酸根等杂质的存在也可能造成电池性能下降，开发更加高效的提纯工艺是行业进步的一个重要举措。

从成本方面来讲，开发新的原料体系、反应体系，比如开发两步法的硫酰氟技术、微通道连续反应技术，以提升生产效率和物料利用率，将生产成本进一步压缩至与六氟磷酸锂相近甚至更低，从性能和价格两方面形成竞争优势，推动产品的进一步推广应用。

第十三章

钠离子电池关键材料

中国科学院物理研究所　陆雅翔　胡勇胜

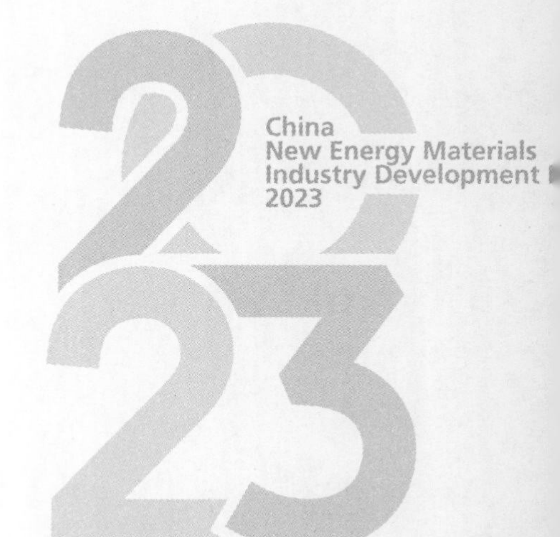

正极材料、负极材料和电解质材料是组成钠离子电池的三大关键要素，其直接决定着整个电池的成本。正极和负极材料的比容量、工作电压和循环稳定性直接决定着单体电芯的能量密度、循环寿命、功率输出以及安全性。固体电解质的开发是钠离子电池从液态走向固态的关键。钠离子电池的正极材料主要包括层状金属氧化物、聚阴离子化合物和普鲁士蓝类似物；目前被广泛研究的负极材料主要有无定形碳、嵌入型钛基氧化物、合金及转换类材料等。电解质作为连接正负极的桥梁，承担着在正负极之间传输离子的作用，是电池的重要组成部分。液体电解质即电解液仍以钠盐（如 $NaPF_6$）与碳酸酯或醚类溶剂构成的主体溶液为主，并使用添加剂弥补溶剂或钠盐存在的一些缺点，起到保护电极的作用。就固体电解质而言，目前的体系包括氧化物、硫化物、卤化物、聚合物和复合固体电解质。

第一节 正极材料

一、层状金属氧化物

层状金属氧化物是一类常见的钠离子电池正极材料，这种材料具有简单的合成工艺、高结晶度和高理论容量，因此备受研究人员的关注。它的通用化学式为 Na_xMO_2，其中 M 代表过渡金属或者其他掺杂元素，如 Ni、Co、Mn、空位等。通常过渡金属元素与周围六个氧形成 MO_6 的八面体结构组成过渡金属层，钠离子位于过渡金属层之间，形成 MO_6 多面体层与 NaO_6 碱金属层交替排布的层状结构。按照 Delmas 等人提出的层状结构分类符号，根据钠离子的配位环境和氧层的堆垛顺序不同，将 Na_xMO_2 层状氧化物分为 P2、O3、O2 和 P3 等相。其中大写的英文字母代表钠离子的配位构型（O 是 octahedral 的缩写，即八面体位置；P 为 prismatic 的缩写，即三棱柱位置），数字代表氧最少重复单元的堆垛层数（2 对应 ABBA...，3 对应 ABCABC...）。这种结构分类的优点是可以形象地描述不同的层状结构，缺点是并没有区分出具体的空间群和原子占位信息。文献中一般默认，O3、P2 和 P3 结构对应的空间群分别为 $R\bar{3}m$、$P6_3/mmc$ 和 $R3m$。图 13-1 所示为层状 Na_xMnO_2 化合物中 O3、P3、P2 和 O2 型结构示意图（a）和典型层状氧化物正极的充放电曲线（b）。

钠离子电池层状正极材料中最常见的是 O3 和 P2 两种结构，在特定合成条件下也可以得到 P3 结构，O2 通常为高脱钠态下的相变相，难以在原始结构中出现。O3 相层状氧化物一般有高的初始钠含量（约 1mol），能够脱出更多的钠离子，具有较高的容量。P2 相层状氧化物钠含量较低（约 2/3mol），但其具有较低的钠离子扩散势垒和开放的钠离子迁移途径，能够提升钠离子的传输速率和保持层状结构的完整性，具有优异的倍率性能和循环性能。中国科学院物理研究所首次引入“阳离子势”：

$$\Phi_{阳离子}=\frac{\overline{\Phi_{TM}}\,\overline{\Phi_{Na}}}{\overline{\Phi_{阴离子}}}$$

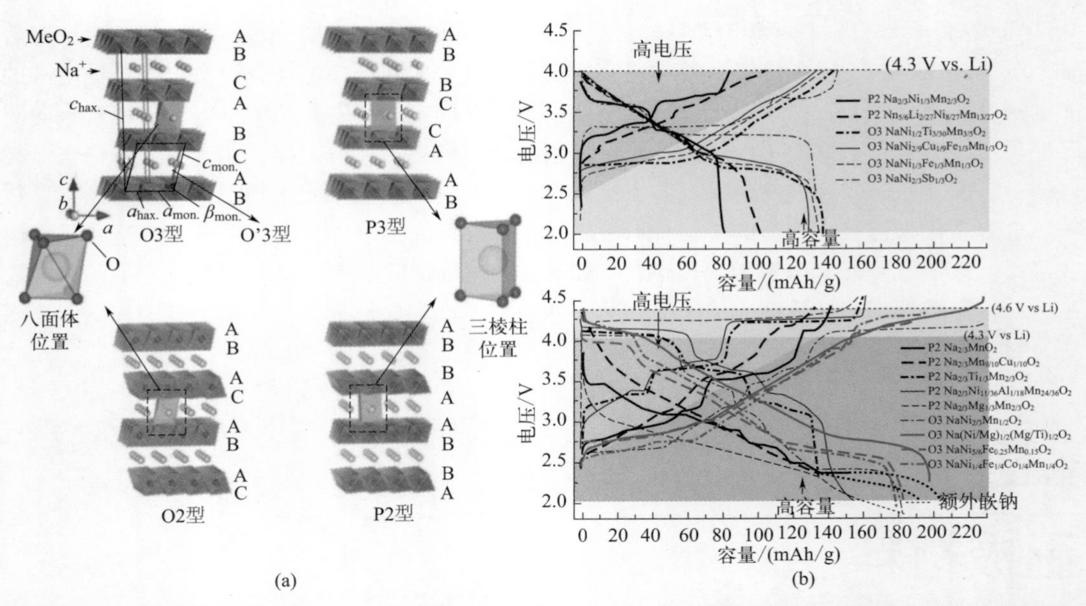

图 13-1　层状 Na_xMnO_2 化合物中 O3、P3、P2 和 O2 型结构示意图（a）和典型层状氧化物正极的充放电曲线（b）

该参数描述阳离子的电子云密度和极化程度，以指示 O3 型和 P2 型钠基层状氧化物结构之间的竞争关系，并绘制出能够区分这两种结构的“相图”。该研究工作不仅揭示了钠离子层状氧化物的成相规律，而且提供了预测和设计层状氧化物正极材料的新方法，为低成本、高性能正极材料的开发提供理论依据，为钠离子储能电池综合性能的提升提供精准指导。

与锂离子层状氧化物目前仅发现 Mn、Co 和 Ni 三个元素具有活性不同，Ti、V、Cr、Mn、Fe、Co、Ni 和 Cu 等元素在钠离子层状氧化物中均具有电化学活性且表现出多种性质。然而，一元材料的电化学性能普遍存在弊端，如相变复杂，或者在高电压下发生过渡金属离子迁移，结合多种过渡金属元素的特点，取长补短，是提升材料综合性能的有效方法。由于钠离子含量可以是一个变化的范围，再加上不同的过渡金属元素组合，使得钠离子层状氧化物拥有非常丰富的组成多样性，二元、三元甚至多元高熵层状氧化物正极材料相继获得报道。中国科学院物理研究所在国际上首次发现 Cu^{3+}/Cu^{2+} 在钠基层状氧化物中具有氧化还原活性，提出低成本 Cu 基层状氧化物正极，并提出高熵层状氧化物正极材料概念，通过调节局域结构并延迟相变，提升材料的循环稳定性。层状氧化物对钠的平均电压一般为 2.8～3.3V，Ni/Mn 体系可以达到 3.5～3.7V；其可逆比容量通常在 110～150mAh/g 范围内，Ni/Fe/Mn 混合体系可逆比容量达 190mAh/g。除此之外，阴离子氧化还原的引入，使进一步提高钠离子电池的能量密度成为可能，材料可逆比容量可提升至 270mAh/g。值得注意的是，当层状氧化物正极材料充电到高电压时，随着钠离子的脱出和空位的形成，其初始结构会遭受破坏而发生一系列的结构转变，例如晶体结构不可逆相转变，过渡金属层发生相对滑移引起层错，伴随姜 - 泰勒（Jahn-Teller）畸变的 Na^+/ 空位有序排布，过渡金属离子在层内或钠层迁移，阴离子不可逆氧化还原导致氧气析出等。这些不可逆结构转变是钠离子电池容量、电压衰减和循环稳定性下降的主要因素，也是目前层状氧化物正极材料研究需要攻克的主要问题。

二、聚阴离子化合物

聚阴离子正极材料因其具有较高的安全性和化学 / 电化学稳定性而备受关注。早期，研究者在一系列聚阴离子型材料中发现 $Na_{1+x}Zr_2P_{3-x}Si_xO_{12}$（$0 \leqslant x \leqslant 3$）具有快速的 Na^+ 离子输运通道，并将其命名为 NASICON［钠（Na）超（S）离子（I）导体（CON）］。随后，使具有氧化还原活性的 V^{3+} 离子取代结构中的 Zr^{4+}［$Na_3V_2(PO_4)_3$］，从而实现了结构中 Na^+ 的电化学可逆脱嵌。近年来，基于 Mn、Fe 等活性过渡金属元素的聚阴离子型正极材料同样得到了广泛的探索。

在报道的磷酸钒化合物中，钒原子可以采用不同的氧化态（从Ⅱ到Ⅴ）、配位数（从 6 到 4）和配位环境（八面体到四面体），从而衍生出多种基于钒的聚阴离子化合物（图 13-2）。$Na_3V_2(PO_4)_3$ 属于菱面体相 $R\bar{3}C$ 空间群，其中 V 处于三价态。作为正极材料，其理论比容量为 117.6mAh/g，工作电压为 3.4V（vs. Na^+/Na）。部分占据的 Na^+ 位点提供了快速的离子扩散通道，使材料表现出优异的倍率性能。由于 V 基化合物成本较高，$Na_3V_2(PO_4)_3$ 中 V 元素的过渡金属取代得到了广泛的研究。在 2016 年，研究者用 Fe、Mn、Ni 替代 V 合成了 $Na_4VM(PO_4)_3$（M=Fe、Mn、Ni）系列材料。与 $LiMnFePO_4$ 类似，$Na_4VM(PO_4)_3$ 的电极电势可以显著提高而不会导致容量损失。随后，研究人员集中精力提高 $Na_4VM(PO_4)_3$ 的电化学性能。然而，由于 V^{5+} 能够迁移到 Na 空位位点并阻断钠离子通路，$V^{4+/5+}$ 氧化还原对在 $Na_4VM(PO_4)_3$ 中是不可逆的。值得注意的是，用 Al^{3+}、Cr^{3+} 和 Ga^{3+} 等元素来取代 V^{3+}，一定程度上能够使 $V^{4+/5+}$ 氧化还原反应可逆，放电曲线中出现了位于 4.0V（vs. Na+/Na）的平台。然而，对此类主题的研究仍然有限，相关的机理仍旧不明晰。

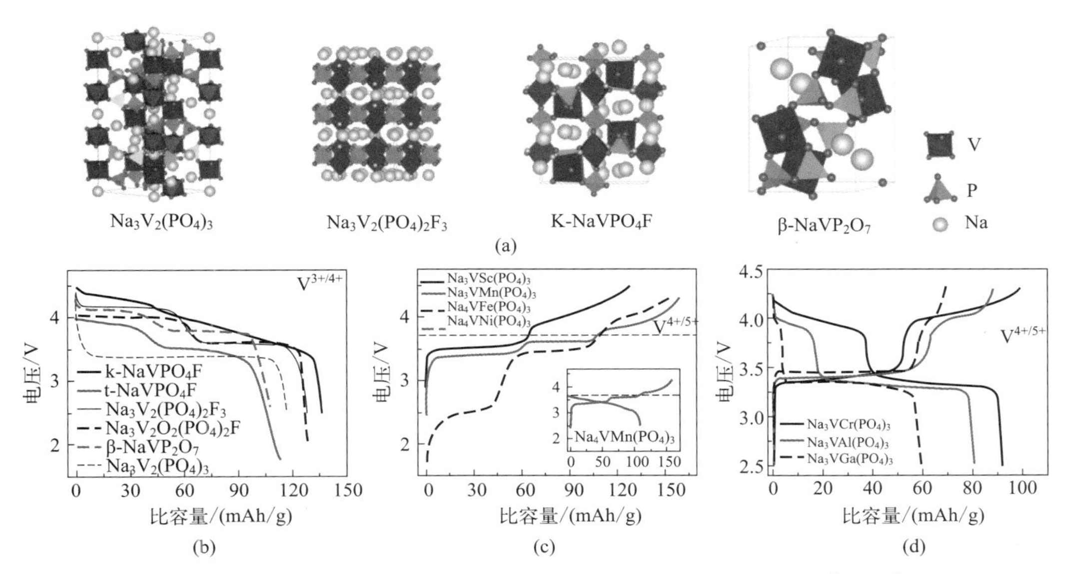

图 13-2 （a）晶体结构；（b）典型 V 基 NASICON 型正极材料的电压曲线；（c）V^{3+} 到 V^{5+} 的充电曲线，其中 $V^{4+/5+}$ 氧化还原对是不可逆的；（d）可逆 $V^{4+/5+}$ 氧化还原对反应的电压曲线

此外，受益于 F^- 更强的电负性，V-F 部分替代 V-O 可以显著提高 V 基正极材料的工作电压。近年来，报道了 $NaVPO_4F$、$Na_3V_2(PO_4)_2F_3$、$Na_3V_2O_{2x}(PO_4)_2F_{3-2x}$ 等含氟钒基聚阴离子

型正极材料。尽管上述正极的可逆比容量约为120mAh/g，但当V价超过+4时，晶体结构将崩溃。$Na_0V_2(PO_4)_2F_3$相以无序的方式容纳钠并且不能够随着Na^+的嵌入而返回初始结构。

2013年中国科学院物理研究所团队最早提出$Na_3MnTi(PO_4)_3$，2018年研究者在$Na_3MnTi(PO_4)_3$中成功实现了80mAh/g的放电容量。该结果证实$Mn^{2+/3+}$和$Mn^{3+/4+}$氧化还原对在2.5～4.2V的电压范围内可以被完全激活。相应的热力学平衡电位分别为约3.6 V和约4.0V。目前，已报到的富锰NASICON型正极材料（例如$Na_3MnTi(PO_4)_3$、$Na_3MnZr(PO_4)_3$和$Na_4MnCr(PO_4)_3$）都有着高的电极电势，但$Na_4MnAl(PO_4)_3$、$Na_3MnTi(PO_4)_3$和$Na_3MnZr(PO_4)_3$的电压曲线表现出初始容量衰减和电压滞后（$Al^{3+}<Ti^{4+}<Zr^{4+}$）。然而，富锰NASICON型正极在随后的循环中表现出出色的循环性能。这一结果意味着Mn基正极的失效机制与V基正极不同。经过细致的推证，发现Mn与Na空位的反占位缺陷形成能是影响Mn基NASICON型正极材料可逆容量的关键，并提出调控其缺陷形成能是解决上述问题的直接策略。对于高容量正极材料，研究者发现Cr^{3+}不仅可以激活$Mn^{2+/4+}$氧化还原对，而且$Cr^{3+/4+}$在$Na_4MnCr(PO_4)_3$中也具有电化学活性。因此，$Na_4MnCr(PO_4)_3$表现出150.3mAh/g的高可逆容量。但高工作电压和较差的稳定性限制了其应用，需要更多的研究来优化电化学性能。

中国科学院物理研究所揭示了锰基NaSICON型正极材料电压滞后的机理。首先从充放电行为的差异上入手，定义了聚阴离子材料中的两类缺陷：即在烧结过程中产生的本征反占位缺陷（IASD）和伴随充放电过程产生的衍生反占位缺陷（DASD）。通过光谱、结构表征和理论计算，在富锰NaSICON型材料［$Na_3MnTi(PO_4)_3$］中捕捉到Mn占据Na2（Wyckoff位置为18e）空位（Mn/Na2_v）的IASD。进而揭示了电压滞后的起因：Mn/Na2_v IASD阻断了Na^+扩散通道，导致了滞后的$Mn^{2+}/Mn^{3+}/Mn^{4+}$氧化还原反应，因此出现电压极化和容量损失。同时，探索了一种实用的策略来克服这种电压滞后现象，即通过在过渡金属位点掺杂Mo来增加IASD的形成能，从而降低缺陷浓度。最终，Mo掺杂$Na_3MnTi(PO_4)_3$的可逆比容量在0.1C下从82.1mAh/g增加到103.7mAh/g，并且在0.5C下循环600次后仍保留初始容量的78.7%（在2.5～4.2V的电压范围内）。这些结果对于理解更广泛的NaSICON型阴极的失效机制具有重要意义，并为开发低成本和高能量密度电池提供了途径。

得益于$LiFePO_4$的成功，铁基磷酸盐化合物在低成本聚阴离子型正极材料的研究中扮演着关键角色。Fe/Na的低成本和高资源丰度符合大规模储能装置的要求。然而，$NaFePO_4$的热力学稳定结构是电化学惰性的马云石相。此外，NASICON型化合物中$Fe^{2+/3+}$可逆氧化还原电对的电极电位约为2.4V（vs. Na^+/Na），这对于正极材料来说工作电位太低。随后，在结构中引入电负性较强的阴离子基团来提高Na-Fe-P-O体系的热力学平衡电势（例如$P2O7^{4-}$、F^-等）。2012年，研究者发现$Na_2FeP_2O_7$具有97mAh/g的高理论比容量，$Fe^{2+/3+}$氧化还原电对的热力学平衡电势提高到了约3.0V（vs. Na^+/Na）。然而，$P2O7^{4-}$的高相对分子质量导致其理论容量有限。随后，$Na_4Fe_3(PO_4)_2(P_2O_7)$被开发，其显示了高的理论容量（约129mAh/g）、平均放电电位约3.1V（vs. Na^+/Na）。此外，$Na_2Fe_2(SO_4)_3$、Na_2FePO_4F等也被认为是优异的候选材料。

对于具有电化学活性的元素，除了上述报道的3d过渡金属元素氧化还原对之外，4d元素也有报道。2018年，$NaMo_2(PO_4)_3$实现了基于$Mo^{3+/4+}$氧化还原电对的可逆电化学循环，在2.45V的平衡电位下理论比容量为98.2mAh/g。同样$Nb^{4+/5+}$、$Ti^{3+/4+}$、$Zr^{3+/4+}$和$Cr^{3+/4+}$等氧化还原对的可逆反应均有报道。然而，上述化合物的热力学平衡电势要么太低要么太高，无法作为正极材料使用，相关研究仍处于起步阶段。

三、普鲁士蓝类似物

普鲁士蓝类似物（PBAs）由于成本低廉、合成简便、电化学性能优越等优点，成为了钠离子电池领域的研究热点。PBAs 的本质是一种金属有机骨架材料，其分子式可表示为 $A_xP_J[R_K(CN)_6]_{1-y} \cdot zH_2O$（$0 \leqslant x \leqslant 2$，$0 \leqslant y < 1$），其中 A 代表碱金属离子，P 和 R 分别为与（C≡N）一相连的过渡金属离子，y 是 $[R_K(CN)_6]$ 基团晶格缺陷的空位分数，z 代表水的数量。这类化合物主要具备以下优点：①具有较高的比容量，通过可逆的双电子反应，其理论比容量可达 170mAh/g；②具有开放的三维离子扩散通道，有利于 Na^+ 的快速嵌入 / 脱出，可实现高倍率性能；③具有良好的循环稳定性，在 Na^+ 嵌入 / 脱出的过程中，材料形变小；④成本低廉，可通过简单的共沉淀方法制备，原材料易获得；⑤具有高度可调的材料设计性，可适应于不同的应用场景。

通过调控 A/P/R 的不同种类和比例可以得到不同类型的 PBAs，其结构通常包括：单斜相、菱形相、立方相、四方相和六方相。其中，最常见的晶体结构为面心立方结构（空间群为 $Fm\bar{3}m$）。R—C≡N—P 键交替连接形成了一个 3D 的开放性骨架，嵌入的碱金属离子 A^+ 和间隙结晶水（沸石水）则处于立方体空隙之中。图 13-3 中展示了 PBAs 的结构。随着充放电的进行，碱金属离子从 PBAs 中嵌入 / 脱出，引起材料可逆的形变，是 PBAs 拥有良好循环稳定性的根源。

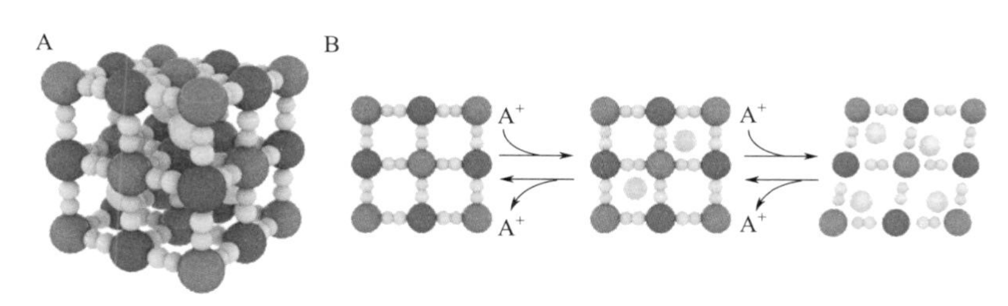

图 13-3　PBAs 的晶体结构和它在充放电中的变化

由于铁氰化物结构稳定，前驱体简单易得，PBAs 的研究多集中于铁氰化物 $A_xP[Fe(CN)_6]$，可简写为 PHCF 或者 MFe-PBAs。与 R 位相比，P 位享有更丰富的元素取代种类。根据 P 元素是否拥有氧化还原活性，可以将 PBAs 分为单电子转移类型（SE-PBAs，如：NiFe-PBAs，ZnFe-PBAs，CuFe-PBAs）和双电子转移型（DE-PBAs，如：FeFe-PBAs，MnFe-PBAs，CoFe-PBAs）。SE-PBAs 具有优异的循环稳定性和倍率性能，但因为 P 位不具有电化学活性，充放电曲线仅有一个平台，输出比容量仅约 60mAh/g，研究多集中于传统水系电池，其反应电位约 1V vs SHE。相比之下，Fe、Mn 和 Co 在有机电解液的稳定电窗口内具有电化学活性，允许材料充分利用晶体结构来存储 Na^+，获得双电子反应的总容量约 170mAh/g。然而，这些正极的循环寿命通常较短，P 位离子氧化状态改变往往会引起较大的晶体结构形变，致使材料的结构整体性丧失，电化学性能恶化。其中 Mn^{3+} 会引起强烈的 Jahn-Teller 畸变从而使材料扭曲；而高自旋的 Co^{2+} 转变为低自旋的 Co^{3+} 时，其离子半径会从 0.745Å 降低到 0.545Å，引起材料整体的体积形变。此外，材料内部的结构水往往会在高电位下脱出材料内部引起有机电解液的副反应，侵害电池的长期循环稳定性。因此，SE-PBAs 可忽略的结构变形和高导电性使其成为快速充电和长寿命器件的理想选择。DE-PBAs 的高平均电压和高容量优势使其在高能量密度器件（材料层面上≈ 450Wh/kg）方面很有前途和竞争力，甚至可以达到 $LiFePO_4$ 的水平。综合两者的优势，目前往往通过在 P 位点掺杂多种元素，以便在保持较高容量的同时限制住材料在充放电过程中晶胞参数变化，从而制备出兼具高能量密度和长循环寿命的绝佳材料。

除了常见的铁氰化物以外，当 Mn、Cr 和 Co 占据 R 位点时同样具有氧化还原活性。其中 MnMn-PBAs 可实现三个钠离子的可逆嵌入 / 脱出，比容量达到 209mAh/g。但合成条件比较苛刻，需要在黑暗且充满 N_2 的手套箱中合成。而 MnCr-PBAs 和 CrCr-PBAs 由于其氧化还原电位均低于 0V vs. SHE（相对标准氢电极），且均在高浓盐的水系电解液窗口以内是合适的水系钠离子电池的负极材料。此外，FeCr-PBAs 和 CoCo-PBAs 这两种电极材料虽然有氧化还原活性，但在材料循环的过程中无法维持普鲁士蓝类的晶体结构。探索更多可以长期稳定使用的普鲁士蓝类电极材料仍是未来的研究方向。

第二节 负极材料

理想的负极材料应该具备较高的储钠比容量、较低的工作电压、首周库仑效率高、良好的结构稳定性、适宜的界面状态和快速的离子迁移扩散能力。目前被广泛研究的钠离子电池负极材料主要包括无定形碳、嵌入型钛基氧化物、合金及转换类材料等，见图 13-4。

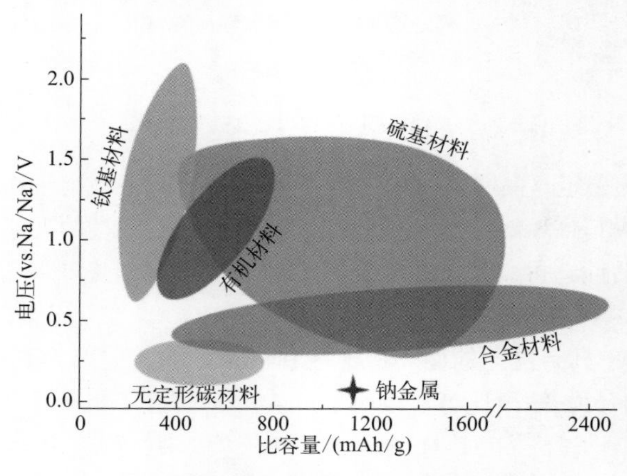

图 13-4　钠离子电池负极材料的分类

一、无定形碳负极材料

无定形碳材料是由碳原子层的六方晶格通过弱范德华键堆叠而成的 sp^2 碳的多晶型物。

与石墨不同的是，由于其结构无序以及内部缺陷、杂原子和纳米孔隙的存在，使得无定形碳材料有较多的储钠位点和高的比容量，并且为 Na^+ 的嵌入脱出提供了充足的空间。通常根据石墨化的难易程度主要分为硬碳与软碳两种，在高于 2000℃易形成石墨化结构的碳称为软碳，高于 2000℃也难以石墨化的则为硬碳。从典型的硬碳、软碳和石墨的结构和比容量对比图可以看出，三种材料的微观构型和电化学性能有着明显的差别。硬碳材料在同等热解条件下无序度较高，碳层间距较大且含有丰富的缺陷和纳米孔隙结构，其（002）衍射峰相比于软碳材料发生了明显的左移和宽化，但面内衍射峰如（100）峰与软碳非常接近，说明结晶度较低且结构无序，所以其储钠容量较高。然而相比于硬碳，软碳材料有较强的（002）衍射峰且峰宽变窄，表明有序度升高、碳层间距减小，并且软碳的产碳率更高、成本更少但容量往往也差于硬碳材料。这些特征结构的差别与前驱体的种类和热解温度密切相关。每个前驱体都以不同的方式分解，通过碳的迁移以及氢和杂原子的释放或重排形成新的键和空位。硬碳主要通过固相碳化产生，产物孔隙数量多、比表面积大以及杂元素含量高，而软碳则是通过芳族化合物或聚合物的气相或液相碳化产生，这一过程通常导致基本上无孔碳。常见的硬碳前驱体主要有生物质、酚醛树脂和脲醛树脂等，而软碳前驱体主要包括沥青、无烟煤和石油焦等。

不同的碳材料由于其微观结构差异也会导致其储钠行为受到不同程度的影响。软碳的充放电曲线仅表现出纯斜坡型，其斜坡容量主要来源于结构表面的缺陷位点和杂原子的吸附和赝电容反应。一般而言，纯斜坡型电化学曲线的无定形碳材料具有较快的反应速率且倍率性能好，在半电池测试中金属钠也不易析出。相比之下，硬碳的电化学行为相对比较复杂，其充放电曲线包含高电位斜坡段（$>0.1V$ vs. Na^+/Na）和低电位平台段（$<0.1V$ vs. Na^+/Na）。其中平台段大多由扩散控制的法拉第反应为主，动力学曲线相较以表面赝电容反应为主的斜坡段缓慢，且较低的嵌钠电位使其在高倍率下更容易产生析钠现象。但由于硬碳结构的不确定性和复杂性以及现有表征技术的局限性，斜坡段和平台段的储钠机理一直存在着争议。

近十几年来，研究人员通过选择合适的前驱体材料和碳化条件或通过球磨、低温碳化、杂原子掺杂等方法增加结构中缺陷和杂原子的含量，或通过制造和优化闭合的纳米孔隙结构来将提高无定形碳负极的电化学性能。例如中国科学院物理研究所提出利用煤作为前驱体制备高性价比的无定形碳能负极材料。目前，通过调控合适的微观结构开发了一系列具有超高容量（高于 400mAh/g）的碳负极材料。有研究者通过调控筛分碳材料的入口直径，阻碍纳米孔内部 SEI 的形成从而促使钠簇产生平台，并得到了创历史新高的 400mAh/g 的平台容量。还有的通过氧化锌辅助的体相刻蚀策略，抑制了石墨微晶的过度生长、扩大了层间距也优化了孔结构，因此所制备的硬碳微球在 0.05A/g 下有 501mAh/g 可逆容量。然而目前所报道的超高容量的无定形碳负极材料极其有限且操作复杂，难以适应商业大规模的生产。因此，开发价格低廉、性能优异且制备简便的高容量碳负极任重而道远。

二、嵌入型钛基氧化物负极材料

钛基材料因其具有合适的工作电压、稳定性高和环境友好等特点，也是备受研究人员的关注。其与碳基负极材料类似，多为嵌入型反应机制，主要包括钛基氧化物［如 TiO_2、

$Na_2Ti_3O_7$、$NaTi_2(PO_4)_3$ 等］和钛基非氧化物（如钛基硫化物和碲化物等）。TiO_2 因嵌入电位适中约为 0.6V（vs. Na^+/Na）可以消除钠枝晶问题且无毒、稳定性高。然而，TiO_2 含有多种晶型，但只有锐钛矿、金红石、非晶态和 TiO_2-B 作为钠离子电池负极材料才具有电化学活性。此外，形貌调控对 TiO_2 类负极非常关键，不同的 TiO_2 晶体尺寸可以影响表面 SEI 从而影响材料的首周库仑效率。$Na_2Ti_nO_{2n+1}$（$2 \leqslant n \leqslant 9$）化合物也是一类被广为研究的负极材料，这类材料合成简便，且拥有层状或隧道状结构，利于钠离子的储存与扩散。其中最具代表性的 $Na_2Ti_3O_7$ 具有单斜层状结构，钠离子占据层间位置从而可以实现层间的嵌入和脱出。该材料拥有 0.3V 左右的储钠电位和 200mAh/g 的高可逆比容量，但是该材料往往因其较低的导电性从而限制了其首周库仑效率、倍率和循环性能。一般可通过杂原子掺杂、碳负载和形貌优化等策略有效改善其综合的电化学性能。

三、合金及转换类负极材料

合金及转换类负极是通过发生合金化形成多种的钠金属合金相或发生转换反应来储钠。可与钠发生合金反应的金属包括第Ⅳ主族和第Ⅴ主族的金属和非金属元素，其中对于 Sn 和 Sb 基的合金材料研究得较为深入。与合金反应类似还有一类负极材料，一般为金属氧化物、磷化物、硫化物等，如 Sn_4P_3、SnS、Sb_2O_3 等，这类材料往往与钠离子先发生转化反应，生成对应的金属和钠的化合物，生成的金属再进一步与钠发生合金反应生成钠的合金。这类材料在储钠时因可以同时利用转换反应和合金反应，其理论比容量相比纯合金负极材料往往更高。相比于碳基材料或钛基材料的嵌入式反应，合金及转换反应所能转移的电子数更多，因此其储钠容量远远高于碳基负极材料，再加上其相对较低的反应电势，一直以来也备受人们关注。然而，该类负极材料因反应过程中巨大的体积变化，从而导致电极材料粉碎，并且循环过程中频繁的体积变化也会使 SEI 反复的形成和破裂，电解液消耗快，容量衰减严重，循环稳定性差，极大地限制了其实际应用前景。此外，一些由 Si 和 P 元素组成的非金属合金负极也表现出相对较低的导电性和较差的倍率性能。通常采用纳米化、引入缓冲基体材料等方法在一定程度上缓解合金的体积膨胀，优化黏结剂，并通过纳米工程增加活性位点减小 Na^+ 的扩散距离从而也能减小膨胀和应力。另一方面，合金类材料的成本相比碳基材料更高，对以低成本取胜的钠离子电池而言也是一大问题，未来在解决其循环性能和降低成本方面依然面临巨大挑战。

第三节
固体电解质材料

与传统有机电解液相比，固体电解质具有固有的不燃性、更宽的电化学稳定窗口和更好的热稳定性，有利于电池安全性能的进一步提升。不同固体电解质的离子电导率对比见图 13-5。

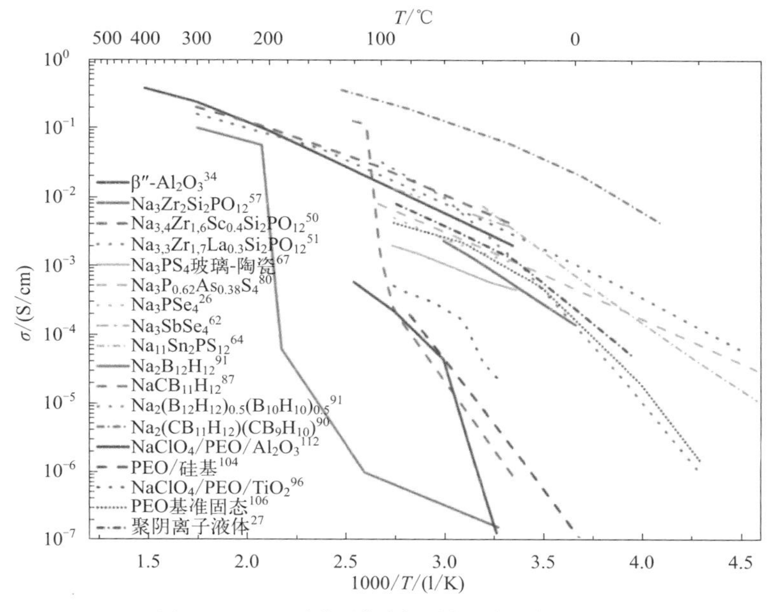

图 13-5　不同种类固体电解质离子电导率对比图

一、氧化物固体电解质

氧化物钠离子固体电解质的研究主要集中在两种类型，即尖晶石结构的 Na-beta-Al_2O_3 和 NASICON 型的 $Na_{1+x}Zr_2Si_xP_{3-x}O_{12}$（$0 \leqslant x \leqslant 3$）。Na-beta-$Al_2O_3$ 用于固态钠电池时性能优异，室温电导率可达 2×10^{-3}S/cm，但较高的合成温度（1200 ～ 1600℃）可能会限制其大规模应用。NASICON 型具有高的室温离子电导率，优异的化学稳定性、热稳定性、空气稳定性，以及易制备合成，原料便宜等优点。NASICON 的刚性 3D 共价框架由相互连接的多面体组成，其中角共享 MO_6 八面体和 XO_4 四面体构成所谓的灯笼单元，这些 XO_4 连接的灯笼沿 C 轴形成无限的带状，形成足以容纳每个结构式多达 5 个碱阳离子的间隙位点，为移动离子提供传导隧道。NASICON 的晶体结构随其组成而变化，从菱形、单斜晶系、三斜晶系、斜方晶系、朗贝尼石、石榴石和 SW 型到刚玉状。针对 NASICON 固体电解质的研究主要是通过元素掺杂不断提升离子电导率，经掺杂改性后的室温电导率最高可达 5.27×10^{-3}S/cm。具体途径有：用低价元素替换高价元素并提升钠离子的浓度维持电荷平衡；掺杂元素扩大传输“瓶颈”的尺寸，降低迁移能垒，进而提升离子电导率；调控晶界组成提升晶界离子电导率，进而提升整体的离子电导率。NASICON 型氧化物固体电解质优异的离子导通性能和高的稳定性使其具有良好的应用前景，但降低电极和电解质之间固 - 固接触的界面阻抗是亟待解决的问题。

二、硫化物固体电解质

基于硫化物的固体电解质含有至少一种或多种来自第 16 族元素的硫族元素，例如 S 和

Se（但不包括 O），它们与来自第 14 或 15 族元素的原子建立共价键，例如 P、Sb、Sn 等。形成的聚阴离子多面体，例如，$(PS_4)^{3-}$、$(SbS_4)^{3-}$ 和 $(SnS_4)^{3-}$，构建离子导体的骨架框架从而移动 Na 驻留在间隙。硫化物基导电骨架中的 Na 扩散本质上比氧化物基导电框架中的 Na 扩散快，这是由于 S 离子半径较小，Na 输运途径中的瓶颈和迁移通道扩大来实现。与 O^{2-} 相比，硫化物骨架与 Na 离子之间的静电力较弱，因为 S^{2-} 的电负性较低。此外，硫化物 SE 以其简单和低温的制造要求而闻名，以及它们在较低的晶界电阻和与电极更紧密的接触方面具有出色的变形性，从而降低了界面电阻。此外，硫化物 SE 以其简单和低温的制造要求而闻名，以及它们在较低的晶界电阻和与电极更紧密的接触方面具有出色的变形性，从而降低了界面电阻。然而，发现仅仅冷压硫化物 SE 仍然在其致密组分中留下空隙，不利于其电化学性能。另一方面，硫化物 SE 在空气中被认为是极不稳定的，因为它们在暴露于湿气时会水解，从而释放有毒气体 H_2S 并导致离子电导率急剧下降。

三、卤化物固体电解质

卤化物固体电解质因较强的抗氧化性，良好的变形性和较高的离子电导率等优点被认为是另一类重要的固体电解质材料。早期研究发现的卤化物电解质（LiX，X = F、Cl、Br、I）因室温离子电导率低（10^{-8} ～ 10^{-6}S/cm）而未引起重视。2018 年，Asano 等人采用高能球磨结合高温退火首次合成了室温锂离子电导率可达 10^{-4}S/cm 的 Li_3YCl_6 和 Li_3YBr_6，其他研究者相继报道了 Li_3ErCl_6、Li_3InCl_6、$Li_{3-x}M_{1-x}ZrCl_6$（M = Y、Er、Yb）和 Li_xScCl_{3+x} 等卤化物电解质材料。目前钠离子卤化物固体电解质的研究仍十分有限，主要有富钠反钙钛矿（Na_3BX）型，$Na_{3-x}MCl_6$ 型和尖晶石 Na_2MCl_4 型等。富钠反钙钛矿 Na_3OCl 具有与 Li_3OCl 相似的离子传导能力且晶体结构更稳定、原材料更丰富，但目前还存在加工性和稳定性差等问题。研究表明通过 I 取代 Cl 来扩大 Na_3OX 晶体内部的离子传输空间，可降低离子输运能垒并提高离子电导率。Na_3MCl_6（M =Y、Er）、Na_2ZrCl_6 或 Zr- 取代的 $Na_{3-x}M_{1-x}Zr_xCl_6$（M=Y、Er）已有文献报道，其中三方晶系 P31c 相的离子电导率可达 10^{-5}S/cm，通过对缺陷种类和比例的优化可进一步提升离子电导率。尖晶石 $Na_2Y_{2/3}Cl_4$ 的离子电导率为 0.94mS/cm，在室温下具有三维各向同性扩散网络，但其电化学窗口为 0.59 ～ 3.76V 仍较窄。

四、聚合物固体电解质

聚合物固体电解质通常由两部分组成，即聚合物基体和溶解于其中的钠盐。自 1973 年发现基于固体聚环氧乙烷（PEO）的电解质以来，已经测试了各种聚合物主体，包括聚碳酸酯（例如，聚碳酸亚乙酯、聚碳酸亚丙酯、聚碳酸乙烯酯）、聚酯、聚腈（例如聚丙烯腈 PAN）、聚胺（例如聚乙烯亚胺）和聚偏二氟乙烯（PVDF）及其共聚物。PEO 具有非常低的玻璃化转变温度（T_g，大约 -64℃），与其他聚合物相比，它是一种良好的钠离子络合剂。类似于钠离子与 PEO 的氧配位，聚碳酸酯基和聚酯基聚合物电解质可以通过羰基和 / 或醚氧与钠离子配位，并在一定程度上表现出相似的特性。PAN 比 PEO 更刚性且具有更高的 T_g，含氮基团可以作为路易斯碱并与钠离子配位和溶剂化。PVDF 及其共聚物已广泛用于凝胶电解质中，其吸收大量液体电解质，并作为电极中的黏结剂。作为聚合物主体，通常具有低 T_g 值的高度氟化聚合物 PVDF 也很受关注，因为它们的高介电常数会促进离子解离和分离。PEO 基聚合物电解质是研究最早且最多的体系，具有质量轻、黏弹性好、易成膜、电化学窗口宽、化学稳定性好等诸多优点。其离子传输主要发生在无定形区域，因此对它的研究主要集中于降低 PEO 结晶度，例如通过共混、共聚、交联，添加无机纳米颗粒（如纳米 SiO_2、Al_2O_3、TiO_2 和 ZrO_2）或与陶瓷电解质复合等，以提升室温离子电导率。除上述三种电解质体系之外，通过固液复合或是原位固化等策略，增加电极界面浸润性，降低界面电阻也是研究的热点。

五、其他固体电解质

为了兼顾无机固体电解质高的离子电导率、优异的抗氧化性和有机聚合物固体电解质优异的界面柔性，无机 - 有机复合电解质也是研究的一大方向。最近，中国科学院物理研究所通过将四氯铝酸盐（例如 $NaAlCl_4$）中的部分氯原子替换为氧原子，成功将室温下易碎的熔盐转化为具备类似有机聚合物变形能力的黏弹性无机玻璃（$NaAlCl_{4-2x}O_x$，NACO），这种材料在室温下可以实现多次弯曲和折叠。更为重要的是，这类固体电解质材料不仅具备有机聚合物优异的变形能力，还继承了传统无机电解质的特点，如耐受高电压（4.3V）和高离子电导率（$>$ 1mS/cm）。这一优势成功解决了固态电池正极界面在力学和化学上的稳定性难题，首次实现了真正室温下无须外界压力（$<$ 0.1MPa）即可正常运行的无机全固态电池。此外，这种新型固体电解质材料的制造成本极低，其核心成分为地壳丰富的铝元素，材料成本仅为 1.95 美元。而且由于这类固体电解质材料的熔点低于 160℃，因此在适当的加热条件下，可以像液体一样浸润多孔电极，实现超过 20mg/cm² 的商业正极面载量。同时，这类材料因具备类似有机聚合物的延展性，可以通过辊压等方法制备大面积的电解质薄膜。该非晶黏弹性无机玻璃为固体电解质材料的研究开辟出了一个崭新的方向。

第四节
产业发展现状

全球致力于钠离子电池研发的企业包括英国 Faradion 公司、法国 Tiamat、美国 Natron Energy、日本岸田化学等。自 2017 年我国首家致力于钠离子电池研发的中科海钠科技有限公司成立以来，钠创新能源、星空钠电等公司相继成立。近年来，许多初创公司也都在进行钠离子电池产业化的相关布局。同时大量传统锂电池企业及研究机构也正在进行钠离子电池技术研究及产业布局。由此可见，钠离子电池已成为世界各国竞相发展的储能技术。表 13-1 所示为我国钠离子电池产业主要企业。

表 13-1 我国钠离子电池产业主要企业

产业链	名称	备注
专注于钠离子电池材料与电芯企业	中科海纳	2017 年成立，开发氧化物正极材料、碳负极材料和电芯
	钠创新能源	2018 年成立，开发氧化物正极材料
	星空钠电	2018 年成立，开发普鲁士蓝正极材料、负极材料和电芯
	众钠能源	2021 年成立，开发硫酸盐正极材料
	超钠新能源	2021 年成立
	上海璞钠能源科技有限公司	2022 年在上海金山区开始开发磷酸盐正极材料和电芯
	深圳珈钠能源	2022 年成立
锂离子电池企业布局钠离子电池	宁德时代	2021 年 7 月 29 日发布钠离子电池技术
	容百科技	2020 年开始钠离子正极材料小试
	振华新材料	2022 年开始建设钠离子正极材料万吨级生产线
	璞泰来	已积极进行钠离子电池负极材料的相关研发和布局工作
	翔丰华	针对钠离子电池开发了高性能硬碳负极材料，目前正在相关客户测试中
	多氟多	2018 年开始钠离子电池电解质盐 $NaPF_6$ 小试
	鹏辉能源	2021 年公司已经做出钠离子电池样品（采用磷酸盐类钠正极与硬碳体系负极），6 月份进行中试
	欣旺达	拥有钠离子电池补钠的方法、钠离子电池及其制备方法等多项专利

层状金属氧化物因为其制造方法简单具有较高的比容量特点因此受到研究者的青睐。英国 Faradion 公司较早开展钠离子电池技术的开发及产业化工作，推出镍基层状氧化物类正极（$Na_aNi_{1-x-y-z}Mn_xMg_yTi_zO_2$）的钠离子电池，比能量达到 140Wh/kg，电池平均工作电压 3.2V，在 80%DOD（放电深度）下的循环寿命预测可超过 1000 周，2021 年底被印度信实工业公司以 1 亿英镑收购。钠创新能源有限公司制备的 $Na[Ni_{1/3}Fe_{1/3}Mn_{1/3}]O_2$ 三元层状氧化物体系的钠离子软包电池比能量为 100 ～ 120Wh/kg，循环寿命达 2500 周。中国科学院物理研究所于 2011 年开始从事低成本、安全环保、高性能钠离子电池的研究与技术开发，研制出铜基层状氧化物正极材料和无烟煤基负极材料，目前已经在正极、负极、电解质、黏结剂等关键材料方面申请了 80 余项发明专利（包括多项美国、日本、欧盟专利）。2015 年开始试制钠离子软包电池，之后持续推进工程化进程，并于 2015 年底实现了 10 公斤级电极材料试制，2016 年实现了钠离子电池软包电池和圆柱电池的小批量制造。在发现和解决实际生产中所面临问题的过程中，进一步加深了对钠离子电池性能的理解并积累了一些前期研制经验。2017 年 2 月致力于开发低成本、高性能钠离子电池的北京中科海钠有限责任公司成立，有序推进关键材料放大制备和生产、电芯设计和研制、模块化集成与管理，已建成钠离子电池正负极材料千吨级中试线及 GWh 级电芯生产线，研制出软包、铝壳及圆柱电芯。研制出的钠离子电池比能量超过 140 ～ 155Wh/kg，平均工作电压 3.1V，循环寿命可达 2000 ～ 6000 周，首周充放电效率达到 86.5%；55℃放电容量保持率为 99.112%，−20℃放电容量保持率为 88.311%，高、低温放电性能良好；5C/5C 倍率容量是 1C/1C 倍率的 90.2%，倍率性能

优异；满电态电芯 60℃存储 7 天，荷电保持率：91.6%，荷电恢复率：99.4%；满电态电芯 85℃存储 3 天，荷电保持率：93.9%，荷电恢复率：99.9%；在 2C/2C 倍率下循环 4500 周后容量保持率为 83%，循环性能优异。通过了一系列针刺、挤压、短路、过充、过放等适用于锂离子电池的安全测试，安全性能满足 GB/T 31485—2015 要求。2017 年底，研制出钠离子电池（48V，10Ah）驱动的电动两轮车；2018 年 6 月，推出了全球首辆钠离子电池（72V，80Ah）驱动的低速电动汽车；2019 年 3 月，发布了世界首个 30 kW/100 kWh 钠离子电池储能电站；2021 年 6 月推出了全球首套 1MWh 钠离子电池储能系统，2022 年以中科海钠为代表的我国钠离子电池企业开始陆续投放正负极材料千吨级、1GWh 电芯生产线，中长期规划产能超过 100GWh，在全球范围内率先实现了钠离子电池材料和电芯的量产，钠离子电池产业化元年正式开启。2023 年中科海钠在“第二届全国钠电池研讨会”上发布了圆柱、方形三款钠离子电芯（图 13-6），与思皓新能源联合打造的 A00 级思皓花仙子新能源汽车首次应用蜂窝电池技术的钠离子电池包（图 13-7），该款车的续航里程为 252km，电池容量为 25kWh，快充充电时间为 15 ～ 20min。与锂离子电池相比，钠电的能量密度已接近于磷酸

图 13-6　中科海钠科技有限公司推出的三款钠离子电芯产品

铁锂电池 120 ～ 180Wh/kg 的水平，从长期发展空间来看，钠电的能量密度提升及降本均具有较大挖掘空间，未来在能量密度要求不高的短续航电动汽车领域具备挑战磷酸铁锂电池的潜力。此外，在钠离子电池产品研发制造、标准制定以及市场推广应用等方面的工作正在全面展开，钠离子电池即将进入商业化应用阶段，相关工作已经走在世界前列。

图 13-7　行业首台钠离子电池 A00 级新能源车公开亮相

聚阴离子型材料具有开放的框架使其具有开阔的钠离子扩散通道和较高的工作电压同时较强的共价键使得材料的热稳定性较好以及在高电压时的抗氧化性好。目前研究比较多的聚阴离子型材料主要有磷酸盐、氟磷酸盐和硫酸盐等。法国 Tiamat 公司以氟磷酸钒钠类［$Na_{3+x}V_2(PO_4)_2F_3$］正极为体系的 1Ah 钠离子 18650 原型电池的工作电压达到 3.7V，比能量 90Wh/kg，1C 倍率下的循环寿命达到了 4000 周，但是其材料电子电导率偏低，需进行碳包覆及纳米化，且压实密度低。近来，锰基磷酸盐、铁基硫酸盐等聚阴离子正极材料初创公司也正在开展相关研发。2021 年，众钠能源发布硫酸铁钠钠离子电池。2022 年公司产品进入中试阶段，计划发布新产品，并进入客户的验证体系；2023 年进入量产阶段。公司 2022 年 3 月百吨级材料项目投产，2023 年电芯产能规划达 GWh 以上。2022 年深圳珈钠能源科技有限公司成立，目前珈钠能源生产的铁基磷酸盐和铁基硫酸盐正极材料，组装成大容量钠离子电池的能量密度应可达到 100Wh/kg 和 120Wh/kg，在替代 50Wh/kg 级别的铅酸电池时可以实现快速扩张。此外，还有钠思科新材料有限责任公司、上海璞钠能源科技有限公司、当升科技等也都在进行聚阴离子正极材料的研发。

普鲁士蓝其框架结构可以使钠离子快速地嵌入和脱出，具有很好的结构稳定性和倍率性能。但是目前其商业化应用仍然存在一些问题，最主要是结晶水和空位的存在会对材料性能产生影响。结晶水会阻碍钠离子的扩散而且由于水会分解使得电池的电化学性能进一步降低；空位则会导致材料的电子传导性变差和晶体框架在循环过程中的坍塌，因此规模化生产目前还面临较大难度。美国 Natron Energy 公司采用普鲁士蓝材料开发的高倍率水系钠离子电池，2C 倍率下的循环寿命达到了 10,000 周，其体积比能量仅为 50Wh/L。我国辽宁星空钠电电池有限公司开发 $Na_xFeFe(CN)_6$ 普鲁士蓝类正极的钠离子电池，正极材料在 0.1C 下有约 116mAh/g 的比容量，循环 1000 周后容量保持率为 78%，但目前还没有相关的电池数据报道。

此外，锂电巨头宁德时代在今年的发布会宣称他们正在积极推动钠离子电池进入产业化的快速通道。2021 年 7 月 29 日，宁德时代举办首场线上发布会，董事长曾毓群博士发布了宁德时代的第一代钠离子电池。其电芯单体能量密度高达 160Wh/kg，但没有发布循环性能的数据。常温下充电 15min，电量可达 80% 以上；在 -20℃低温环境中，也拥有 90% 以上的放电保持率；系统集成效率可达 80% 以上；而热稳定方面，钠离子电池达到了远超国标的水平。在电池系统集成方面，宁德时代开发了 AB 电池解决方案，将钠离子电池与锂离子电池同时集成到同一个电池系统里，两种电池按一定的比例和排列进行混搭、串联、并联、集成，通过 BMS 的精准算法进行不同电池体系的均衡控制，实现取长补短，既弥补了钠离子电池在现阶段的能量密度短板，也发挥出了它高功率、低温性能的优势，这样的锂 - 钠电池系统将能适配更多应用场景。

第十四章

六氟磷酸钠

河南省氟基新材料科技有限公司

杨华春　刘海霞　李　阳

第一节
概述

一、物理化学特性

六氟磷酸钠，英文名：sodium hexafluorophosphate；化学式：$NaPF_6$；分子量：167.954；CAS 登录号：21324-39-0；EINECS 登录号：244-333-1；密度：2.369g/cm³；外观：无色结晶性粉末；溶解性：易溶于水，溶于甲醇、乙醇、丙酮。

六氟磷酸钠在化学工业中有广泛的应用。首先，主要作为电解质，用于钠离子电池和电解槽中，能够提供离子传导路径；其次，六氟磷酸钠可作为金属表面处理剂，能够提高金属表面的耐腐蚀性和附着力。此外，六氟磷酸钠作为化学试剂，可用于有机合成反应和催化剂、其他六氟磷酸盐的制备等。

二、行业背景

人口增长和经济发展使得能源需求急剧增加，而化石燃料的大量开采以及随之而来的温室气体和污染物的排放导致了气候变化和其他环境问题。为了保证人类社会的可持续发展，人们一直在广泛地寻找可替代的绿色能源。太阳能和风能等可再生能源的开发引起了人们的极大兴趣，而存储系统对于这些能源的持续供应是必不可少的。

锂离子电池（LIBs）凭借其高能量密度、循环稳定性好和循环寿命长等优点已经成为当今世界最重要的能源存储技术之一。目前，LIBs 行业在电动汽车和大型储能电站等领域正面临着一些严峻的挑战，有限的锂资源和巨大的锂需求导致 LIBs 的原材料价格持续上涨，成为威胁 LIBs 产业可持续发展的瓶颈问题。因此，迫切需要开发一种性能可与锂电池相媲美的替代品。

钠离子电池因资源丰富、价格低廉、安全性高等优点备受瞩目，是锂离子电池的重要补充和战略储备，可保障国家能源安全。

在元素周期表中，钠与锂同属第一主族，具有相似的物理化学性质，在电池工作中均表现出相似的“摇椅式”电化学充放电行为，工作原理相同，电池结构相似，如图 14-1、图 14-2 所示。

（一）钠离子电池发展历程

钠离子电池是由钠离子在正负极之间的嵌入、脱出实现电荷转移，与锂离子电池的工作原理基本相同，两者的生产设备大多可兼容。关于钠离子电池的研究可以追溯到 20 世纪 70 年代，早于锂离子电池的研究。钠离子电池的发展历程主要经历八个阶段：

① 1976 年　Whittingham 报道了 Li^+ 在 TiS_2 中的可逆嵌脱机制，并制作了 $Li||TiS_2$ 电池，Na^+ 在 TiS_2 中的可逆脱嵌机制也被发现。

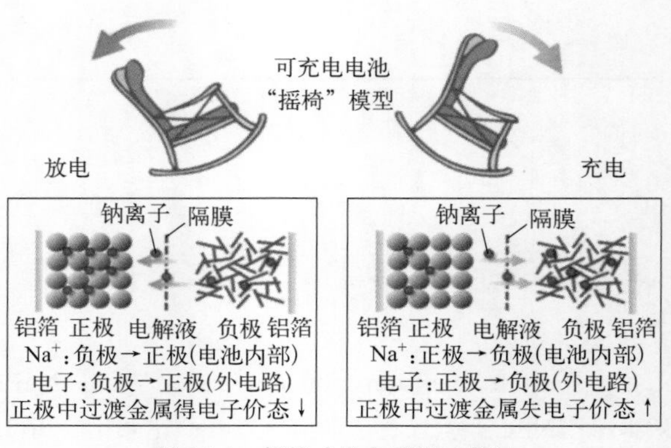

图 14-1　摇椅式发电原理示意图

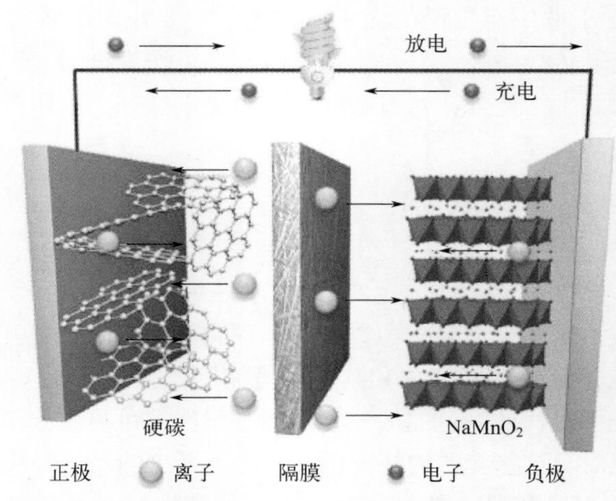

图 14-2　钠离子电池工作原理示意图

资料来自中科海钠官网、曹鑫鑫《钠离子电池磷酸盐正极材料研究进展》、李航《钠离子电池 Mn 基氧化物正极材料的制备及掺杂改性研究》等

② 20 世纪 80 年代　Delmas 和 Goodenough 发现了层状氧化物材料 $NaMeO_2$（Me=Co、Ni、Cr、Mn、Fe）可作为钠离子电池正极材料，这一发现决定了钠离子电池具有商业化应用的潜力，因为高电压、高能量密度特性是商用电池的基本要求。

③ 1980 年　Armand 提出“摇椅式电池”（Rocking Chair Battery）概念。钠离子电池同锂离子电池的原理相同，同被称作摇椅式电池。但自此钠离子电池和锂离子电池的命运却走向了截然不同的方向。

④ 1988 年　Fouletier 研究了软碳和石墨的储钠性能，开启了钠离子电池碳基负极材料的研究。

⑤ 2000 年　Stevens 和 Dahn 发现硬碳材料具有优秀的 Na^+ 嵌脱性能，这是钠离子电池领域的重大转折点。科学家们找到了具有优异 Na^+ 嵌脱性能，并且成本可接受、易量产化的负极材料。

⑥ 2015 年　法国 RS2E 机构研究员主导开发了世界上首颗 18650 钠离子电池，该电芯能量密度达到 90Wh/kg，循环寿命超过 2000 周，性能优于传统铅酸蓄电池。这强有力地证

明了钠离子电池确实具有商业化应用的价值。此后，法国的 Tiamat、英国的 Faradion、美国的 Natron Energy、中国的中科海钠等公司在钠离子电池领域均有了自己的研究成果。

⑦ 2021 年 6 月　中科海钠推出了全球首套 1MWh 钠离子电池储能系统，其光储充智能微网项目在山西太原正式投入运营，并成功投入运行，标志着我国钠离子电池技术及其产业化走在了世界前列。自此，钠离子电池的应用场景及发展思路逐步清晰。

⑧ 2021 年 7 月　宁德时代发布钠离子电池，正极材料采用了克容量较高的普鲁士白材料，负极材料使用了具有独特孔隙结构的硬碳材料。基于材料体系的突破，宁德时代第一代钠离子电池电芯单体能量密度达 160Wh/kg；常温下充电 15min 电量可达 80% 以上；在 −20℃拥有 90% 以上的放电保持率；系统集成效率可达 80% 以上；热稳定性远超国家标准的安全要求。第二代钠离子电池预计单体能量密度超 200Wh/kg。

（二）钠离子电池优势比较

近 10 年来钠离子电池的相关研究迎来了井喷式增长，研究表明，钠离子电池相对于锂离子电池有诸多优势，展现出了巨大的发展潜力。钠离子电池较锂离子电池的优势具体如下：

① 钠资源丰富，地壳中钠储量为 2.75%，储量丰富，且分布均匀，成本低廉。而地壳中锂储量仅为 0.0065%，且分布极其不均匀，不同地区资源属性差距较大。

② 钠具有较低的标准还原电位，分别为 −2.71V vs. SHE，锂为 −3.04V vs. SHE。

③ 在碳酸亚丙酯溶剂中，Na^+/Na 氧化还原对的标准电压低于 Li^+/Li。

④ 钠不会与铝形成合金，因此可以使用更便宜的铝箔作为正负极集流体。

⑤ 成本优势：钠离子电池正极材料多选用价格低廉且储备丰富的铁、锰、铜等元素，负极可选用无烟煤前驱体，成本及材料来源相比锂离子电池具备一定优势。而且钠离子电池正极和负极的集流体均可使用廉价的铝箔，成本较锂离子电池所需的铜箔进一步降低。据测算，产业化的钠离子电池材料成本相较磷酸铁锂电池可降低 30% ～ 40%。

⑥ 性能优势：a. 倍率性能优异：钠离子的溶剂化能比锂离子更低，在碳酸乙烯酯中 Na^+ 的去溶剂化所需能量低（Na^+ 的 4.72eV 和 Li^+ 的 5.85eV 相比），因此具有更好的界面离子扩散能力，且钠离子的斯托克斯直径（4.6Å）比锂离子的（4.8Å）小，相同浓度的电解液具有比锂盐电解液更高的离子电导率，或者说，更低浓度的电解液可以达到同样的离子电导率，这使得钠离子电池具备更快的充电速度，如宁德时代的第一代钠离子电池在常温下充电 15min 即可达到 80% 的电量，充电速度约为锂离子电池的两倍；b. 低温性能优异：在低温测试中，钠离子电池（铜基氧化物 / 煤基碳体系）在 −20℃时容量保持率在 88% 以上，而锂离子电池（磷酸铁锂 / 石墨体系）小于 70%；c. 安全性能优异：在所有安全项目测试中，均未发现起火现象，安全性能更好，这是因为钠离子电池内阻相比锂离子电池要稍微高一些，因此在短路等安全性实验中瞬间发热量少、温度较低。钠离子电池优势如图 14-3 所示。

相较于锂离子电池，目前阻碍钠离子电池发展应用的瓶颈主要集中在其能量密度、循环寿命等方面。能量密度方面，钠离子电池在 100 ～ 150Wh/kg 之间，而锂离子电池在 150 ～ 250Wh/kg 之间；循环寿命方面，钠离子电池＞ 2000 周，而锂离子电池＞ 3000 周。但随着研究不断取得进展，钠离子电池的不足正在逐渐改善，宁德时代于 2021 年 7 月发布了第一代钠离子电池，其能量密度达到了160Wh/kg，且宁德时代下一代钠离子电池能量密度研发目标是200Wh/kg以上。随着技术水平的提升，钠离子电池的发展前景将逐渐明朗。

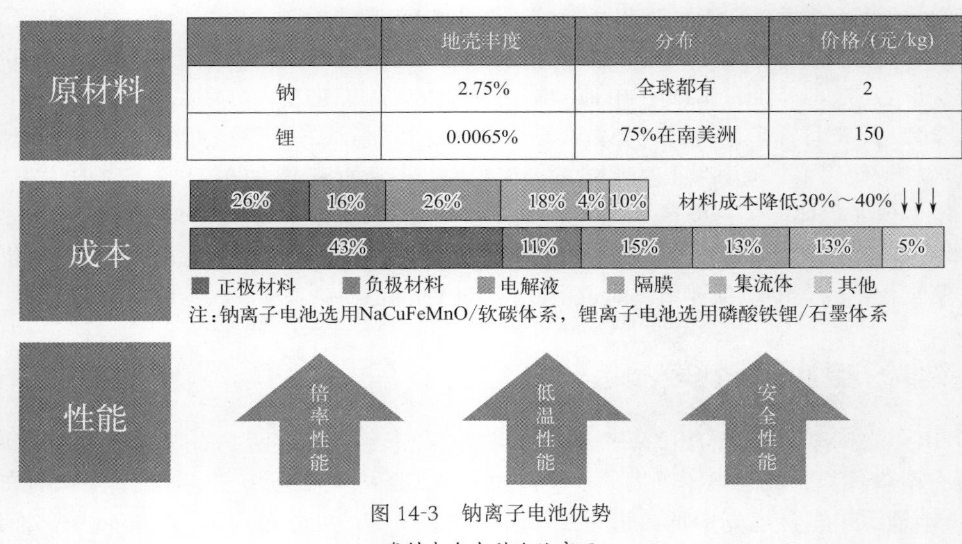

图14-3 钠离子电池优势

资料来自中科海纳官网

（三）钠离子电池电解液

在钠离子电池体系中，电解液是至关重要的一部分，理想的电解液是开发高性能钠离子电池的前提和基础，电解液通过控制离子运输、工作电压范围和调节固液界面的电化学反应行为从而对电池的性能产生重要影响，它是保证钠离子电池具备高容量、高电压、长循环等优点的关键。电解液直接与电极材料接触，它是发生电化学反应所必需的离子电荷载体，钠离子通过电解液在正极和负极之间来回穿梭。好的电解液应该具备良好的电导率和离子扩散速率、较宽的电化学窗口、优秀的电化学稳定性、热稳定性好、能在电极材料表面形成稳定的钝化膜、不与其他电池组件反应和环境友好等特点。

目前，液态有机电解液是钠离子电池研究中的常用电解液，其主要由高纯度有机溶剂、电解质钠盐和必要的电解液添加剂三部分组成。

（四）钠离子电池电解质

钠离子电池电解质（钠盐）由钠离子和阴离子组成，是电解液的重要组成部分，也是电解液离子传导的主体，对电池的最终性能有着至关重要的影响。因此，用于钠离子电池电解液中的盐必须满足一些基本要求。首先，选用的钠盐必须具有高的化学、电化学和热稳定性，与溶剂、电极材料和电池部件不发生副反应。电解液中的电解质钠盐是钠离子的重要来源，它保证了电池在充放电循环过程中有足够的钠离子在正负极材料中发生可逆电化学反应。其次，钠盐必须易溶于溶剂并能发生解离，确保电解液具有比较高的电导率。最后，选用的钠盐须低毒或无毒，易于制备和提纯，且具有较低的成本。目前常用的电解质钠盐包括高氯酸钠（$NaClO_4$）、六氟磷酸钠（$NaPF_6$）、双三氟甲基磺酰亚胺钠（NaTFSI）、二双氟磺酰亚胺钠（NaFSI）、三氟甲磺酸钠（NaOTf）、四氟硼酸钠（$NaBF_4$）等，图 14-4 展示了常用钠盐的结构。

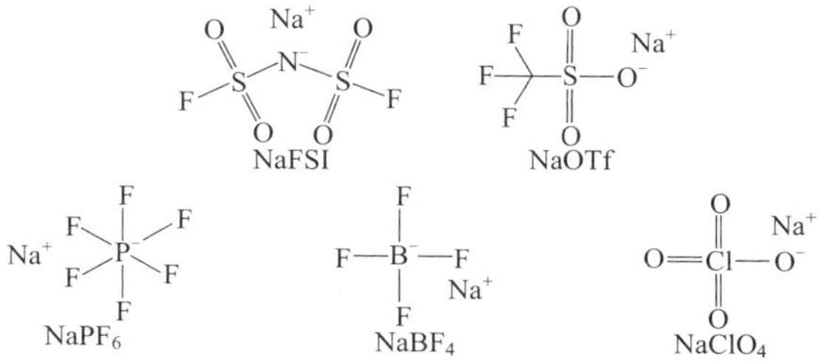

图 14-4 常用钠盐的结构示意图

一般来说，在醚类溶剂中钠盐的溶解行为受阳离子 - 溶剂和阳离子 - 阴离子相互作用的调节。强的阳离子 - 溶剂相互作用通常是由溶剂分子的高介电常数所引起的，可以克服钠盐的晶格能并使钠盐分解。在低浓度盐电解液中阳离子被醚溶剂高度溶剂化。随着浓度的增加，增强的阳离子 - 阴离子相互作用导致离子缔合，包括形成溶剂分离离子对、接触离子对或聚合体溶剂化物。负电荷离域效应和空间位阻效应影响着阴离子基的离子结合强度。常用阴离子基的离子结合强度依次为 $OTf^- > BF_4^- > ClO_4^- > PF_6^-$，这表明 PF_6^- 离子组具有良好的溶解性和解离性。目前钠离子电池电解液中应用最为广泛的电解质是六氟磷酸钠。

六氟磷酸钠具有较高的电导率、良好的离子迁移数、较强的电化学稳定性、抗氧化性。同时，其六氟磷酸阴离子可分解形成 LiF/NaF、氟磷酸盐和氟化有机物等 SEI 组分，促进形成适当的 SEI 膜，并可防止正极集流体在高电位下的腐蚀，有效钝化正极铝箔，这使得 $NaPF_6$ 能与各种正负极材料匹配。但需要注意的是，$NaPF_6$ 对水很敏感，容易产生高度腐蚀性的氢氟酸（HF）与 SEI 膜的碱性成分反应，产生有害气体来削弱刚性 SEI 膜。

六氟磷酸钠的众多优点，决定其在钠电解液中不可替代的作用，在碳酸锂价格高位盘整，电芯价格居高不下的时候，钠电池一度有望成为锂电池的替代产品。

（五）国内企业钠离子电池布局情况

目前，众多企业开始布局钠离子电池，国外有英国 Faradion 公司、美国 Natron Energy 公司、法国 NAIADES 公司、日本岸田化学、松下、三菱，国内具有代表性的企业主要有宁德时代、中科海钠、众钠能源等公司，具体如表 14-1 所示。

表 14-1 国内企业钠离子电池布局情况

企业	布局情况
宁德时代	2021 年发布了第一代钠离子电池，目前已启动钠离子电池产业化布局，计划 2023 年形成基本产业链条
中科海钠	2020 年实现钠离子电池量产，电芯产能可达 30 万只 / 月；2021 年 6 月 28 日，公司打造的全球首套 1MWh 钠离子电池储能系统在山西太原投入运营；2021 年 12 月 18 日，公司与三峡能源、三峡资本及安徽省阜阳市人民政府的全球首条钠离子电池规模化量产线项目达成合作，一期 1GWh 已于 2022 年 7 月 28 日落成，二期 4GWh 将尽快启动；公司与华阳股份旗下新阳清洁能源合作的 1GWh 钠离子 Pack 电池规模产线已于 2022 年 7 月 25 日开工，拟建工期 3 个月

续表

企业	布局情况
众钠能源	于2021年发布硫酸铁钠钠离子电池；2022年公司产品进入中试阶段，计划发布新产品，并进入客户的验证体系，2023年四季度进入量产阶段；公司百吨级材料项目于2022年3月投产，2023年电芯产能规划达GWh以上
星空钠电	2019年1月宣布其世界首条钠离子电池生产线投入运行
立方新能源	2022年4月发布第一代钠离子电池并进入量产阶段
鹏辉能源	公司钠离子电池已完成小批量试产，并送样给下游客户试用
欣旺达	公司拥有钠离子电池补钠方法、钠离子电池及其制备方法等多项专利，目前暂未量产
中国长城	公司研发的48V 10Ah钠离子电池组成功在电动两轮车上使用，是国内首个钠离子电池实现示范应用的成功案例
圣阳股份	公司与院士工作站等单位联合开发高环保、高循环性钠离子电池，已通过实验阶段

注：资料来自中商产业研究院、各企业公告。

（六）国内企业钠离子电池电解液布局情况

钠离子电池电解液可沿用锂离子电池电解液生产体系。钠离子电池电解液同锂离子电池电解液一样，也是由溶剂、溶质和添加剂组成，主要区别在于溶质由六氟磷酸锂替换为六氟磷酸钠。六氟磷酸钠的生产反应工艺/设备和过程成本，与六氟磷酸锂基本一致，区别仅在于原材料用钠盐替代了碳酸锂，钠离子电池电解液的生产体系可基本沿用现有的锂离子电池体系，实现产能共享。近两年新增钠离子电池电解液项目除原有锂电池企业外，还包括一些新的企业，如表14-2所示。

表14-2　国内企业新增钠离子电池电解液项目

序号	公司	产能/(吨/年)	建设时间	项目
1	多氟多新材料股份有限公司	15,000	2023.6	年产2000吨钠离子电池用六氟磷酸钠及配套年产1.5万吨电解液项目
2	浙江宏达化学制品有限公司	50,000	2023.4	年产50000吨钠离子电池电解液核心技术攻关及产业化项目
3	湖北嘉德新能源有限公司	10,000	2022.11	年产3万吨锂/钠离子电池电解液及150吨相关功能材料项目
4	江苏传艺钠电新材料	150,000	2023.1	年产15万吨钠（锂）离子电池电解液项目
5	江苏诺纳新材料有限公司	200,000	2023.7	年产20万吨锂离子电池电解液项目
6	盐城金晖高新材料有限公司	100,000	2023.7	年产20万吨电池电解液生产线建设项目
总计		525,000		

注：资料来自起点钠电。

第二节

市场供需

一、生产厂家与规划产能

目前，为了推动钠离子电池的应用，国内多个厂商开始规划六氟磷酸钠的产能，因六氟磷酸钠与六氟磷酸锂生产工艺相近，近年来新增六氟磷酸钠产能主要是原六氟磷酸锂企业改建或者新增，具体如表 14-3 所示。

表 14-3　国内企业新增六氟磷酸钠项目

序号	公司	产能 /（吨 / 年）	建设时间	项目
1	多氟多新材料	2000	2023.6	年产 2000 吨钠离子电池用六氟磷酸钠及配套年产 1.5 万吨电解液项目
2	湖北宏源药业	400	2023.7	湖北省宏源药业科技股份有限公司年产 400 吨六氟磷酸钠技术改造项目
3	邵武永太高新	10000	2023.8	含氟精细化学品及高品质含氟无机盐生产项目
4	福建中欣氟材高宝科技有限公司	10000	2023.5	年产 6000 吨氟化钠，年产 10000 吨六氟磷酸钠项目
5	山东新蔚源新材料有限公司	3000	2023.6	动力电池高端材料及配套项目
6	如鲲（山东）新材料科技有限公司	2600	2023.2	如鲲（山东）新材料生产基地钠盐技改扩产项目
7	江苏泰际材料科技有限公司	1000	2023.3	
8	蓝固（淄博）新能源科技有限公司	300	2023.4	年产 5 万吨原位固态化电解质项目
9	延安必康制药股份有限公司	10000	2023.2	
总计		39300		

注：数据来自各公司公告。

二、需求分析预测

钠离子电池的主要应用场景包括电动两轮车、低速电动车、储能等。根据东吴证券的预测，预计钠离子电池未来首先将取代铅酸电池用于电动两轮车，待钠离子电池产品标准化程度提高后，将进一步在低速电动车和储能领域得到推广应用，并实现对磷酸铁锂电池的部分替代。至 2025 年，全球对钠离子电池的需求量将达到 100GWh，对应电解液和电解液钠盐需求量分别为 16 万吨和 2 万吨。同时，根据研究机构 EVTank 发布的《中国钠离子电池行业发展白皮书（2023 年）》，至 2030 年，钠离子电池的出货量有望超过 340GWh，主要应用于储能领域。

储能可以分为电化学储能、机械储能、热储能和化学储能。《新型储能项目管理规范（暂行）》（国能发科技规[2021]47号）将新型储能定义为“除抽水蓄能外以输出电力为主要形式，并对外提供服务的储能项目”。截至2021年底，我国新型储能市场累计装机规模已超过50万千瓦，《关于加快推动新型储能发展的指导意见》提出，到2025年，新型储能装机规模达到3万千瓦以上。新型储能领域具有广阔的市场前景。在新型储能领域，电化学储能占据了主要的市场份额。电化学储能是指通过锂离子电池、钠离子电池等放出储存和释放能量。电化学储能在综合性能以及技术成熟度上均具有明显的优势，是未来储能领域增量市场的主要构成部分。

相较于动力电池，储能电池充放电更为频繁且使用期限更长，同时由于储能电站的规模较大，导致单个储能电站对储能电池的需求量极大，因此储能电池对循环寿命和成本的要求均高于动力电池，而对能量密度和功率密度的要求则有所放宽。锂离子电池中的磷酸铁锂电池和钠离子电池有望成为未来储能电池领域的主要选择，至2025年全球储能电池需求量有望达到560GWh。

钠离子电池有望凭借资源丰富、成本低廉、维护费用低等优势在电力储能中加速渗透。据公开资料报道，随着钠离子电池技术的逐步应用，六氟磷酸钠将迎来需求上升期，2025年我国六氟磷酸钠需求量有望超过5000吨，如表14-4所示。

表14-4　2025年我国六氟磷酸钠需求预测

项目		2021年	2022年	2023年	2024年预测	2025年预测
国内电动两轮车	销量/万辆	4100	4715.0	5400	5705.2	6275.7
	同比/%	−13.9	15	14.5	10	10
	单车带电量/KWh	1.2	1.2	1.2	1.2	1.2
	电池需求/GWh	49.2	56.6	64.8	68.5	75.3
	钠离子电池渗透率/%	0	0.1	5	10	25
	钠离子电池需求/GWh	0	0.1	3.2	6.9	18.8
国内A00级电动车	销量/万辆	90.8	109.5	72.9	76.5	80.3
	同比/%	186	20.6	−33.4	5	5
	单车带电量/KWh	20	20	20	20	20
	电池需求/GWh	18.2	21.9	14.6	15.3	16.1
	钠离子电池渗透率/%	0	0	2	5	15
	钠离子电池需求/GWh	0	0	0.3	0.8	2.4
国内A0级电动车	销量/万辆	21.8	57.9	108.4	140.9	183.2
	同比/%	—	165.4	87.2	30	30
	单车带电量/KWh	45	45	45	45	45
	电池需求/GWh	9.81	26.1	48.8	63.4	82.4
	钠离子电池渗透率/%	0	0	0.5	4	10
	钠离子电池需求/GWh	0	0	0.2	2.5	8.2

续表

项目		2021 年	2022 年	2023 年	2024 年预测	2025 年预测
工商业 + 户储 + 通信储能	电池需求 /GWh	18.8	36	60	110	180
	钠离子电池渗透率 /%	0	0	0.5	4	10
	钠离子电池需求 /GWh	0.0	0.0	0.3	4.4	18
钠离子电池需求合计 /GWh		0.0	0.1	4.0	14.6	47.4
六氟磷酸钠单耗 /（吨 /GWh）		120	120	120	120	120
六氟磷酸钠需求合计 / 吨		0	12	480	1752	5688
同比增速 /%				3900	265	225

数据来自 GGII、艾媒咨询《2022 年中国两轮电动车行业白皮书》、乘联会、电车人产业平台。

第三节 工艺技术

钠离子电池作为储能和低速电动领域的新型电池，其推广将大幅拉动电解质六氟磷酸钠的需求。六氟磷酸钠在六氟磷酸锂应用的基础上得到了快速发展。二十世纪后期，六氟磷酸钠的制备工艺因美国、德国等一些西方国家的研究得到了极大的改进。我国对于六氟磷酸钠的制备研究最早始于 2017 年，且相关专利技术及文献披露较少，多处于小试和中试研究阶段，规模化生产较少。目前，六氟磷酸钠的制备工艺根据溶剂不同主要分为 CO_2 溶剂法、磷酸溶剂法、氟化氢溶剂法、有机溶剂法、水相法，除此之外还包括研究最早的离子交换法。具体如下：

一、CO_2 溶剂法

以液体 CO_2 或超临界 CO_2 为溶剂，五氟化磷和钠源直接发生反应制备六氟磷酸钠。如：上海绿麟达新材料科技有限公司的专利 CN113353958A，通过五氯化磷和氟化氢气体或者无水氢氟酸制备五氟化磷，再将五氟化磷提纯，与锂源或者钠源在液体 CO_2 或超临界 CO_2 中反应制备六氟磷酸盐。

多氟多公司的专利 CN115974109A，将 HF、碱金属源与五氧化二磷在超临界流体 CO_2 中反应生成六氟磷酸盐，反应结束后除去流体，得到六氟磷酸盐固体；该工艺反应后生成六氟磷酸钠固体和水，反应结束后的分离过程简单，易操作和实现，流体的残留较少，有利于提高产品的纯度。

CO_2 溶剂法利用超临界 CO_2 具有的气体分散性和液体溶解性，能够使原料均匀地分散在超临界流体中、反应时接触充分，反应更加完全，产品收率高，以 CO_2 作为溶剂使工艺全过程绿色环保，无其他副产物生成，但是此方法反应速率低，反应条件苛刻，不适合大规模工业化生产。

二、磷酸溶剂法

以磷酸为溶剂，五氧化二磷、三氧化硫和氟化盐混合反应制备六氟磷酸盐。如：珠海市研一新材料有限责任公司的专利 CN114014283B，提出在惰性气体氛围下混合五氧化二磷的磷酸溶液、三氧化硫以及氟化物，反应后依次进行蒸发浓缩、溶解、过滤和干燥后，得到六氟磷酸盐。该方法避免了以氟化氢作为原料，降低对设备的腐蚀性和生产安全风险，但工艺流程复杂，产品易裹杂；同时也引入了新的杂质，增大后续粗盐提纯难度。

三、氟化氢溶剂法

先将氟化盐溶解在氢氟酸溶液中，后与磷源反应制得六氟磷酸盐。

浙江中欣氟材料股份有限公司的专利 CN114132912A 提出，五卤化磷溶解于惰性溶剂得到五卤化磷惰性溶剂溶液，与碱金属卤盐溶解无水氟化氢得到的碱金属卤盐氟化氢溶液，按比例反应得到六氟磷酸盐。

森田化工（张家港）有限公司的专利 CN108946769A 将五氟化磷气体通入到氯化钠和无水氟化氢的反应釜中进行充分反应，得到六氟磷酸钠溶液，在搅拌条件下降温结晶得到六氟磷酸钠。

四、有机溶剂法

山东大学的专利 CN114772614A 提出，将氟化钠溶于氟利昂的有机溶剂中，然后通入五氟化磷反应，−50 ～ 10℃反应得到六氟磷酸钠。常压蒸发氟利昂及有机溶剂，即得六氟磷酸钠。采用氟利昂作为溶剂，条件温和，工艺简单，可有效地降低成本；此外，通过控制压力即可蒸发掉氟利昂液体，可大大提高六氟磷酸钠的纯度。

杉杉新材料（衢州）有限公司的专利 CN115744937A，首先将六氟磷酸与吡啶直接反应合成六氟磷酸吡啶，然后将六氟磷酸吡啶与钠源在溶剂中进行反应合成六氟磷酸钠，该方法的反应原料易得，工艺简单，反应条件温和，高效快捷、绿色环保、成本低、收率高。

英国剑桥大学 Dominic S. Wright 教授开发了一种新的 $NaPF_6$ 合成路线，通过六氟磷酸铵与金属钠在四氢呋喃（THF）溶剂中反应生成电解质盐。该工艺产率高达 89%。避免了使用 HF 等危险物质，杂质含量低。

五、水相法

湖北九宁化学科技有限公司的专利 CN115924880B 提出，将食品级碳酸氢钠软膏与高纯度六氟磷酸水溶液进行合成反应，后经降温结晶、正压分离得到六氟磷酸钠粗品；将六氟磷酸钠粗品经极性溶剂萃取、分液、浓缩、冷却结晶、分离、干燥得到高纯六氟磷酸钠。但是，此法存在六氟磷酸水解产生单氟磷酸、二氟磷酸等杂质，导致六氟磷酸钠纯度低的问题。

六、离子交换法

利用六氟磷酸盐与钠源进行离子交换反应得到六氟磷酸钠。珠海市赛维电子材料股份有限公司的专利 CN108217622A 提出，将六氟磷酸盐和钠源分散至反应介质中，再混合反应，后过滤除去溶剂得到粗品，经提纯结晶得到纯净的六氟磷酸钠。该方法过程繁杂，原料六氟磷酸盐成本较高，产业化推广困难。

以上六氟磷酸钠制备方法中，氟化氢溶剂法研究最多，基于六氟磷酸锂的产业化制备技术，工艺较为成熟。

七、产业化工艺

从六氟磷酸钠的制备技术来看，六氟磷酸钠的产业化制备流程与六氟磷酸锂十分相似（图 14-5），都是通过 HF 与五氯化磷制成五氟化磷，然后与氟化锂 / 钠的溶液进行反应生成六氟磷酸锂 / 钠，最后结晶提纯。主要区别在于将所用原材料氟化锂替换成氯化钠，相较于价格较高的氟化锂材料，价格低廉的氯化钠赋予六氟磷酸钠低成本和高性价比的特性，为钠离子电池规模化量产后大幅降本提供空间。

另外，六氟磷酸锂的龙头企业在五氯化磷、无水 HF 等原材料生产方面具备成本优势，同时提纯除杂工艺较为成熟，产品在纯度、性价比上优势明显。

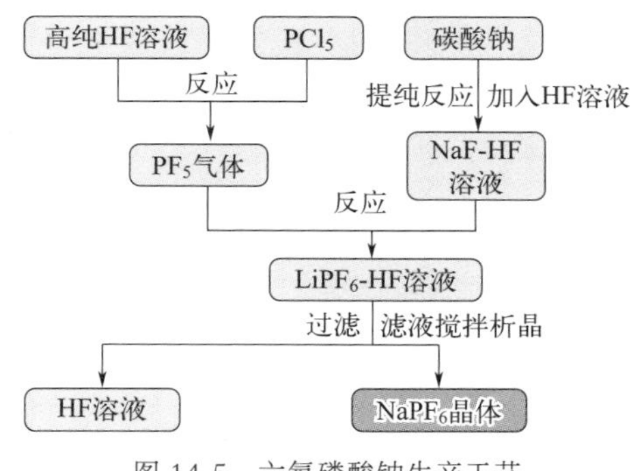

图 14-5　六氟磷酸钠生产工艺

资料来自知识产权网、开源证券研究所

目前，六氟磷酸钠主要供应商为多氟多、天赐材料等锂电材料龙头企业，工艺成熟且成本较低，但钠电产业刚起步，需求量少，单开一条线去做六氟磷酸钠产品，虽然原料成本更低，但综合成本较高，售价反而是更高的。因此，相关企业和高校仍在不断研究开发更经济的 $NaPF_6$ 合成工艺，以推进钠离子电池的商业化进程。

第四节

应用进展

一、应用领域

六氟磷酸钠主要用于钠离子电池。当前钠电池主要应用领域有电动两轮车、A00 级电动汽车、储能三个领域。

两轮车市场，钠电池性能可以满足两轮车要求，据公开资料显示，全球两轮车销量有 7000 多万辆，若钠电池成本做到 0.5 元 /Wh 或以下，其在两轮车市场竞争力非常显著。

A00 级电动汽车领域，应用车企和产品代表有宁德和奇瑞推出的钠电款 QQ 冰淇淋，江铃与孚能科技合作的羿驰玉兔等。

储能电池领域，钠离子电池工作温度区间宽于锂离子电池，钠离子电池内阻较大，短路时瞬时放热较锂离子电池少，温升较低，在安全性方面具备优势。此外，钠离子电池充放电倍率性能好，可实现功率快速响应，适合电力系统储能应用。但目前储能系统以磷酸铁锂电池为主，而且竞争激烈，特别是大型储能一般要求循环寿命 6000 周以上，而现在钠电池循环寿命实际上只有 2000 ～ 3000 周，钠电池进入大型储能市场仍需技术创新和成本优化。

总之，在应用方面，钠离子电池还需要找到合适的应用场景。当前锂离子电池电动汽车在北方寒冷地区推广效果不佳，因此，钠离子电池有望凭借更强的低温适应性，首先在北方地区打开市场；对于电动两轮车等细分市场，其续航能力也优于铅酸电池；由于安全性更佳，钠离子电池也更适合用于银行、通信基站、数据中心等机构的不间断电源。尤其是在电力系统储能领域，钠离子电池有望成为目前成本最低的电化学储能技术，真正实现大规模风电、光伏发电的经济并网。

二、政策导向

钠离子电池在储能领域的相关利好政策不断出台。2023 年 1 月，工信部等六部门联合发布《关于推动能源电子产业发展的指导意见》，明确提出加快钠离子电池技术突破和规模化应用。广西、深圳、山西、河南等地陆续出台的能源规划文件中，均提及要开展钠离子电池在储能领域的应用示范。

三、产业链发展现状

虽然我国钠离子电池已初步建立起“材料 - 电芯 - 系统”的产业链，但要实现产业化还面临诸多问题。一是钠离子电池材料体系尚未取得行业共识。以正极材料为例，层状氧化物相关量产技术已基本攻克，但普鲁士蓝结晶水去除困难，相关制备技术仍在攻关，聚阴离子正极相关量产技术也处于开发阶段。负极材料方面，硬碳比容量较高，但一般采用生物质前驱体，产碳率低，成本和规模化尚存劣势。电解液方面，六氟磷酸钠与六氟磷酸锂合成工艺相似，但热稳定性欠佳。二是钠离子电池技术标准尚不完善，不同技术路线下电池电压平台各异，对电池管理系统及逆变器也提出了更高要求。此外，钠离子补偿、寿命预测等技术还有待开发。

整体来看，钠离子电池正处于技术攻关的关键时期，要支持产业链生态链协同发展，继续支持和引导钠离子电池加快创新成果转化，特别是要加强生产工艺的突破，促进批量生产和规模应用，并通过对上游材料、工艺、设备等环节的提前布局，促进全面协同发展。还要加强标准化引领，继续加快钠离子电池有关产品材料以及上下游相关标准的制定，推动产业的健康发展。

钠离子电池要实现产业化发展，成本是关键。发挥钠离子电池成本优势需要以大规模量产作为前提条件。

从各企业公布的信息来看，2023 年以来，宁德时代、中科海钠、众钠能源、传艺科技、鹏辉能源、孚能科技等企业密集发布钠离子电池产品，说明已具备量产供货能力。贝特瑞表示，公司钠离子电池正负极材料已通过国内部分客户认证，具备量产供货条件；格林美也表示，公司已经具备万吨级钠离子电池前驱体材料以及钠离子电池正极材料产能。

随着技术突破，钠离子电池能量密度有望超过 200Wh/kg，与磷酸铁锂电池能量密度相当。2023 年 4 月，众钠能源发布了基于聚阴离子的硫酸铁钠路线首款钠电产品——聚钠 1 号，售价为 599 元，折算为 0.45 元 /Wh 左右，价格明显低于锂离子电池产品。公司户储电芯将于 2023 年四季度上市，能量密度为 125Wh/kg，循环寿命超过 5000 周；大储方形电芯也将于 2024 年四季度上市，循环寿命超过 8000 周，且具备低成本优势。规模化量产后，钠离子电池成本可以进一步降低到 0.35 元 /Wh 以下。

尽管钠离子电池已经开启量产交付，但距离真正规模化应用还有较长距离。钠离子电池生产规模、综合成本优势还有待进一步拓展。在储能应用方面，钠离子电池在用户侧储能、数据中心和基站储能等中小型储能领域有望率先渗透。

我国在钠离子电池领域已有较强研发和人才基础，实验室和产业化之间的壁垒正在攻克，如何在发展初期寻找具有竞争力的利用市场，同步实现成本与产量的突破，是现阶段钠离子电池产业发展的关键。

第五节 发展建议

综上所述，钠离子电池在成本、低温性能方面具有优势，有望作为锂离子电池的重要补充形式，在两轮车、A00 级电动汽车、储能等领域逐步发展。建议以正负极材料产能为先导，合作研发生产高性价比电解液，构建钠离子电池产业化基础能力；以电芯产能为依托，进行钠离子电芯的定义和定型，引导技术路线规格和制造工艺的标准化。以储能系统的示范推广探讨不同应用场景下钠离子电池系统技术架构，促进钠离子电池系统的快速应用。

同时，积极开发大规模钠离子电池储能系统符合国家储能战略需求，对于“双碳”目标的实现也存在十分重要的意义。发展超长循环寿命（超万周）钠离子电池关键技术是目前钠离子电池发展的重要方向。

不断提升六氟磷酸钠的生产工艺水平，降低六氟磷酸钠设备投资和工艺消耗，降低六氟磷酸钠生产成本是目前生产企业需要攻克的关键问题。

开展六氟磷酸钠基钠离子电池电解液开发，提升电解液在不同电极体系（层状氧化物、聚阴离子、普鲁士蓝等）的应用效果，构建稳定的电解液／电极材料体系，提升电池系统能量密度，是六氟磷酸钠应用研究的重要方向。

第十五章

可熔性聚四氟乙烯树脂

China
New Energy Materials
Industry Development Report
2023

山东华夏神舟新材料有限公司　杜延华　王凤芝

第一节

概述

可熔性聚四氟乙烯（PFA）是由少量全氟丙基乙烯基醚（PPVE）与聚四氟乙烯（PTFE）组成的共聚物，PPVE 质量分数在 2.6% ～ 4.1%，其性能与 PTFE 相近，又可以采用热塑性树脂加工方法加工，所以称为可熔性聚四氟乙烯，其分子结构如图 15-1 所示。

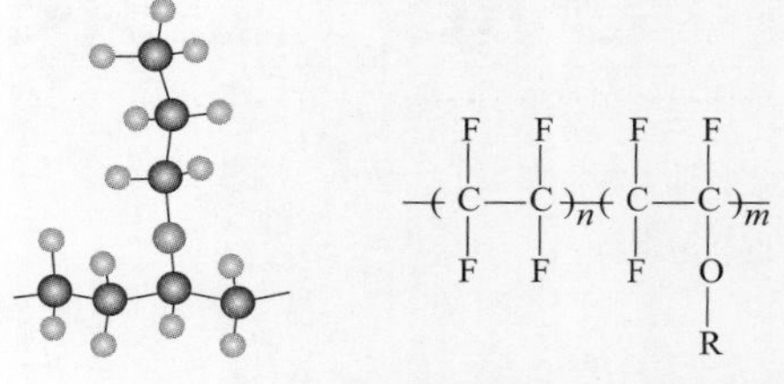

图 15-1　PFA 分子结构示意

PFA 最初由杜邦公司在 1972 年发明，其综合性能与 PTFE 相似，具有耐高温、耐化学腐蚀、不易燃、电气绝缘性好等优点。与 PTFE 相比，PFA 熔融黏度低，可熔融加工性能良好，抗蠕变性能好，高温下的机械强度是普通 PTFE 的 2 倍左右，介电强度是 PTFE 的 4 ～ 5 倍；与常规塑料相比，在耐高温、耐化学腐蚀、密封性能、耐溶剂、耐水汽、抗热压回复方面性能优异；在洁净等级方面，PFA 明显优于 PTFE、PVDF、聚丙烯（PP）等其他材料。因此，PFA 成为新能源、半导体等前沿领域不可或缺的关键基础材料，具有广阔的发展前景，在光伏、集成电路、锂电池等领域应用广泛，具体性能指标见表 15-1。

表 15-1　光伏 / 集成电路用 PFA 与其他材料性能指标对比

性能指标	PFA	PTFE	PVDF	PP
熔点 /℃	300 ～ 10	327	160 ～ 175	164 ～ 170
最高连续使用温度 /℃	260	260	129	110 ～ 150
介电常数	2.1	2.1	6.0 ～ 8.0	2.3
阻燃性 OI/%	＞ 95	＞ 95	46	29.6
拉伸强度 /MPa	24 ～ 32	14 ～ 30	32 ～ 50	20 ～ 30
断裂伸长率 /%	≥ 300	200 ～ 450	50 ～ 300	200 ～ 300
摩擦系数（相对钢）	0.2	0.02	0.4	0.15
成型收缩率 /%	3 ～ 6	3 ～ 6	2.0 ～ 3.0	2 ～ 3
加工性能	3	4	2	1
适用工况	高温、强酸、强碱、有机溶剂	高温、强酸、强碱、有机溶剂	纯水、强酸、有机溶剂	纯水

注：加工性能中数字 1 ～ 4 分别代表性能优至劣。

PFA 树脂初级产品与半成品主要包括粒状产品（可用于挤压、模压）、粉状产品（可用于注塑、模压），以及膜材、管材、棒材、板材等。PFA 树脂可生产耐腐蚀件、耐磨件、绝缘件、密封件、内衬等，被广泛应用在新能源、半导体、电子电气、电线电缆、生物医药、石油化工等领域。根据应用领域不同，PFA 树脂通常分为普通 PFA 产品和高端 PFA 产品。其中，普通 PFA 产品性能指标见表 15-2。

表 15-2 普通 PFA 产品性能指标

项目	模压级 PFA	挤出级 PFA	注塑挤出级 PFA	快速挤出级 PFA
熔体流动速率（372℃/5kg）/(g/10min)	0.8 ～ 2.5	2.6 ～ 6.0	6.1 ～ 12.0	12.1 ～ 30
熔点 /℃		300 ～ 310		
连续使用温度 /℃		260		
拉伸强度（23℃）/MPa		≥ 24		
断裂伸长率（23℃）/%		≥ 300		
热分解温度 /℃		≥ 425		
应用	管道、泵、阀门、储槽衬里、膜、接头、轴承等	管材、电线绝缘层、薄膜等	线缆绝缘线、多芯线电缆保护套等	线缆绝缘线、多芯线电缆保护套等

普通 PFA 树脂纯度较低，会缓慢释放出氟离子和金属离子，污染高纯化学试剂和超纯水，侵蚀硅片基材，影响硅片元件质量，因此，开发高端 PFA 树脂已是大势所趋。目前高端 PFA 树脂 80% 的市场份额被 20% 的国外优势品牌如美国科慕、日本大金等所占据。高端 PFA 相较于普通 PFA 加工原理和性能基本一致，主要差异在于有效控制金属阳离子和阴离子含量及溶出速率，对于加工环境、模具和工艺流程的洁净化管理更为严格。新能源等前沿应用领域进一步对 PFA 制品在使用寿命、透明性、平滑性、耐应力龟裂性、渗透性等多方面提出更高要求。高端 PFA 产品性能指标见表 15-3。

表 15-3 高端 PFA 产品性能指标

测试项目	检测标准及方法	挤出级 PFA	模压级 PFA
熔体流动速率 /(g/10min)	372℃ /5kg	15±5	2±0.5
拉伸强度 /MPa	ISO 37	≥ 24	≥ 24
断裂伸长率 /%	ISO 37	≥ 300	≥ 300
弯曲模量 /MPa	ISO 178	≥ 500	≥ 500
MIT 折弯 /%	ASTM D2176	≥ 2W	≥ 30
痕量金属元素含量	SEMI F40 取样方式	≤ 50×10^{-6}	≤ 50×10^{-6}
痕量金属元素析出	SEMI F40 取样方式	在满足 SEMI F57 标准基础上，进一步降低痕量金属元素析出	在满足 SEMI F57 标准的基础上，进一步降低痕量金属元素析出
阴离子含量	SEMI F40 取样方式	在满足 SEMI F57 标准基础上，进一步降低痕量金属元素析出	在满足 SEMI F57 标准基础上，进一步降低痕量金属元素析出
TOC/(μg/m²)	SEMI F40 取样方式	≤ 6000	≤ 6000
粗糙度 /μm	ISO 4287	R_{amax} ≤ 0.25	R_{amax} ≤ 0.35

据统计，高端 PFA 的研发企业主要集中在美国、日本和欧洲等西方一些国家，科慕、3M、大金、苏威等公司都有涉及。而国内能够进行 PFA 产品研发及稳定化工业生产的公司有东岳华夏神舟、浙江巨化等，但涉及到高端 PFA 产品国内仍需依赖进口，目前仅东岳华夏神舟开发出半导体用 PFA 产品，但尚未规模化量产。因此，我国氟化工企业亟须加快高

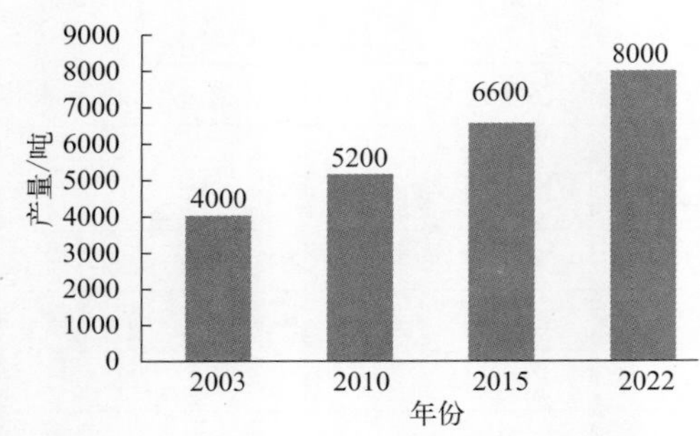

图 15-2　2003—2022 年全球 PFA 行业产量变化情况

端 PFA 产品的国产化进程。

从趋势上来看，2003—2010 年，全球 PFA 产量较为稳定（图 15-2）。近几年，受化工、石油与天然气等行业的快速发展影响，全球 PFA 产量稳步上升，目前全球 PFA 以每年 10% ～ 20% 的速度增长。若产能充足，需求量还会以成倍的速度增长。

从消费结构上来看，PFA 常用作防腐、防老化涂层、反应釜内衬、管材内衬、光缆外皮等，应用领域广泛，约 34% 用于化学工业领域，约 23% 用于电器工业领域，其他为石油与天然气工业、半导体等，见图 15-3。近年来高端 PFA 在众多前沿领域中频现，作为清洗花篮、容器、管路、泵阀用在光伏和集成电路领域的硅片制造中，作为盖板和垫片用在锂电池领域，也作为储罐或容器衬里用在电子级试剂（如超纯氢氟酸）储存与运输上，帮助硅芯片制造技术与设计技术实现在新能源、5G 通信等高端领域的进步。其相关市场增速高，市场潜力大，将打开高端 PFA 国内市场需求。

具体到企业，PFA 海外供应商主要是科慕、大金、苏威、3M、旭硝子等海外企业，2022 年其市场份额合计 96%，形成寡头竞争格局（图 15-4）。国内厂商主要有东岳集团和巨化股份等，产能正在迅速扩张，但中高端产品的研发以及量产能力有限，产品多应用在中低端领域。

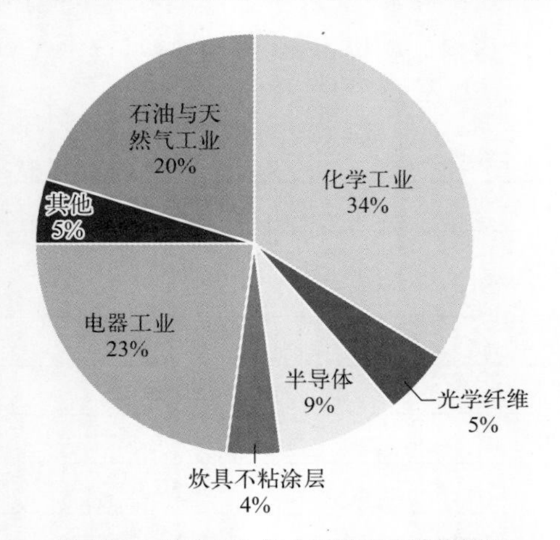

图 15-3　全球 PFA 行业下游需求结构情况

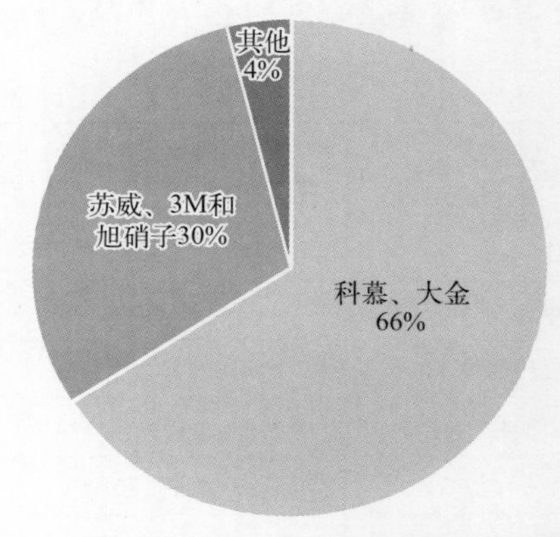

图 15-4　2022 年全球 PFA 行业市场竞争格局情况

第二节
市场供需

（一）PFA 供应分析

2020 年以来，伴随着 PFA 产品的需求大幅增长，产品需求前景刺激了一大批企业投入资金新建、改建、扩建PFA产能。截至2022年，公开统计的PFA现有产能约为1万吨/年，国外产能占90%以上。现有产能中高端PFA产能约占20%。此外，在建产能共有8300吨/年，国外1800吨/年，国内6500吨/年，其中，东岳集团1000吨/年在建，巨化集团2000吨/年产能在建，永和股份3000吨/年在建等（表15-4）。

根据现有产能分析，目前PFA总用量与总产能基本持平，但是高端PFA产能占比不足，尤其国内高、低端PFA均需依赖进口。在建产能全部投产后，能缓解低端PFA供应缺口，但因在建产能中高端PFA占比不到10%，加之未来苏威、3M可能于2024年以后逐步停产，会造成更大的高端PFA市场供应缺口，新能源等高端应用需求短期内仍基本依赖进口。

表15-4 2022年PFA主要生产厂商及其产能

生产企业	现有产能/(吨/年)	生产基地	在建产能/(吨/年)	工艺体系
科慕	3000	美国	—	乳液、悬浮
大金	3500	日本 江苏常熟	1800	乳液、悬浮
苏威	1000	美国	(2024年停产)	乳液、悬浮
3M	500	美国	(2025年停产)	乳液、悬浮
旭硝子	1500	日本	—	乳液、悬浮
东岳	200	山东淄博	1000	乳液、悬浮
巨化	150	浙江衢州	2000	乳液
永和		浙江邵武	3000	乳液
昊华		江苏南通	500	乳液
总计	9850		8300	

价格方面，根据华经情报网数据显示（表15-5），普通PFA产品市场报价20万元/吨以上，高端PFA产品报价30万～50万元/吨，最高可达68万元/吨。

表15-5 PFA现货价格情况

公司	牌号	价格/(万元/吨)	产地	报价日期
科慕	Teflon PFA340	29	美国	2022/11/10
		47	美国	2022/11/10
		50	美国	2022/11/10
		68	美国	2022/11/10
	Teflon PFA340X	58	美国	2022/11/10
大金	AP-201	32	日本	2022/11/10
		33	美国	2022/11/10
	AP-210	36	美国	2022/11/10
	AP-230	46	美国	2022/11/10
		48	日本	2022/11/10

续表

公司	牌号	价格 /（万元 / 吨）	产地	报价日期
苏威	P450	28.5	美国	2022/11/10
		35	美国	2022/11/8
旭硝子	P-62XP	23	日本	2022/11/4
3M	6503B	25	美国	2022/11/17
巨化	JD25	23	中国	2022/11/10
永和	PW200	23	中国	2023/08/15
	PW500	23	中国	2023/08/15
东岳	DS702	20	中国	2023/08/15
	DS708	20	中国	2023/08/15
	DS702H	33	中国	2023/08/15
	DS708H	33	中国	2023/08/15

（二）PFA 需求分析及预测

根据 QYR（恒州博智）的统计及预测，2022 年全球可熔性聚四氟乙烯（PFA）树脂市场销售额达到了 3.6 亿美元，预计 2029 年将达到 4.6 亿美元。按 PFA 平均价格 4 万美元 / 吨计算，目前全球 PFA 树脂用量约 9500 吨 / 年。

普通 PFA 产品在化工、油气、电器等领域的用量大约在 8000 吨 / 年。最典型的应用为 PFA 管材，2022 年 PFA 管市场规模为 10.25 亿元，销售量为 3900 吨左右，约占当年全球总用量的 40%，预计 2025 年 PFA 管销量为 4600 吨左右。以 PFA 油管应用为例，2019 年市场销售额为 1.5 亿美元，2026 年将达到 1.87 亿美元，复合增长率为 4.89%。

在“双碳”政策的背景下，随着国内大力发展新能源、5G、高端装备制造业等战略性新兴产业，高端 PFA 产品需求凸显，有望加速国内高端 PFA 材料国产化进程，助力我国摆脱“卡脖子”风险。根据 QYR 公开数据显示，2021 年全球高端 PFA 市场销售额达到 1.3 亿美元，预计 2028 年将达到 1.9 亿美元，年复合增长率（CAGR）为 5.4%。

PFA 产品（图 15-5）以其能够承受强酸、强碱、高温、高压的极端化学环境的特性与高洁净度、低溶出特性脱颖而出，作为硅晶圆片清洗、化学液体输送、电池盖板、制造高温、高压的反应器和管道设备的首选配套材料，成为太阳能光伏、锂电池、集成电路等领域不可替代的关键基础材料。

1. 光伏市场需求

光伏产业链包括多晶硅原料生产、硅棒生产、太阳能电池制造、组件封装和光伏发电系统等环节。图 15-6 所示为硅太阳能电池生产流程。

太阳能电池包括硅电池和薄膜涂层电池两大类，其中，硅太阳能电池占据了 90% 以上的市场份额，高端 PFA 在其制造过程中的应用如下：

① 清洗、刻蚀：在湿法工艺中，需要清洗蚀刻工艺中的光刻胶和残留物。在此过程中，

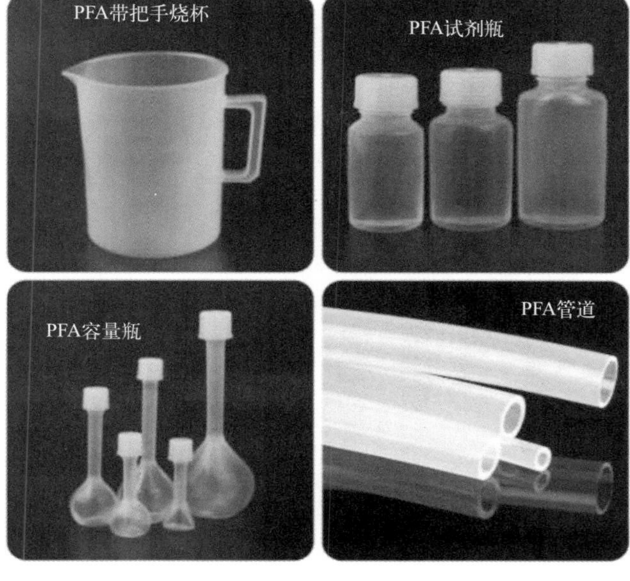

图 15-5　PFA 材料制品

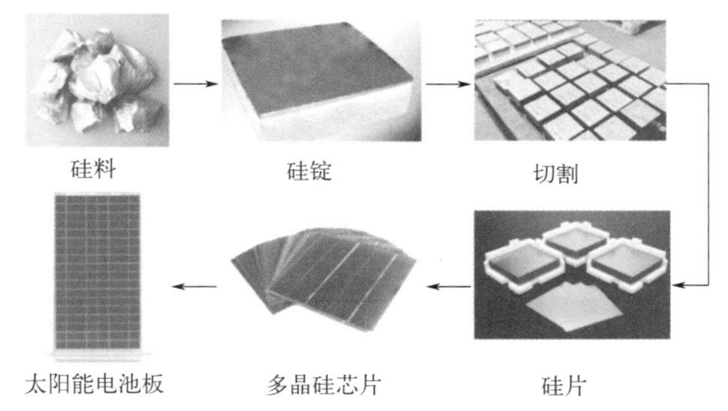

图 15-6　硅太阳能电池生产流程

需要用到 PFA 花篮、PFA 浸泡桶、PFA 烧杯等，以确保蚀刻溶液和清洗溶液的高纯度；在化学机械抛光（CMP）工艺中，所使用的液体是包含细颗粒的浆料，浆料中的颗粒容易保留在晶片表面上，这些痕迹会造成产品缺陷，需要高洁净度的 PFA 容器防止浆料中的杂质残留在晶圆上。

② 化学介质输送：电池片的表面处理和涂层制备，需要使用腐蚀剂、蚀刻剂、涂覆剂等一系列化学液体，要求材料能够承受强酸、强碱、高温和高压的极端化学环境，PFA 成为这一材料的理想选择。PFA 管在电池片退火过程中输送高温气氛，帮助提高电池片的性能和稳定性。在光伏储能中用于导热油输送管及连接管路。

③ 导线保护：PFA 套管可保护导线免受机械损伤、化学腐蚀和高温影响，从而延长电池组件的使用寿命。

据中国光伏协会 CPIA 和国家统计局数据，2022 年全球光伏新增装机 230GW，同比增长 35.3%，累计装机容量约 1156GW（图 15-7）。2022 年中国光伏新增装机容量达 87.41GW，同比增长 59.27%，2023 年新增装机 216.88GW 如图 15-8 所示。预计 2025 年，全球光伏新增装机容量达 540GW，中国光伏新增装机容量 220GW。

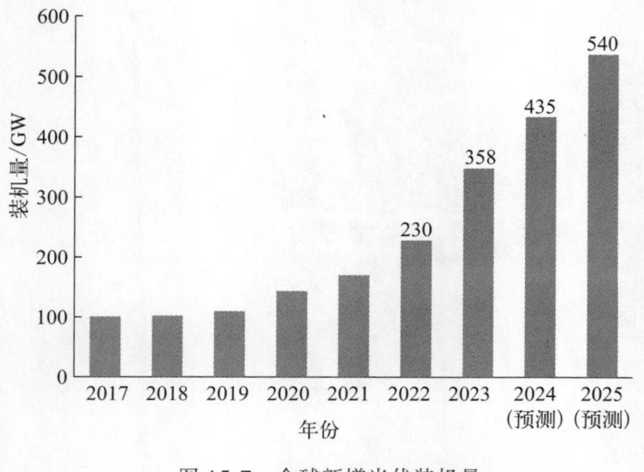

图 15-7　全球新增光伏装机量

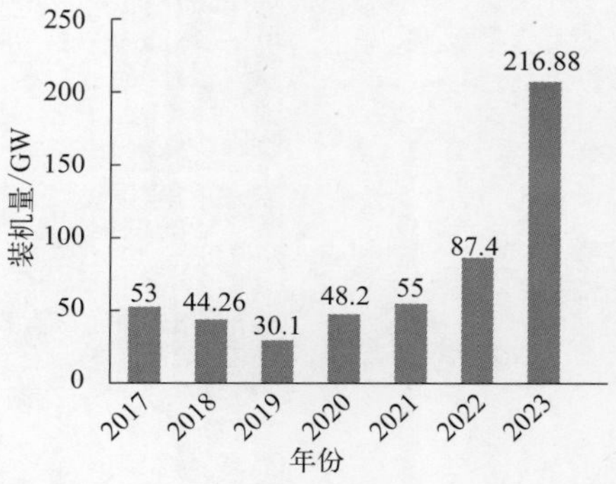

图 15-8　中国新增光伏装机量

按照目前的晶硅光伏发电组件，一片组件约 250W，单个组件含 60 片，故 1kW 需要 240 片硅片，硅片制造过程使用 PFA 材质的清洗花篮，4 寸 25 片装载花篮约重 600g，2022 年全球光伏新增装机容量为 230GW，需要新增硅片制造 5.5×10^{10} 片，根据清洗花篮的长期可重复利用性，按 16h 完成一组硅片的全部清洗工序，花篮半年更换一次，每个花篮每年可以处理 0.55 万片硅片，2022 年需要 1000 万个花篮。目前花篮材质有 PFA、PVDF、PP 等材质，其中，硅片刻蚀、清洗过程中必需使用 PFA 花篮的工序占 10%，高端 PFA 年用量约 600 吨，加上高端 PFA 介质输送、导线套管、容器等的用量，2022 年太阳能光伏用 PFA 总量为 750 吨。预计 2025 年，需求量将达到 1200 吨 / 年。

2. 锂电池市场需求

新能源汽车、5G 基站的全方面推进衍生出对高能量密度电池的需求，对动力电池的封装材料提出更严苛的耐高温、高绝缘性、高密封性要求。PFA 树脂因其优异的耐高温性、耐化学腐蚀性，低介电损耗、抗蠕变性，耐辐射性，阻燃性等性能，特别适用于锂电池盖板材料和密封材料。

① 盖板材料：PFA 树脂在成型时具有良好的流动性，可制作形状复杂锂电池盖板（图 15-9），相比于现有金属材质盖板重量比能量高，同时满足锂电池对盖板材料的耐高温、高绝缘、高阻燃、高强度要求，日本大金公司已推出 PFA 201 和 210 牌号作为半透明、透明抗静电锂电池盖板材料。

② 密封材料：PFA 树脂在电解液中不易溶胀，耐化学品性优异，水蒸气透过率较低，长期可靠，是锂电池电解液密封材料的理想替代材料，同时大金实验室披露，PFA 由于其优良回复性可适用于锂离子电池垫片。

2022 年动力电池和储能电池的总出货量是 843.5GWh，按现有铝合金材质在盖板材料的用量 100 ～ 133t/GWh，考虑到 PFA、铝合金材质比重进行折算，再按照 0.5% 的替代率，约需要 330t PFA。2025 年全球锂离子电池产量可达 2211.8GWh（图 15-10），预测 2025 年，锂电池盖板用量约 800 吨 PFA。

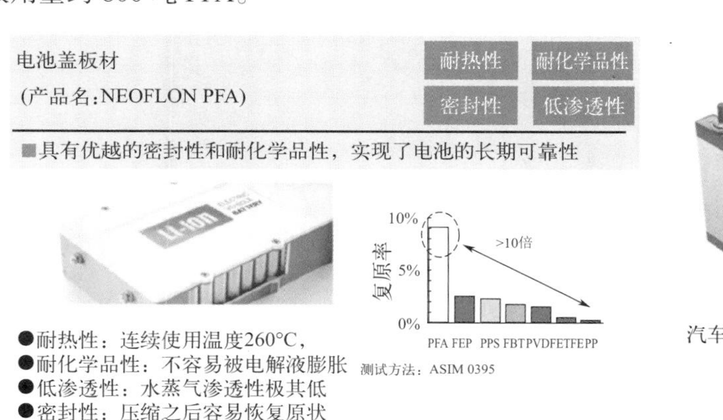

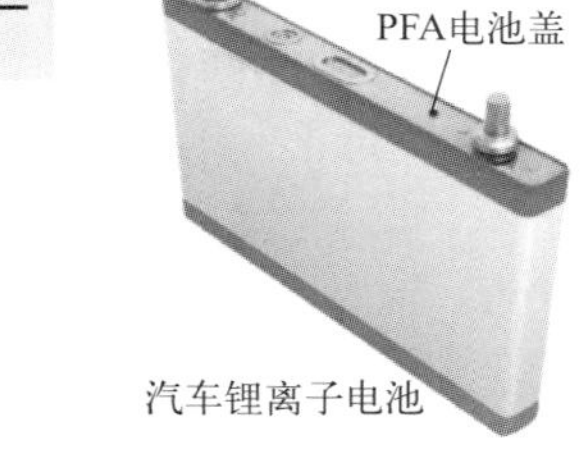

图 15-9　PFA 用于锂电池的优势

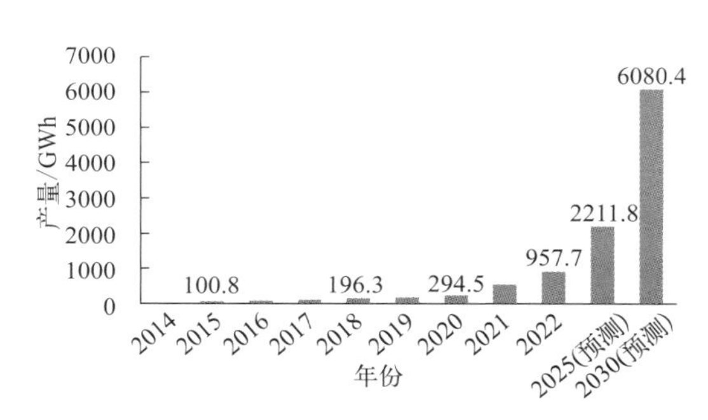

图 15-10　2014—2030 年全球锂电池出货量及预测

3. 集成电路市场需求

集成电路的生产过程对于杂质的要求十分苛刻，需要经过研磨、倒角、抛光、清洗等步骤，高精度和高纯度是关键，随着电子元器件越来越小，结构越来越复杂，必须采用确保工艺纯度的材料。PFA 对腐蚀性化学品和严苛环境都具有优异的抵抗力，光洁度比 PTFE 同等产品的光洁度高 98.4%，更不容易受到污染，并且具有良好的可加工性，对于亚 10nm 制程中接触液体的部件，PFA 将成为必不可少的配套材料，制品应用见图 15-11。

据中国半导体行业协会数据，2022 年集成电路销售额达到 12036 亿元，同比增长 17.3%。根据国家统计局数据，2023 年我国集成电路行业市场规模为 13045 亿元。根据 SEMI 和 IC insights 数据，2020 年至 2024 年间中国是晶圆厂新增数量最多的国家。如图 15-12 所示，2022 年全球硅晶圆总产能为 2546 万片 / 月（等效 8 英寸，不含光电子材料），SEMI 公布 2023 年全球硅晶圆产能达 2960 万片 / 月。晶圆厂的扩产将刺激上游 PFA 材料行业的市场需求。按照 8 寸 25 片装 PFA 花篮重 1.4kg 计算，根据 PFA 花篮的长期可重复利用性，按 16h 完成一组硅片的全部清洗工序，PFA 花篮半年更换一次，每个 PFA 花篮每年可以处理 0.55 万片硅片，2022 年每年需要 5.6 万个花篮，PFA 年用量 80 吨。考虑到集成电路制造过程中 PFA 材质的管件、泵阀、容器及容器内衬，按 4 倍系数扩大，PFA 在集成电路领域的年用量为 400 吨。预计到 2025 年 PFA 在集成电路领域的年用量为 700 吨。

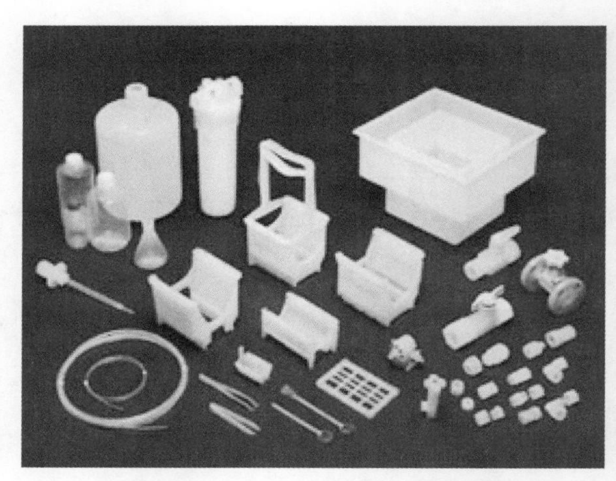

图 15-11　半导体侵蚀过程涉及的 PFA 制品

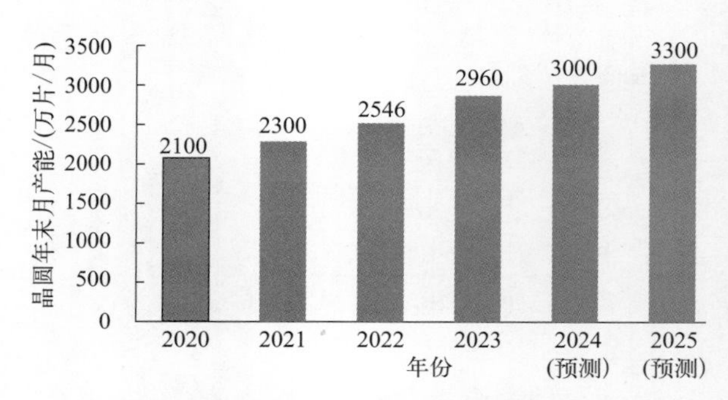

图 15-12　2020—2025 年全球晶圆年末月产能

4. 其他领域需求展望

在流体输送领域，超纯化学品等电子用化学品生产出来后，需运输到使用单位（如太阳能电池厂、液晶面板厂、芯片厂等）供其使用。运输一般需要专用 ISO TANK（国际标准液体罐式集装箱），材质一般为不锈钢内衬超纯 PFA。此外，酸、碱等电子化学品的储罐也需要超纯的 PFA 来作为衬里，输送管线需要使用 PFA 双套管。

在一些医药器械中也有 PFA 的身影，医药疾控检测应用的 PFA 消解管、消解杯，主要适用于对血样、尿样、乳制品等化学分析之前的样品消解处理。PFA 量筒因其低溶出与析出，主要应用于生物医药、医药研发、痕量分析等。PFA 折叠滤芯，应用于高端制药、化工及微电子等行业，用于强腐蚀性液体、强氧化性液体的除菌、过滤。

按照相关下游行业的市场规模与发展趋势，预计到 2025 年底，对高端 PFA 树脂的需求量为 100 吨 / 年。

5. 2025 年 PFA 材料需求量预测

高端 PFA 树脂作为光伏、锂电池、集成电路等产业发展不可或缺的关键性材料，其市场规模将保持持续增长。同时，普通 PFA 树脂在电线电缆、化工等领域仍有发展空间。预计

2025 年，PFA 材料的合计需求将达到 1.3 万吨，高端 PFA 2800 吨，其中太阳能光伏 1200 吨，锂电池 800 吨，集成电路制造 700 吨，其他领域 100 吨。考虑到运输、库存、良品率因素，实际需要生产 1.2 倍需求量的产品才能满足正常运转，因此 2025 年实际需要生产 PFA 树脂 1.6 万吨。

第三节 工艺技术

PFA 生产工艺按照分散介质不同分为：水相介质聚合工艺生产方法；超临界 CO_2 介质聚合工艺生产方法；有机介质聚合工艺生产方法。目前 PFA 生产技术掌握在国外极少数大公司中，国内企业关于 PFA 产品的发明专利寥寥无几，见表 15-6。

表 15-6　国内外主要厂商的生产工艺类型

区域	厂商	生产工艺类型	产品系列
国内	科慕	水相介质聚合工艺 有机介质聚合工艺	Teflon PFA
	大金	水相介质聚合工艺 有机介质聚合工艺	NEOFLON PFA
	苏威	水相介质聚合工艺	Hyflon PFA
	旭硝子	水相介质聚合工艺 有机介质聚合工艺	Fluon PFA
	东岳集团	水相介质聚合工艺	DS
国外	永和	水相介质聚合工艺	PW
	巨化	水相介质聚合工艺	FJY

（一）水相介质聚合生产工艺

超纯水的制备成本低、化学性质稳定、对环境无污染，是一种普遍采用的聚合分散介质，合成的工艺就是用水介质，聚合过程中连续补加共聚单体和也可以不补加共聚单体以维持聚合体系压力的稳定，直至聚合体系中固含量达到预定要求；可加入链转移剂，以控制分子量和分子量分布。聚合反应结束后，回收未反应单体，分离出聚合产物，洗涤、干燥，得粉料产品。粉料产品可再经熔融挤出造粒。

水相介质聚合中，最常使用的引发剂是过硫酸铵等过硫酸盐类，使 PFA 很容易产生不稳定端基。在 PFA 成型加工过程中，不稳定端基—COOH 会受热分解为 HF 和—COF 端基，端基—COF 继续分解出 HF 和 CO_2。分解析出的小分子会使制品产生气泡、孔隙，使制品外观差，耐开裂性能降低，影响制品纯度和质量。此外，氟化氢的析出，腐蚀加工设备，并把金属的腐蚀物带入制品中，使制品纯度下降，色泽加深。在树脂热塑熔融加工过程中，由于不稳定端基持续热分解，小分子不断析出，使聚合物分子量逐步下降。同时又由于热解产生的不稳定乙烯基端基的存在，它可继续与其他聚合物链结合增加聚合物的分子量。从而使树脂的熔体黏度处于不稳定状态，影响加工工艺稳定性。

除引发剂外，链转移剂是产生不稳定端基的另一个主要因素，在水介质聚合中，通常采用的链转移剂是甲醇等醇类，其链转移效率高，且使用方便，但会产生—$COOCH_3$、—CH_2OH 等不稳定端基，致使最终产品的纯度降低。

（二）液态和超临界态 CO_2 介质聚合工艺

以液态和超临界态 CO_2 为介质的聚合工艺，有如下优点。①来源广泛，价廉，无毒。②与聚合物分离完全，后处理方便，聚合物纯度较高。③限制了 PFA 的分子重排，大大减少了不稳定端基的数目。即使以甲醇为链转移剂，也只有 80 个 /10^6C 不稳定端基。④液态和超临界态 CO_2 黏度低，传质效率高。可以用于 TFE 的贮存。

在当前治理排放挥发性有机物质和限制使用氯氟烃（CFC_S）的情况下，应用液态和超临界态 CO_2 作为反应介质进行 PFA 等含氟聚合物的合成研究是目前含氟聚合物领域的一个热门。但目前以理论研究居多，工业化生产尚未见报道。

（三）有机介质聚合工艺

为了从根本上改变水介质聚合工艺给 PFA 带来较多不稳定端基的问题，开发了有机介质聚合工艺，使 TFE、PPVE 在 1,1,2- 三氯 -1,2,2- 三氟乙烷（CFC-113）溶剂中，以甲醇为链转移剂、双全氟丙酰过氧化物为引发剂进行聚合。有机介质聚合工艺由于选用有机溶剂，PFA 制造成本上升；另一方面，尽管避免了因 PFA 分子链末端水解产生不稳定端基的缺点，但 PFA 会发生分子内重排，仍会产生不稳定端基—COF。

在有机介质聚合工艺中，主要考虑有机介质、引发剂、链转移剂的选择这三大问题。对有机介质的选择，应遵循以下四个方面：①低反应活性、低链转移效应，不会影响聚合反应，对聚合物污染少；②低的 ODP 值、GHP 值，不会破坏大气臭氧层；③有合适的沸点（要求在聚合温度与 100℃之间），且易挥发，分离、回收方便；④对单体有足够的溶解度。

早期，通常采用的有机介质是 CFC-113，后来因其对大气臭氧层的破坏作用，积极寻找其他合适的替代品。如全氟环丁烷、全氟甲基环丁烷、全氟环己烷等的全氟烃；全氟三丁基胺等的全氟胺类；全氟 -*N*- 甲基吗啉（PFNMM）、全氟 -*N*- 异丙基吗啉（PFNPM）等的全氟含氧环烃类。

在有机介质的聚合中用甲醇作链转移剂是不理想的，甲醇会溶解聚合体系中瞬时存在的水和 HF，造成对聚合设备的腐蚀，并且，会形成不稳定端基—CH、—OH。因此，在有机介质聚合工艺中，也可选用甲烷、乙烷、丙烷、氢气等非醇类试剂作为链转移剂。

不同 PFA 聚合工艺总结见表 15-7。

表 15-7　不同 PFA 聚合工艺总结

生产工艺	特性及优势	缺陷
水介质聚合工艺	纯水介质制备成本低、化学性质稳定、对环境无污染	引发剂用过硫酸盐类，PFA 很容易产生不稳定端基产品
液态和超临界态 CO_2 聚合工艺	聚合物纯度较高；限制了 PFA 的分子重排，大大减少了不稳定端基的数目。聚合选用有机过氧化物引发剂，以甲醇为链转移剂，也只有 80 个 /10^6C 不稳定端基	聚合工艺初始投入成本高，不能生产浓缩分散液；理论研究居多
有机介质聚合工艺	不稳定端基少，产品性能提高，耐热、耐溶剂、耐化学品性更好，具有更高的强度和纯度；可满足医药行业和半导体工业对氟聚合物高纯度要求	FC-113 是一种消耗臭氧层物质，其使用受到限制；PFA 制造成本上升；PFA 会发生分子内重排，会产生不稳定端基—COF

第四节
应用进展

1. 太阳能光伏

我国光伏产业发展强劲，作为全球最大的光伏发电应用市场，未来我国将继续聚焦光伏发电技术的创新发展。光伏电池效率的进一步提升以及光伏发电系统智能化、多元化发展将对其配套材料 PFA 的纯度提出更高要求，促使 PFA 产品的进一步发展。

2. 锂离子电池

在锂电池领域，PFA 较其他盖板材料具有高度密封性和抗电解液腐蚀性，实现了电池的长期可靠性。PFA 较其他密封材料具有良好的封装性能和耐候性，确保电池片的长期稳定工作，PFA 树脂正受到许多厂商的青睐。针对锂电池的高容量、安全、长寿命等趋势，大金等公司也在投入研发下一代的锂离子电池或全固体电池的氟素材料。

3. 集成电路

随着大规模集成电路的高集成度化、高密度化、精细化，对半导体生产过程中使用的材料提出了提高纯度和功能性的更高要求。对 PFA 也提出了延长使用寿命、降低其对气体和液体的渗透性、提高光滑度等多种不同要求。

4. 其他

在一些医药器械中也有 PFA 的身影，医药疾控检测应用的 PFA 消解管、消解杯，主要适用于对血样、尿样、乳制品等化学分析之前的样品消解处理。PFA 量筒因其低溶出与析出，主要应用于生物医药、医药研发、痕量分析等。PFA 折叠滤芯，应用于高端制药、化工及微电子等行业，用于强腐蚀性液体、强氧化性液体的除菌、过滤。

强腐蚀性电子气体的主要生产装置及后续使用装置，必须用超纯 PFA 衬里设备及管道，如 HF 精馏塔、PFA 再沸器、PFA 冷凝器、PFA 吸收塔、PFA 过滤器等。对 PFA 制品的表面光洁度提出了更高的要求，要求用 PFA 制造的容器、管道、阀门、泵的内表面光滑能抑制粒子等杂质在壁上附着、滞留，不会污染所贮存、输送的高纯化学品且容易清洗。

PFA 在其他行业的应用见图 15-13。

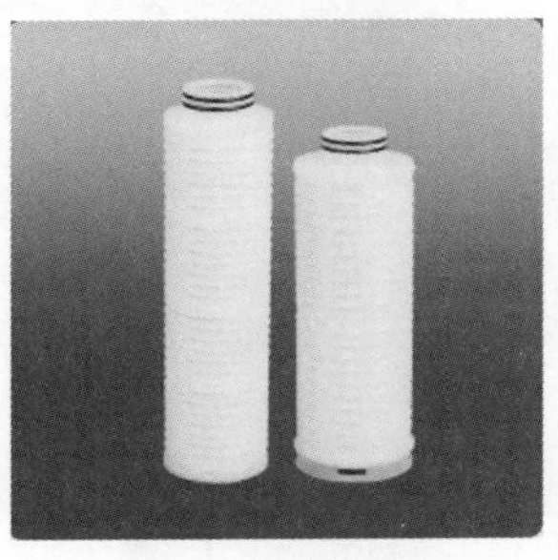

(a) PFA折叠滤芯

(b) 生产装置衬里

图 15-13　PFA 在其他行业的应用

根据上述应用来看，高端 PFA 具有更低的金属离子、氟离子析出度、更好的机械性能，不会对接触的物质产生污染，更适用于新能源、新材料等战略性新兴领域。未来需要深度开发 PFA 聚合稳定性技术、端基稳定性研究、低氟离子量萃出技术、低金属离子残留量控制技术、球晶尺寸控制技术与其配套加工应用技术，得到更多品级的 PFA 树脂，更有竞争力的价格，完成高纯到超纯 PFA 的自主生产，逐步替代国际巨头的同类产品，保护国内市场份额、国内高技术研发与突破不再受制于人。

第五节
发展建议

① 尽管 PFA 未来应用广泛，需求增长空间大。但是，PFA 的生产技术受到美国科慕、日本大金等公司严格垄断。我国目前 PFA 的生产企业较少，生产工艺不成熟，产品多应用在中低端领域，高端 PFA 大部分依赖进口。未来，PFA 行业应合理管控中低端应用产能扩产规模，鼓励加大高端 PFA 产品研发力度与规模产业化，早日摆脱进口依赖。

② 高端 PFA 制造对设备材质、结构设计和内衬等方面要求高，部分关键设备依赖进口，建议国内相关装备生产厂商与 PFA 生产厂商进行联合开发，实现所需高端设备国产化。

③ 高端 PFA 生产厂商可以与下游使用厂商进行联合开发，通过调整工艺体系，解决客户不断发展的应用需求，提供符合客户预期的解决方案，助力下游产业制造商实现弯道超车。

④ 从技术演进角度来看，PFA 生产工艺多样，可以应对不同的使用场景。企业在发展过程中，可以继续探索新工艺、新体系，加大基础研究，在提升自身竞争力的同时，也能推动我国 PFA 产品继续向前发展。

⑤ PFA 价格与其他大宗材料相比较昂贵。企业在未来的发展过程中，应该重视对于原料端的利用与协同，提高原料助剂的回收利用率，降低生产成本。

第十六章

聚偏二氟乙烯树脂（锂电）

China
New Energy Materials
Industry Development Report
2023

山东华夏神舟新材料有限公司　李　玲

第一节 概述

一、正极黏结剂

市面上常用的黏结剂种类繁多，比较普遍的有聚丙烯酸树脂、聚氨酯、环氧树脂和纤维素类水溶性黏结剂等。然而能运用到锂电池上面的少之又少，主要因为锂电池应用环境过于苛刻，黏结剂需要长时间浸泡在电解液中，并长期经历电池充放电，普通的碳氢黏结剂无法经历以上考验，纷纷退场。聚偏氟乙烯则是目前应用最广泛的锂离子电池正极黏结剂。

聚偏氟乙烯树脂及其他常用正极黏结剂性能指标对比见表 16-1。

表 16-1　聚偏氟乙烯树脂及其他常用正极黏结剂性能指标

正极黏结剂种类	外观	相对密度	熔点 /℃	热分解温度 /℃	介电常数
聚偏二氟乙烯（PVDF）	白色	1.77	160	380	6.0 ～ 8.0
聚酰亚胺（PI）	白色	1.14	334	500	3.4
聚丙烯腈（PAN）	白色	1.184	317	230	5.5

从性能指标上来说，正极黏结剂需要具有合适的黏结强度、在电极制备中形成稳定的浆料、电化学性稳定、具有良好的化学稳定性、热稳定性以及一定的离子和电子导电性。

锂电黏结剂 PVDF 主要性能指标见表 16-2。

表 16-2　锂电黏结剂 PVDF 主要性能指标

<table>
<tr><th>序号</th><th colspan="2">检测项目</th><th>检测仪器及方法</th><th>技术规格</th></tr>
<tr><td>1</td><td colspan="2">外观</td><td>目测</td><td>白色均一粉末，无异物</td></tr>
<tr><td>2</td><td colspan="2">7% 胶液黏度（溶剂 NMP）</td><td>黏度计</td><td>⩾ 1000</td></tr>
<tr><td>3</td><td colspan="2">熔点</td><td>DSC</td><td>160.0 ～ 170.0℃</td></tr>
<tr><td>4</td><td colspan="2">挥发分</td><td>鼓风烘箱</td><td>⩽ 0.1%</td></tr>
<tr><td>5</td><td colspan="2">水分</td><td>卡尔费休水分仪</td><td>⩽ 0.1%</td></tr>
<tr><td>6</td><td colspan="2">粒度 D_{50}</td><td>激光粒度仪</td><td>⩽ 50.00μm</td></tr>
<tr><td>7</td><td colspan="2">特性黏度</td><td>乌式黏度计</td><td>0.10 ～ 0.22L/g</td></tr>
<tr><td>8</td><td>杂质元素含量和</td><td>Fe + Co + Ni+ Cr + Zn + Cu</td><td>ICP</td><td>⩽ 50.00×10^{-6}</td></tr>
<tr><td rowspan="6">9</td><td rowspan="6">杂质元素含量</td><td>Fe</td><td rowspan="6">ICP</td><td>⩽ 10.00×10^{-6}</td></tr>
<tr><td>Co</td><td>⩽ 10.00×10^{-6}</td></tr>
<tr><td>Ni</td><td>⩽ 10.00×10^{-6}</td></tr>
<tr><td>Cr</td><td>⩽ 10.00×10^{-6}</td></tr>
<tr><td>Cu</td><td>⩽ 10.00×10^{-6}</td></tr>
<tr><td>Zn</td><td>⩽ 10.00×10^{-6}</td></tr>
</table>

根据氟务在线统计，2022 年我国 PVDF 总产能 12.5 万吨 / 年。据百川盈孚数据，截至 2023 年 5 月底，国内 PVDF 总产能已达到 14.6 万吨 / 年。不过由于发展时间较短，目前国内 PVDF 产品主要用于低端锂离子电池产品，而高端锂电池基本仍然使用进口 PVDF 材料。

从消费结构上看，PVDF 作为正极黏结剂已经占据超过 90% 的市场，PVDF 在电池中所占成本远远小于锂电池的其他主要材料，以宁德时代 2020 年 3.48 亿 /GWh 的原料采购成本测算，PVDF 仅占其采购成本的约 1.7%。2021—2022 年，尽管 PVDF 价格飙升，但在锂电材料整体价格大涨的背景下，其成本占比也仅上升至约 5%。

截至 2023 年，PVDF 锂电黏结剂在磷酸铁锂和三元材料方面应用都已经基本完成国产化替代，国内 PVDF 生产厂商如东岳华夏神舟、上海三爱富、孚诺林等均有锂电正极黏结剂用产品，但三元正极用黏结剂相对技术壁垒高，国产化替代最慢，替代范围较少，国内市场空白较大。

具体到企业来看，国外企业阿科玛、苏威和大金等起步较早，产品最成熟，前期占据较多市场，但后期随着国内技术不断提升，开始逐渐完成国产化替代。其中前五企业国内东岳集团、浙江孚诺林、阿科玛氟化工、内蒙古三爱富、巨化股份占据主要产能份额，占比为 66.78%，产能集中度较高。

二、隔膜涂覆

PVDF 产品除了在正极黏结剂中的应用，还可以应用在锂电池隔膜涂覆方面。在锂电池的结构中，电池隔膜（BSF，battery separator film）是支撑锂离子电池完成充放电电化学过程的重要构件，是锂电池四大核心材料之一（其余三种为正极材料、负极材料、电解液）。隔膜位于锂电池的正极和负极之间，主要作用是使电池的正、负极活性物质分隔开来，防止两极接触而短路；同时薄膜中的微孔允许电解液中的载流锂离子通过，形成充放电回路。

隔膜工作示意图见图 16-1。

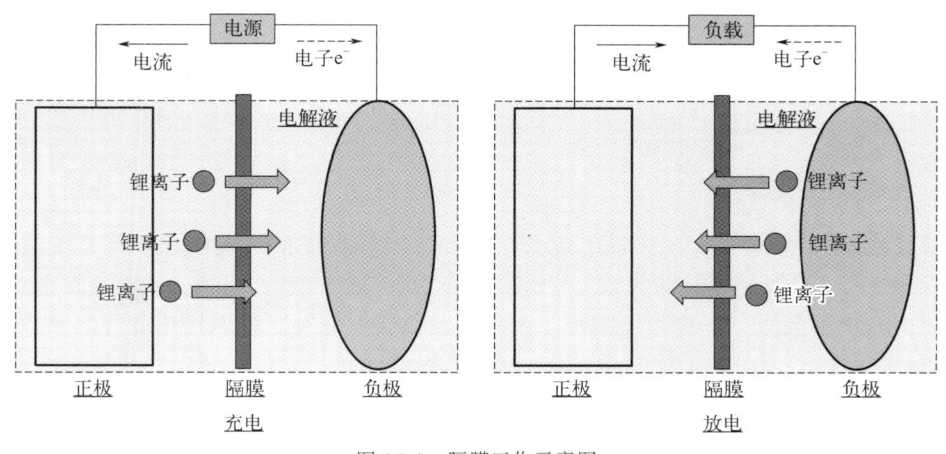

图 16-1　隔膜工作示意图

隔膜涂覆材料性能指标对比见表 16-3。

表 16-3 隔膜涂覆材料性能对比

涂覆材料	熔融温度 /℃	密度 /(g/cm^3)	热分解温度 /℃	熔点 /℃
PVDF	230	1.77	>380	150 ～ 160
芳纶	500	1.44	>427	370
聚甲基丙烯酸甲酯 PMMA	165 ～ 200	1.15 ～ 1.19	300	160
Al_2O_3/ 陶瓷	—	3.5	—	2054

从性能指标看，PVDF 共聚物具有更优异的柔韧性，非结晶区增加，更有利于电解液浸润和保液，共聚 PVDF 具有更低的熔点，可以满足电池热压工艺的需求，有利于电池后期工序的进行。

锂电隔膜涂覆 PVDF 主要性能指标见表 16-4。

表 16-4 锂电隔膜涂覆 PVDF 主要性能指标

<table>
<tr><th>序号</th><th colspan="2">检测项目</th><th>检测仪器及方法</th><th>技术规格</th></tr>
<tr><td>1</td><td colspan="2">外观</td><td>目测</td><td>白色均一粉末，无异物</td></tr>
<tr><td>2</td><td colspan="2">熔点</td><td>DSC</td><td>150 ～ 160℃</td></tr>
<tr><td>3</td><td colspan="2">挥发分</td><td>鼓风烘箱</td><td>≤ 0.1%</td></tr>
<tr><td>4</td><td colspan="2">水分</td><td>卡尔费休水分仪</td><td>≤ 0.1%</td></tr>
<tr><td>5</td><td colspan="2">粒度 D_{50}</td><td>激光粒度仪</td><td>(10±5) μm</td></tr>
<tr><td>6</td><td colspan="2">熔体流动速率</td><td>熔体流动速率机</td><td>≤ 4.0g/10min</td></tr>
<tr><td rowspan="6">7</td><td rowspan="6">杂质元素含量</td><td>Fe</td><td rowspan="6">ICP</td><td>≤ $10.00×10^{-6}$</td></tr>
<tr><td>Co</td><td>≤ $10.00×10^{-6}$</td></tr>
<tr><td>Ni</td><td>≤ $10.00×10^{-6}$</td></tr>
<tr><td>Cr</td><td>≤ $10.00×10^{-6}$</td></tr>
<tr><td>Cu</td><td>≤ $10.00×10^{-6}$</td></tr>
<tr><td>Zn</td><td>≤ $10.00×10^{-6}$</td></tr>
</table>

从趋势上看，亚太地区是 PVDF 涂覆电池隔膜市场的主要消费地区，其中中国市场占据了重要地位。中国是全球最大的锂离子电池生产国，随着电动汽车、智能手机等电子产品的普及，PVDF 涂覆电池隔膜市场需求不断增加。此外，日本、韩国、印度等国家也在逐渐增长。

从消费结构上看，2015 年国内涂覆隔膜进入快速发展期，早期涂覆行业中的企业分三类：纯代工涂覆、基膜厂自带涂覆、纯销售涂覆膜企业（包含基膜外购企业和自产自涂企业），目前涂覆一体化成为主流。根据GGII，2021年涂覆膜占隔膜出货量比例超过45%（含第三方涂覆）。涂覆的核心技术是浆料的配方，浆料在隔膜涂覆中成本占比较大（> 50%）。因动力电池发展方向为高输出、高容量、快充电的模式，对隔膜涂覆技术和工艺要求更多样化，配方的创新成为涂覆的核心竞争力。常见隔膜涂覆类型见表16-5。

表16-5 常见隔膜涂覆类型

隔膜涂层	PVDF涂覆隔膜	芳纶涂覆隔膜	勃姆石涂覆隔膜	氧化铝涂覆隔膜
优势	具有良好的机械强度、稳定的化学性质、稳定的电化学性质和对电解液良好的亲和性	具有抗氧化性、耐酸碱、阻燃和耐高温性能	硬度低、比重低、热稳定性好、成本低	导热性能好、阻燃好、高倍率性、循环寿命长
劣势	热稳定性比陶瓷涂层差	成本高	—	硬度高、成本高

具体到企业来看，全球可生产隔膜涂覆用PVDF的主要厂商有阿科玛、索尔维、东阳光、中化和东岳华夏神舟，5大厂商基本全部占据了市场90%的市场份额。从隔膜市场竞争格局来看，市场格局正在演进成“1超+2强+多小”的格局。恩捷股份（湿法龙头）仍然是隔膜行业的绝对龙头，2022年一季度隔膜出货量10.7亿平方米，市场占有率37%。星源材质（干法龙头+湿法）2022年一季度隔膜出货量3.6亿平方米，市场占有率15%，名列第二。除去以上干法和湿法的两个龙头企业外，在3～10名的隔膜企业中，目前中材科技作为具有央企背景、多业务发展的材料企业，以综合能力强在近两年位居隔膜行业前三，而仍然要面临来自4～10名其他隔膜企业的挑战。总体上，隔膜行业“金字塔”顶端的企业基本固定，但“金字塔”中底部仍是各有优势的激烈竞争。

锂电隔膜企业市场份额见图16-2。

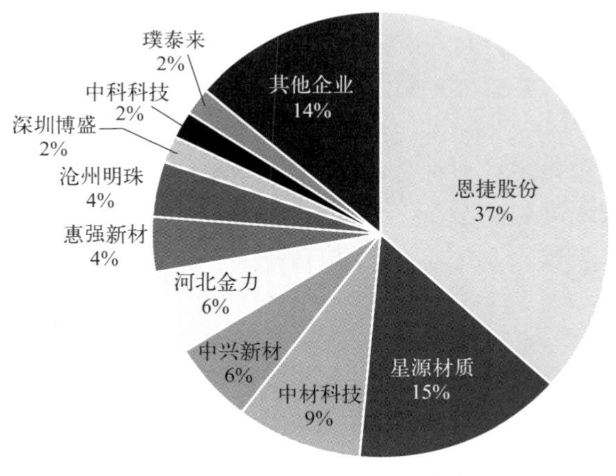

图16-2 锂电隔膜企业市场份额

资料来自起点研究

第二节
市场供需

一、PVDF 供应分析

截至 2022 年 11 月底，国内 PVDF 总产能已经达到 13.7 万吨（同比 +74.5%）。近几年来，国内企业逐渐掌握生产工艺、产品质量逐步提高，已成功打入下游高端市场，国产锂电池级 PVDF 占比现已从 2017 年的 8% 成长到 39%。据国信证券统计，2023—2025 年内，宣告计划建设的 PVDF 产能超过 25 万吨 / 年，产能将高速增长。

国内外主要 PVDF 生产企业及产品规划如下：

① 阿科玛（常熟）：阿科玛在欧洲、北美和亚洲均设有 PVDF 生产基地，常熟阿科玛公司成立于 1996 年。2022 年初阿科玛宣布其中国常熟基地的氟聚合物产能增幅由此前宣布的 35% 提升至 50%，新产能投产时间为 2022 年底。

② 索尔维（常熟）：苏威特种聚合物（常熟）有限公司成立于 2007 年，隶属于索尔维集团特种聚合物事业部。索尔维 PVDF 有两个系列：Solef PVDF 和 Halar PVDF，其中 Solef PVDF 用于锂电黏结剂、太阳能背板及粒状树脂领域，生产基地在中国和法国。Halar PVDF 主要用于涂料领域，生产基地在美国。

③ 吴羽（常熟）：吴羽（常熟）氟材料有限公司成立于 2012 年 1 月，是由吴羽（中国）在江苏常熟新材料产业园投资建设的一家专门从事 PVDF 生产的企业，生产工艺为悬浮聚合。吴羽（常熟）氟材料有限公司在常熟新材料产业园建设第二工厂，总投资 20 亿元人民币，规划 15,000 吨 / 年聚偏二氟乙烯产能、2,000 吨 / 年偏二氟乙烯（二级品）产能。

④ 大金：大金氟化工（中国）有限公司位于江苏省常熟新材料产业园内，主要产品有单体（TFE / HFP / VdF）、PTFE（聚四氟乙烯树脂）、FKM（氟橡胶）、FEP（熔融氟树脂）、新冷媒、防水防油剂、ZEFFLE、OPTOOL 等。

⑤ 东岳集团（华夏神舟）：东岳集团是氟化工龙头，拥有 HF- 制冷剂 - 含氟高分子材料一体化产业链。子公司山东华夏神舟公司成立于 2004 年 7 月，华夏神舟是国内 PVDF 企业中较早介入锂电级 PVDF 领域的企业之一，主导产品为含氟新材料。含氟新材料包括 FEP、PVDF、PFA、FEVE 等可熔融加工的氟树脂和氟塑料，以及含氟弹性体 FKM、FVMQ 系列产品。公司目前拥有 1 万吨 / 年 PVDF 和 3.3 万吨 / 年 R142b 产能，且规划的 1 万吨 / 年 PVDF 也已完成全部审批，具备 R152a-R142b-VDF-PVDF 全产业链，一体化优势明显。公司规划至 2025 年，PVDF 产能将达 5.5 万吨 / 年，有望成长为行业新龙头。

⑥ 巨化股份：公司拥有完整氟化工产业链，现有 R142b 产能 2 万吨 / 年，截至 2023 年 5 月，产能为 1 万吨 / 年。

⑦ 中化蓝天：中化蓝天目前 PVDF 产能有 3 万吨 / 年。

⑧ 三爱富：目前公司拥有 3 万吨 / 年 PVDF 产能，主要用于涂料、光伏背板等领域。

⑨ 联创股份（华安新材）：子公司山东华安新材料年产 8000 吨 PVDF 项目，其中一期

生产线 3000 吨 / 年 PVDF 已进入试生产运营阶段，二期 5000 吨 / 年产能按照计划于 2022 年 6 月试投产。根据规划，公司 PVDF 远期产能约 6.4 万吨 / 年。

⑩ 浙江孚诺林：公司年产 2.5 万吨偏氟乙烯聚合物生产线及配套项目分 2 期建设，一期建设 12500 吨 / 年 PVDF 生产线，建设完成后预计年产值超 30 亿元。

⑪ 乳源东阳光：乳源东阳光现有 0.5 万吨 / 年 PVDF 产能，未来还将建设 2 万吨 / 年 PVDF 与 4.5 万吨 / 年 R142b 项目，项目分两期实施建设。目前项目一期能评已通过，一期建设 1 万吨 / 年 PVDF 与 1.8 万吨 / 年 R142b 项目，二期建设 1 万吨 / 年 PVDF 与 2.7 万吨 / 年 R142b 项目，预计于 2024 年底前建成投产。

⑫ 昊华科技：昊华科技已形成高端氟材料、电子化学品、航空化工材料三大核心业务。

⑬ 山东德宜新材料：公司主要产品有偏二氟乙烯（VDF，6,000 吨 / 年），PVDF（5,000 吨 / 年），广泛地应用在涂料、锂电池、太阳能、化工加工和水处理等各个领域。

VDF 及 PVDF 待扩建产能见表 16-6。

表 16-6　VDF 及 PVDF 待扩建产能

公司名称	VDF 技改扩建 /（万吨 / 年）	PVDF 技改扩建 /（万吨 / 年）
阿科玛	—	0.9
吴羽（常熟）氟材料	0.2	1.5
巨化股份	2	1
中化蓝天	1.5	1.9
孚诺林	—	2.5
乳源东阳光	4.5	2
三爱富	2.3	2.8
璞泰来	2.7	1
华夏神舟	5.5	4
联创股份	1.1	0.8
永和股份	—	1
深圳新星	1	1
昊华科技	—	0.25
理文化工	—	2
宁夏氟峰新材料科技	1.1	1
总计	21.9	23.65

在下游强劲需求的拉动下，这些计划产能预计在未来 5 年内都将会陆续投入生产。但由于新增 PVDF 产能的审批周期较长，加上上游 R142b 原材料配额及产能的增加同样需要较长的审批时间，所以预计在短期内 PVDF 上游的供应增速仍然不及下游的需求增速，两年以后供不应求的局面才会逐渐好转。

二、PVDF 需求分析及预测

（一）动力电池市场需求

1. 动力电池产业概述

动力电池即为工具提供动力来源的电源，多指为电动汽车、电动列车、电动两轮车、高尔夫球车提供动力的蓄电池。动力电池是新能源汽车的核心部件，也是未来能源转型的重要方向。区别于用于汽车发动机启动的启动电池，动力电池多采用阀口密封式铅酸蓄电池、敞口式管式铅酸蓄电池以及磷酸铁锂蓄电池。动力电池通常由电池盖、电池壳、正极材料、负极材料、电池隔膜、有机电解液等构成。依据不同的生产材料，动力电池可以分为三元锂电池、锰酸锂电池、磷酸铁锂电池、钛酸锂电池等。

动力电池工艺技术要求高，技术壁垒较高。作为新能源汽车的重要组成部分，新能源汽车产业的高质量发展，将极大地推动我国动力电池行业的发展进程。当下，在我国“双碳”发展目标的引领下，新能源汽车产业规模快速发展，为动力电池的发展提供了良好的市场需求环境。

2. 动力电池行业现状分析

（1）全球动力电池装车量分析

随着全球电动化进程的推进，得益于新能源电动汽车市场的扩大，动力电池作为其重要组成部分，需求亦不断扩大。欧洲各国持续对新能源汽车行业加码，2020 年后更是对新能源汽车行业连接出台重磅补贴政策，推动终端销量大幅上行。数据显示，2022 年全球动力电池装车量达 518GWh。2023 年 1—5 月，全球动力电池装车量 237.6GWh，同比增长 52.3%。2023 年全球动力电池装车量突破 700GWh。

GGII 数据显示，2019—2022 年我国动力电池出货量从 71GWh 增长至 480GWh（图 16-3），年均复合增长率为 89.1%。2023 年我国动力电池出货量为 630GWh，同比增长 31%。预计 2025 年我国动力电池出货量将突破 1300GWh，2022—2025 年年均复合增长率为 39.4%。

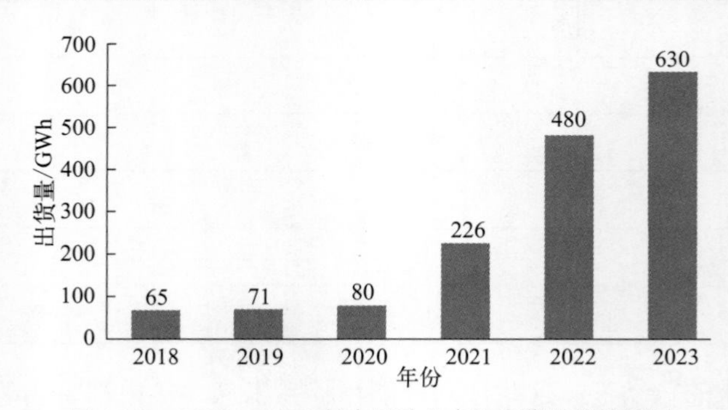

图 16-3 2018—2023 年中国动力电池出货量统计情况

（2）全球动力电池用 PVDF 市场

随着下游锂电市场持续走高，PVDF 需求爆发，目前 PVDF 占据正极黏结剂 90% 以上的份额，三元电池正极添加量在 1% ～ 1.5%，磷酸铁锂电池较三元电池添加量较多，一般在 2.0% ～ 2.5%，按照 2.0% 的添加量进行计算，磷酸铁锂体系 1GWh 可消耗 PVDF50 吨左右，三元体系 1GWh 可消耗 PVDF30 吨左右，根据 2022 年全球动力电池装车量达 518GWh 计算，动力电池 PVDF 市场需求在 15000 ～ 25900 吨，2023 年动力电池 PVDF 市场需求达到 35000 吨，预计 2025 年动力电池 PVDF 市场需求达到 50000 吨，将保持 30% 左右的增长速率。

3. 重点企业分析

动力电池方面，宁德时代拥有最广泛的客户群体覆盖，助力客户打造全球领先的竞争力，在海外，公司与 Tesla、BMW、Daimler、Stellantis、VW、Volvo、Ford、Hyundai、Honda 等车企深化全球合作，在国内，宁德时代与上汽、蔚来、理想、吉利、宇通、徐工集团等车企强化合作关系。

根据 SNE Research 数据，2023 年 1—5 月公司动力电池使用量全球市场占有率达 36.3%，比上年同期提升 1.7 个百分点。宁德时代 2023 年上半年营收 1892 亿元，同增 68%，归母净利 207 亿元；其中，二季度营收 1002 亿元，归母净利 109 亿元。

宁德时代动力电池出货量从 2019 年 40GWh 增加到 2022GWh，年复合增长率为 84.2%；2023 年宁德时代动力电池出货量为 276GWh，占全球动力电池出货量的 30% 以上，继续引领全球行业发展。

除动力电池外，储能电池、3C 电池等在锂电池结构中也占有一定比例，但目前动力电池在消费结构中已占绝对主导地位，这里不再详细介绍。

总体从需求端来看，涂料等工业级领域对 PVDF 的需求保持稳定，主要增长需求在锂电领域。预计到 2025 年，全球电池级 PVDF 需求在中性和乐观情况下分别可以达到 16.0 万吨和 24.0 万吨，2021—2025 年复合增速在 37% 左右。其中我国 2025 年电池级 PVDF 需求在中性和乐观情况下分别可以达到 7.3 万吨和 11.0 万吨，中性估计下 2025 年我国 PVDF 总需求量有望达到 12.47 万吨，2021—2025 年复合增速在 19% 以上。从供给端来看，目前国内共有约 15 万吨 / 年 PVDF 产能，并且还在大量扩产过程中，并有望在 2025 年超过 25 万吨产能，整体 PVDF 扩产速度将远远大于新能源的扩张速度，将会出现供应过剩的情况。

（二）锂电隔膜市场需求

1. 锂电涂覆隔膜产业概述

目前湿法隔膜涂覆材料以氧化铝涂层为主，占据着主流的市场份额，同时并存着 PVDF 涂层、PVDF/ 氧化铝混合涂层、氧化铝 +PVDF 叠加复合涂层、勃姆石、芳纶、纳米复合材料等丰富涂层品类。目前市面上主要以勃姆石和 PVDF 涂覆隔膜为主，氧化铝和芳纶涂覆隔膜整体因成本太高普及率有限。

2. 锂电隔膜行业现状分析

随着锂电需求持续增长，我国涂覆隔膜产业迎来发展机遇。根据数据，我国无机涂覆隔膜用量自2016年起逐年增长，整体增长趋势与新能源汽车变动趋势同步，2019年受补贴下滑影响，整体增长有限，仅为10.2亿平方米，同比2018年增长10.9%。

就涂覆膜渗透情况而言，涂覆膜相对基膜具备耐热性高、黏结力强、安全性能更好和寿命更长等特点，随着行业发展，渗透率持续增长，目前涂覆膜主要与湿法结合，整体产品性能更加优良。2019年我国涂覆膜在湿法隔膜中渗透率已达到78%，而干法隔膜仅为10%左右，总体来看，渗透率约为56%，见图16-4。预计随着湿法隔膜占比提高，涂覆膜渗透率将持续提升。

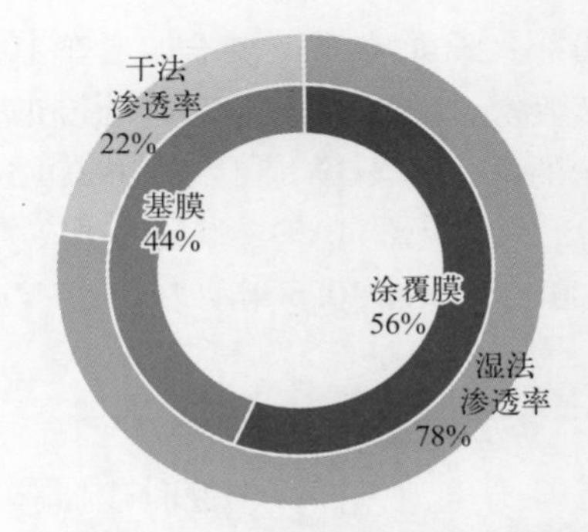

图16-4　2019年中国涂覆膜占比隔膜渗透率情况

数据来自华经产业研究院

3. 重点企业分析

就涂覆隔膜竞争格局，目前我国涂覆隔膜主要由湿法隔膜龙头企业占据，随着行业整体需求持续增长，新建产能持续增长，根据资料，目前行业仍有八十亿平方米左右产能待投产，行业整体景气度较高。届时或将改变现有企业格局，市场集中度进一步提升。2021年一季度中国湿法隔膜市场占比见图16-5。

恩捷股份涂覆比例从2020年的18%快速提升至2021年的30%。星源材质自2020年加码湿法隔膜，2021年涂覆比例已经提升至26%。涂覆膜性价比逐步凸显，电池厂旺盛需求带动隔膜厂涂覆比例继续提升。2022年，整体PVDF隔膜涂覆占比达到30%以上，PVDF隔膜用量也将随着涂覆隔膜市场的增加而增加，以2022年124.1亿平方米基膜为基础计算，涂覆市场占比按30%单面涂覆计，2022年PVDF隔膜涂覆用量在3500～4000吨/年的用量，随着新能源市场的不断扩大，隔膜市场也将以超过5%的增速进行增长，隔膜涂覆用PVDF用量也将不断增加，虽然隔膜市场相对正极黏结剂市场较低，但是增量仍然可观。

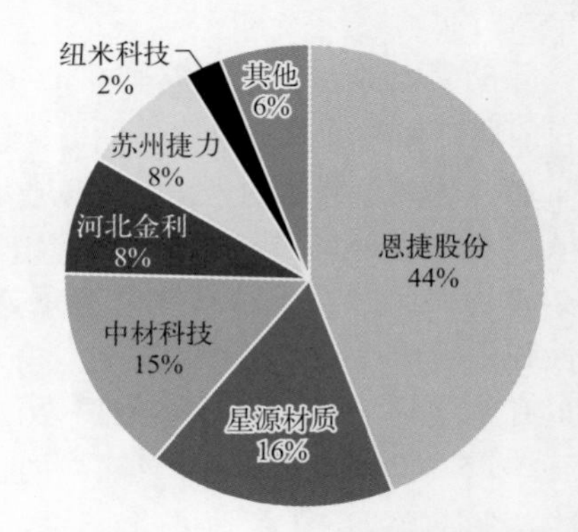

图16-5　2021年一季度中国湿法隔膜市场占比

数据来自华经产业研究院

第三节 工艺技术

1948年，Ford T以水为介质，使用不同类型的自由基引发剂，将VDF单体在≥30MPa

和 20 ～ 250℃条件下聚合，首次制得 PVDF 树脂。此后，在较低的压力下，陆续发展出由乳液聚合、悬浮聚合、溶液聚合和辐射聚合法等制得 PVDF 树脂。到目前为止，能够工业化生产的主要是乳液聚合和悬浮聚合这两种方法。

一、乳液聚合工艺

（一）乳液聚合原理

单体在搅拌和乳化剂的共同作用下，以 3 种状态存在：单体液滴、增溶于胶束中和溶于水中。乳液聚合反应的主要场所是增溶胶束，单体液滴起到单体仓库的作用，随着聚合反应的进行，单体通过水相中溶解的单体向胶束中扩散，供给聚合所需的单体。

PVDF 的乳液聚合，并不是真正意义上的乳液聚合，应属溶液沉淀聚合，具体包括三步历程：① VDF 单体溶解在水相中的传质过程；②稀水溶液聚合；③聚合产物微粒不溶于水，从水相中沉淀出来，在乳化剂作用下，形成稳定的乳液。

在 PVDF 乳液聚合过程中，聚合釜的搅拌速度选择是一个关键因素。聚合釜应保持足够的搅拌转速，使聚合反应速度不受第一步的传质过程控制，应由第二步的聚合过程控制，以提高聚合釜的利用率和树脂的分子量；另一方面，聚合釜的搅拌速度也不能过快，以免造成乳液的不稳定。

乳液聚合体系主要由单体、乳化剂、引发剂、水 4 个基本成分组成。

乳化剂在乳液聚合中的作用是：①降低界面张力，使单体分散成细小的液滴；②在液滴表面形成保护层，防止凝聚，使乳液得以稳定；③增溶作用，使部分单体溶于胶束内。VDF 乳液聚合一般使用含氟乳化剂，最常见的是全氟辛酸碱金属盐，用量一般为单体质量的 0.1% ～ 0.2%。

用于 VDF 乳液聚合的引发剂主要有两类：过硫酸盐等无机过氧化物，过氧化碳酸酯、叔丁基过氧化氢等有机过氧化物。有机过氧化物引发制得的 PVDF 高分子链是非离子端基，比由过硫酸盐引发的 PVDF 有更好的热稳定性、制品色泽更白。二异丙基过氧化二碳酸酯（IPP）是工业上制备 PVDF 最重要的引发剂。

引发剂的用量对 VDF 聚合速率和 PVDF 性能影响很大。随着引发剂用量增大，产生的初级自由基也越多，聚合速率也越快；另一方面，自由基终止的机会也多，造成聚合反应不平稳，产量下降，聚合物的性能也变差。VDF 悬乳液聚合的引发剂用量一般为单体质量的 0.05% ～ 1.50%，较合适的用量为单体质量的 0.15% ～ 1.00%。

VDF 乳液聚合所用的分散介质为去离子水，对水中的离子浓度有严格要求，要求水的电导率≤ 3μS/cm；如水中的离子浓度过高，不仅影响乳液体系的稳定，还影响 PVDF 树脂的性能和色泽。一般去离子水用量为单体质量的 3 ～ 10 倍，较合适的用量为 5 ～ 6 倍。

聚合物摩尔质量大小及分布是决定聚合物性能的最主要的因素，在乳液聚合与悬浮聚合制备含氟聚合物生产过程中，一般加入链转移剂来控制摩尔质量。合适的链转移剂的选择依据是：能有效控制聚合物摩尔质量，又不对聚合速率和聚合物热稳定性产生不利影响。对于 VDF 聚合，环己烷和异丙醇虽然是有效的链转移剂，但会对聚合速率有不利影响；甲醇对聚合速率无不利影响，却不能有效控制 PVDF 摩尔质量；丙酮在有效控制聚合物摩尔质量的同时，能允许使用足量的引发剂，以确保有较高的反应速率，且对聚合物热稳定性无不利影响。

通过测试熔体质量流动速率、特性黏度来估算 PVDF 的摩尔质量。在聚合过程中，增大链转移剂用量，熔体质量流动速率增大，特性黏度减小，PVDF 摩尔质量减小；链转移剂用量太小时，虽然摩尔质量高，但聚合反应不平稳，难以控制，聚合结束也早，生产率低。因此，必须控制链转移剂用量，才能得到性能较好的、产量较高的 PVDF 树脂；链转移剂的加入方式和加入时机也会影响 PVDF 摩尔质量大小和分布。一般 VDF 乳液聚合的链转移剂用量为单体质量的 0.5% ～ 5.5%，较合适的用量为单体质量的 1.0% ～ 3.0%。

（二）乳液聚合工艺流程

PVDF 乳液聚合工艺流程如下：聚合釜为 130L 不锈钢高压釜，转速为 88r/min。首先检查聚合体系的密封性能，然后对高压釜抽真空充氮以排氧，重复几次，直至聚合体系的氧含量达到要求；往聚合釜中加入去离子水和引发剂、乳化剂、缓冲剂等配方助剂后，通入 VDF 单体至聚合压力，加热至聚合温度，开始聚合反应；在聚合反应过程中，通过补加 VDF 单体来保持釜内压力在一恒定区间内；聚合反应结束后，将未反应的 VDF 单体回收利用；聚合乳液经凝聚、洗涤、分离、干燥、粉碎，得到 PVDF 产品。

VDF 乳液聚合反应条件：聚合温度 75 ～ 90℃；聚合压力 2.0 ～ 3.8MPa；聚合时间 14h；产物收率≥ 90%。

VDF 乳液聚合工艺流程见图 16-6。

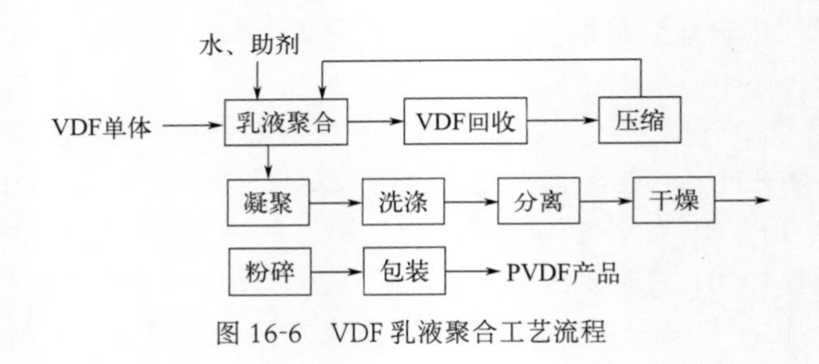

图 16-6　VDF 乳液聚合工艺流程

二、悬浮聚合工艺

（一）悬浮聚合原理

在 VDF 悬浮聚合中，VDF 单体在搅拌和分散剂共同作用下，以液滴形式悬浮在分散介质去离子水中，使用油溶性引发剂，使该引发剂进入单体液滴、引发聚合反应，聚合产物 PVDF 树脂以固体粒子形式沉析出来。

VDF 悬浮聚合体系主要由 VDF 单体、分散剂、油溶性引发剂、链转移剂和去离子水 5 种组分组成。VDF 单体的临界温度为 30.1℃，VDF 悬浮聚合通常在较低温度下进行，这就需要高活性的引发剂，IPP、过氧化二碳酸二（2- 乙基己基）酯（EHP）等高活性的过氧化碳酸酯类化合物是工业上悬浮聚合制备 PVDF 最主要的引发剂。

VDF 悬浮聚合配方中使用的水溶性分散剂，通常为纤维素醚类和聚乙烯醇类，如甲基纤维素和羟乙基纤维素等。非水溶性分散剂为粉末状无机分散剂，如碳酸镁、碳酸钙、碳酸钡、硅藻土、滑石粉等主要用于苯乙烯、甲基丙烯酸甲酯、乙酸乙烯酯等单体的悬浮聚合。它们的分散保护作用好，能制得粒度均匀、表面光滑、透明性好的聚合物粒子。聚合结束后，吸附在聚合物珠粒表面的无机分散剂可以用稀酸洗去，以便保持聚合物制品的透明性。这类分散剂，性能稳定，可用于较高温度下的悬浮聚合. 可以用半沉降周期 $t_{1/2}$（min）来评价分散剂的细度或分散液的稳定性，用量一般为水量的 1% ～ 5%。

分散剂的主要作用是：①吸附在 VDF 单体液滴表面，保持聚合体系的稳定；②防止聚合物粒子之间发生聚并。

分散剂应满足：不对单体产生阻聚或延缓聚合的副作用；不污染反应体系和产物，易分离和去除；在聚合温度范围内化学稳定性好；高分子分散剂的结构应具有亲水和疏水基。易溶于水，并能适当增加水相的黏度；应具有一定的表面活性，可起调节表面张力的作用。

并不是所有的分散剂均能同时满足以上要求，所以悬浮聚合体系中除主要分散剂外，需加入辅助分散剂。

分散剂用量对树脂颗粒大小影响显著，用量过大，树脂颗粒则太细。一般 VDF 悬浮聚合的分散剂用量为单体质量的 0.01% ～ 1.00%，较合适的用量为单体质量的 0.05% ～ 0.4%。

链转移剂种类及其浓度选择与乳液聚合相类似。

（二）悬浮聚合工艺流程

以 USP3781265 为例说明 VDF 悬浮聚合的工艺流程：在配有搅拌的不锈钢高压釜内，加入一定量的去离子水和分散剂，密闭反应釜，抽真空，充氮气置换氧气后，搅拌，升温至 50℃，充入 VDF 使釜压至 3.5MPa，加入引发剂和其他助剂，聚合反应开始；继续以一定速率加入单体和相应比例的引发剂及其他助剂，维持温度及压力；直到单体加完，压力降到 2.8MPa，停止搅拌，聚合反应结束；聚合产物进行离心、洗涤、干燥、得到 PVDF 树脂。

VDF 悬浮聚合反应条件：聚合温度 30 ～ 60℃；聚合压力 2.1 ～ 7.0MPa；聚合时间 15 ～ 22h；产物收率≥ 90%

VDF 悬浮聚合工艺流程见图 16-7。

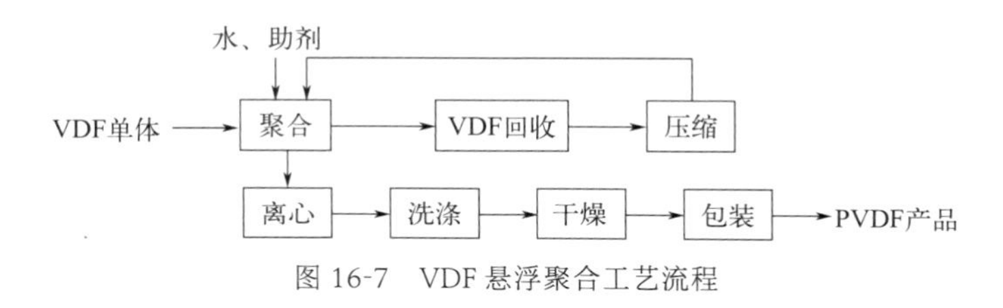

图 16-7　VDF 悬浮聚合工艺流程

三、PVDF 乳液聚合法与悬浮聚合法的比较

悬浮聚合法工艺的优点是聚合物粒子上吸附的分散剂量少，较容易脱除，产物纯度高；后处理工序简单，生产成本较低，粒状树脂可直接用来加工。缺点是聚合速率慢，生产效率低；聚合过程较难控制。

乳液聚合法工艺的优点是在较高温度下聚合，聚合速率快；直接应用胶乳的场合，如水乳漆、黏结剂等，宜采用乳液聚合。缺点是需要固体聚合物时，乳液需经凝聚、洗涤、脱水、干燥等工序，生产成本较悬浮法高；产品中留有乳化剂等，难以完全除尽，有损制品色泽和电性能。乳液聚合与悬浮聚合产品性能比较见表 16-7。

表 16-7　乳液聚合与悬浮聚合产品性能比较

特性	乳液聚合	悬浮聚合
摩尔质量	可调节	可调节
摩尔质量分布	较宽	较窄
熔点	较低	较高
分子缺陷结构	较多	较少
结晶度	较低	较高
熔体流变性	低牛顿流体；较大黏弹性	高牛顿流体
高剪切速率下耐熔融断裂性能	大多能耐	很少能耐
颗粒尺寸	胶乳粒径 0.2 ～ 0.5μm	悬浮粒径 >50μm
在热腐蚀环境下耐应力断裂性	绝大多数能耐	大多敏感

通过对乳液聚合法和悬浮聚合法合成 PVDF 树脂的反应原理和工艺流程的综述，以及对两种合成方法优缺点的比较，发现乳液聚合法与悬浮聚合法有各自的优缺点，适用于不同的场合，应根据对 PVDF 产品的要求和生产条件，选用合适的聚合方法。

四、其他聚合工艺

（一）溶液聚合法

高校、科研院所较多采用溶液聚合法制备 PVDF 树脂。溶液聚合主要原料为单体、含氟类有机溶剂和引发剂等。其聚合过程主要为在聚合釜内加入定量溶剂，抽真空，氮气置换，釜内微量氧合格后，加入单体和引发剂，加热到一定温度后开始反应，反应结束后溶液中的白色沉淀物即为 PVDF 树脂。与悬浮聚合相比，溶液聚合体系黏度较低，反应单体和引发剂等助剂混合均匀，传热效果好，反应温度容易控制，可能消除凝胶效应，应用于高校科研院所研究具有优势。但是溶液聚合涉及溶剂的回收利用增加设备成本和链自由基对溶剂有链转移作用使得到的树脂品质较低等问题，限制了其工业化应用发展。同时溶

液聚合中采用的有机溶剂对环境污染较大，因此不适用于大批量的生产，多用于实验室中研究。

（二）超临界二氧化碳聚合法

超临界聚合法则是近年来发展起来的制备 PVDF 树脂的一种新型工艺。超临界 CO_2 是含氟聚合物的良好溶剂，同时溶解在含氟聚合物中的 CO_2 能诱导聚合物结晶，制备的 PVDF 会从超临界 CO_2 中沉析出来，主要聚合方式为沉淀聚合。由于 VDF 在超临界 CO_2 中的高扩散性，因此通过超临界聚合法生产的 PVDF 的相对分子质量分布一般比市售的 PVDF 要窄。

超临界二氧化碳聚合法制备 PVDF 树脂的优点：①二氧化碳是惰性气体，无链转移作用，安全性高；②传质传热效果好；③分离简单，得到的产物纯度高；④使用超临界二氧化碳萃取技术容易去除残余引发剂、链转移等；⑤环境友好。超临界二氧化碳聚合法制备 PVDF 树脂潜在诸多优势，在工业化应用中具有较大潜力。

第四节
应用进展

从新能源汽车领域来看，2020 年以来，随着特斯拉开始装载使用铁锂电池，以及比亚迪推出刀片电池，市场对于铁锂电池的关注度急速升温，多种三元电池车型开始采用高低配销售，同步装载铁锂电池，使得铁锂电池的车载装机量占比快速提高，2021 年首次超过三元电池，2022 年 4 月占比已经超过 60%，仍在进一步提高市场份额。2017—2022 年 4 月动力电池装机量见图 16-8。

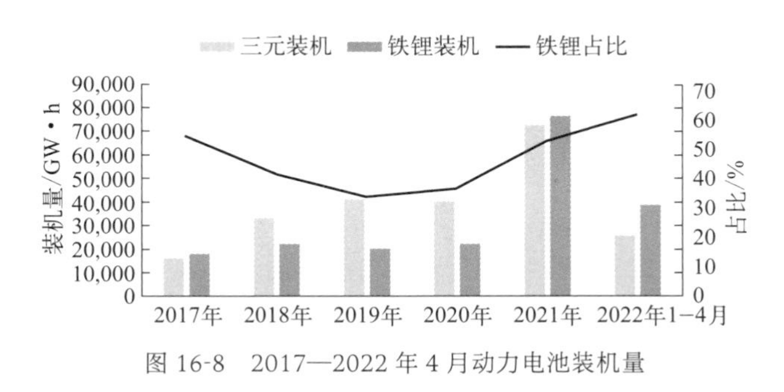

图 16-8　2017—2022 年 4 月动力电池装机量

从储能领域来看，电化学储能领域已基本全部采用锂离子电池，电网调峰调频、户用储能等应用场景中（图 16-9），锂电池不受自然条件影响，可以更高效、灵活地应用于各种储能场景。

同时，锂电池被认为是未来最有潜力的大型电源和储能装置，电池隔膜是一个关键部件，放在正负极之间，以防止电短路，同时允许带电离子的快速传输。锂离子电池对隔膜的要求包括良好的化学和热稳定性、低厚度、适当的孔隙率和孔径以及良好的机械强度。比于聚烯烃类隔膜材料，含氟聚合物材料如 PVDF 隔膜具有更强的极性和更高的介电常数，大大地提升了隔膜的亲液性，并有助于锂盐的离子化。

图 16-9　装载磷酸铁锂电池的电化学储能应用

2023 年中国锂电池黏结剂 PVDF 需求量受经济发展与技术进步的影响而发展。未来五年，随着消费者对高性能产品的需求增多，PVDF 作为锂电池的最佳黏结剂将有望进一步提高使用量，其他工业应用也会受到积极的推动。预计 2025 年，中国锂电池黏结剂 PVDF 的需求量将突破 10 万吨，对应市场规模可达 50 亿～ 100 亿元，年均增速预计在 10%。

第五节 发展建议

尽管 PVDF 未来应用广泛，需求增长空间大，不过，根据供需数据分析，从中短期维度来看，锂电用 PVDF 材料潜在的扩产产能规模已经接近 25 万吨 / 年，即使其中部分产能不会真正达产，但对于 2025 年仅不足 20 万吨 / 年的需求量来说，锂电用 PVDF 的产能也已经出现明显的过剩，短期内不应该继续投扩建锂电用 PVDF 产能。

从长期发展角度来看，PVDF 未来的产销规模将超 25 万吨，PVDF 作为小众含氟聚合物产品，本身应用领域窄、市场小，未来对于成本的控制会越来越极致。在 PVDF 聚合层出不穷的生产工艺中，最终影响成本的决定性因素仍然是萤石矿、各级原料和加工成本，以及工艺差异导致的成本差异。企业在发展过程中，应该重视对于产业链的布局。

从产业链协同的角度来看，PVDF 企业通过与上游企业进行合作生产，在物料运输成本、中间品的销售成本、材料的损耗、企业的管理，以及技术的协作优势上面，都更具竞争力，有助于 PVDF 材料的降本增效和技术进步，各企业应该重视。

从技术演进角度来看，PVDF 的生产工艺多样，不管是传统的乳液聚合、悬浮聚合，还是逐渐兴起的 PVDF 新聚合工艺，都有各自的优缺点，可以应对不同的使用场景。企业在发展过程中，可以继续探索新工艺、新体系，提升自身竞争力的同时，也能推动行业继续向前发展。

第十七章

聚烯烃弹性体

中国石化北京化工研究院　宋文波

第一节
概述

聚烯烃弹性体（polyolefin elastomer，POE）是一类由乙烯、丙烯或其他α-烯烃等为主要单体聚合而成的主链饱和的弹性材料。具有密度低、分子量分布窄、易于熔融加工等特点，通常采用单活性中心催化剂通过溶液聚合工艺制备。POE以乙烯基弹性体为主，是乙烯与1-辛烯或1-丁烯或1-己烯的共聚产品，乙烯含量（质量分数）在58%～75%，密度为0.860～0.890g/mL。

POE具有独特的结构特征和优异的性能：①柔软支链卷曲结构和结晶的乙烯链作为物理交联点，使其具有优异的韧性和良好的加工性；②与聚烯烃等高分子材料良好的相容性；③无不饱和双键，具有优异的耐候性和耐化学品性能；④较强的剪切敏感性和高的熔体强度，易于熔融加工。因此，POE既可用作橡胶，又可用作热塑性材料。

POE已广泛应用于光伏电池、汽车零部件、电线电缆、家居用品、玩具、运动用品、鞋底、热熔胶、密封件等领域。特别在光伏电池、汽车部件等领域有着大量的应用。

在光伏膜领域，相较于乙烯-乙酸乙烯酯共聚物（EVA），POE胶膜兼备抗PID（电势诱导衰减）性能和水汽阻隔性，是双玻组件的主流封装材料，且在N型电池组件封装中表现优异。POE胶膜的水汽透过率仅为EVA胶膜的约1/10，极大地降低了组件被水汽渗入及腐蚀的可能性。普通POE胶膜在加速老化后，其黄色指数变化较小，且一直稳定在较低数值；而EVA胶膜随着加速老化时间的延长，其黄色指数逐渐攀升。

出于减重、加工、VOC控制等需求，POE在汽车保险杠、散热器格栅、车身外板（翼子板、后侧板、车门面板）、车轮护罩、挡泥板、车门槛板、后部活动车顶、车侧镶条、保护胶条、挡风胶条以及仪表板、仪表板蒙皮、内饰板蒙皮、安全气囊外皮层材料等部件均有应用，大量用于与车用聚丙烯树脂等的共混增韧改性。

第二节
市场供需

一、世界供需分析及预测

（一）国外POE生产现状

目前，国外生产聚烯烃弹性体的生产商主要有七家，即美国Dow公司、Exxon Mobil公司、荷兰Borealis公司、日本Mitsui公司、韩国LG公司及SK/SABIC合资公司等。

目前国外 POE 总产能约 308.5 万吨 / 年，其中，美国 Dow 公司产能最大，达到 119.5 万吨 / 年，占世界产能的 38.7%，可生产 Engage、Affinity、Infuse、Versify 等不同系列的弹性体产品。Exxon Mobil 公司产能为 70 万吨 / 年，主要生产 Exact 和 Vistamax 两种类型的 POE 产品。日本 Mitsui 公司为 42 万吨 / 年，产品牌号类型为 Tafmer 和 Notio。韩国 LG 公司产能为 39 万吨 / 年，主要产品有 Lucene 系列。2015 年韩国 SK 公司和沙特 SABIC 公司共同出资在韩国蔚山新建 23 万吨 / 年生产装置，主要产品为 Solumer 系列。近期又新建一条 10 万吨 / 年装置。

国外主要 POE 生产企业见表 17-1。

表 17-1 国外主要 POE 生产企业 单位：万吨 / 年

生产企业	总产能	产能分布	产地
Dow	119.5	45.5	Freeport, TX，美国
		23.5	Laquemine, LA，美国
		6.5	Tarragona，西班牙
		22	马塔府，泰国（与 SCG 合资）
		22	沙特阿拉伯（与 Sadara 合资）
Exxon Mobil	70	30	新加坡
		40	美国（新增）
Mitsui	42	10	千叶，日本
		20	新加坡
		12	新加坡（新增）
LG	39	29	大山，韩国
		10	韩国（新增）
SK/SABIC	33	23	蔚山，韩国
		10	韩国（新增）
LOTTE	2	2	韩国
Borealis	3	3	荷兰
总计	308.5		

（二）需求分析及预测

聚烯烃弹性体产品由于性能突出，被广泛应用于车用材料增韧改性、建筑、电子电器、日用制品以及医疗器材等领域，近年来，在光伏膜领域应用迅速增长，其他国计民生方面的应用也逐步增长，其已成为广泛替代传统橡胶和部分塑料的极具发展前景的新型材料。

POE 全球消费量快速增长。2017—2021 年 POE 需求量年均增速高于 8%，2021 年达到 131 万吨。

国际上 POE 在汽车领域中的应用最多，市场份额占到 51%；在光伏膜中的应用位居第二，市场份额为 18%；在建筑领域中所占份额为 15%，电子电器领域中所占份额为 11%，其他领域中所占份额为 5%。

中长期看，全球“碳中和”政策驱动下的光伏行业有望保持高速增长。全球光伏行业转化效率不断提升，组件及其他成本下降空间依然充足，光伏全面平价时代正在来临。2025 年达到 400 GWh 以上。根据对光伏新增装机量增速及 POE 胶膜占比的假设，全球光伏领域的 POE 需求有望在 2025 年超过 75 万吨 / 年。

二、国内供需及预测

（一）国内生产现状

我国尚无工业规模 POE 制备技术。近年来，随着 POE 国内需求量不断增加，国内科研院所及企业纷纷加大研发力度。目前，中国石化、中国石油、烟台万华、山东京博等公司都在开发 POE 生产技术，中国石化和烟台万华的千吨级 POE 中试装置均已建成投用，但仍未建成工业化装置。

POE 的生产原料相对易得，上游大量的低碳烯烃资源需要找到有经济价值的下游出口。国内企业积极关注并已开始投资，目前已经在建和规划在建的装置见表 17-2。合计总产能达 418 万吨 / 年。

表 17-2　国内在建及规划的 POE 生产企业装置产能　　单位：万吨 / 年

序号	生产商	产能	序号	生产商	产能
1	中国石化	55	8	联泓惠生	30
2	烟台万华	80	9	荣盛新材料	30
3	京博石化	3	10	东方盛虹	30
4	卫星石化	60	11	浙江石化	40
5	中国石油	10	12	湛江中捷	10
6	鼎际得	20	13	诚志股份	20
7	亚通化学	20	14	中能高端新材	10

（二）需求分析及预测

2017—2023 年我国 POE 消费量年均增速高于 10%。2023 年底超过 80 万吨，处于高速发展期。

国内 POE 消费结构如图 17-1 所示。早年国内光伏的消耗结构与国际相同。2021 年之后，光伏胶膜的应用成为国内 POE 最大的应用领域，目前占总用量的 54%。其次为汽车领域（聚丙烯增韧）、鞋材（发泡）、电线电缆等方面。

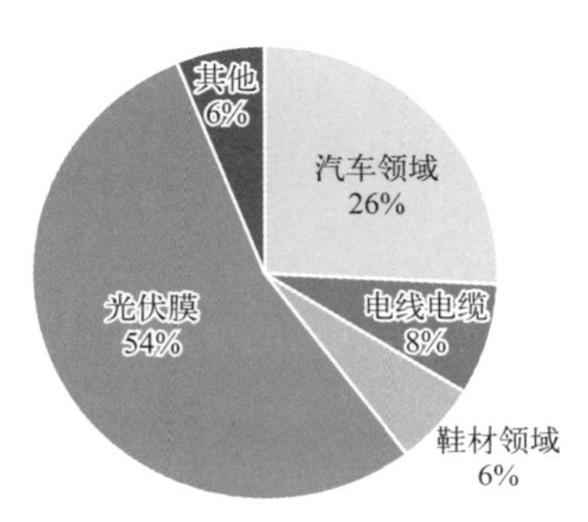

图 17-1　中国 POE 消费结构

我国是全球最主要的光伏膜生产地。光伏胶膜是光伏组件的重要辅料。光伏组件常年工作在露天环境下，一旦电池组件的胶膜、背板开始黄变、龟裂，电池易失效报废。且光伏电池的封装过程具有不可逆性，因此电池组件的运营寿命通常要求在25年以上，对光伏胶膜的耐侵蚀性也有同样的长期要求。

POE胶膜为新型胶膜，具备更强性能，适合于新型光伏组件技术。目前，市场上封装材料主要有透明EVA胶膜、白色EVA胶膜、聚烯烃（POE）胶膜、共挤型聚烯烃复合膜EPE（EVA- POE- EVA）胶膜与其他封装胶膜。① EVA胶膜：目前使用相对广泛；②白色EVA胶膜：在透明EVA胶膜的基础上添加白色填料预处理，主要用于组件的背面封装；③ POE胶膜：兼备抗PID性能和水汽阻隔性，是双玻组件的主流封装材料，且在N型电池组件封装中表现优异；④共挤型POE胶膜/EPE胶膜：通过共挤工艺将POE树脂和EVA树脂挤出制造，在一定程度上兼顾了POE材料以及EVA材料的性能。然而，EPE胶膜中助剂迁移，层间物质的富集，使得界面粘接强度越来越弱，会引发脱层风险。

在双玻组件和N型电池封装应用方面POE性能优于EVA。① PERC（发射极背面钝化）双面电池：由于EVA在P型电池组件背面的功率衰减较高，因此PERC双面电池背面胶膜多采用POE胶膜。② N型电池：由于N型电池如TOPCon（隧穿氧化层钝化接触）电池采用银浆，其对水汽敏感度进一步提升，因此业内主要采用POE/EPE胶膜，以提升产品抗PID能力。

POE胶膜可以有效减少水汽透过率，延长组件使用周期，减少功率衰减。陶氏化学ENGAGE™ PV POE胶膜的水汽透过率仅为EVA胶膜的约1/10，极大地降低了组件被水汽渗入及腐蚀的可能性。普通POE胶膜在加速老化后，其黄度指数变化较小，且一直稳定在较低数值；而EVA胶膜随着加速老化时间的延长，其黄度指数逐渐攀升。采用ENGAGE™ PV POE胶膜的双玻光伏组件的抗PID性能优异，这主要得益于该胶膜的高体积电阻率和低水汽透过率。总之，采用普通POE胶膜可以显著提高组件的可靠性，使得组件拥有更长的生命周期。

根据中国光伏业协会统计，2022年单玻组件封装材料仍以透明EVA胶膜为主，约占41.9%的市场份额，POE胶膜和共挤型EPE胶膜合计市场占比提升至34.9%，随着未来N型电池组件及双玻组件市场占比的提升，其市场占比将进一步增大。

光伏电池POE用量为4000～4400t/GW。为应对粒子供应紧张，多厂商聚焦克重下降，但下降至一定程度后趋势减缓。EVA胶膜目前克重包括有420g/m^2、440g/m^2、460g/m^2，POE胶膜目前主要为420g/m^2。预计未来胶膜克重会进一步下降，但克重过低情况下，可能存在一定生产不稳定以及PID较大的问题。

光伏领域对POE需求预期保持高速增长。随着双玻和N型电池市场占比不断提升，POE粒子的需求有望保持高速增长。根据测算，2023—2025年全球光伏领域对POE粒子的年需求量分别为44.4万吨、62.0万吨、76.4万吨，年均复合增速高达19.83%。

POE在汽车轻量化中的表现极为出色，在多个方面都极大超过客户要求标准。中国汽车工程学会联合行业500余位专家发布的《节能与新能源汽车技术路线图2.0》将“汽车轻量化技术”列为七大技术路线之一，提出2020年、2025年、2030年整车较2015年分别减重10%、20%、35%的目标，汽车轻量化已成为汽车行业发展重要趋势之一，POE凭借其优异性能，也将在轻量化材料中占据一席之地。作为新一代TPO（热塑性聚烯烃），POE在全球范围内用于制造共混型TPO的三元乙丙橡胶有70%已经被POE替代。

电线电缆也是POE的重要消费领域。随着我国通讯事业迅速发展，对电线电缆质量和数量提出更高要求。POE 可用于制作控制电缆、船用电缆及千伏级以上矿用电缆的包覆材料，取代现有的氯丁橡胶、聚氯乙烯等包覆材料，其特点是电缆直接用挤出机挤出，简化了生产工艺，有利于提高生产效率，降低能源消耗及生产成本。随着我国颁布《铁路“十三五”发展规划》以及对新能源投资加快，电线电缆行业持续保持增长。2020 年，在疫情的影响下，我国电线电缆制造行业销售收入为 1.08 万亿元，同比增长 4.8%；2021 年上半年实现收入 0.62 万亿元，同比增长 40.4%。根据国家对电线电缆主要应用领域——电力（新能源、智慧电网）、轨道交通、航空航天、海洋工程等规划，未来我国电线电缆行业前景向好，行业产品升级趋势明显。预计到 2026 年行业需求规模有望达到 1.80 万亿元，POE 在电线电缆的市场需求有望得到进一步提升。

POE 的柔韧性和回弹性较 EVA 高，用作发泡材料会有更好的效果，发泡后的产品质量更轻，压缩回弹更好，触感良好，泡孔均匀细腻，撕裂强度高等。无论是模压发泡还是造粒后的注射发泡，POE 已被大量使用在沙滩鞋、拖鞋、运动鞋的中底，座垫，保温材料，缓冲片材，箱包衬里等发泡产品上。

POE 可用于填充母粒。POE 具有极低的结晶度，作为填充材料有着良好的包容性和极佳的流动性，在色母粒或填充母粒中作为载体或代替聚乙烯蜡，可改善色母或填充母粒的品质。

POE 生产的热熔胶性能优异。POE 可以代替 EVA 生产高档的热熔胶，且产品可以做到无异味、低密度、流动涂覆性高、浸润性好等，也可以与 EVA 并用。

POE 用于包装膜，其卓越的低温热封性能、热黏着强度和回弹性能，既加宽了热封层的热封窗口温度，又提高了膜本身的回弹性能和抗撕裂性能。

目前国内 POE 市场容量及规模迅速增长，未来需求增速有望保持在 10% 以上。

第三节 工艺技术

POE 生产始于 20 世纪 90 年代初，生产工艺主要有 Dow 开发的 Insite 高温溶液聚合工艺和 Exxon Mobil 开发的 Exxpol 高压聚合工艺，其他公司的工艺多与这两种工艺相近。

1991 年，Dow 化学公司将限制几何构型催化剂（constrained geometry catalyst，简称 CGC）与其用于生产线型低密度聚乙烯（LLDPE）的 Dowlex 溶液聚合工艺相结合，形成了 Insite 高温溶液聚合工艺，用于生产聚烯烃弹性体。CGC 属于单茂金属催化剂，是用氨基取代非桥联茂金属催化剂结构中的一个环戊二烯（或茚基、芴基）或其衍生物，用烷基或硅烷基等作桥联，是一种单环戊二烯与第Ⅳ副族过渡金属以配位键形成的络合物，如图 17-2 所示。从结构上看，这种半夹心结构催化剂只有一个环戊二烯基屏蔽着金属原子的一边，另一边大的空间为各种较大单体的插入提供了可能。

由于茂金属催化剂活性很高，聚合产物中催化剂残余物的量足够低，因此可省去催化剂移除步骤。离开反应器的聚合物溶液在脱挥单元中包含多步压力降，充分脱除 VOC 组分。

同时将添加剂掺入聚合物中。

1989 年，Exxon Mobil 公司公布了自行开发的茂金属催化剂专利技术，即 Exxpol 催化剂，并且同年被应用于日本 Mitsui 石化在美国路易斯安那州 Baton Rouge 的聚合装置中，所用催化剂结构如图 17-3 所示。

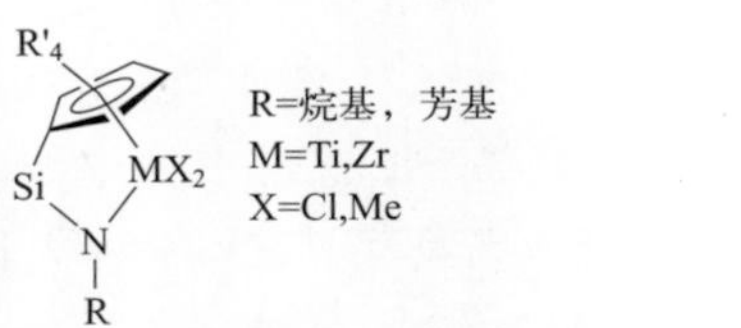

图 17-2　限定几何构型茂金属催化剂结构

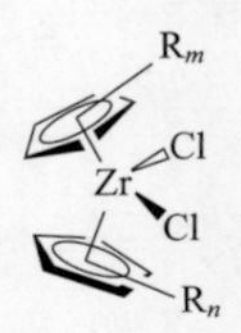

图 17-3　Exxpol 催化剂结构

茂金属化合物 Cp_2MCl_2 是一个 16 电子体系的基础化合物，茂环上取代基对茂金属化合物的稳定性有一定的影响。一般情况下，给电子取代基团有利于茂金属化合物的稳定，减少催化活性中心金属上的正电性，提高催化活性。Exxpol 工艺采用的催化剂具有高活性特点，以己烷作溶剂，以氢气作分子量调节剂，可生产乙烯基弹性体、丙烯基弹性体、乙丙橡胶等产品。

LG 化学、住友化学、三井化学等也开发了类似的产品，采用与 Dowlex 相似的工艺。日本三井化学于 2005 年建成并投产了 POE 装置，商品名为 Tafmer。韩国 LG 公司将独特的茂金属催化剂与溶液法聚合工艺相结合，生产乙烯基聚烯烃弹性体，以 LUCENE 作为品牌名，应用于汽车部件、鞋材、线缆、片材和薄膜等领域。

第四节 应用进展

POE 合成技术攻关具有必要性。POE 密度在 860 ～ 890kg/m^3 之间，在未发泡材料中密度最低。在汽车上使用能降低汽车质量，减少能耗和废气排放，符合汽车轻量化要求。同时，全球汽车工业已经对整车可回收性提出要求，我国关于汽车工业政策也明确规定积极开展轻型材料、可回收材料、环保材料等车用新材料的研究，POE 具有良好的可回收性，生产工艺更加绿色环保，POE 的生产和使用符合现行政策。同时，POE 价格与传统增韧剂相比并未提高，替代传统增韧剂成为必然。

建筑行业也是 POE 的重要应用领域。POE 密封材料在全球范围内正逐渐被作为门、窗、天窗等密封材料的首选材料。随着高档建筑物的铝合金门窗，办公家具的嵌条，火车、船舶和飞机门窗所用密封条，以及集装箱密封条等，向高档、环保的方向发展，代替传统建筑密封材料必将成为发展趋势。

在工业应用类电子产品领域中，POE 共混后的 TPO 可用作电缆的包覆材料，取代原有的氯丁橡胶、天然橡胶 / 丁苯橡胶、氯磺化聚乙烯和聚氯乙烯等包覆材料。

POE 在光伏电池替代 EVA 用以生产胶膜，POE 胶膜能保持低漏电电流，极大解决电势诱导衰减问题，并在提高能量输出和稳定性的情况下，提高组件在高温下的效率，延长组件寿命。

第五节 发展建议

聚烯烃弹性体新产品的出现与催化剂技术的发展密不可分，催化剂类型最初为茂金属催化剂。如今，催化剂已经发展为后茂过渡金属催化剂，Mitsui 公司和 Dow 公司分别发展出 N—O 类和 O—O 类催化剂，该类催化剂活性更高，耐水、耐氧性更好，有望替代茂金属催化剂。

国内应加强单中心催化剂催化烯烃聚合的基础研究和 POE 应用的基础研究。需基于催化剂技术，开发烯烃溶液聚合工艺、工程及装备技术，开发 POE 材料。优先完成乙烯无规共聚工艺及产品制备技术开发，加快溶液聚合弹性体新品种和新牌号的产品开发与推广。进一步完成丙烯基弹性体工艺及产品，嵌段共聚物工艺及产品开发。加强产品加工应用技术的开发和市场开拓。

POE 通常采用溶液聚合的工艺生产，大量的溶剂循环、回收造成较大的能耗。同时催化剂、共聚单体（1- 辛烯等高碳 α- 烯烃）的成本相对较高，导致 POE 产品的成本较高。未来围绕提高过程经济性的技术开发和应用，是决定产业进一步发展的关键。

China
New Energy Materials
Industry Development Report
2023

第二篇

太阳能电池材料

第十八章

工业硅

China
New Energy Materials
Industry Development Report
2023

新疆蓝山屯河科技股份有限公司　高　原
中国石油和化学工业联合会　卜新平
中国有色金属协会硅业分会　马海天

第一节 概述

工业硅又称金属硅，是由硅矿石（主要成分为二氧化硅）、木炭、煤及石油焦等碳质还原剂，经高温还原反应后生成，其杂质主要有铁、铝、钙等。按照铁、铝、钙的含量，可分为 553、441、411、421、3303、3305、2202、2502、1501、1101 等不同的牌号。从工业硅产业链来看，下游产品主要分为多晶硅、有机硅和铝合金等，终端应用主要在国防军工、信息产业、新能源、新材料等相关行业中，具有广阔的应用前景。准金属硅的附加产品包括微硅粉、边皮硅、黑皮硅、金属硅渣等，其中微硅粉也称硅灰，它广泛应用于耐火材料和混凝土行业。

多晶硅是工业硅重要下游之一，主要用于光伏产业及电子工业，不仅是太阳能转化为光能的理想介质，也是信息产业中不可缺少的基础材料。生产技术主要为改良西门子法和硅烷法，有着产能投资金额大、技术工艺复杂、投产周期长等特点，且具备较高的进入壁垒。目前我国部分先进企业的生产成本已达全球领先水平，产品质量多在太阳能级一级品水平。近年来，随着我国“碳达峰”与“碳中和”目标的确立，欧盟也力求通过节能、能源进口多样化和加速清洁能源转型三种手段提升能源系统的抗风险能力，并加速能源绿色低碳转型，光伏呈现出良好的发展前景，很多国家将光伏发电作为关键的新兴产业。受益于技术进步、规模经济、开放的市场竞争和行业经验的不断积累，光伏发电的成本在最近十年急剧下降，成为世界绝大部分地区最低成本电源，而光伏所需晶硅原材料规模持续高速增长。

2022 年，我国多晶硅产量约 82.7 万吨，消费量 90.4 万吨，分别占全球总量的 88.2% 和 94.9%；同期进口量约 8.8 万吨，占海外总产量的 69.3%。“双碳”目标驱动下，光伏产业链景气度持续高涨，晶硅发展还在不断提速。截止到 2022 年底，国内多晶硅产能达到 116 万吨 / 年，产量超过 81 万吨，2023 年产能超过 220 万吨 / 年，产量达到 147.1 万吨，其他宣布新建扩产的多晶硅企业超过 20 家，规划产能合计更是超过 400 万吨 / 年。2022、2023 年，国内硅片年产能分别达到 407.2GW 和 828GW 左右，产量分别达到 357GW 和 525GW 左右，在全球的占比均超过 90%。我国作为全球晶硅产业第一大国的地位更加稳固。

有机硅也是金属硅的重要下游产业，有机硅材料是同时具有有机和无机结构的高分子材料，其耐温性、耐候性、电气性能、生理惰性及表面性能优异。不仅可以作为基础材料在工业中大量应用，还可对其他材料进行改性、改善或提高传统材料的工艺性能和使用性能。有机硅材料体系以金属硅为起点，先合成单体，再由水解工序制基础聚合物，进而制得各类终端下游产品。此外以金属硅或有机硅、多晶硅行业的副产物为原料，可制得系列硅烷产品、硅树脂和气相二氧化硅。

2022 年，中国共有甲基硅烷单体生产企业 13 家，合计产能 231.2 万吨 / 年聚硅氧烷，产量 192.4 万吨，同比增长 18.3%；全球聚硅氧烷产能 337.0 万吨 / 年，产量约 272.4 万吨，同比分别增长 16.5% 和 11.1%，增量主要来自中国。未来随着中国企业扩产项目的实施，预计 2027 年全球聚硅氧烷总产能将达到 484.2 万吨 / 年，产量约 406.5 万吨。工业硅产业链见图 18-1。

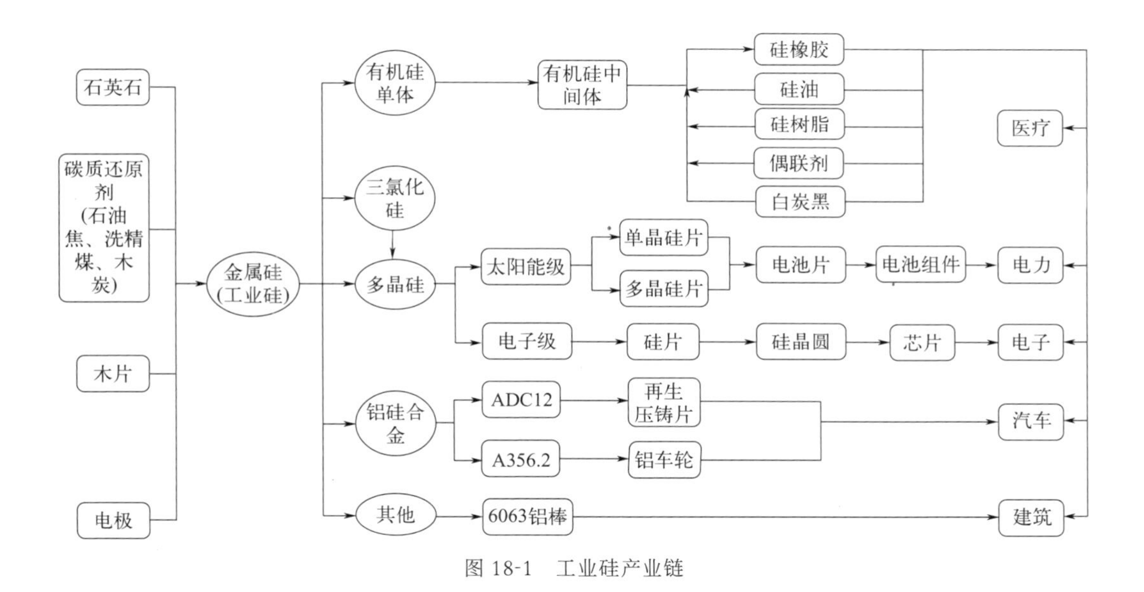

图 18-1　工业硅产业链

第二节 市场供需

一、硅材料供应分析

（一）全球硅材料供应分析

在近两年发展中，硅料端去瓶颈，电池技术迭代，龙头企业一体化扩张，工业硅产量继续保持增加态势。全年在光伏建设热潮以及工业硅期货上市情绪推动下，工业硅市场景气向好，国内各企业生产积极。截至 2022 年底，国内工业硅生产厂家 200 多家，国内工业硅设计产能 540 万吨 / 年，有效产能 400 万吨 / 年，工业硅产量突破 300 万大关，全年产量 335 万吨。前十家生产企业产能、产量别为 206 万吨 / 年、161 万吨，占国内总量的 36.1% 和 49.5%，见表 18-1。

表 18-1　国内工业硅主要生产企业　　单位：万吨 / 年

主要生产企业	产能
合盛硅业	120
东方希望（昌吉吉盛）	25
新安化工（四川、云南、黑河）	10
云南永昌硅业	10

续表

主要生产企业	产能
四川鑫河硅业	10
新疆晶鑫硅业	10
埃肯蓝星硅材料	7
新疆中硅	7
四川潘达尔	3.5
甘肃三新硅业	3.5
总计	206

2022 年全球工业硅产能合计约为 778.3 万吨 / 年，同比增长 15.46%，总产能同比有所增加。从产能分布看，中国、巴西、美国、挪威、法国、俄罗斯以及德国是全球主要的工业硅产地，2022 年前十大生产国产能占全球总产能比重为 96.08%，其中中国工业硅产能占据绝对优势，2022 年占比达到 81.05%。美国产量同比减少 2.5 万吨，法国产量同比减少 2.5 万吨，美、法两地产量下降主要是由于环球大西洋在上述两地工厂开工率降低所致；巴西产量同比减少 4.3 万吨，减量主要来自巴西本土工厂 Rima、Liasa，两厂产量同比降低 3.5 万吨。挪威产量减少 2 万吨，受疫情及能源紧缺影响，瓦克化学挪威工厂和埃肯工厂产量下滑。加拿大产量持稳，环球冶金与道康宁合资的魁北克工厂生产稳定。从产能变化来看，2022 年全球工业硅产能变化主要由中国贡献，由于工业硅市场行情整体较好，部分闲置产能重新投产，叠加部分新增产能投产，合计新增产能约 102.7 万吨。另外马来西亚因生产成本相对较低，有少量新增产能出现。

随着 2022 年疫情好转，海外 Canadian Metals 和 HiTest 两家工业硅厂投入建设，产能预计 7 万吨 / 年，2023 年国外产量超过 85 万吨。国内现有产能基本不变，随着合盛昭通项目和新安化工昭通盐津县项目的逐步投产，2023 年国内工业硅产量达 370 万吨。

国外主要工业硅生产商产能和产量见表 18-2。

表 18-2　国外主要工业硅生产商产能和产量

国家和地区	公司名称	产能/(万吨/年)	产量/万吨		
			2019 年	2020 年	2021 年
美国	Globe Specialty Metals-Beverly	20	12	10	8.5
	Globe Specialty Metals-Niagara Falls				
	Globe Specialty Metals-Selma				
	West Virginia Manufacturing（环球冶金与道康宁合资）				
	Dow Corning of Alabama				
	Mississippi Silicon	3.6	3	3	2
欧洲（南非）	Ferroatlantica	26	16	13	10.5
加拿大	Quebec Silicon（环球冶金与道康宁合资）	5	3	2.5	2.5

续表

国家和地区	公司名称	产能 /(万吨 / 年)	产量 / 万吨		
			2019 年	2020 年	2021 年
巴西	Rima	8	7	7	5
	Liasa	5.5	5	5	3.5
	Para（Dow Corning）	5	4	3	3
	Minas Gerais（Dow Corning）	4.5	4.5	3.5	3
	Italmagnesio	1.5	1	1	0.7
	Minasligas	4	3.5	2.5	2.5
挪威	Elkem	15	12	14	13
	Holla（Wacker）	5	4	6	5
德国	RW Silicium	3	2.5	2.5	2
俄罗斯	OOO Sual-Kremniy-Ural	5	4	3	3
	ZAO Kremniy	5	4	3	2
澳大利亚	Simcoa	3.3	3.2	3	2.8

注：数据来自中国有色金属工业协会硅业分会、安泰科。

环球大西洋是海外最大的工业硅生产商，其工厂生产动态对海外工业硅供应面的变化能够带来较大幅度的波动。2021 年环球大西洋位于美国、法国、西班牙、南非地区工厂产量减量总量为 4 万吨，占海外产量净减少量的 25%。根据官网信息，2021 年俄亥俄州 Beverly 工厂以及西班牙 Sabon 硅厂已有复产迹象。

下游多晶硅行业在 2022 年受光伏产业政策的推动的影响，发展迅速。光伏行业高景气发展，市场需求旺盛，随着多晶硅厂商生产技术突飞猛进，生产成本大幅度降低，龙头企业不断产能扩大，产品品质质量不断提高，行业呈快速发展趋势，产品产量不断创新高。据统计，2022 年全球多晶硅产能约 131.5 万吨 / 年，同比增长约 97%，产量 93.8 万吨，同比增加 50.0%。全球多晶硅主要产能集中在中国，除中国产量大幅增大外，其余各国多晶硅产能均有不同幅度减少，2022 年国内多晶硅产量约 82.7 万吨，连续十三年位居全球首位，连续第七年全球占比超过一半以上，2022 年产量占比高达 88.2%；德国产量 5.8 万吨，小幅减少 10.8%，占全球总产量的 6.2%，列居全球产量第二位；美国产量 2.7 万吨，同比小幅减少 6.9%，占比为 2.9%，位居第三；马来西亚产量 2.5 万吨，同比小幅减少 10.7%，占比为 2.7%，产量位居第四位。多晶硅净进口量约 8.8 万吨，全年总供应量为 89.9 万吨左右，同期国内多晶硅消费量约 90.4 万吨。国内主要生产厂家中，通威股份 22.2 万吨、协鑫科技 6.84 万吨、新特能源 11.97 万吨、大全能源 11.53 万吨，预计总产量超 50 万吨，占中国多晶硅产量的 64.9% 左右。

2020—2022 年我国多晶硅产能产量情况见表 18-3。

表 18-3　2020—2022 年我国多晶硅产能产量情况

年份	产能 /(万吨 / 年)	产量 / 万吨
2020	42	39.6

续表

年份	产能 /（万吨 / 年）	产量 / 万吨
2021	62.3	50.6
2022	117.7	82.7

截至 2022 年底，国内多晶硅生产厂家 15 家，超过万吨级的企业 13 家，产能共计 95.1 万吨 / 年，全球占比达到 72.3%。2022 年产量排序前四位的多晶硅生产企业（中国永祥股份、中国协鑫科技、中国大全新能源、中国新特能源）产量共计 64.2 万吨，全球占比达到 68.5%。

有机硅方面，2022 年，全球聚硅氧烷产能 337.0 万吨 / 年，产量约 272.4 万吨，同比分别增长 16.5% 和 11.1%，增量主要来自中国，见表 18-4。未来随着中国企业扩产项目的实施，预计 2027 年全球聚硅氧烷总产能将达到 484.2 万吨 / 年，产量约 406.5 万吨。

表 18-4　2022 年全球聚硅氧烷产能

企业	产能 /（万吨 / 年）
陶氏	51.7
埃肯	34
瓦克	28.3
合盛	62.1
迈图	15.3
新安	19.5
信越	26.5
兴发	16.9
东岳	28.2
其他	42.8
总计	337

（二）国内硅材料供应分析

2022 年，我国工业硅产能为 540 万吨 / 年。产量方面，2022 年我国工业硅产量 335 万吨，比上年增加 73.9 万吨。2022 年我国工业硅开工率为 52.2%。新疆、云南、四川是我国工业硅生产大省（区），三省（区）总产量为 204.2 万吨，占国内工业硅总产量的 78.2%。受国内硅行业景气影响，龙头企业合盛硅业、东方希望等满负荷运行，新疆全年产量同比增加 32.6 万吨；云南地区虽受干旱少电、双控限电影响，但省内企业满负荷开工，产量同比增加 3.8 万吨；受夏季供电紧张影响，四川省产量有所下降，国内其余各省受疫情反复影响，工厂年内平均开工率呈现低位水平。在有机硅、多晶硅迅速扩产的背景下，各企业纷纷向上游原料工业硅布局，确保供应链稳定；工业硅产业链一体化趋势明显，前十企业产量为 206 万吨，产量大幅上升的同时，占比也提升到 49.5% 左右。

截至2022年，新疆全区共有79台12500kVA冶炼炉、7台15000kVA冶炼炉、3台16500kVA冶炼炉、5台10000kVA冶炼炉、1台18900kVA冶炼炉、23台25000～27000kVA冶炼炉、51台33000kVA冶炼炉，产能达到170万吨/年，占全国总产能的34%。2022年新疆地区全年平均开工率在70.9%，同比增加21.5%，2022年新疆全年产量同比增加32.6万吨，涨幅为37.1%。受国内工业硅市场景气向上影响，龙头合盛硅业、东方希望满负荷开工，其他工厂也积极生产，疆内月均产量达到10万吨。

截至2022年，云南共有12500kVA冶炼炉115台、15000～16500kVA冶炼炉9台、8000～10000kVA冶炼炉11台、25000～25500kVA冶炼炉9台。产能115万吨/年，占全国总产能的23 %。产量方面，2022年云南地区产量48.8万吨，同比增加3.8万吨。全年行业景气向上，怒江、德宏、保山三大主产区四季度基本维持满产状态，带动云南整体产量提升。

四川是我国工业硅生产第三大省，地区产能81万吨/年。全省工业硅生产企业共37家，具体分地区来看：

乐山市：8家，30台电炉，总容量395000kVA；阿坝州：9家，22台电炉，总容量359500kVA；凉山州：11家，23台电炉，总容量327000kVA；雅安市：8家，18台电炉，总容量215500kVA；攀枝花市：1家，2台电炉，总容量50000kVA。由于夏季四川电力紧张，四川各生产企业受大到影响，全年产量下降到34.8万吨。

2022年福建、湖南地区在硅价高位情形下，企业生产积极，开工率较高，福建地区下半年月度产量接近1.2万吨，全年9.4万吨，同比增加2.4万吨，涨幅34.2%。湖南地区年度产量5.9万吨，同比增加1.2万吨。内蒙古、黑龙江地区企业资金流吃紧，且受疫情反复影响，工厂年内平均开工率呈现低位水平。

2019—2021年中国工业硅分地区产能、产量见表18-5。

表18-5　2019—2021年中国工业硅分地区产能、产量

地区	2019年		2020年		2021年	
	产能/(万吨/年)	产量/万吨	产能/(万吨/年)	产量/万吨	产能/(万吨/年)	产量/万吨
云南	115	41	115	45	115	48.8
新疆	170	97	170	88	170	120.6
四川	63	32	63	29	81	34.8
贵州	14	5	14	4	14	3.9
湖南	14	5	14	5	14	5.9
甘肃	18	9	18	9	18	7.1
福建	25	8	25	7	25	9.4
其他	63	23	63	23	63	30.7
总计	482	220	482	210	500	261.1

注：数据来自中国有色金属工业协会硅业分会、安泰科。

我国工业硅生产中所用的硅煤80%来自于新疆哈密、库车地区；硅石主要来自于湖北、甘肃、内蒙古、新疆等地。根据中国有色金属工业协会硅业分会统计，2022年我国工业硅产量共计335万吨，其中化学级硅产量160万吨，占比47.8%，较2021年上升2.4个百分点。2019—2022年中国工业硅分级别产量见表18-6。

表 18-6 2019—2022 年中国工业硅分级别产量　　单位：万吨

项目	2021 年	2022 年	2023 年
总产量	270	325	370
冶金级产量	145	167	187
化学级产量	125	158	183
化学级占比	46.30%	48.62%	49.45%

注：数据来自中国有色金属工业协会硅业分会、安泰科。

二、硅材料需求分析及预测

2021 年受全球疫情影响，经济增长缓慢，但国内工业硅产业受“双碳”政策支持，需求大幅度提升。2022 年全球工业硅消费量共计 339 万吨，同比增加 10.4%。其中中国工业硅的消费量达到 186 万吨，同比小幅上涨 11.3%；而海外工业硅的消费量为 153 万吨，同比增加 9.2%。其三大下游，铝合金消费工业硅 129 万吨，同比增加 22.5%；有机硅消费工业硅 120 万吨，同比减少 4.7%；多晶硅消费工业硅 77 万吨，同比增加 16.6%。除有机硅产业需求有所回落之外，多晶硅与铝合金产业需求稳步上升。

我国工业硅需求持续稳定增长，2010—2022 年需求量从 49 万吨增加至 236 万吨，年均增长 14.0%。虽受疫情影响，国内外需求低迷，特别是多晶硅领域需求依旧维持增长。2022 年国内需求量 236 万吨，同比增长 26.5%，其中铝合金领域需求为 43.7 万吨，同比降低 0.7%，有机硅领域需求为 88 万吨，同比增加 14.3%。而多晶硅领域需求为 98 万吨，同比增长高达 66.1%，是工业硅需求领域中的亮点。

海外市场两家工业硅厂投入建设，产能共计 7 万吨 / 年左右，设备达产预计要在 1 ～ 2 年之后，2022 年国外工业硅产量将增长至 85 万吨，2023 年国外工业硅产能超过 140 万吨。未来两年，中国产量更多依据现有产能开工情况，同时随着合盛昭通项目和新安化工昭通盐津县项目的逐步投产，2023 年国内工业硅产量达 370 万吨，预计 2024 年仍有增长。2021—2023 年全球工业硅产量见表 18-7。2018—2022 年我国工业硅分领域消费量见表 18-8。

表 18-7 2021—2023 年全球工业硅产量　　单位：万吨

地区	2021 年	2022 年	2023 年
中国	261.1	288	370
海外	76.5	85	85
总计	337.6	373	455

注：数据来自中国有色金属工业协会硅业分会、安泰科。

表 18-8 2018—2022 年我国工业硅分领域消费量　　单位：万吨

种类	2018 年	2019 年	2020 年	2021 年	2022 年
铝合金	50	46	43	44.1	43.7
有机硅	65	67	70	76.9	88

续表

种类	2018 年	2019 年	2020 年	2021 年	2022 年
多晶硅	34	42	49	58.8	98
其他	7	7	6	6.6	7
合计	156	162	168	186.4	236.7

2022 年，经济下滑导致消费萎靡，汽车行业库存高企，需求偏弱，铝合金终端需求较差。由于硅作为添加剂，可提高合金高温流动性，减少热裂倾向；提高合金的硬度、强度，增加抗氧化和耐腐蚀能力。一般来讲，铝合金所用工业硅牌号较多，5 系至 2 系等牌号的工业硅应用于不同的铝合金类别，其中铸造铝合金使用工业硅数量最多，分为再生铝合金和原生铝合金两类，硅含量在 5% ～ 13% 之间，其中再生铝合金因主要原料废铝中已含有一定比例的硅，主要合金牌号中添加工业硅的比例一般在 5% ～ 7%。原生铝合金多用金属硅牌号为 441、3303 等，再生铝合金多用牌号为通氧及不通氧 553 等。变形铝合金多通过添加铝硅中间合金间接使用金属硅，硅含量在 0.5% 以下。2022 年铝合金开工率较 2021 年偏低。

2022 年有机硅市场价格呈倒“V”形走势，且下半年下跌区间远大于上半年上涨区间。在疫情反复影响下，国内经济偏弱运行，且终端行业如房地产等表现不景气，市场价格长期在下跌通道。随着下半年有机硅价格持续下行，硅烷单体厂盈利空间不断缩水，从三季度末开始多数硅烷单体厂陷于深亏局面，企业在此种情形下，减产降负成常规操作。

预计未来五年，随着国内有机硅企业新建产能陆续释放和海外老旧产能的淘汰，中国聚硅氧烷产量保持较高速增长。下游领域，除传统行业对有机硅材料的需求将持续增长外，光伏、新能源等节能环保产业，超高压和特高压电网建设、智能穿戴材料、3D 打印及 5G 等新兴产业的发展均为有机硅提供了新的需求增长点。预计 2027 年中国聚硅氧烷消费量约 268.5 万吨。

多晶硅方面，受益于光伏行业的高速发展，多晶硅需求量强势上涨。2022 年全球多晶硅产量为 93.8 万吨，全球硅片产量达到 336GW，消耗多晶硅 86.7 万吨，电子级多晶硅需求量 3.3 万吨，全球多晶硅总需求量为 90.0 万吨，全年多晶硅供应过剩约 3.8 万吨。世界范围内，能源转型尚处于起步阶段，在“碳中和”“碳达峰”政策持续发力下，全球新能源“潜在需求规模”急速扩张。国际能源署（IEA）在其《2020 年世界能源展望》报告中确认，太阳能发电计划现在提供了历史上最便宜的电力，光伏装机出现爆发式增长。特别是 2022 年以来，受俄乌战争影响，其冲突导致欧洲传统能源供应紧张，全球传统能源供应偏紧，各国对本土清洁能源需求不断加大，太阳能发电等新能源政策不断加码，光伏行业景气度继续提升，在此背景下，国内光伏产业高景气度持续，在市场良好政策的环境以及光伏装机需求旺盛的背景下，光伏装机量大幅增加。

从需求端预测，到 2025 年和 2030 年全球光伏装机需求分别将达到 400GW 和 1000GW，折算成多晶硅需求量将分别达到 151 万吨和 294 万吨。根据各多晶硅在产和新建企业规划产能统计，预计到 2025 年底，中国多晶硅产能将超过 400 万吨 / 年，现有的扩产规划来看，可满足 2030 年装机需求，若包括海外供应，共计可以满足全球 1000GW 左右的装机量需求。虽然光伏装机容量增长速度很快，但目前多晶硅扩产产能体量巨大。但根据目前各企业多晶硅在产和新建规划产能统计，过度规划投资可能引发市场供需失衡。

据中国有色金属工业协会硅业分会统计，目前我国工业硅下游主要消费企业约为 60 家左右，2022 年工业硅消费量超过 5 万吨的企业共有 10 家（表 18-9）。其中有机硅企业 6 家，多晶硅企业 3 家，铝合金企业 1 家。前十家企业消费量共计 80.5 万吨，占国内消费总量的 42.4%。

表 18-9　2022 年我国主要工业硅下游企业消费

企业名称	产能 /（万吨 / 年）	工业硅消费量 / 万吨	消费占比 /%
道康宁（张家港）有限公司	40（DMC 单体）	10	5.3
保利协鑫	11（多晶硅）	11	5.9
永祥股份	10（多晶硅）	10	5.4
新特能源	8（多晶硅）	8	4.3
星火有机硅厂	50（DMC 单体）	12	6.5
浙江新安化工	33（DMC 单体）	8	4.3
内蒙古恒业成有机硅	24（DMC 单体）	6	3.2
山东东岳集团	25（DMC 单体）	5.5	3.0
湖北兴发	24（DMC 单体）	5	2.7
新格集团	48（铝合金）	5	2.7
总计		80.5	43.3

注：数据来自中国有色金属工业协会硅业分会、安泰科。

三、工业硅产品贸易

2022 年我国工业硅出口量 64 万吨，市场略微疲软，较 2021 年出口量同比下降 17.7 个百分点。2021 年我国工业硅出口约 77.7 万吨，主要集中在日本、韩国、欧洲和东南亚地区（图 18-2）。我国工业硅出口区域分别为亚洲占比 80%、欧洲占比 15%、其他地区占比约 5%。从全年出口数据表现来看，2021 年我国对日出口工业硅为 18.7 万吨、对韩出口为 8.94 万吨、对欧出口为 11.3 万吨、对除日韩外亚洲地区出口为 35.2 万吨，同比均有不同幅度下滑。2020—2022 年我国分月度工业硅出口量见表 18-10。

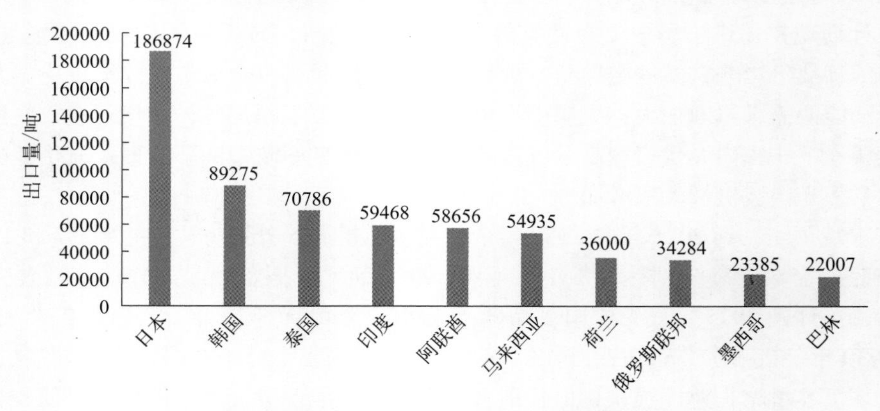

图 18-2　2021 年工业硅前十出口国家和地区

数据来自中国海关

表 18-10　2020—2022 年我国分月度工业硅出口量　单位：吨

月份	2019 年	2020 年	2021 年	2022 年
1 月	67635	49824	61110	63583
2 月	37042	45002	51137	44286
3 月	63127	81592	80376	71777
4 月	55685	48717	71425	54311
5 月	67302	31075	69532	57965
6 月	57838	29748	69229	58394
7 月	55662	45061	62889	58877
8 月	60955	46434	67713	56258
9 月	63256	54316	71898	49449
10 月	51340	57772	51129	38575
11 月	53814	72742	58154	49166
12 月	60839	56955	63191	48377
总计	694595	619238	777783	651018

注：数据来自中国海关。

2023 年工业硅出口量继续小幅下降，主要原因有以下几点：

第一，国内光伏行业发展迅猛，多晶硅作为光伏产业链的原材料，需求旺盛，同时国内多晶硅新增项目众多。因此，多晶硅对工业硅需求增加，出口量相应下滑；

第二，中美贸易纠纷不断，美国相关政策此起彼伏。如：2021 年 12 月拜登政府签署所谓“维吾尔强迫劳动预防法案”，将新疆生产的包括工业硅和多晶硅等光伏产品在内的全部产品均定义为“强迫劳动”产品，并禁止国内进口与新疆相关的产品。在中美关系暂未明朗前，国内光伏产业链包括工业硅出口前景阴影较大，内销为主。

四、工业硅供需平衡分析

回顾 2022 年工业硅市场，全年工业硅市场整体行情较好，市场充满生机，供需双强。具体来看，国内各产区总产量 335 万吨，再生硅供应 18 万吨，三大领域铝合金、有机硅、多晶硅消耗 240 万工业硅，出口 65 万吨左右。上半年工业硅在硅能源行业蓬勃发展下，价格上行。下半年国内硅价持续下跌，主要原因是市场预期供大于求，且下游终端需求较弱。但是，在“双碳”目标下，光伏和新能源发展如火如荼，后续随着国内经济回暖，需求转好，工业硅价格有望触底反弹。2021—2023 年我国工业硅供需平衡表见表 18-11。

表 18-11　2021—2023 年我国工业硅供需平衡表　单位：万吨

指标	2022 年	2023 年	2024 年预测
产量	325	370	470

续表

指标	2022 年	2023 年	2024 年预测
出口量	65	57	50
铝合金消费量	50	55	60
有机硅消费量	88	93	110
多晶硅消费量	97	176	216
其他消费量	7	7	7
实际消费量总计	307	388	443
库存变化	18	-18	27

注：数据来自中国有色金属工业协会硅业分会、安泰科。

近期来看，2023 年随着市场需求回暖和光伏装机刺激下，工业硅需求将稳步增长。同时，2023 随着老厂家和新厂家产能的建设和释放，我国工业硅市场整体产量有望大幅增加。长期来看，在双碳目标的政策指引下，工业硅供应侧与下游需求端都将有巨大的发展潜力，硅产业未来可期。

全球来看，工业硅近年来发展势头良好，供应端、需求端都有一定的增幅。同时，由于我国工业硅企业规模日益庞大，故而产量增幅较大，国外产量虽有所减少，但在国内产量大幅增加的基础上，全球产量有增无减。随着全球碳减排措施进行，全球金属硅产量有望继续增加，预计全球近两年都会保持一个供大于求的状态。2021—2023 年全球工业硅供需平衡表见表 18-12。

表 18-12　2021—2023 年全球工业硅供需平衡表　　单位：万吨

指标	2022 年	2023 年	2024 年预测
全球产量	407	458	560
中国产量	325	370	470
海外产量	82	88	90
全球需求	389	484	550
铝合金需求	132	139	150
有机硅需求	128	136	150
多晶硅需求	115	195	236
其他领域需求	14	14	14
全球供需平衡	+18	-26	+13

注：数据来自中国有色金属工业协会硅业分会、安泰科。

五、工业硅价格走势分析

2020—2022 年中国工业硅价格走势见图 18-3。

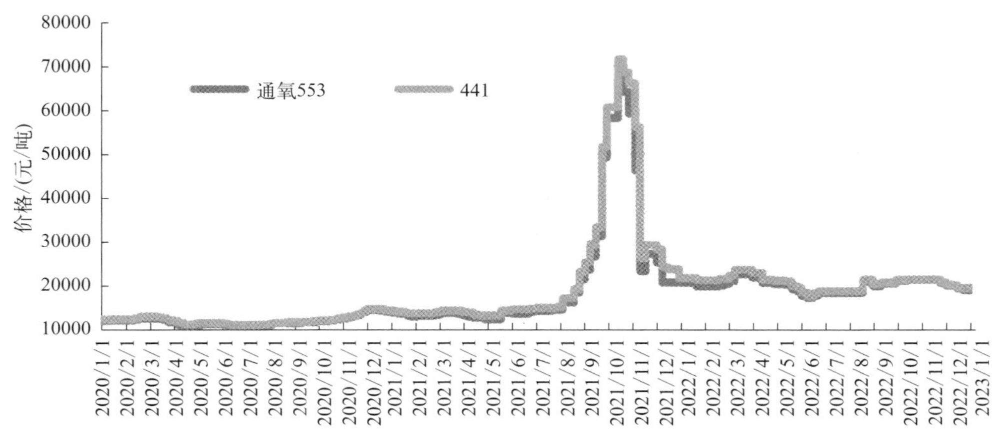

图 18-3　2020—2022 年中国工业硅价格走势

数据来自硅业分会、安泰科

相比起 2021 年工业硅价格的大起大落，2022 年工业硅价格波动相对平稳，但价格重心相对上移，全年价格行情变化呈“M”形态势，具体来看：

第一阶段：上行阶段，2022 年初至 3 月底（一季度），春节过后下游有机硅、多晶硅需求恢复，对工业硅需求增加，带动硅价上涨；

第二阶段：下跌阶段，2022 年 3 月至 6 月（二季度），上海疫情散发，8 月江浙等地铝合金和有机硅相关企业陆续停工停产，导致需求走弱，同时工业硅供应较为宽松，价格不断下跌；

第三阶段：止跌反弹，2022 年 6 月至 8 月（三季度），6 月上海地区疫情好转，各企业有序复工复产，下游终端消费复苏，带动工业硅价格上涨。8 月开始，西南地区的高温限电导致西南大部分工厂停产，以及新疆疫情散发，工业硅供应端偏紧，价格上行；

第四阶段：持续下行，2022 年 9 月至 12 月（四季度），在云南限产预期和工业硅期货上市影响下，硅价处于高位，工厂盈利颇丰，开工积极，供应偏松，在全年供应宽松和高库存的预期下，叠加下游需求偏弱，工业硅处于弱势运行的态势中。

展望 2024 年，国内工业硅企业新建扩建项目较多，行业将维持大幅扩张趋势，预计年内新增产能可达 135 万吨，且多位于西北地区，同时下游需求端多晶硅、有机硅也有扩产计划，2023 国内工业硅市场景气向好，有望呈现供需双旺局面。

成本端，在原材料精煤、硅石等价格上涨，以及电价上调的情形下，工业硅生产成本增加，全煤工艺成本估算表如 18-13 所示（表 18-13 选取 2022 年一季度各原材料价格，代入相关数据得到较为粗糙的成本价格，不代表工厂真实数据，只是给出相关大概计算数值用于考量）。

表 18-13　全煤工艺成本估算

项目	单价 /（元 / 吨）	消耗	四川	新疆	云南	某大厂自备电价
电价 /（元 / 度）			0.55	0.38	0.52	0.25
电耗 / 度		13000	7150	4940	6760	3250
硅石	600	2.7 吨	1620	1620	1620	1620

续表

项目	单价 / （元 / 吨）	消耗	四川	新疆	云南	某大厂自备电价
石油焦	5000	0.5 吨	2500	2500	2500	2500
木块	500	0.6 吨	300	300	300	300
电极	28000	0.1 吨	2800	2800	2800	2800
硅煤	2500	1.7 吨	4250	4250	4250	4250
成本总计 / 元			18620	16410	18230	14720

供需端来看，供应方面：由于 2022 年下游需求偏弱，导致工业硅库存累积较大，第四季度国内工业硅价格承压下行，价格低位震荡。虽然 2023 年工业硅新增产能不少，但是上半年投产产能不多，主要产能在四季度或者年底陆续释放。需求方面：下游多晶硅在光伏装机刺激下，产能扩张迅速，且目前利润颇丰，虽然目前产业链逐步走向过剩态势，但建设的高投入和暴利会促使企业尽快投产。2024 年随着经济好转，预计终端需求端房地产会有所改善，有机硅行业回暖，对工业硅消费需求环比也会有所提升，2024 年有机硅需求上行趋势概率较大。2023 年是中国疫后经济复苏的关键之年，国内大力发展经济，双循环经济格局发展目标，截至 2023 年 6 月底，中国可再生能源的装机总量达到了 13.22 亿千瓦，历史性地超过了煤电，全球 80% 以上的光伏设备是中国提供的。随着“3060”目标的提出，基建、光伏的大投入将带动下游有机硅、多晶硅行业发展，有机硅、多晶硅对工业硅需求走势对原料工业硅的价格将带来一定支撑作用。当下金属硅平均生产成本接近 19000 元 / 吨，相关工厂定价冶金级硅价格区间预计在 19000 ～ 22000 元 / 吨，化学级工业硅价格有望在 23000 ～ 25000 元 / 吨波动。具体分时间来看：

2023 年一季度国内工业硅暂无增量，西南地区工厂检修，供应偏紧，价格或上行；二季度随着新增产能陆续投放以及西南地区丰水期即至，供应增加可能导致工业硅价格回调；三季度供应端和需求端新建产能都大幅增加，且需求端如果多晶硅增量大于供应端，工业硅价格或震荡上行；四季度国内工业硅市场可能供应大增，硅价或承压小幅下行。2023 年，全年工业硅企业应该能保持较好的利润，若年中原材料：硅煤、油焦价格能下跌少许，工厂日利润会较为可观。

第三节 发展建议

受益于光伏行业的高速发展，世界政治形势与对绿色清洁能源发展的需求，和国内“双碳”目标下的政策支持，从工业硅到多晶硅系列硅材料的需求量不断加大，呈现终端需求大爆发的态势，但随着国内产能不断投入，近两年发展中的硅料端去瓶颈、电池技术迭代，硅料产能确实有一定过剩。从几年前硅材料的供不应求，导致价格上涨，一度从 6 万元 / 吨的低点涨到 30 万元 / 吨的高价，到目前产量过剩，导致降回 6 万元 / 吨的低点，因此短期内硅材料行业投资还需谨慎。

国内企业近两年以来，凭借成本优势及产业规模优势站稳脚跟，逐步完成国产替代，成为全球领先的标杆。企业应加强产业链协同，从上游通过对原料的严格把控，从而减小转化中因原料问题带来的纯度下降，减少杂质对产品影响，提升产品品质和性能。在中间环节，发挥成本优势，对销售成本、材料的损耗、企业的管理加大重视。

现阶段涌现的各项工艺不断丰富硅材料行业的生产选择。工业硅作为光伏产业的原料端，景气度持续上升，在下游多晶硅的强烈刺激下，工业硅需求持续增加。随着终端电子工业和光伏行业不断发展，工业硅产品品质不断提升，后续将越来越多地吸引行业关注。现阶段工业硅企业仍需结合现有资源，借鉴国外优秀工艺技术，为我国以及世界提供品质更优的硅材料产品，为新能源发展助力，推动材料行业绿色低碳发展。

第十九章

单晶硅

石油和化学工业规划院　赵立群

第一节
概述

硅是一种比较活泼的非金属元素。单晶硅也叫硅单晶，是具有基本完整的点阵结构的晶体。单晶硅是晶体材料的重要组成部分，一直处于新能源发展的前沿。单晶硅是由多晶硅制备而成，当熔融的多晶硅在凝固时，硅原子以晶格排列成许多晶核，如果这些晶核长成晶面取向相同的晶粒，则这些晶粒平行结合起来便结晶成单晶硅。相比多晶硅，单晶硅具有更优越的导电性与转换效率。单晶硅主要用于半导体材料和光伏产业。单晶硅用于大规模集成电路行业的半导体硅片，纯度必须达到99.9999999%（9N）以上；最先进的制程工艺则需要达到99.999999999%（11N）；光伏行业用单晶硅片，纯度要求达到99.9999%（6N）以上。

单晶硅按生产工艺分为直拉单晶硅和区熔单晶硅；按导电类型分为P型（掺硼）、N型（掺磷）；按结晶取向可分为〈100〉、〈111〉、〈110〉晶向，常用晶向为〈100〉或〈111〉；按直径分为小于50.8mm、50.8mm、76.2mm、100mm、125mm、150mm和200mm七种标称直径规格和其他非标称直径规格。

太阳能电池用单晶硅电学性能（《GB/T 25076—2018》）见表19-1。

表19-1 太阳能电池用单晶硅电学性能

导电类型	晶向	电阻率/（Ω·cm）	径向电阻率变化%	载流子复合寿命/μS
P	〈100〉	0.2～6.0	≤15	≥10
N	〈100〉	0.1～20.0	≤20	≥60

第二节
市场供需

一、单晶硅片产销量逐年攀升

单晶硅下游需求主要来自集成电路和光伏两大产业。根据《国家集成电路产业发展推进纲要》，到2030年我国集成电路产业总体达到国际先进水平，实现跨越发展。在半导体材料国产替代和双碳目标的双重驱动下，这两大产业均表现出强劲发展动力，使单晶硅市场持续保持较高增长速率。

2022年，全球硅片产能为567.1GW，同比增速为34.5%。我国硅片产能为557.1GW，全球占比高达98%。近年来，我国单晶硅片产量、表观消费量逐年提高。2017—2022年，产量和表观消费量的年均增长率分别为64.1%和68.3%。2022年，我国单晶硅片产量约

344.6GW，同比增长 52%，占我国硅片产量的 96.5%。受原材料价格上涨影响，硅片价格随之攀升，硅片出口额大幅上涨。此外随着企业海外市场布局的加速，硅片出口量也随之有较大增长。近年我国单晶硅片生产消费情况见表 19-2 和图 19-1。

表 19-2　近年我国单晶硅片供需情况　　单位：GW

年份	产量	表观消费量	自给率 /%
2017	29	24	120.5
2018	53	46	114.4
2019	90	78	115.5
2020	118	103	114.7
2021	227	212	107.2
2022	345	324	106.4

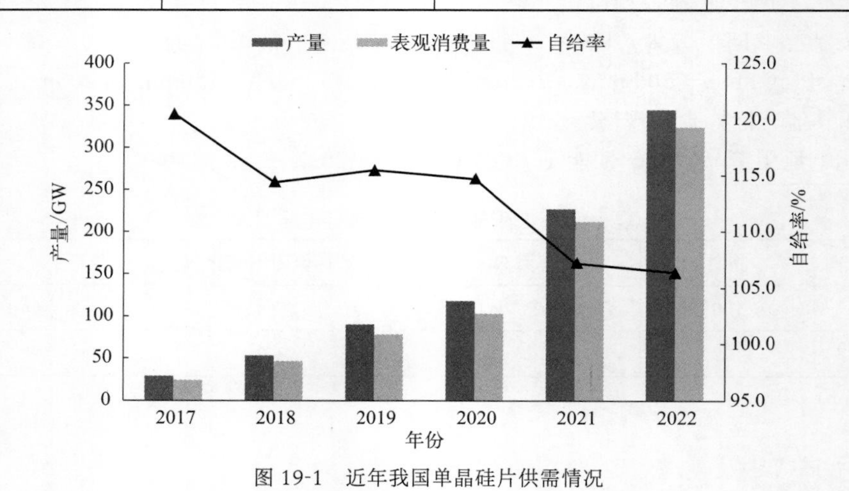

图 19-1　近年我国单晶硅片供需情况

二、单晶硅片由 P 型向 N 型升级

从单晶硅产品市场占比情况看，单晶硅片（P 型 +N 型）市场占比约 94.5%，其中 P 型单晶硅片市场占比约 90.4%，N 型单晶硅片约 4.1%。从电池需求看，高光电转换效率、低成本是光伏技术发展的持续追求。随着市场对电池转换效率要求越来越高，P 型单晶电池效率瓶颈越发明显。2022 年，国内主流企业 P 型 PERC 电池量产平均转换效率达到 23.2%，降本速度也有所放缓。N 型单晶硅片掺磷，可改善光致衰减和热辅助光诱导衰减，因此 N 型单晶电池具有高少子寿命、无光致衰减等优势。2022 年，N 型 TOPCon 电池平均转换效率达到 24.5%，N 型 HJT（异质结）电池创造光电转换效率达到 26.8%，达到国际领先。N 型硅 IBC（全背电极接触）电池平均转换效率达到 24.5%。N 型单晶电池稳定性更高，生产成本降低和转换效率提升明显加快，N 型单晶电池逐渐成为电池技术主要发展方向之一，也将带动单晶硅片由 P 型向 N 型升级。

三、光伏与电子信息行业驱动单晶硅需求增长

随着我国光伏装机、电子信息产业平稳增长，预计 2022—2025 年，我国单晶硅片需求年均增长率约为 19.3%，2025 年将达到约 550GW。预计到 2030 年，我国单晶硅片需求量将达到 950GW。我国单晶硅片供需平衡及 2025 年、2030 年需求预测见表 19-3。

表 19-3　我国单晶硅片供需平衡及预测

项目	2022 年	2025 年	2030 年	年均增长率 /%	
				2022—2025 年	2025—2030 年
产量 /GW	345	600	1000	20.2	10.8
需求量 /GW	324	550	950	19.3	11.6
供需平衡 /GW	21	30	50		

注：供需平衡 = 产量 - 需求量。

第三节 工艺技术

根据晶体生长方式的不同，单晶硅生产工艺可以分为区熔法、直拉法，在直拉法基础上又发展出磁拉法和连续加料法。

一、大功率器件应用采用区熔法

区熔法，又称 Fz 法，即悬浮区熔法。此种工艺技术始于 1953 年，Keck 和 Golay 两人首次将此种工艺应用于生产单晶硅上。区熔法生产单晶硅不使用坩埚，而是将硅棒局部利用线圈进行熔化，在熔区处设置磁托，因而熔区可以始终处在悬浮状态，将熔硅利用旋转籽晶进行拉制，在熔区下方制备单晶硅。该种方法优势在于熔区为悬浮态，单晶硅在生长过程中不会同任何物质接触，并且蒸发效应以及杂质分凝效应较为显著，因此具有较高的纯度，单晶硅制品性能相对较好。但由于工艺复杂，对设备以及技术要求较为严格，因此生产成本相对较高，主要应用于大功率器件方面，只占单晶硅市场 10% 左右，如可控硅、整流器、探测器件等，其产品多应用于太空以及军工领域。

二、光伏领域采用直拉法

直拉法，又称 Cz 法，是由波兰的 J.Czochralski 在 1971 年发明的，又称切氏法。1950 年 Teal 等将该技术用于生长半导体锗单晶，然后又利用这种方法生长直拉单晶硅，在此基

础上，Dash 提出了直拉单晶硅生长的“缩颈”技术，G.Ziegler 提出快速引颈生长细颈的技术，构成了现代制备大直径无位错直拉单晶硅的基本方法。单晶硅的直拉法生长过程相对简单，是把硅熔融在石英坩埚中利用旋转籽晶对单晶硅逐渐提拉制备出来。直拉法生产成本相对较低，且能够大量生产单晶硅，已经是单晶硅制备的主要技术，也是光伏用单晶硅的主要制备方法。与区熔单晶硅相比，直拉单晶硅的制造成本相对较低，机械强度较高，易制备大直径单晶。

典型的直拉法单晶硅生产工艺流程包括：熔化—长晶—切片—圆边—研磨—蚀刻—去疵—抛光等。

① 熔化。将符合高纯度要求的块状多晶硅放入单晶炉的坩埚中，依据产品需求指标要求掺入特定剂量的金属物质或其他杂质，加热至 1420℃以上熔化多晶硅。

② 长晶。当硅熔浆的温度稳定后，将晶种慢慢下降进入硅熔融体中（晶种在硅熔融体内也会被熔化），随后将具有一定转速的晶种按照一定的速度向上提升，最后生产出合格的硅晶柱。长晶生成硅晶柱的制造过程又可以细分为润晶、缩颈、放肩、等径生长、收尾等工序。

③ 切片。硅晶柱完成后需再进行裁切与检测。对硅晶柱切取试样，以检测其电阻率、氧 / 碳含量和晶体缺陷等技术参数。切片首先使用工业级钻石模具进行加工，将晶柱磨成平滑圆柱体，并切除头尾两端锥状晶锭的头和尾，形成标准圆柱，再以内径锯片进行切片加工。

④ 圆边。圆边就是对硅片边缘进行倒角加工的过程，也称倒角。圆边后的硅片具有光滑的边缘和较低的中心应力，可以有效地改善和提高硅片整体的机械强度和可加工性。

⑤ 研磨、蚀刻、去疵、抛光。研磨是为了去除切割和轮磨后所造成的锯痕、黏附的碎屑和污渍等，使硅片表面达到可进行进一步抛光处理的平整度。经前述加工制程后，硅片表面因加工而形成一层损伤层，在抛光之前用化学溶液蚀刻予以去除，再以纯水冲洗吹干，利用喷砂法等工艺将硅片上的缺陷处理完善，从而制造出完整而无缺陷的晶圆片材料。

三、磁拉法可以有效抑制单晶硅氧浓度

磁拉法，又称 MCz 法，是在传统的 Cz 法上外加一磁场，以抑制晶体生成中熔硅的对流。目前利用磁场抑制热对流效果甚为显著，通过磁场的加装，长晶系统中的生长单晶会受到一定强度磁感线的影响，影响单晶生长的一切对流都会因洛伦兹力的存在而受到干扰，从而被有效抑制。理论上，磁场可以选择横型磁场法、纵型磁场法、勾型磁场（会切磁场）法。实践证明，勾型磁场效果最佳，可以有效抑制单晶硅氧浓度。

四、连续直拉法继续优化是未来的发展重点

连续直拉法，又称 CCz 法。CCz 法主要在原料的补充及设备方面进行改善，原理上和 Cz 法没有本质区别。CCz 法的优点主要有三点，一是由于维持着固定的熔液量，石英坩埚内的熔硅无需太多，熔液的对流相对比较稳定，有利于晶体的生长；二是石英坩埚与熔硅液

的界面的面积与熔液的自由面的面积之比可维持恒定，使晶体中氧的轴向分布较为均匀；三是由于不断补充新原料及掺杂物，晶体的轴向电阻率的变化也会比较缓慢。

目前，CCz 法超长单晶硅棒棒体长达 5.1m，重量达 600kg，较常规单晶棒延长 42%，重量增加 50%，产能提升 25%。年产 400MW 单晶硅棒项目进入批量生产。CCz 法具有生产效率高、生产成本低，更适用 N 型硅片的特点。

第四节 应用进展

单晶硅材料主要包括单晶硅棒、单晶硅片等。单晶硅片生产主要工序为单晶硅拉棒工序和单晶硅切片工序。其中，单晶硅棒是单晶硅片的前道工序。

单晶硅棒：原生多晶硅及单晶回收料在石英坩埚中熔化，并掺入高纯掺杂剂改变其导电能力，放入籽晶确定晶向，经过单晶生长，制成具有特定电性功能的单晶硅棒。

单晶硅片：前道工序制成的单晶硅棒再经过切片、研磨、蚀刻、抛光等工艺步骤，制成单晶硅片，应用于光伏领域。除此之外，单晶硅片还可通过反复的打磨、抛光、外延、清洗等工艺形成硅晶圆片，作为半导体电子器件的衬底材料。

直拉法单晶硅主要用于半导体集成电路、二极管、外延片衬底、太阳能电池；区熔法单晶硅主要用于高压大功率可控整流器件领域，广泛用于大功率输变电、电力机车、整流、变频、机电一体化、节能灯、电视机等系列产品；外延片主要用于集成电路领域。多晶硅和单晶硅在新能源产业的应用主要为光伏产业，主要路线为“多晶硅—多晶硅棒 / 单晶硅锭—硅片—电池片—组件—光伏发电系统”。单晶硅、多晶硅上下游产业链见图 19-2。

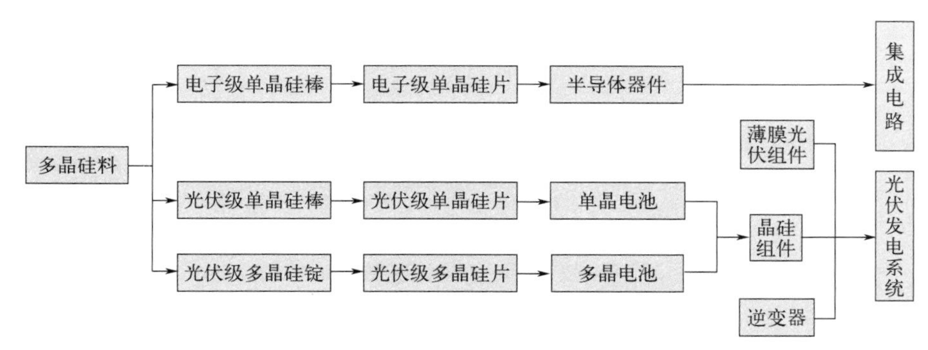

图 19-2　单晶硅、多晶硅上下游产业链构成图

一、光伏级单晶硅片市场渗透率逐年提升

相对于多晶硅片，单晶硅片具有光电转换效率高、机械强度高、使用寿命长、碎片率

低等优势，性能更加优良，同等条件下发电量更高，长期使用过程中功率衰减更少，弱光响应更强。特别是在金刚线切割技术革命之后，单晶硅片和多晶硅片在生产成本上的差距大幅缩小。因此，在度电成本与发电效率方面，单晶硅片相对于多晶硅片具备明显的竞争优势。国内光伏级硅片市场的单晶硅片（P 型 +N 型）渗透率由 2016 年的 27% 提升至 2022 年的 97.5%。预计未来单晶硅片的市场份额仍将呈上升趋势。

二、大尺寸单晶硅片是光伏行业发展重点

相较于小尺寸硅片，182mm 及 210mm 等大尺寸硅片拥有更大的截面尺寸，可提升单次拉晶量、切片量，能够摊薄各生产环节的生产成本，进而降低光伏发电度电成本。同时，大尺寸硅片单片瓦数更高，对应生产的组件产品功率更高，符合光伏行业降本增效的发展需求，是单晶硅行业长期的发展方向。近年来，大尺寸硅片发展迅速，市占率快速提升。182mm 和 210mm 为代表的大尺寸硅片合计占比由 2020 年的 4.5% 迅速提升至 2022 年的 82.8%，成为市场绝对主流。

第五节 相关法规及政策

一、产业结构调整指导目录（2023 年本，征求意见稿）

单晶硅属于电子信息、新能源有色金属新材料。鼓励类包括：“半导体、芯片用硅单晶（直径 200mm 以上）及碳化硅单晶、硅基电子气体、磷化铟单晶、多晶锗、锗单晶等；硅能源（晶硅光伏）材料，包括配套的高纯多晶硅（包括棒状多晶硅和颗粒硅）、高效单晶硅棒、高效单晶硅片；先进的各类太阳能光伏电池及高纯晶体硅材料（单晶硅光伏电池的转换效率大于 22.5%）。”因此，直径 200mm 以上的硅单晶属于鼓励类产品。

二、光伏制造行业规范条件（2021 年本）

在工艺技术方面提出，现有光伏制造企业及项目产品应满足以下要求：“多晶硅片（含准单晶硅片）少子寿命不低于 2μs，碳、氧含量分别小于 10ppma 和 12ppma；P 型单晶硅片少子寿命不低于 50μs，N 型单晶硅片少子寿命不低于 500μs，碳、氧含量分别小于 1ppma 和 14ppma。”新建和改扩建企业及项目产品应满足以下要求：“多晶硅片（含准单晶硅片）少子寿命不低于 2.5μs，碳、氧含量分别小于 6ppma 和 8ppma；P 型单晶硅片少子寿命不低于 80μs，N 型单晶硅片少子寿命不低于 700μs，碳、氧含量分别小于 1ppma 和 14ppma。”在

资源综合利用及能耗方面，提出：“现有单晶硅片项目平均综合电耗小于 20 万 kWh/ 百万片，新建和改扩建项目小于 15 万 kWh/ 百万片。”

三、国务院关于印发 2030 年前碳达峰行动方案的通知

《国务院关于印发 2030 年前碳达峰行动方案的通知》（国发〔2021〕23 号）在大力发展新能源方面，提出：“全面推进风电、太阳能发电大规模开发和高质量发展，坚持集中式与分布式并举，加快建设风电和光伏发电基地。加快智能光伏产业创新升级和特色应用，创新‘光伏 +’模式，推进光伏发电多元布局。”

第六节 发展建议

一、加大高品质石英矿源获取能力

高纯石英砂是在高温环境下稳定使用的高纯度石英粉末，可作为生产光伏级单晶硅用石英坩埚的主要原材料。在单晶硅生产中，石英坩埚是一次性使用的熔硅和晶体生长的关键材料，对单晶硅的产量、质量和生产成本都有直接的影响。随着拉晶及电池片制程规模的进一步扩大，伴随半导体材料国产替代的市场机遇，高纯石英砂市场需求旺盛。目前国内适用于光伏等级的高纯石英砂产能有限，同时拉晶工艺发展方向对石英砂纯度提出更高要求。单晶硅行业需要加大高品质石英矿源获取能力，提升提纯技术，突破高纯石英砂供应制约。

二、提升大尺寸单晶硅片生产能力

大尺寸是单晶硅片的未来发展方向。提升大尺寸单晶硅片产能，可增加电池有效受光面积，增加组件效率和功率，节约土地、施工等成本，最终实现平准化度电成本最优。

三、持续紧跟新技术演进步伐

在电池环节，目前光伏行业中晶硅电池（多晶硅、单晶硅）占据主导地位，钙钛矿电池、薄膜电池等新材料正在持续发展，并在一些特定场合得到应用；如若钙钛矿电池、薄膜电池等技术在未来取得突破性进步，将分享甚至取代晶硅电池的主导地位，因此企业需紧跟新技术演进步伐，持续进行技术研发。

第二十章

多晶硅

石油和化学工业规划院　赵立群

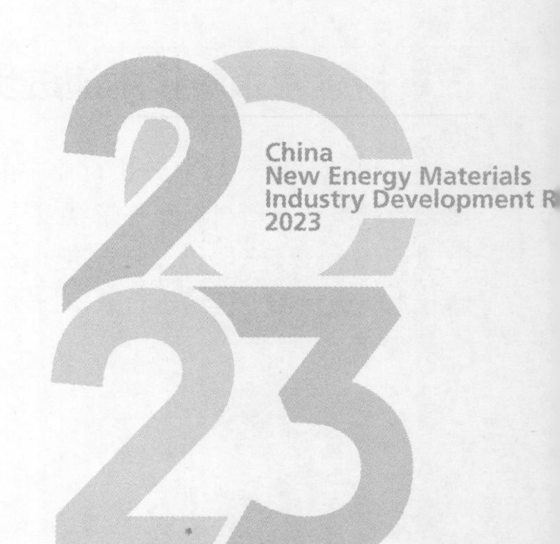

第一节

概述

多晶硅是单质硅的一种形态。熔融的单质硅在过冷条件下凝固时，硅原子以金刚石晶格形态排列成许多晶核，如这些晶核长成晶面取向不同的晶粒，则这些晶粒结合起来，就结晶成多晶硅。

多晶硅具有灰色金属光泽，密度 2.32 ～ 2.34g/cm^3，熔点 1410℃，沸点 2355℃，溶于氢氟酸和硝酸的混酸中，不溶于水、硝酸和盐酸。多晶硅硬度介于锗和石英之间，室温下质脆，切割时易碎裂，加热至 800℃以上即有延性，1300℃时显出明显变形。其常温下不活泼，高温下与氧、氮、硫等反应。高温熔融状态下，其具有较大的化学活泼性，几乎能与任何材料作用。其具有半导体性质，是极为重要的优良半导体材料，但微量的杂质即可大大影响其导电性。

多晶硅按用途不同，可以分为太阳能级多晶硅和电子级多晶硅。太阳能级多晶硅应用于光伏产业，硅含量要求在 6N ～ 9N 之间，电子级多晶硅应用于半导体行业，硅含量要求在 9N 以上，此外国标还对相关杂质做出相应的含量要求。太阳能级多晶硅技术指标（《GB/T 25074—2017》）见表 20-1。电子级多晶硅等级及技术指标（《GB/T 12963—2022》）见表 20-2。

表 20-1　太阳能级多晶硅技术指标

项目	技术指标			
	特级品	1 级品	2 级品	3 级品
施主杂质浓度 /10^{-9}（ppba）	≤ 0.68	≤ 1.40	≤ 2.61	≤ 6.16
受主杂质浓度 /10^{-9}（ppba）	≤ 0.26	≤ 0.54	≤ 0.88	≤ 2.66
氧浓度 /（atoms/cm^3）	≤ 0.2×10^{17}	≤ 0.5×10^{17}	≤ 1.0×10^{17}	≤ 1.0×10^{17}
碳浓度 /（atoms/cm^3）	≤ 2.0×10^{16}	≤ 2.5×10^{16}	≤ 3.0×10^{16}	≤ 4.0×10^{16}
少数载流子寿命 /μs	≥ 300	≥ 200	≥ 100	≥ 50
基体金属杂质含量 /（ng/g） Fe、Cr、Ni、Cu、Zn	≤ 15	≤ 50	≤ 100	≤ 100
表面金属杂质含量 /（ng/g） Fe、Cr、Ni、Cu、Zn、Na	≤ 30	≤ 100	≤ 100	≤ 100

表 20-2　电子级多晶硅等级及技术指标《GB/T 12963—2022》

项目	技术指标要求			
	特级品	电子 1 级	电子 2 级	电子 3 级
施主杂质含量（P、As、Sb 总含量，以原子数计）/cm^{-3}	≤ 0.15×10^{13}	≤ 0.25×10^{13}	≤ 0.5×10^{13}	≤ 1.5×10^{13}
受主杂质含量（B、Al 总含量，以原子数计）/cm^{-3}	≤ 0.5×10^{12}	≤ 1.5×10^{12}	≤ 2.5×10^{12}	≤ 5.0×10^{12}
碳含量（以原子数计）/cm^{-3}	≤ 1.0×10^{15}	≤ 2.5×10^{15}	≤ 2.5×10^{15}	≤ 5.0×10^{15}

续表

项目	技术指标要求			
	特级品	电子 1 级	电子 2 级	电子 3 级
基体金属杂质含量（Fe、Cr、Ni、Cu、Zn、Na 总含量）/(ng/g)（ppbw）	≤ 0.1	≤ 0.3	≤ 0.5	≤ 2.0
表面金属杂质含量（Fe、Cr、Ni、Cu、Zn、Al、K、Na、Ti、Mo、W、Co 总含量）/(ng/g)（ppbw）	≤ 0.1	≤ 0.5	≤ 1.0	≤ 5.0

注：多晶硅的导电类型、电阻率、少数载流子寿命和氧含量由供需双方协商确定。

对于以硅烷气为原料，采用流化床法生产的颗粒状多晶硅技术指标见表 20-3。

表 20-3　流化床法颗粒硅技术指标（《GB/T 35307—2017》）

项目	技术指标			
	特级	1 级	2 级	3 级
施主杂质浓度 /10^{-9}（ppba）	≤ 0.30	≤ 1.10	≤ 2.30	≤ 4.80
受主杂质浓度 /10^{-9}（ppba）	≤ 0.20	≤ 0.26	≤ 0.54	≤ 1.32
碳浓度 /(atoms/cm^3)	≤ $2.0×10^{16}$	≤ $2.5×10^{17}$	≤ $3.0×10^{17}$	≤ $5.0×10^{17}$
氢浓度 /(mg/kg)	≤ 30	≤ 30	≤ 30	≤ 30
总金属杂质平均浓度（Fe、Cr、Ni、Cu、Na）/(ng/g)	≤ 10	≤ 100	≤ 300	≤ 600

第二节 市场供需

一、产业规模持续扩大，自给率逐年提高

作为晶硅光伏产业链最上游的原材料产业，我国多晶硅产业发展经历了从依靠进口到领先世界的自主发展之路。近年来，我国多晶硅产量、表观消费量和自给率逐年提高。2016—2022 年，产量和表观消费量的年均增长率分别为 27.2% 和 18.4%；自给率由 2016 年的 59.4% 提高至 2022 年的 91.5%。2022 年，我国多晶硅产量 82.7 万吨，同比增长 63.4%；硅片产量 357GW，同比增长 57.5%；电池片产量 318GW，同比增长 60.7%；组件产量 288.7GW，同比增长 58.8%。2022 年全球光伏产品产能、产量及中国产品在全球的占比情况见表 20-4。

表 20-4　2022 年全球光伏产品产能产量情况

项目	单位	产能			产量		
		全球	中国	中国占比	全球	中国	中国占比
多晶硅	万吨 / 年，万吨	131.5	117.7	89.5%	93.8	82.7	88.2%

续表

项目	单位	产能			产量		
		全球	中国	中国占比	全球	中国	中国占比
硅片	GW	567.1	407.2	71.8%	366	357	97.5%
电池片	GW	567.2	360.6	63.6%	330	318	96.4%
组件	GW	527.7	359.1	68.1%	310	288.7	93.1%

2022 年我国多晶硅产量为 82.7 万吨，进口量 8.81 万吨，出口量为 1.13 万吨，表观消费量为 90.4 万吨。近年我国多晶硅供需情况见表 20-5 和图 20-1。

表 20-5　近年我国多晶硅供需情况　　单位：万吨

年份	产量	表观消费量	自给率 /%
2016	19.5	32.8	59.4
2017	24.2	39.5	61.3
2018	30.3	44.1	68.7
2019	34.2	48.5	70.5
2020	39.2	49.0	80.0
2021	50.6	61.0	83.0
2022	82.7	90.4	91.5

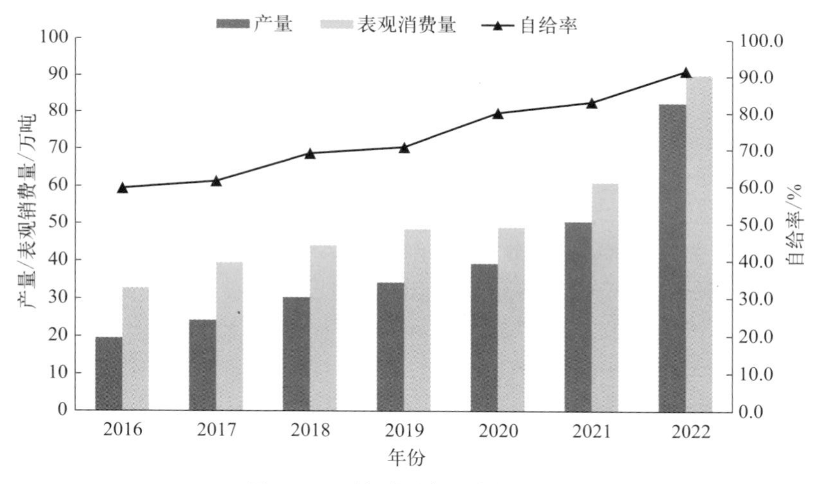

图 20-1　近年我国多晶硅供需情况

二、未来装机平稳增长，需求量不断增大

随着我国光伏、电子信息产业平稳增长，预计 2022—2025 年，我国多晶硅需求年均增长率约为 18.4%。预计 2025 年我国多晶硅需求量将达到约 150 万吨。预计到 2030 年，我国多晶硅需求量将达到 300 万吨。我国多晶硅供需平衡及 2025 年、2030 年需求预测见表 20-6。

表 20-6　我国多晶硅供需平衡及预测

项目	2022 年	2025 年预测	2030 年预测	年均增长率 /%	
				2022—2025 年	2025—2030 年
产能 /(万吨 / 年)	117.7	180	330	15.2	12.9
产量 / 万吨	82.7	150	300	22.0	14.9
开工率 /%	70	83	91		
需求量 / 万吨	90.4	150	300	18.4	14.9
供需平衡 / 万吨	−7.7	0	0		

注：供需平衡 = 产量 − 需求量。

第三节 工艺技术

一、改良西门子法生产工艺相对成熟

当前主流的多晶硅生产技术主要有改良西门子法（三氯氢硅法）和硅烷流化床法（FBR），产品形态分别为棒状硅和颗粒硅。三氯氢硅法生产工艺相对成熟。目前，改良西门子法生产线占全球光伏多晶硅生产的 95% 以上。

1955 年，西门子公司成功开发了利用氢气还原三氯硅烷在硅芯发热体上沉积硅的工艺技术，于 1957 年开始了工业生产。改良西门子法主要集中在减少单位多晶硅产品的原料、辅料、电能消耗以及降低成本等方面。改良西门子法在西门子法工艺基础上，增加了还原尾气干法回收系统、四氯化硅氢化工艺，实现了全工艺流程闭路循环。改良西门子法实现无排放，生产安全性得到了大幅提升，成为多晶硅生产中最为成熟、投资风险最小、最容易扩建的工艺。此工艺下生产的硅料产品具有质量好、致密度高等特点。从 2006 年开始，随着国内企业突破多晶硅技术瓶颈，国内光伏制造企业正式进入原料多晶硅规模化生产领域。改良西门子法已经成为我国多晶硅产业的主流技术。

二、工艺技术创新主方向是降低电耗

国内改良西门子法多晶硅生产工艺的主要成本由金属硅、电力以及三氯氢硅三部分组成，其中能源电力成本占比较高。在实现原材料多晶硅生产工艺的绿色可持续方向上，降低电力能源的消耗是多晶硅工艺技术创新的主方向。综合电耗是指工厂生产单位多晶硅产品所消耗的全部电力，包括合成、电解制氢、精馏、还原、尾气回收和氢化等环节的电力消耗。2021 年，多晶硅平均综合电耗降至 63kWh/kg-Si，同比下降 5.3%；2022 年，多晶硅平均综合电耗进一步降至 60kWh/kg-Si，同比下降 4.8%。行业围绕多晶硅生产技术的高产品质量和低生产成本的创新研发一直在进行。

三、硅烷流化床法生产工艺逐步改进

硅烷流化床法制备颗粒硅已经拥有比较悠久的研发历史，早在 20 世纪 50 年代就有学者提出了通过化学气相沉积原理来制备多晶硅。国内开展流化床工艺的厂商有协鑫科技、陕西天宏和亚洲硅业。协鑫科技自 2010 年开始布局硅烷流化床工艺，2012 年成功产出合格的高纯硅烷气，2016 年收购 Sun Edison 有关硅烷流化床、CCz（连续直拉单晶）技术与资产，经过近十年的研发之路，最终实现了颗粒硅的稳定量产。相较于改良西门子法，硅烷流化床法颗粒硅生产工艺具有流程短、综合能耗低、反应单次转换效率高等优势。

截至 2022 年末，棒状硅市场占有率为 92.5%，颗粒硅为 7.5%。预计随着生产工艺的改进和下游应用的拓展，颗粒硅的产能将进一步扩张，市场占比也会逐步提升。

颗粒硅产品在质量上不断进步，杂质不断减少，其与传统硅产品的差距正在缩小。从 P 型电池向 N 型电池过渡的情形下，已然对上游多晶硅提出了更高的要求，而这些要求主要集中体现在硅的纯度上，颗粒硅能否颠覆多晶硅行业格局还需时间检验。

四、改良西门子法多晶硅生产工艺流程

成熟的改良西门子法多晶硅生产工艺流程包括：三氯氢硅合成—合成气干法分离—氯硅烷分离提纯—三氯氢硅还原—还原尾气干法分离—四氯化硅氢化—氢化气干法分离等。

① 三氯氢硅合成。工业硅粉粉碎至 80 ～ 120 目后用蒸汽干燥，经硅粉计量罐加入沸腾炉料斗，通入氯化氢气体将硅粉带入沸腾炉，在沸腾炉内反应生成三氯氢硅。

② 合成气干法分离。三氯氢硅合成工序来的合成气进入喷淋洗涤塔，用低温氯硅烷液体洗涤，塔顶气去往氯化氢吸收塔，塔底氯硅烷大部分降温后回到喷淋洗涤塔洗涤合成气，剩余部分送入氯化氢解吸塔。

③ 氯硅烷分离提纯。首先将合成气干法分离工序分离的氯硅烷液体用湿氮处理和多级精馏得到多晶硅级的精制三氯氢硅；然后用精馏的方法将从还原干气法分离工序中分离出并返回的氯硅烷冷凝液精制，得到多晶硅级精制三氯氢硅循环使用；最后用径流的方法将从氢化气干法分离工序中分离出并返回的氯硅烷冷凝液精制，得到精制三氯氢硅和四氯化硅。

④ 三氯氢硅还原。三氯氢硅汽化后，通入来自还原尾气干法分离工序返回的循环氢气，混合后送入还原炉，在高温硅芯表面三氯氢硅被氢气还原为单质硅，并逐渐沉积在硅芯表面形成多晶硅棒。

⑤ 还原尾气干法分离。还原尾气分离成氯硅烷液体、氢气和氯化氢气体。

⑥ 四氯化硅氢化。通常采用冷氢化工艺，冷氢化是相对热氢化（1250℃）而言的，利用四氯化硅在高温（450 ～ 500℃）、催化剂（金属氯化物）作用下发生热分解、加氢反应得到三氯氢硅。

⑦ 氢化气干法分离。氢化工序来的氢化气分离成氯硅烷液体、氢气和氯化氢气体。

第四节

相关法规及政策

一、多晶硅和锗单位产品能源消耗限额（GB 29447—2022）

在多晶硅企业产品能源消耗方面，该标准规定了多晶硅企业产品能耗限额的技术要求、统计范围、计算方法。适用于以高纯氢气还原三氯氢硅生产光伏用多晶硅的企业进行能耗的计算、考核，以及对新建、改建和扩建项目的能耗控制。多晶硅综合能耗包括多晶硅生产过程中所消耗的天然气、煤炭、电力、蒸汽、水等。多晶硅综合能耗等级 1 级应≤ 7.5kgce/kg-Si；2 级应≤ 8.5kgce/kg-Si；3 级应≤ 10.5kgce/kg-Si。该标准不适用于电子级多晶硅及硅烷流化床法多晶硅生产企业的能耗计算。

根据中国光伏行业协会发布的《中国光伏产业发展路线图（2023—2024 年）》，2023 年三氯氢硅法多晶硅企业综合能耗平均值为 8.1kgce/kg-Si，同比下降了 8.99%。随着技术进步和能源的综合利用，预计到 2030 年可降到 7.2kgce/kg-Si。

二、产业结构调整指导目录（2024 年本）

多晶硅属于信息、新能源有色金属新材料。鼓励类包括：“半导体、芯片用电子级多晶硅（包括区熔用多晶硅材料）；硅能源（晶硅光伏）材料，包括配套的高纯多晶硅（包括棒状多晶硅和颗粒硅）；先进的各类太阳能光伏电池及高纯晶体硅材料（多晶硅的综合电耗低于 65kWh/kg-Si，多晶硅电池的转化效率大于 21.5%）”。因此，电子级多晶硅、高纯多晶硅属于鼓励类产品；光伏用多晶硅属于允许类产品。

三、光伏制造行业规范条件（2021 年本）

在生产布局与项目设立方面提出：“引导光伏企业减少单纯扩大产能的光伏制造项目，加强技术创新、提高产品质量、降低生产成本。新建和改扩建多晶硅制造项目，最低资本金比例为 30%，其他新建和改扩建光伏制造项目，最低资本金比例为 20%。”在工艺技术方面提出，新建和改扩建企业及项目产品应满足以下要求：“多晶硅满足《电子级多晶硅》（GB/T 12963）3 级品以上要求或《流化床法颗粒硅》（GB/T 35307）特级品的要求”。在资源综合利用及能耗方面，提出：“现有多晶硅项目还原电耗小于 60kWh/kg，综合电耗小于 80kWh/kg；新建和改扩建项目还原电耗小于 50kWh/kg，综合电耗小于 70kWh/kg；多晶硅项目水循环利用率不低于 95%。”

第五节 发展建议

一、巩固提升多晶硅产业全球领先地位

坚持高质量发展，巩固和提升我国多晶硅产业的全球领先地位。新建和改扩建多晶硅制造项目在资本金比例、工艺技术、产品质量标准、资源综合利用及能耗、水循环利用率等指标满足《光伏制造行业规范条件（2021 年本）》等产业政策要求。

二、强化多晶硅企业安全与环保监管

多晶硅生产具有化工属性，其生产系统、存储、输送等环节存在易燃易爆有毒有害物料，大量的易燃易爆危险品构成重大危险源。需要有严格的管控措施，强化风险意识，筑牢底线思维，保障安全生产。

三、努力提高高品质多晶硅产品比重

随着下游电池生产线对多晶硅质量要求不断提升，未来高品质多晶硅仍是重中之重，多晶硅生产企业要继续实施技术与装备能力提升，强化科技创新引领，掌握核心关键技术，突破系统集成、能耗综合利用、低电耗还原、副产物综合利用等难点问题，多路径展开技术研发，培育自身人才，为行业高质量发展提供重要保障。

四、推进光伏与储能绿氢等产业耦合发展

创新“光伏 +”模式，着力在西部等光照资源条件较好的地区推进“光伏 + 储能”“光伏 + 绿氢”“光伏 + 绿氢 + 绿氨”等产业协同耦合发展，通过增加储能规模来保障电网安全稳定地运行，缓解“弃光”问题，提升光伏发电对电力供应保障的贡献度。发展电解水制氢、氢气储输，开创绿氢利用新路径，促进我国氢能产业链持续健康发展。

第二十一章

聚偏二氟乙烯树脂（光伏）

山东华夏神舟新材料有限公司　王　东　王自红

China
New Energy Materials
Industry Development Re
2023

第一节
概述

光伏领域应用的含氟新材料主要有PVDF、聚氟乙烯（PVF），此外还有乙烯-四氟乙烯共聚物（ETFE）、四氟乙烯-六氟丙烯-偏氟乙烯共聚物（THV）等。PVDF相较于其他材料，能耐氧化剂、酸碱盐类卤素芳烃脂肪和氯代溶剂的腐蚀和溶胀；同时具有优异的抗紫外线和耐老化性能，并具有非极性、不污染等特点，其薄膜置于室外长期不变脆、不龟裂，是最合适的太阳能电池背板膜用耐候材料，材料性能对比见表21-1。

表21-1　光伏材料性能对比

性能	PVDF膜	PVF膜	氟烯烃-乙烯基醚共聚物（FEVE）膜
F含量/%	59（纯）	41（纯）	≥25
密度/(g/cm^3)	1.63～1.78	1.39～1.50	1.10～1.15
长期连续最高使用温度/℃	150	125	—
脆化温度/℃	-60	-70	—
力学性能	良	良	良
反射率/%	≥80	≥70	—
阻燃能力	V-0	HB	HB
极限氧指数	44	23	—
抗风沙性	优	一般	一般
可回收利用性	可回收	不可回收	不可回收

从性能指标上来看，PVDF氟含量高、密度大、耐温性好、极限氧指数高、抗风沙性能优异，同时，PVDF材料可回收利用，能够显著降低生产成本，在一些对成本敏感的领域较为实用。

光伏背板级PVDF主要性能指标见表21-2。

表21-2　光伏背板级PVDF主要性能指标

项目	标准	单位	指标
熔体流动速率	ASTM D1238，230℃/5kg	g/10min	8～22
相对密度	ASTM D792，23℃	g/cm^3	1.77～1.79
熔点	ASTM D3418，10℃/min	℃	165～175
拉伸强度	ASTM D638	MPa	≥25
热分解温度	TGA，1%失重率，空气	℃	≥380
含水率	HG/T 2902—1997	%	≤0.10
20μm透明膜大晶点	185℃挤膜，晶点个数	个/m^2	≤60

据统计，2022年我国太阳能光伏用PVDF产能达到12亿平方米/年，覆盖220～240GW

组件的制造，占全球90%以上的产量。2021年全球光伏级PVDF市场收入已超过1.7亿美元，预计未来几年光伏级PVDF将保持在年均8%的增长率增长。在光伏产业快速发展的推动下，我国从事PVDF薄膜生产的企业数量开始增多，代表性企业包括杭州福膜、浙江格瑞、湖北回天、嘉兴高正高等。2020—2025年光伏用PVDF产能及需求趋势见表21-3。

表21-3 2020—2025年光伏用PVDF产能及需求趋势

年份/年	2020	2021	2022	2023	2024	2025
产能/(吨/年)	66000	69000	83000	118500	162000	179000
国内总需求/吨	42602	60169	74152	90974	111565	134426
光伏需求/吨	4307	7630	8712	9593	10362	11035
光伏PVDF占比/%	10.11	12.68	11.75	10.54	9.29	8.21
增速/%	—	77.15	14.18	10.11	8.02	6.49

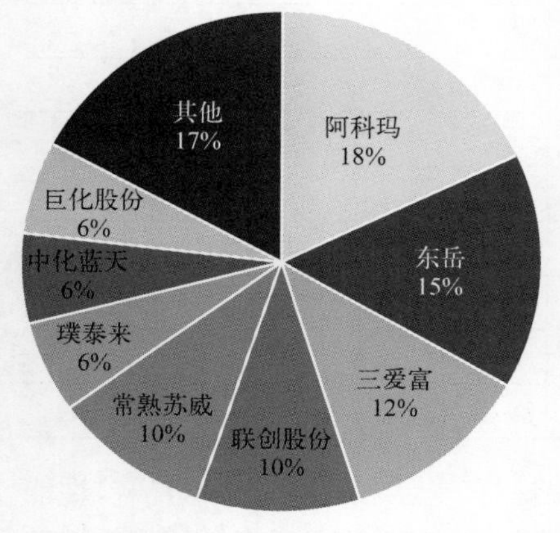

图21-1 国内PVDF企业份额

从趋势上来看，在中国“碳中和”的大背景下，光伏作为未来新能源的重点技术，拥有广泛的发展前景，光伏背板膜作为光伏组件的重要部分，产量和需求也日益高涨。受益于整体光伏装机量的高速增长，PVDF在光伏领域需求量仍将保持稳步增长。

国内PVDF产能主要集中在阿科玛、东岳、苏威和三爱富，其中国产PVDF产能以东岳最大，市场份额15%，其次是三爱富，占比12%，见图21-1。

具体到企业，头部厂商格局相对稳定。背板作为光伏组件重要的封装材料，下游客户主要以大型组件厂商为主，存在一定的技术及渠道壁垒，头部厂商拥有较强的研发实力与客户积累，在行业内格局相对稳固，2022年背板行业前五企业市占率接近60%，主要以赛伍、中来、明冠、福斯特等国内企业为主，见表21-4。

表21-4 光伏背板产能及预测 单位：GW

公司	2021年	2022年	2023年预测	2024年预测	2025年预测
中来	1.7	1.7	2.7	3.7	4.2
赛伍技术	1.31	1.31	1.31	1.31	1.31
福斯特	0.7	1.1	1.1	1.1	1.1
明冠新材	1.02	1.02	1.32	2.32	2.32
乐凯胶片	0.8	0.8	0.8	0.8	0.8
其他	3.61	4.1	4.1	4.1	4.1
合计	9.14	10.03	11.33	13.33	13.83

第二节
市场供需

一、PVDF 背板膜材料供应分析

国内 PVDF 市场一直存在供需缺口，2021 年以来受益于锂电、光伏产业的快速发展，PVDF 供需缺口进一步放大。据统计，2022 年我国 PVDF 行业产量约 7.11 万吨，需求量约为 8.32 万吨，存在 1.21 万吨供需缺口。由于需要上游原料的配套生产，PVDF 主要集中一些传统的氟化工基地：山东、江苏、浙江、内蒙古等地。但伴随需求快速提升，有更多企业开始投产 PVDF，主要 PVDF 企业产能及扩产计划见表 21-5。

表 21-5 主要 PVDF 企业现有产能及扩产规划汇总

企业名称	现有产能 /（吨 / 年）	规划产能 /（吨 / 年）	生产基地
常熟苏威	8000	4000	江苏常熟
阿科玛氟化工	14500	4500	江苏常熟
吴羽	5000	15000	江苏常熟
孚诺林	15000	12500	浙江上虞、湖北潜江
三爱富	10000	28000	内蒙古丰镇
联创股份	8000	6000	山东淄博
中化蓝天	7000	15000	浙江杭州
华夏神舟	22000	25000	山东淄博
东阳光	10000	20000	广东韶关
巨化股份	10000	30000	浙江衢州
昊华科技	0	2500	四川自贡
山东德宜	5000	0	山东德州
永和股份	0	6000	内蒙古
总计	114500	168500	

二、PVDF 背板膜的需求分析

光伏背板种类多样，根据是否含氟可以将背板分为双面氟膜背板、单面氟膜背板和不含氟背板，因其各自耐候性等特性适用于不同环境，总体来说对环境的耐候程度依次下降，价格也依次降低。还可以根据所用氟材料的不同，将氟膜分为 T 膜和 K 膜。T 膜即 PVF 薄膜，K 膜即 PVDF 薄膜。例如 TPT 型背板就是在 PET 基膜的双面复合上 PVF 薄膜，是目前市场上双面含氟背板中最常见的类型，其可以保护组件背面免受湿、热和紫外线侵蚀。目前背板国产化率已超过 90%，在光伏发电平价上网和降本增效的要求下，国外传统背板企业由于不适应快速降本的产业环境，利润率变薄，市场份额在逐年降低，并最终退出市场。据统计，2022 年我国光伏背板产量约为 105975.9 万平方米，需求量约为 94815.2 万平方米。从各公司背板业务收入来看，2022 年，赛伍技术背板业务实现营业收入 14.99 亿元，同比增长 5.20%，毛利率为 15.35%，同比增加 2.94%。毛利率提升的主要原因是：背板的品种实现了多样化，完善了产品结构，同时通过供应链改善，降低了此前优势品种 KPf 背板的成本。2022 年，赛伍技术 KPf 背板毛利率为 15.27%，同比增加 3.52%。中来股份于 2018 年在业内首创透明背板产品，并于 2021 年发布“Hauberk”2.0 透明背板 / 透明网格背板，使用透明背板的组件发电量增益 1.29%，可有效降低度电成本，2022 年中来股份背板业务收入 27.15 亿元，同比增长 66.52%，毛利率为 23.82%。

2022 年我国主要企业光伏背板业务收入与产销量见图 21-2。

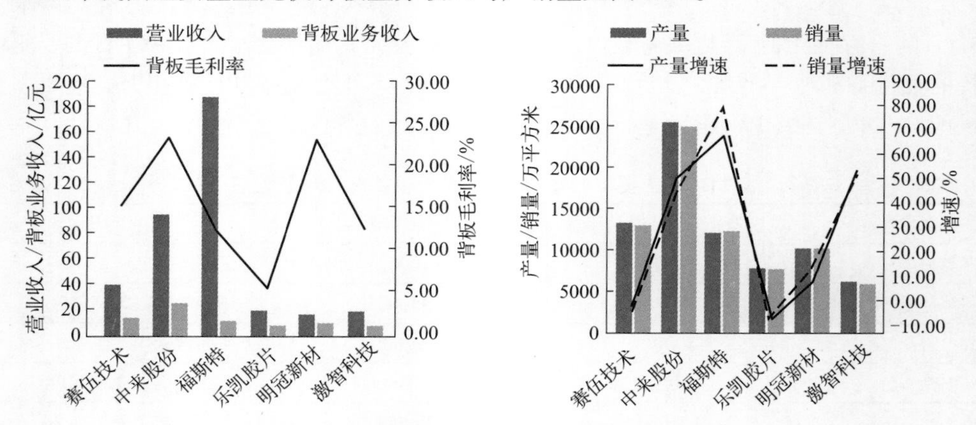

图 21-2　2022 年我国主要企业光伏背板业务收入与产销量

数据来自智研咨询

20 世纪 70 年代，由于石油危机，太阳能作为代替能源而被关注，世界各国开始大力研究太阳能电池，除了晶硅太阳能电池、非晶硅太阳能电池外，还出现了各种化合物半导体太阳能电池以及由两种太阳能电池构成的层积型太阳能电池等新型电池，光伏行业开始进入快速发展阶段。据统计，2022 年全球光伏背板产量约为 131191.3 万平方米，需求量约为 129015.6 万平方米。

2015—2022 年全球光伏背板行业供需情况见图 21-3。

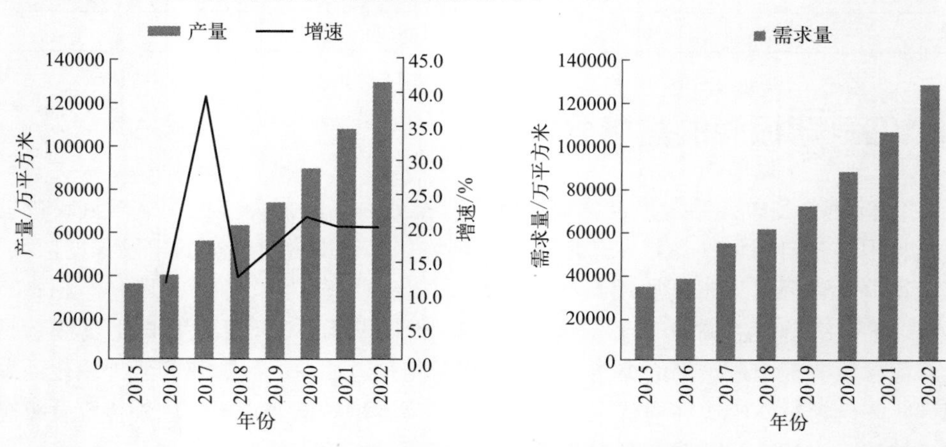

图 21-3　2015—2022 年全球光伏背板行业供需情况

2015—2022 年中国光伏背板行业市场规模及均价走势见图 21-4。

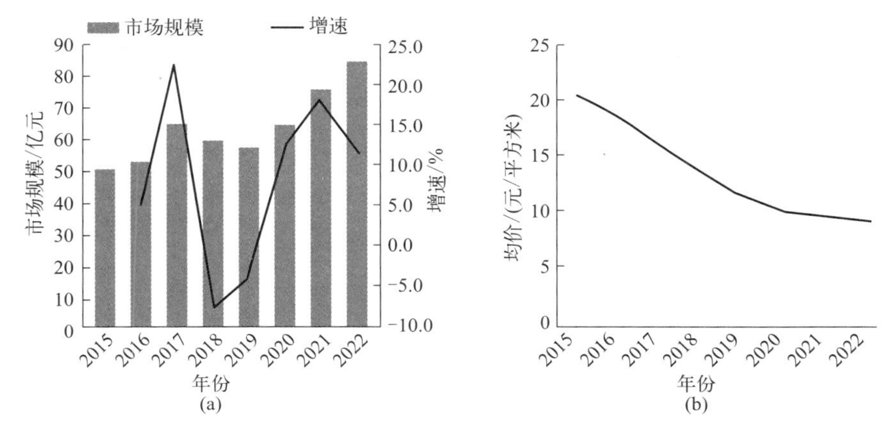

图 21-4　2015—2022 年中国光伏背板行业市场规模及均价走势

PVDF 膜能保护太阳能电池背板的中间层 PET 膜层安全、可靠、长久发挥支撑组件、阻水、阻氧作用。随着国家对“新基建”建设的重视，能源转型成了新风口，以光伏、电伏为代表的新能源产业迎来机遇期，PVDF 膜的应用会更为广泛。据统计，全球光伏发电新增装机容量为以每年 15% 左右的增速迅速增长，我国光伏产业发展将远远高于全球增速，对 PVDF 光伏膜需求也将快速增长。

第三节
工艺技术

参见第十六章聚偏二氟乙烯树脂（锂电）第三节工艺技术。

第四节
应用进展

PVDF 膜因其性能优异，所以在诸多产业都收到了青睐，但作为新型高分子功能膜材，PVDF 膜应用领域非常广泛，其中最重要的就是作为光伏领域的背板膜材料，应用在光伏发电产业。而 PVDF 膜在光伏领域的应用主要包括两个领域：

（1）作为太阳能电池背板材料

PVDF 膜在保护太阳能电池片免受环境损害方面具有重要作用。太阳能电池片在光照下工作时，会受到湿度、氧气、尘埃和化学物质的侵蚀，从而降低其性能和寿命。PVDF 膜具有优异的耐化学品性和耐候性，能够有效隔绝外界环境对太阳能电池片的侵蚀，延长电池板的使用寿命。

（2）PVDF 膜作为太阳能电池板表面涂层

PVDF 膜具有高透光性，能够允许最大量的太阳光线穿透到太阳能电池片表面，从而增加吸收率，能够提高电池板的能量转化效率。同时，PVDF 膜的非黏性表面还能降低与表面接触的灰尘和污垢的附着，实现自动清洁效果，减少光能被遮挡，进一步提高电池板的能量转化效率。

第五节 发展建议

随着太阳能光伏技术的不断发展和应用，未来太阳能光伏技术将会面临一系列挑战和机遇。而只有太阳能背板膜不断进行技术创新，才能使其开发更高效率、更低成本、更柔性的太阳能电池和储能技术，实现太阳能光伏发电的更高效率和可靠性。

首先，应该对 PVDF 膜的研发方面进行持续投入，通过不断优化制备工艺和改进性能，开发出符合国际标准的高品质 PVDF 膜产品，满足光伏行业的高要求。

其次，积极推动国内 PVDF 膜的生产技术，建立完善的生产线和质量控制体系，确保产品质量的稳定性和可靠性。降低进口依赖，降低成本，提高供应的稳定性，为光伏行业提供更多的选择和竞争优势。

此外，应持续推进 PVDF 膜的创新研究，建立高素质的研发团队，不断探索新材料、新工艺和新应用，为光伏产业的升级和技术进步作出贡献。

总的来说，PVDF 膜作为光伏领域重要的材料之一，在太阳能电池板制造中发挥着关键作用。国内研发生产技术型企业，应该通过打破国外垄断，不断创新和进步，为光伏产业的发展注入新的动力。

China
New Energy Materials
Industry Development Report
2023

第三篇

综述

第二十二章

化学电池发展现状及趋势

China
New Energy Materials
Industry Development Report
2023

广西宁福新能源科技有限公司

李云峰　杨华春　罗传军

第一节

电池的构造、原理及分类

一、电池的构造

电池是通过其内部发生一定的变化（包括化学变化或物理变化）将本身所具备的能量（如化学能或光能等）直接转化为电能的一种起储存和转换能量作用的装置。大部分电池主要由正 / 负极、电解质、隔膜和外壳这五部分构成。图 22-1 所示为锂电池结构示意图。

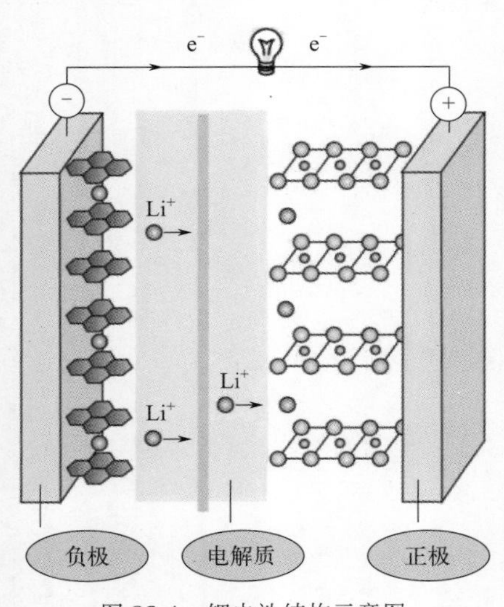

图 22-1　锂电池结构示意图

资料来自钜大锂电

正极和负极材料由活性物质、导电骨架、黏结剂及其他活性添加剂组成。电极的基本要求除了具有高比容量、不易与电解质液发生反应之外，还需易获取和易制造，即制备成本较低。其中，比容量（包括质量比容量和体积比容量）指在一定放电条件下所释放出的电量与电池重量或体积的比率。电解质是正负极之间的电荷传输载体，其可分为液态、半固态和固态类型，无论使用何种电解质，都需要具有高电导率、稳定成分和便于操作的特点。隔膜，顾名思义，是处于正、负极之间的将两者隔开的材料，起到传输电荷（离子导电）和阻止正 / 负极直接接触（防止短路）的作用。隔膜需要具备一定的机械强度和抗弯曲能力，同时对电解质离子的运动要尽可能减少阻力，并具有化学稳定性。外壳是将电池贮存在封闭空间的容器，应具备高机械强度，耐低温和耐电解液侵蚀等特性。

二、电池的工作原理

电池是一个电化学体系，涉及电荷转移的氧化还原反应。通常，氧化还原反应在相同位置同时发生，但是在电池中，这些反应分别发生在两个电极上，且存在一定的空间距离，被称为电池的半反应。当电池处于放电过程时，电池的正极（阴极）会发生还原反应（得到电子），而负极（阳极）发生氧化反应（失去电子），电子的传递产生电流，从而起到发电作用。

三、电池的分类

根据能量转化方式、正负极材料、电解液种类、工作性质和贮存方式等不同角度，可将电池分为不同类别，如锂离子电池中的磷酸铁锂电池、三元电池及锰酸锂电池等。从电池的工作性质和贮存方式的角度出发，可以划分为一次电池、二次电池、燃料电池、液流电池、贮备电池等。其中，二次电池是目前日常生活中最常见的类型，如手机电池，新能源电车中使用的电池。

第二节
电池技术的发展

人类经济社会在不断地发展，人们对能量的需求也随之不断提高。一般来说，电能是由一次能源驱动电磁感应发电机组所产生的（除了光伏电池技术和燃料电池这两种以太阳能为基础的发电方式），然后通过各种电器设备转换成其他形式的能量供人们使用。因此，随着人类对能量需求的增加，电能作为转化各类能量的中间载体得到了广泛推广。从目前情况来看，电能主要有三种存储方式，分别是电池所产生的化学能存储、电磁能存储及机械能存储。三者当中，电池因其高效性、便携性和低成本等优势得到了广泛开发和应用。

近代各种电池演进过程如图 22-2 所示。生产力的进步提升了能量总量需求，电气化渗透率丰富了能量使用场景，二者合力推动电池性能和使用便捷度不断升级。电池作为一种工业产品，其性能主要受基本原材料与制造工艺影响。原材料的进化以电化学原理为基础，主要是渐进式变革模式，是由“量变”到“质变”的过程。量变是在电化学原理的指引下，以已有的基础材料为基础，开展大量优化实验，并在有限的范围内不断改善其性能。例如，在锌锰电池的发明过程中，科学家先从锌粉中筛选出性能较好的锌粉，再将其与碳、锰、硫等其他元素组成多元化合物，最终得到锌锰电池。伴随着对材料研究的不断深入，研发人员发现正 / 负极材料、电解质和隔膜等组件之间具有相互作用。在电化学原理和现代科技的指引下，进行材料的组合和改良优化，以提升各组件的性能。质变是指通过破坏性创新，在化学反应原理的指导下，对现有材料进行革新。以电池体系为例，此前的银锌电池、铜锌电池、铅酸电池、锌锰电池、镍类电池（如镍镉电池、镍铁电池和镍氢电池）等在应用锂元素之前进行了一系列创新，最终形成了现有锂离子电池体系。

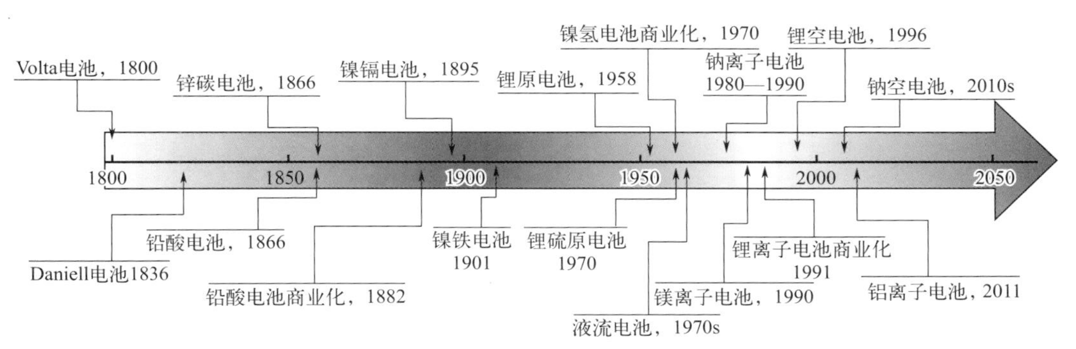

图 22-2　近代电池演进过程

资料来自电池绿研院

新材料是电池发展的关键，通过对电池材料进行结构性改革，可以打破传统工艺模式，改良电池生产流程，构建全新的生产系统。而如何在已有的材料体系中实现发展，则需要对制备工艺进行优化，实现工艺创新。例如，锂离子电池正极材料逐步从低镍向高镍迭代，并借助煅烧制备和表面涂层等技术的发展完成优化。在电池的封装方面，采用先进的叠层技术（如比亚迪的刀片电池）可改善电池性能。由于电池在设备上表现为一个系统，在给定电池容量的情况下，系统层面的结构创新可以提高电池的整体能量密度。例如，在动力电池场景中的无模块建设创新各电池制造商生产的电池减少了不产生电能的部件比例，从而提高了电池的整体能量密度。

第三节
锂电池的崛起与演进

一、锂电池的崛起

为了推动环境保护和产业结构的升级，作为高效便携的储能装置，电池已成为上述产业转型的重要技术支持工具，尤其是在移动能源领域。锂电池产业链经过不断完善，其规模效应在大国崛起过程中也在不断发挥作用，锂离子电池不仅可以替代具有环境污染性的铅酸电池，还在储能领域开辟了新天地。

高能量密度是电池技术发展的核心。在一定范围内，活性材料的电动势和比容量与能量密度成正比。在过去近 30 年内，锂离子电池的能量密度从 80Wh/kg 提高到 300Wh/kg，接近了传统锂电池材料的理论极限。倍率性能是汽车领域的重要指标，通过影响电池输出来影响最高时速、加速度、爬坡、快充等性能。为了应对长时间高倍率充放对电池的负面影响，目前采取了一种名为“换电模式”的折中解决方案。然而，将视野拉长，研究者们还应该关注开放式电池，例如燃料电池体系的开发。高倍率性能的实现主要取决于正负极材料的结构尺寸、比表面积、导电性、孔隙率以及电解质的传导能力和稳定性等参数。循环寿命在锂电池使用时表现十分出色，其内部结构和电化学性能使锂电池在多次充放电循环后仍能保持高效率和储能稳定性。这长生命周期不仅为用户提供持久的能量支持，而且减少了电池更换频率，在经济和环保方面产生显著效益。锂电池持久的特性使其在电动汽车、可穿戴设备、储能系统等领域中得到广泛应用。

锂电池先进的构造及严格的制造工艺保证了其出色的安全性。其内部材料经过精心挑选和严格测试，确保在极端条件下保持稳定，从而防止电池短路、燃烧或爆炸等安全事故。这些机制共同增强了锂电池的安全性，为用户提供了更可靠、更安全的能源解决方案。

二、锂电池的演进

（一）材料层面

锂电池中的活性材料对其功能至关重要。目前，在材料层面，有两条发展路径：一是通过尺寸减小、复合结构、掺杂和功能化、形貌控制、涂覆和封装、电解质改性等。二是研发新型正/负极和电解质，如硅负极、硫正极、固体电解质等，进一步提高电池性能。图 22-3 展示了锂电池材料的演进路径。

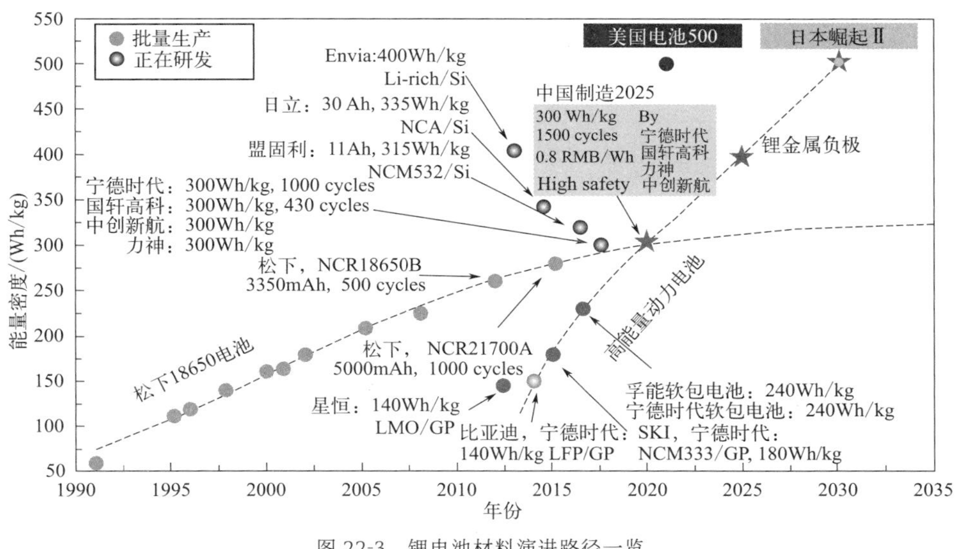

图 22-3 锂电池材料演进路径一览

数据来自清新电源

1. 锂离子电池正极

正极材料的发展经历了三个阶段：钴酸锂（LCO），锰酸锂（LMO）、磷酸铁锂（LFP），镍钴锰（NCM）/镍钴铝（NCA）。由于钴的寿命短、安全性差、价格昂贵，LCO 尚未用于动力电池。LMO 和 LFP 改善了耐用性和安全性，满足了动力电池的需求。NCM/NCA 进一步提升了能量密度，但也牺牲了一部分安全性和寿命性能。可以通过调整其元素配比改善 NCM 的性能。一般来说，镍与能量密度性能呈正相关，钴与倍率和循环性能呈正相关，锰与安全性呈正相关。因此，当主要关注的是能量密度时，通常会采用高镍的 NCM。此外，层状结构由于其出色的导电性能，目前在应用领域中占有主导地位。

正极材料电池能量密度演进过程见图 22-4。

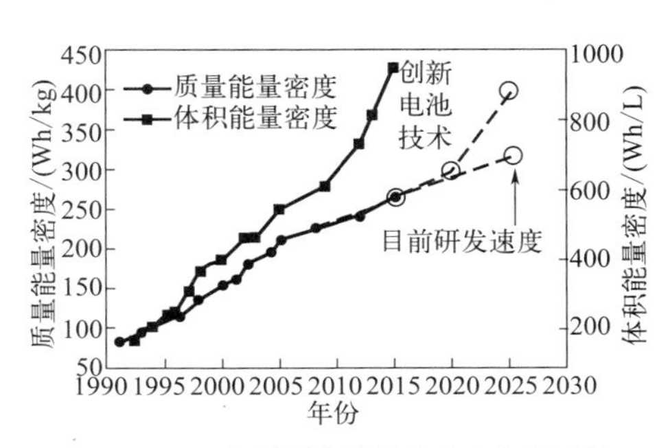

图 22-4 正极材料电池能量密度演进过程

数据来自清新电源

目前市场上主流的正极材料性能参数对比见表 22-1。提高能量密度是主线趋势。主要路径包括提高比容量和工作电压。NCM 材料以高镍、富锂和高电压为目标进行发展，这是目前短期应用的趋势。随着高镍正极材料的产业化快速进展，其安全性等方面的改善更需要重点关注。高镍电镀工艺不断调整 Ni 与 Mn、Al 比例，最终达到“无钴”的目标，正极材料高镍化虽然提升了正极比容量，但是会导致电池安全性下降、理化性质不佳等问题。此外，高镍化还存在结构稳定性风险，需要采用晶型单晶化技术。与多晶结构比较，单晶结构会更加致密，具有更好的稳定性及抗高温性能等。目前，尽管单晶高镍化技术的量产规模较小，但已经有了一些具体的应用案例，例如蔚来公司的 100 kWh-Ni55 电池。

表 22-1　正极材料性能参数对比

名称	电压平台 /V	理论比容量 /(mAh/g)	实际比容量 /(mAh/g)	电芯比容量 /(Wh/kg)	循环寿命 / 周
磷酸铁锂	3.3	170	130 ～ 140	130 ～ 160	2000 ～ 6000
镍钴锰酸锂	3.6	273 ～ 285	160 ～ 220	180 ～ 250	1500 ～ 2000
镍钴铝酸锂	3.7	275	180 ～ 190	210 ～ 300	1500 ～ 2000
锰酸锂	3.8	148	100 ～ 120	130 ～ 220	500 ～ 2000
钴酸锂	3.7	274	135 ～ 150	180 ～ 240	500 ～ 1000
镍锰酸锂	4.7	146.7	130 ～ 150	180 ～ 250	＞ 2000

2. 锂离子电池负极

负极储锂材料需要满足高比容量、低电势、兼容性强、稳定性好、良好的循环性能且价格低廉等原则。规模化生产中常用碳基材料作为负极材料，其中包括天然 / 人工石墨和无定形石墨。储锂的机制主要分为嵌入式、合金化和转化三种方式，通过将锂离子嵌入材料的层间隙中、与锂形成合金以及发生可逆的氧化还原反应等方式来储存锂离子。

碳基材料的锂储存机理是“插嵌式”，即通过利用材料内部的剩余空间，实现锂离子的嵌入和脱嵌，从而实现循环充放电。碳基材料的容量极限为 372mAh/g，而当前市场上的高端产品容量在 360 ～ 365mAh/g 之间，接近理论上限。尖晶石型钛酸锂（$Li_4Ti_5O_{12}$）具有优异的循环性能和安全性，但也存在克容量和倍率性能较差的缺点，且价格昂贵，只能用于公共交通系统。负极材料性能参数对比如表 22-2 所示。

表 22-2　负极材料性能参数对比

反应类型	名称	电压 /V	理论比容量 /(mAh/g)	实际比容量 /(mAh/g)	循环寿命 / 周	首次效率
嵌入型	天然石墨	0.1 ～ 0.2	372	345	＜ 1000	90%
	人造石墨				1500	93%
	中间相炭微球 MCMB				500 ～ 1000	94%
	钛酸锂	1.0 ～ 2.5	175	162	＞ 25000	99%
合金型	硅 Si	0.01 ～ 3.0	4200	2725	＞ 400	
	锡 Sn	0.01 ～ 3.0	994	845	260	
	铋 Bi	0.01 ～ 3.0	384	300	344	
转化型	硫化锌 ZnS	0.01 ～ 2.5	963	438	—	
	四氧化三钴 Co_3O_4	0.01 ～ 3.0	890	1187	180	
	二硫化钴 CoS_2	0.01 ～ 3.0	695	737	—	

硅基材料采取合金化储锂方式，它的比容量上限可比碳系材料高 10 倍。但由于合金化

化合物会使负极材料发生膨胀和收缩，影响了循环稳定性更甚或造成负极失效。为了应对上述问题，行业界已针对硅基负极进行了改良，采用了硅氧化、纳米化、预锂化和补锂添加剂等手段进行了改进处理。在近几年的发展中，碳材料是至关重要的。从未来长期的发展来看，根据不同的储能机理，碳硅等各种负极材料将会被广泛应用。除了依赖各材料自身的技术水平外，使用这些材料还需要与其他系统（如正极材料、电解质）进行协同发展。

3. 锂离子电池电解液

溶质、溶剂和添加剂等物质构成了电解液体系，溶质主要为锂盐，如六氟磷酸锂（$LiPF_6$）。目前市场上的电解液系统如图 22-5 所示。主流的溶质产品是 $LiPF_6$，具有良好的成膜性能、宽广的电化学窗口以及较小的致污风险。然而，它也存在一些缺陷，如在低温下易结晶、热稳定性差以及对水敏感等问题。由于不同溶剂具有各有优点和缺点，因此常采用混合溶剂。成膜添加剂、电解液稳定剂、阻燃剂、导电添加剂和抗过载添加剂是改善电解液性能的几种常用方法。添加成膜添加剂可以在首次充放电过程中生成 SEI 膜，以提高电池的整体性能。根据不同下游需求，形成多种电解液产品。电解液产品在短期内会根据下游不同使用场景的变化进行针对性改进；而从长远来看，将实现从液态到半固态再到固态的转变，大大提高电池安全性。

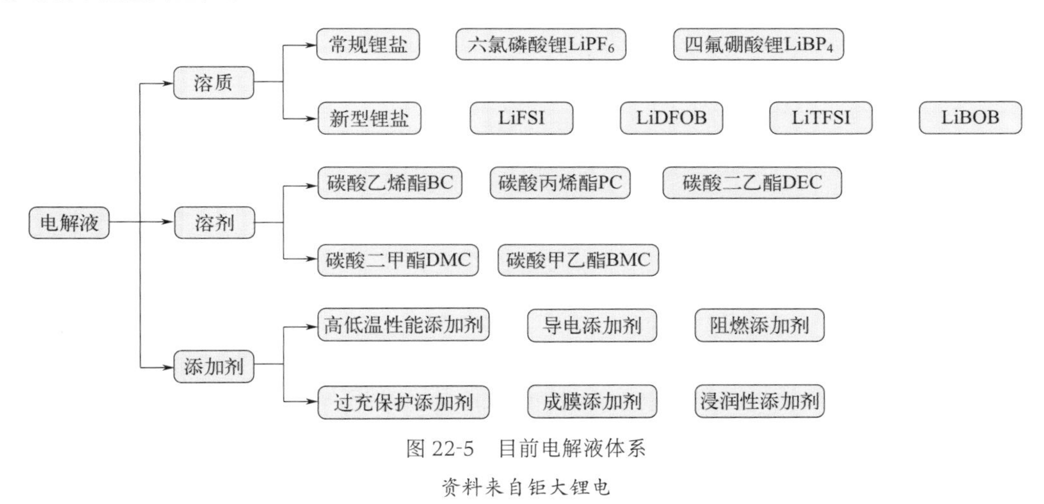

图 22-5　目前电解液体系

资料来自钜大锂电

为朝着全固态锂离子电池的方向进行发展，电解液将逐渐从液体状态到半固态再到固态。固体电解质具有电化学稳定性高（5V）、机械强度高、阻燃性高、不挥发、易于封装等特点，可很大程度上提高锂离子电池的能量密度和安全性。目前主要研发方向分为聚合物型、有机无机复合型和无机型三种。聚合物型由聚合物基体和锂盐组成，比无机型更柔韧、成膜、更轻，但导电率较低。无机类型主要包括氧化物和硫化物，需要额外的涂层和其他工艺来防止它们被 Li 还原。将无机粒子加入聚合物型中是为了增强导电性能，但固体电解质的电导率低且界面阻抗大，这在实际应用产生了巨大挑战。

4. 锂离子电池隔膜

在产业高速发展的同时，隔膜这一重要原料，也伴随着动力电池市场的扩大，持续向轻薄化方向发展。为了使电池的性能提高，还需研发相应的耐热性材料。目前，商用膜材主要包括PP、PE以及它们的复合材料。隔膜产业的上游原料是主要的化学制品，其产品的性能很大程度上取决于生产过程（而不是原料本身）。锂离子的半固态电池仍需使用隔膜。未来几年，固体电池技术得以突破后，薄膜材料将不再必需。

（二）工艺层面

过程工艺迭代是指在已知物料系统限制条件下，对产品进行边际改进的过程。图22-6展示了锂电池的制造流程。

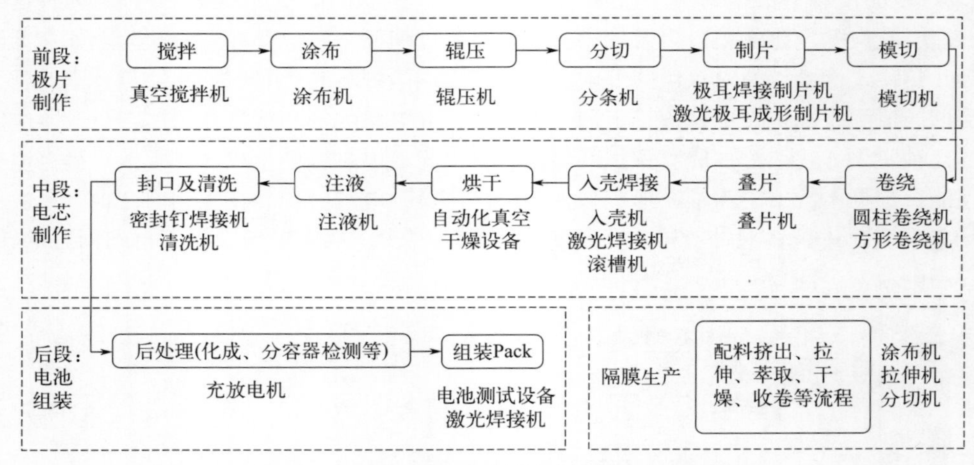

图22-6 锂电池生产流程

资料来自行行查研究中心

在涂布过程中，必须严格控制生产环境的温度、湿度和无尘要求。涂布机是核心设备，其涂布速度以及涂布层的厚度和重量的一致性，还有涂层与基层的黏合性，都直接影响到电池芯的性能。干法技术可提率降本，但配置昂贵且溶剂难回收。湿法技术需要用黏合剂来黏结、涂覆和烘干电极粉末，同时溶剂的毒性和不易回收是其不足之处。极片装配和电芯封装作为中后段工序的核心流程，主要采用卷绕或叠片两种方式，这两种工序具有各自的优缺点，并且存在工艺优化的空间。卷绕技术相对成熟，但存在多处弯折区域和集流体焊接区域；叠片生产工艺可以使隔膜以“Z”字形同时穿行，在隔膜两侧分别堆叠正负极极片。该工艺虽存在虚焊、极片毛刺、灰尘等缺陷，然而在能量密度、循环寿命和安全性等方面有明显提升，满足了电池发展的要求。电池有方形、软包形和圆柱形三种形式，方形电池与叠片和绕线工艺相兼容，制造工艺较为成熟；软包形电池叠片叠层技术具有安全性高、能量密度高特点，但是成本也高；圆柱形电池的壳体为钢制或铝合金，技术成熟，一致性高。

（三）结构层面

1. 电芯结构优化

电芯结构优化的方式可以采用方形和圆柱形电芯的两条路线，即长电芯方案和大圆柱方案。长电芯方案采用串联并缩减辅助结构件的方式，形成扁平且长而薄的电池单体，比如比亚迪的刀片电池和蜂巢短刀电池。大圆柱方案则是通过增大单体电芯的尺寸，减少辅助结构件的数量，并增强支撑力。典型例子是特斯拉的4680电池。此外，无极耳结构被应用到4680中，从而大幅缩短了电子运动距离，减小了内阻，从而提升了能量密度、输出功率和快充性能。

2. 系统结构优化

系统结构优化已成为当前电池技术发展的重要趋势，其特点主要体现在大模块化、解模块化和集成化。此次优化的主要思路是减少系统集成中的冗余部件，优化功能设计，以降低工艺复杂度和材料使用量，最终实现电池与整车一体化。目前主流的技术路线主要包括 Cell to Pack（CTP）和 Cell to Chasis（CTC）。通过多次迭代，电池空间利用率得到显著提升，模块被彻底清空，更换为多功能夹层，提高了电池性能和安全性。

第四节 电池行业市场发展趋势及需求

一、电池行业发展现状及趋势

电池行业发展现状呈现出蓬勃生机。随着科技的飞速进步，便携式电子产品和电动工具在社会生活中普及，电池作为不可或缺的消费品，在通信、交通、工业、医疗、家用电器以及航天与军事等领域发挥着至关重要的作用。在我国，电池行业自“十二五”以来便实现了迅猛发展，产业规模迅速扩大，多数电池产品产量已跃居世界前列，原电池产业更是稳居世界首位。2023年，全国规模以上电池制造企业的营业收入和利润均实现了显著增长，显示出行业整体运行态势良好。放眼全球，电池市场与技术同样保持蓬勃发展，预计至2027年，全球电池市场规模将达到2,501.6亿美元，亚太地区凭借中国和印度等国家的强劲需求，将成为世界最大的电池市场。与此同时，我国电池出口规模也在持续增长，主要电池品种出口额实现了显著增长，展现出强大的国际竞争力。综上所述，无论是国内还是全球，电池行业都展现出快速发展的态势，前景广阔。

（一）锂电池

锂电池行业正经历着波澜壮阔的发展变革。在材料层面，磷酸铁锂电池与三元锂电池两大巨头竞相争艳，而磷酸铁锂电池凭借其卓越的安全性和成本效益，成为市场的主流产品之一，其装车量连年飙升，势头强劲，无疑将引领新能源电池行业的未来走向。从企业视角来看，宁德时代凭借其在磷酸铁锂电池和三元锂电池领域的深厚布局，以及向交通运输、先进制造、人工智能等多元领域的积极拓展，稳坐行业头把交椅（图 22-7）。而比亚迪则专注于磷酸铁锂电池产业，凭借出色的装机量和总装机量，稳居行业前列。在“双碳”目标政策的推动下，新能源汽车产业迎来了前所未有的发展机遇。政府通过财政补贴、双积分制等一系列政策手段，助力新能源汽车市场迅速崛起。然而，随着政策红利的逐渐褪去和市场竞争的日益激烈，新能源电池行业正面临着新的挑战。但正是这样的挑战，将激发出行业更强大的生命力和创新力，推动新能源电池产业向更高质量、更可持续的方向发展。

1. 三元正极市场发展状况及未来趋势

在锂电池正极材料领域，三元正极材料以其高能量密度和优良性能受到广泛关注。然而，相较于其他锂电池原材料行业，三元正极的市场格局显得相对分散。首先，从市场集中度的角度来看，CR4（即市场份额前四名的企业合计占比）在近年来呈现出稳步上升的趋势。从 2020 年的 44% 提升至 2023 年上半年的 54%，这一增长表明行业内的竞争虽然激烈，但优势企业正在逐步巩固其市场地位，行业整合初见端倪。随着行业整合的深入推进，三元正极材料市场的集中度有望进一步提升，为优势企业的发展提供更加广阔的空间。

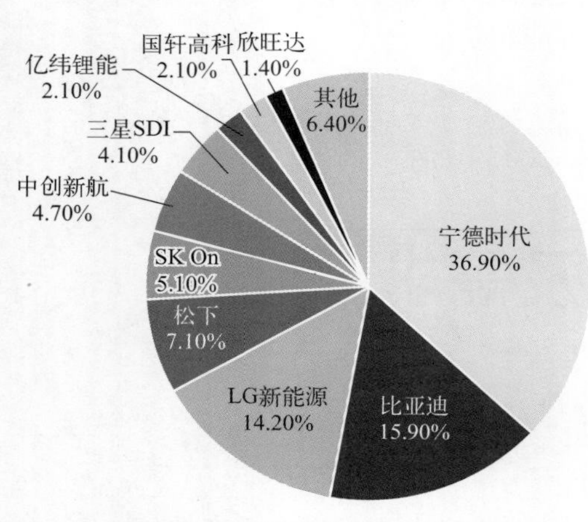

图 22-7　锂电行业市场占有率

数据来自 SNE Research、兴业证券经济与金融研究院

预计高镍化仍将是三元正极材料行业的重要发展趋势。随着新能源汽车市场的持续繁荣和技术的不断进步，高镍化三元正极材料将在提高电池能量密度、提升续航里程等方面发挥更加重要的作用。同时，随着生产成本的进一步降低和环保要求的提高，高镍化三元正极材料也将在市场上占据更加重要的地位。然而，高镍化趋势的发展仍面临一些挑战。例如，高镍含量的三元正极材料在稳定性和安全性方面可能存在一定的隐患，需要行业在技术研发和生产工艺上不断进行改进和创新。在未来，我们期待看到更多具有创新性和实用性的高镍化三元正极材料问世，为新能源汽车行业的发展注入新的活力。

2. 磷酸铁锂市场发展状况及未来趋势

在这一竞争激烈的市场中，湖南裕能和德方纳米凭借出色的技术实力和市场布局，成功占据了行业的前列。具体来说，2021 年和 2022 年，湖南裕能和德方纳米合计在磷酸铁锂市场的占有率均达到了 44%，这一数字不仅凸显了这两家企业在行业中的领先地位，也体现了它们在技术研发、产品质量以及市场拓展等方面的综合优势。除了湖南裕能和德方纳米之外，龙蟠科技（常州锂源）、湖北万润、融通高科等企业也是磷酸铁锂电池市场的重要参与者。然而，与这两家领军企业相比，这些企业的市场占有率目前尚未超过 10%。以龙蟠科技为例，虽然其在磷酸铁锂电池领域也有一定布局，但在技术实力和市场影响力方面仍与湖南裕能和德方纳米存在差距。

未来磷酸锰铁锂（LMFP）是铁锂正极的发展方向。磷酸锰铁锂电芯单体的质量能量密度达到了 220 ～ 230Wh/kg，体积能量密度则达到了 460 ～ 480Wh/L。这一性能表现与目前市场上主流的三元 NCM6 系高电压电池相当，甚至在某些方面还略有优势。这一数据不仅彰显了磷酸锰铁锂在能量密度上的竞争力，也预示着它在未来电池市场中的广阔应用前景。值得一提的是，磷酸锰铁锂的优势不仅限于能量密度。在安全性、循环寿命以及成本等方面，它同样展现出了不俗的潜力。相较于其他高性能的正极材料，磷酸锰铁锂的制备工艺相对成熟，成本控制更为有效，这使得它在商业化应用中更具竞争力。

3. 负极市场发展状况及未来趋势

负极材料市场的竞争格局正在不断变化和演进，龙头企业贝特瑞将继续保持其领先地位，同时其他头部企业也将不断追赶和超越。未来，随着新能源汽车市场的进一步发展和电池技术的持续创新，负极材料市场将迎来更加广阔的发展空间。各家企业应继续加大研发力度，提升技术水平和产品质量，以满足市场需求并赢得更多市场份额。同时，也应加强合作与交流，共同推动负极材料行业的持续进步和发展。

在当前锂离子电池负极材料的市场格局中，石墨类负极材料在负极材料市场中占据了高达 95% 的市场份额，这一比例充分反映了其广泛的市场接受度和成熟的技术应用。然而，随着科技的不断进步和市场需求的日益多样化，硅基负极材料以其独特的优势逐渐崭露头角。硅基负极材料拥有更高的比容量，这意味着在相同的体积或质量下，硅基负极能够储存更多的能量，从而显著提升锂离子电池的能量密度。这一特性使得硅基负极材料在追求高能量密度的高端市场中具有巨大的应用潜力。尽管目前硅基负极材料的市场份额相对较小，但我们已经可以看到其稳定增长的趋势。而石墨类负极材料则凭借其稳定性和低成本，继续在中低端市场保持主流地位。两者将在不同的市场领域中各自发挥优势，共同推动锂离子电池负极材料市场的持续发展。

4. 隔膜市场发展状况及未来趋势

在隔膜市场中，经过激烈的市场竞争与产业整合，已经形成了鲜明的“一超两强多小”的格局。在这一格局中，“一超”指的是恩捷股份，该公司凭借其在技术、规模以及市场布局上的显著优势，成为了行业的领军者。“两强”则指的是星源材质和中材科技。这两家公司同样在隔膜领域具有深厚的积累与实力，与恩捷股份形成了有力的竞争态势。在“多小”方面，市场上还存在众多其他公司，这些公司虽然规模相对较小，但也在积极寻求发展机会，通过差异化竞争和细分市场策略，努力在市场中占据一席之地。这些公司的存在，既为市场带来了更多的活力和创新，也促进了整个行业的竞争与发展。

随着电动产业化进程的加速推进，隔膜作为电池制造中的关键组件，其生产工艺与品质的优化已成为业内关注的重点。在当前的生产实践中，隔膜生产环节的一体化，尤其是基膜与涂覆设备的一体化，展现出显著的降本增效优势。一方面，通过减少离线涂布过程中的人力投入，降低了涂布环节的人力成本。另一方面，一体化设备减少了内部涂布用基膜半成品的中转环节，降低了中转成本。同时，离线涂布过程中产生的穿膜接带损耗及裁边损耗也得到有效控制，进一步提升了材料利用率。通过质量改善和成本降低的双重效应，这一技术有望在未来得到更广泛的应用和推广。

5. 电解质 / 液市场发展状况及未来趋势

电解液方面，自 2020 年以来，天赐材料的市场占有率实现了显著的提升，由当年的 29% 稳步攀升至 2023 年上半年的 36%，累计提升了 7 个百分点。这一成绩不仅彰显了天赐材料在电解液领域的强大竞争力，也反映了其在行业内的领导地位日益稳固。未来，随着电动汽车市场的不断扩大和技术的不断进步，电解液行业将迎来更加广阔的发展空间。

目前，基于六氟磷酸锂（$LiPF_6$）的有机电解液在锂离子电池中占据主导地位，然而，其离子迁移率有限以及高温稳定性较差的问题，已经逐渐成为了制约电池性能进一步提升的瓶颈。相较于传统的 $LiPF_6$，LiFSI 具有更高的离子迁移率。此外，LiFSI 还展现出了优异的高温稳定性，能够在高温环境下保持稳定的化学性能，进而提升了电池的耐热性能和安全性。有望推动锂离子电池性能的整体提升，从而满足高能量密度、高安全性电池的需求。

传统锂离子电池长期依赖于有机电解液作为电解质，虽然在一定程度上满足了电池性能的需求，但其中存在的易燃性问题不容忽视。尤其当这类电池应用于大容量存储场景时，潜在的安全隐患变得尤为突出，一旦发生火灾或泄漏，后果将不堪设想。全固态电解质以其出色的阻燃性能、易封装特性、宽电化学稳定窗口以及高机械强度等优点，成为了锂离子电池理想的发展方向。随着技术的不断进步和成本的逐渐降低，半固态 / 固态电池将在未来成为电池市场的主流，为人们的生活带来更多便利和安全。

（二）钠离子电池

2023 年我国钠离子电池实际出货量达 3GWh。2024—2030 年中国钠离子电池出货量预计趋势图如图 22-8 所示。目前，钠离子电池产业发展大体经历了以下几个阶段：2011—2015 年主要是材料开发的基础研究阶段，2016—2020 年是示范验证阶段，2021—2022 年是产业化准备阶段，2023—2025 年是产业化实施阶段，2026—2030 年，钠离子电池产业将进入成熟阶段。随着宁德时代在车展上宣布其钠离子电池首发落地奇瑞车型，钠离子电池迎来产业化，行业产量及需求量迅猛增长。钠离子电池未来发展方向与其特性直接相关。显然钠离子电池目前还不如三元锂电池，但对于磷酸铁锂电池的 120 ～ 200Wh/kg 和铅酸电池的

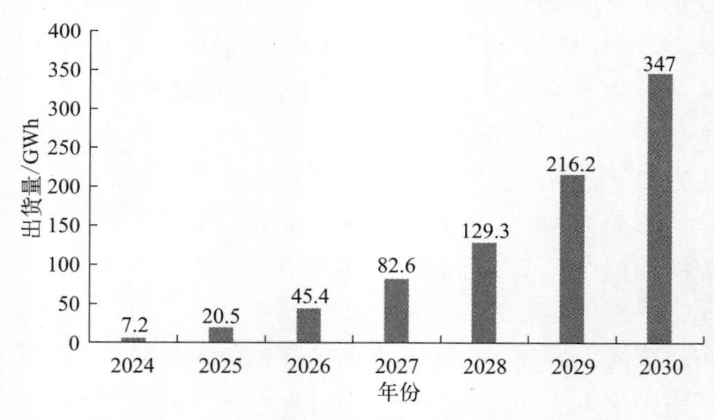

图 22-8　2024—2030 年中国钠离子电池出货量预测

数据来自 EVTank、中商产业研究院

35 ～ 45Wh/kg，钠离子电池已经能够部分重叠，甚至是覆盖。充电速度方面，钠离子电池只需 10 分钟即可充满，相比之下三元锂电池需要至少 40 分钟。钠离子电池主要需求来源于低速电动车和储能领域。

当前钠离子电池尚处于推广期，随着产业链的完善、技术成熟度的提高和规模效应，钠离子电池的成本有望低于磷酸铁锂电池 20% 以上，为大规模推广钠离子电池创造有利的条件。钠锂性质存在一定的相似性，使得钠电与锂电原理相同，但钠离子电池能否规模化量产取决于其能否成功降本，目前主流负极是硬碳，锂电正极成本占 43%，而钠电正极成本占 26%，且负极成本占比提升 16%，使其在成本结构上重要性有所提升。

二、电池行业市场需求分析

（一）锂电池

1. 动力型锂电池市场需求

动力型锂电池作为新能源汽车核心零部件，其发展与新能源汽车行业息息相关。近年来，在国家相关产业政策的大力扶持与消费需求的拉动下，我国新能源汽车行业发展迅速，产销规模迅速扩大。2021 年，国内新能源终端市场增长超预期，新能源汽车市场产量超过 350 万辆，同比增幅达到 159.5%，带动国内动力电池出货量增长；另一方面，欧洲新能源汽车市场继续高增长，带动国内部分头部电池企业出口规模提升。因此，我国动力型锂电池产量呈高增长态势。2023 年，全国锂电池总产量超过 940GWh，同比增长 25%，行业总产值超过 1.4 万亿元。尤其是动力型锂电池作为新能源汽车的核心部件，其产量达到 675GWh，出货量达到了 630GWh，占据市场主导地位（图 22-9）。

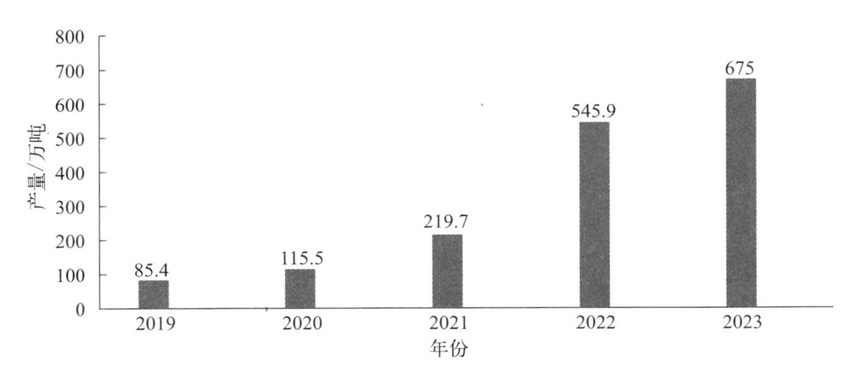

图 22-9　2019—2023 年中国动力型锂电池产量

数据来自中商情报网

2. 消费型锂电池市场需求

近年来，随着我国经济的快速发展以及居民消费能力的持续提升，我国 3C 数码类、电动工具类和小动力类产品需求量不断扩大，为消费型锂电池市场发展奠定了坚实的应用基础。近年，在可穿戴设备、电子烟、无人机、服务机器人、电动工具等新兴市场快速增长背景下，消费型锂电池需求呈较快增长态势。随着 5G 技术的进一步普及、应用场景的持续拓展，未来锂电池在消费相关领域将释放更大的市场空间，带来更多发展机遇。

以笔记本电脑为例，笔记本电脑经过多年发展，市场规模已经进入稳定发展阶段。近年来，随着科技发展，大屏幕智能手机和平板电脑的推广和普及，导致笔记本电脑所承载的娱乐、办公等部分功能被分流，销量受到了一定冲击。在此背景下，笔记本电脑厂商陆续推出游戏本、轻薄本、工作站等强化特定优势的差异化产品以确保市场得以继续增长。2022—2023 年新兴市场的快速崛起，如可穿戴设备、电子烟和无人机等，为消费型锂电池注入了强劲动力，2022 年产量跃升至 86.8 GWh（图 22-10）。

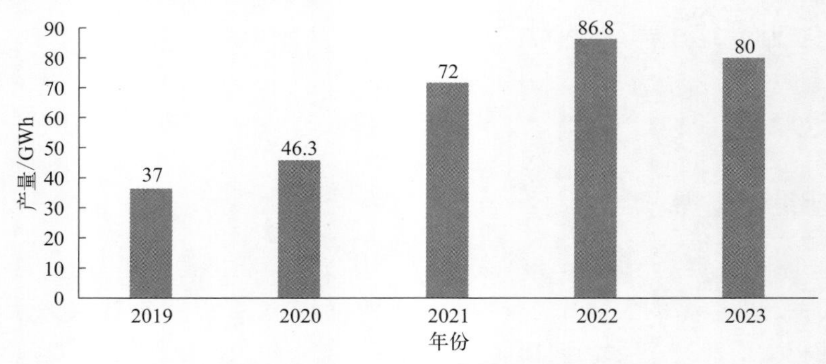

图 22-10　2019—2023 年中国消费型锂电池产量

数据来自高工产业研究院（GGII）

3. 储能锂电池市场需求

近年来，随着风电、光伏等可再生能源装机量的持续增长以及 5G 基站建设的快速推进，储能锂电池需求呈现出爆发式增长。特别是在 2021 年，受益于电力与通信储能市场的强劲需求、全球化石能源价格上涨带来的储能经济性提升以及国内新型储能示范项目的快速部署，中国储能型锂电池市场继续保持高速增长态势。权威机构数据显示，2023 年国内储能电池出货量已达到 206GWh（图 22-11）。在全球能源形势日趋紧张、碳中和目标日益明确的背景下，“新能源 + 储能”解决方案因其能有效解决可再生能源的间歇性和不稳定性问题而备受关注。这一方案不仅有助于提高可再生能源的并网规模和利用效率，还能保障电网

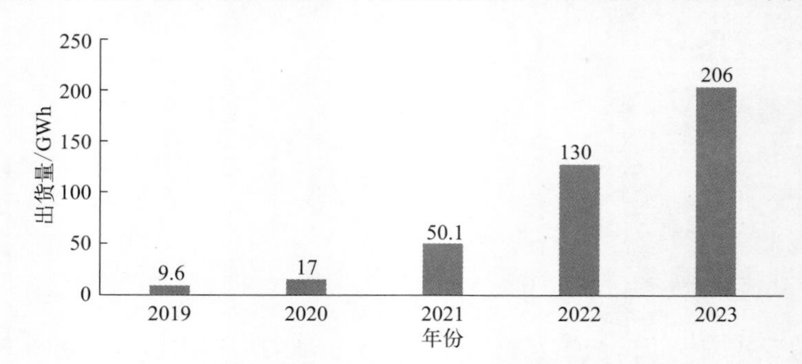

图 22-11　2019—2023 年中国储能型锂电池出货量

数据来自高工产业研究院（GGII）

安全，实现能源的可持续发展。同时，随着储能政策的持续落地和“十四五”规划的实施，储能市场将迎来重要的发展机遇期，预计市场将呈现稳步、快速增长的趋势。据预测，至2025年，我国电化学储能累计装机规模的复合增长率有望达到57.4%，全球储能需求也将迎来大幅增长。

（二）钠离子电池

钠离子电池主要需求来源于低速电动车和储能领域，得益于新能源汽车、储能的快速发展，钠离子电池领域迅速发展壮大，预计2026年全球钠离子电池需求将达116GWh。其中，储能领域应用占比最高，达71.2%。到2030年，全球钠离子电池需求将增长至526GWh。目前，我国钠离子电池产业链正加速发展，宁德时代、中科海钠、钠创新能源、传艺科技等多家企业已开展产业化布局。截止到2023年6月底，全国已经投产的钠离子电池专用产能达到10GWh，相比2022年年底增长了8GWh，截止到2023年年底，我国实际钠离子电池产能达15GWh，相比2022年增长了13GWh。预计到2025年底，我国钠离子电池有效产能将达40GWh。（数据来源：高工产业研究院GGII）。

第五节 电池行业政策

一、锂电池

近年来，工信部、国务院、财政部等部门都印发了众多锂电池相关政策规划，以此鼓励和规范我国锂电池行业发展，政策要点主要着力于推动锂电池行业在其他领域的应用，同时布局锂电池的产业回收环节。

《制造业可靠性提升实施意见》——2023年7月，由工信部、科技部等五部门联合印发《制造业可靠性提升实施意见》，其中提到：“重点突破基于数字化试验场的整车及关键零部件可靠性检测与评价技术，持续提升新能源汽车软件功能性能、可靠性水平，功能安全、预期功能安全、信息安全等综合能力，提升动力电池健康状态评价、使用寿命评价、安全性及故障预管、低温透应性等可靠性和耐久性测试评价能力，促进新能源汽车和智能网联汽车整车可靠性水平提升。”

《关于做好锂离子电池产业链供应链协同稳定发展工作的通知》——2022年11月，工信部和国家市场监督管理总局共同发布《关于做好锂离子电池产业链供应链协同稳定发展工作的通知》，针对国内锂电池产业链供应链阶段性供需失衡严重及部分中间产品及材料价格剧烈波动超出正常范围的现象，提出五点针对措施。

《新能源汽车产业发展规划（2021—2035年）》——2020年11月，国务院发布了《新能源汽车产业发展规划（2021—2035年）》，根据规划，我国动力锂电池行业发展目标可以总结为实施电池技术突破行动、推动动力电池全价值链发展以及推动动力电池回收管理等几方面。

二、钠离子电池

钠离子电池是国家政策重点支持发展的新型电池技术之一。2021年4月，国家发改委和国家能源局联合发布《关于新型储能发展的指导意见》，首次将钠离子电池列入其中。2022年3月，国家发改委、国家能源局在《“十四五”新型储能发展方案》中明确提出要推动多元化技术开发，要开展钠离子电池、新型锂离子电池等关键技术装备和集成优化设计研究，集中攻关。2022年7月，在工信部发布的《工业和信息化部关于印发2022年第二批行业标准修订和外文版项目计划的通知》中，我国首批钠离子电池行业标准《钠离子电池术语和词汇》（2022-1103T-SJ）和《钠离子电池符号和命名》（2022-1102T-SJ）计划正式下达。

三、其他电池

我国正在积极推进氢能发展战略规划，以强化顶层设计和产业布局。自2019年氢能首次写入《政府工作报告》以来，氢能产业的发展得到了国家层面的高度重视。中国氢能联盟发布的《中国氢能源及燃料电池产业白皮书2020》明确了四大核心观点，即脱碳是氢能产业发展的主要驱动力，可再生能源制氢成本有望在未来十年内实现平价，氢能在碳中和目标下的规模将大幅扩大，且完善低碳清洁氢政策体系是实现碳中和的关键。目前，已有多个省市在“十四五”规划中发布了氢能发展方案，其中北京、山东、上海、广州等地均制定了具体的实施目标和措施。此外，不少央企也在积极布局氢能全产业链。然而，尽管氢能产业发展势头强劲，但我国仍缺乏一个国家层面的整体规划和战略目标，氢能产业的长远发展仍需进一步努力和规划。

2021年，国家发改委与能源局联合发布的《关于加快推动新型储能发展的指导意见》中，明确提出了推动储能技术多元化发展的战略方向，特别强调了压缩空气、液流电池等长时储能技术商业化应用的重要性。2022年，液流电池产业化取得了显著进展，不仅兆瓦级产品实现量产交付，首个GWh级别的项目集采也顺利开标，大连液流电池储能调峰电站一期成功并网，这系列突破性的进展让业界看到了氢能电池发展的曙光。尽管液流电池在能量密度上稍逊于锂电池，但其在大规模储能和长时储能方面的独特优势不容忽视。

值得一提的是，随着氢能电池和液流电池技术的不断突破和成熟，政府对其重视程度也在日益加强。政策层面不仅提供了资金支持和税收优惠，还通过制定行业标准、推动产学研合作等方式，为氢能电池和液流电池技术的发展提供了强有力的支撑。这种全方位的政策支持不仅为氢能电池产业的快速崛起铺平了道路，更向市场传递了一个明确的信号：政府将坚定不移地推动氢能电池等新型储能技术的研发与应用，助力能源结构的转型与升级。

第六节

展望

电池，作为电化学体系的核心组件，其类型繁多，每一种都有其独特的应用场景和优势。从能量转化方式到正负极材料的选择，再到电解液种类和工作性质的差异，这些都为电池技术的多样化发展提供了可能。在电池技术的发展过程中，新材料的应用起到了至关重要的作用。通过对电池材料进行结构性改革，我们不仅可以优化生产流程、提高生产效率，甚至能够构建全新的生产系统。而锂电池，作为当前电池市场的佼佼者，其高能量密度、长循环寿命以及环保特性已使其成为众多应用领域的首选。

然而，随着市场的不断扩大和竞争的加剧，锂电池也面临着来自其他类型电池的挑战。钠离子电池，以其资源丰富、成本较低的特点，正逐渐成为储能和低速电动车领域的新宠。而液流电池和固态电池等其他类型的电池，也因其各自独特的优势，在特定应用场景中展现出巨大的发展潜力。

未来，电池产业将呈现多元化的发展趋势。锂离子电池将继续在能量密度、安全性与可靠性等方面进行技术革新，以满足不断增长的市场需求。同时，钠离子电池等新兴技术也将逐步成熟，在特定领域实现广泛应用。此外，随着环保意识的日益增强，电池的循环利用和可持续性发展也将成为行业发展的重要方向。综上所述，电池产业正处在一个充满机遇与挑战的时代。未来，随着科技的不断进步和市场需求的不断变化，我们有理由相信，电池技术将迎来更加广阔的发展空间和更加美好的前景。

第二十三章

光伏发电发展现状及趋势

新疆蓝山屯河科技股份有限公司　高　原

中国石油和化学工业联合会　卜新平

第一节
概述

光伏，即光伏发电系统，是利用半导体材料的光生伏打效应通过太阳能电池将太阳辐射能直接转换为电能的过程。光伏发电系统的能量来源于取之不尽、用之不竭的太阳能，是一种清洁、安全和可再生的能源。光伏发电过程不污染环境，不破坏生态。光伏发电系统是将光伏组件通过逆变器、支架、线缆、汇集升压电器等系统平衡部件连接后，实现向电网或用电侧输送电力的发电系统。

光伏产业是半导体技术与电力技术结合发展的战略性新兴产业。光伏产业链主要包含多晶硅、硅锭 / 硅棒 / 硅片、电池、组件（晶硅组件和薄膜组件）、逆变器等制造环节，以及光伏发电系统建设、运维等应用环节。此外，光伏产业链还包括辅材辅料（浆料、网版、玻璃、胶膜、背板、边框等）、光伏制造设备、光伏电站部件（支架、线缆等）等制造环节。从产业环节分类看，光伏产业链上游包括单晶硅、多晶硅制造以及硅片生产；中游包括太阳电池、组件以及逆变器；下游为光伏电站应用。大力发展光伏产业，对调整能源结构、推进能源生产和消费革命、促进生态文明建设具有重要意义。我国已将光伏产业列为国家战略性新兴产业之一，在产业政策引导和市场需求驱动的双重作用下，全国光伏产业实现了快速发展，已经成为我国为数不多可参与国际竞争并取得领先优势的产业。

光伏产业链及其构成见图 23-1。

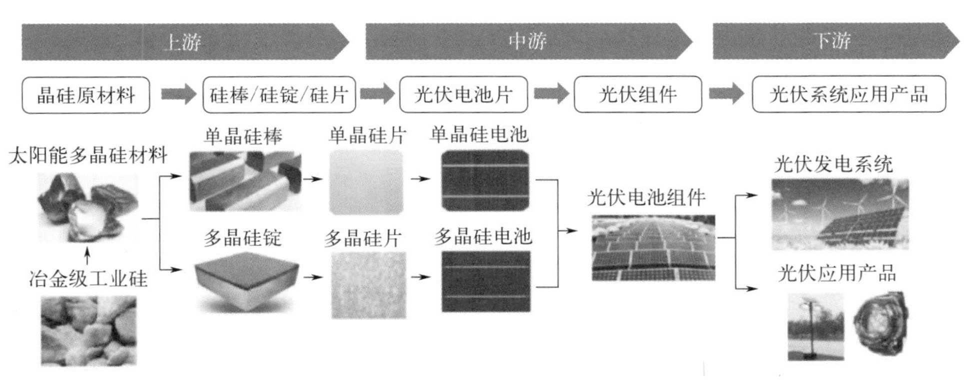

图 23-1　光伏产业链及其构成

“3060 碳达峰碳中和”是多重目标、多重约束的经济社会系统性变革，需要统筹处理好发展和减排、降碳和安全、整体和局部、短期和中长期、立和破、政府和市场、国内和国际等多方面多维度关系，是重塑我国经济结构、能源结构，转变生产方式、生活方式的历史性突破。

自 2020 年起，国家层面的碳减排工作已经成为光伏产业高质量发展的重要推动力。国家能源局发布《“十四五”可再生能源发展规划》提出，2025 年光伏发电新增装机目标为 1000 万千瓦以上，且年均增速达到 20% 以上。2021 年 10 月 10 日，国家发改委发布《关于推动可再生能源高质量发展的指导意见》，明确提出加快推进可再生能源电力消费比重目标实现；提出2021年底前各省级人民政府可再生能源电力消费比重达到8%以上，到2035年前达到10%以上。随着政策利好持续不断，光伏行业也步入高质量快速发展阶段，光伏行业受政策的力度也持续加码。

根据中国光伏行业协会（CPIA）数据，2022年全球光伏产业受市场需求拉动，产业规模出现了爆发式增长。2022年，我国多晶硅产量约82.7万吨，表观消费量为90.4万吨，分别占全球总量的88.2%和94.9%，同期进口量约8.8万吨，占海外总产量的69.3%；同期硅片产能407.2GW，产量357GW，占全球总量的97.5%，我国作为全球晶硅产业第一大国的地位更加稳固。下游太阳电池方面，2022年全球产能583.1GW，同比增长37.7%；产量366.1GW，同比增长63.5%。组件方面，2022年全球产能682.7GW，同比增长46.8%；产量347.4GW，同比增长57.3%。装机方面，中国新增光伏装机87.41GW，同比增长59.3%，占全球新增装机38%

第二节 市场供需

一、全球光伏产业发展现状分析

根据国际可再生能源署（IRENA）《2023年全球能源转型展望：1.5摄氏度路径》和《2023年可再生能源装机容量统计报告》，2021年全球光伏累计装机量已达到132.8GW，装机量除水电外最大，并且超过风能、氢能、生物能之和。产业呈爆发式增长，从上游硅料至下游装机，新增产能不断增加。据统计，2022年全球多晶硅产能约131.5万吨，同比增长约97%，产量93.8万吨，同比增加50.0%。全球多晶硅主要产能集中在中国，除中国产量大幅增大外，其余各国多晶硅产能均有不同幅度减少。装机方面，2022年全球光伏新增装机230GW，同比增长35.3%，创历史新高。其中中国新增光伏装机87.41GW，同比增长59.3%；欧盟新增光伏装机41.4GW，同比增长近47%；美国新增光伏装机20.2GW，同比下降14.4%；印度新增光伏装机13.96GW，同比增长35.9%。2010—2021年全球光伏累计装机及其在可再生能源中占比见图23-2。2012—2022年全球光伏新增装机容量及增长率见图23-3。

世界范围内，能源转型尚处于关键阶段，自我国提出"碳达峰""碳中和"政策，全球新能源"潜在需求规模"急速扩张。国际能源署（IEA）在其《2020年世界能源展望》报告中确认，太阳能发电计划现在提供了历史上最便宜的电力，因此光伏装机出现爆发式增长。2023年是疫后经济复苏关键之年，光伏产业急速发展。且受俄乌战争影响，欧洲传统能源供应紧张，天然气作为欧盟能源结构的重要构成，2021年对外依存度高达83%，其中近50%来自于俄罗斯。2022年前7月俄罗斯出口欧盟及英国的天然气量下降40%，7月底北溪1号运输量进一步下降到20%产能，9月初完全停运，天然气价格仍将在高位震荡，叠加欧洲边际电价机制，欧洲能源价格交由价格较为高昂的天然气定价，电价将持续维持高位。

法国等部分国家 70% 电力由核电供应，2022 年欧洲极端气象加剧能源短缺，4 月受管道破裂影响，法国超一半核反应堆停运维护。同时，2022 年夏天欧洲内陆持续受高温干旱气候影响，水路枢纽和水库水位下降，引发了部分法国核电站停运（散热受限）、水电产出较少、煤炭船运无法满负载的问题，核电、水电供给下降。各国受限于形势影响，对本土清洁能源的需求不断加大，各国政府对太阳能发电等新能源政策倾向也不断加码，光伏产业景气持续提升。2022 年欧洲发电能源占比见图 23-4。

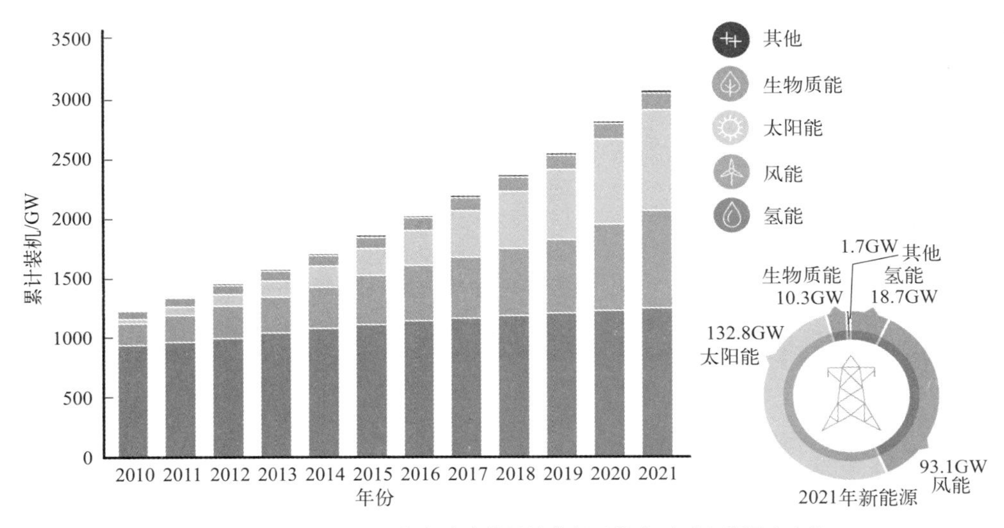

图 23-2　2010—2021 年全球光伏累计装机及其在可再生能源中占比

数据来自国际可再生能源署（IRENA）

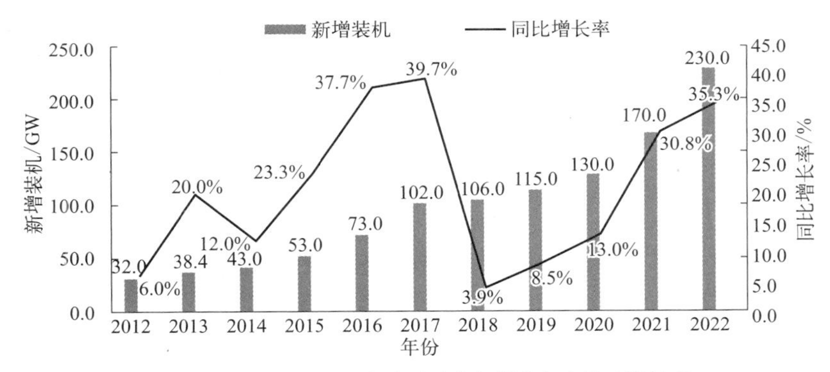

图 23-3　2012—2022 年全球光伏新增装机容量及增长率

数据来自中国光伏行业协会

海外的高电价带来分布式光伏高经济性，居民接受度超预期，推动分布式光伏装机蓬勃发展，能源革命不断加快，预计 2025 年全球分布式光伏占比达 48.5%，按照 2025 年全球光伏装机 539GW 计算，分布式装机量将达 261GW。同时居民电价调整存在滞后，光伏景气持续。以德国市场为例，居民可以和任何一个合格的售电公司签订竞争性电力供应合同，电力价格或费率可以由双方自由协商，合同期限规定首次签订合同通常为 1 年，最长为 2 年；居民电价调整存在滞后现象，分布式光伏解决方案收益率将维持高位，给予光伏价格支撑，景气延续。全球分布式装机渗透率见图 23-5。

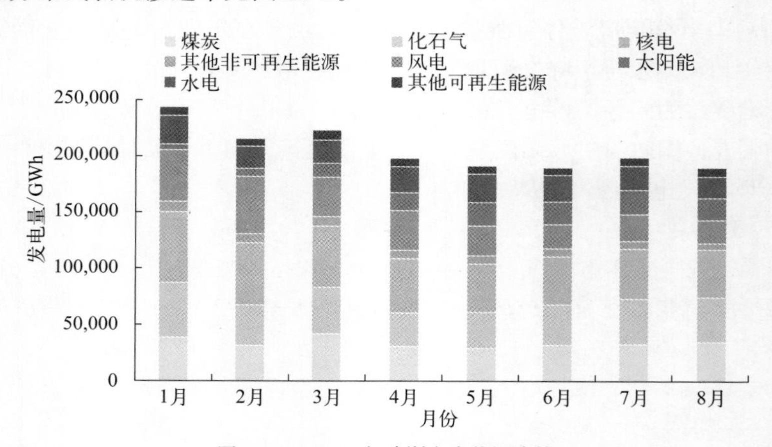

图 23-4　2022 年欧洲发电能源占比

数据来自 Fraunhofer ISE、TTF、东吴证券研究所

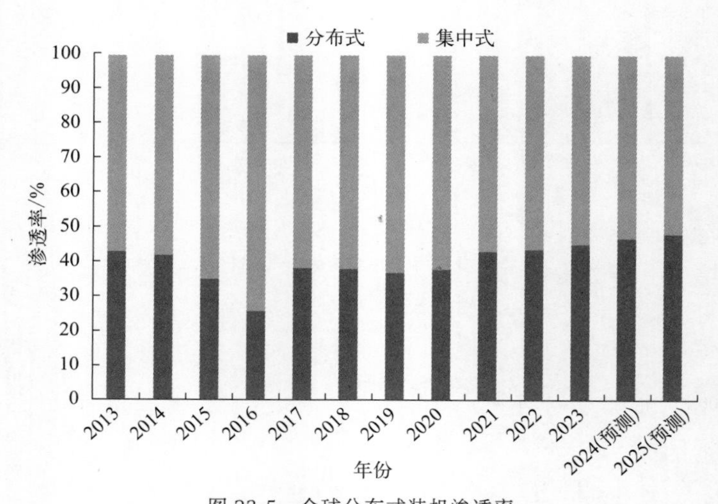

图 23-5　全球分布式装机渗透率

数据来自 IEA、Solarzoom、东吴证券研究所

国外 2022 年一季度印度抢装，欧洲二季度爆发能源危机电价高涨，国内分布式需求高企，2022 年海外需求及国内分布式需求超预期，硅料价格持续上涨至 30 万元 / 吨，创历史新高。欧洲居民用电电价和 PPA 电价持续上涨，需求持续高增；同时美国 6 月底开始对东南亚四国光伏进口政策放松，需求逐渐恢复。

二、国内光伏产业发展现状分析

我国积极落实“双碳”目标，已陆续出台相关政策，明确目标及工作路线。我国已逐渐构建起“碳达峰”“碳中和”“1+N”政策体系，其中“1”是指 3060 规划，并细化到非化石能源消费比重在 2025 年、2030 年、2060 年将分别达 20%、25% 及 80% 以上。根据 2025 年我国非化石能源消费占比 20%，假设光伏和风电发电量增量占比在 58%、42%，光伏年均可利用小时数 1200h，风电年均可利用小时数 2000h，测算“十四五”国内光伏年均装机量中值为 90GW，光伏和风电年均装机量达到 130GW。

2022 年中国光伏企业凭借晶硅技术和成本优势，进一步扩大了光伏制造业产量，促使全球光伏制造业进一步向国内集中。其中光伏制造端（多晶硅、硅片、电池、组件）产值超过 1.4 万亿元，同比增长超过 95%。2022 年，国内多晶硅、硅片、电池、组件产量分别达到 82.7 万吨、357GW、318GW 和 288.7GW，分别同比增长 63.4%、57.5%、60.7% 和 58.8%。从历史数据来看，我国光伏组件产量已连续 15 年位居全球首位，多晶硅产量连续 11 年位居全球首位，新增装机量连续 9 年位居全球首位。2021—2022 年中国光伏制造端生产规模及增长情况见表 23-1。

表 23-1　2021—2022 年中国光伏制造端生产规模及增长情况

制造环节	产能			产量		
	2021 年	2022 年	增长率	2021 年	2022 年	增长率
多晶硅 / 万吨	62.3	117.7	9%	50.6	85.7	63.4%
硅片 /GW	403.8	407.2	1%	226.6	357	57.5%
电池 /GW	356.8	360.6	1.1%	197.9	318	60.7%
组件 /GW	347.7	359.1	3.5%	181.8	288.7	58.8%

注：数据来自中国光伏行业协会。

2022 年，尽管面临疫情干扰、产业链价格波动等不利影响，我国光伏新增装机仍超过 2021 年，成为历年新增装机规模最大的一年，光伏发电也成为可再生能源新增装机中贡献率最大的发电类型。2022 年我国新增光伏装机达到 87.41GW，同比增长 59.3%。其中，分布式光伏新增装机 51.1GW，创历史新高，占比 60.0%；户用光伏新增装机 25.3GW，同比增长 16.9%，占比 28.9%。国家能源局数据显示，2022 年我国太阳能新增发电装机已较风电多出一倍并超过水电、火电的新增装机总和，太阳能累计发电装机容量已达 393GW，连续 7 年位居全球首位。2022 年我国光伏发电量为 4276 亿千瓦时，同比增长 30.8%，约占全国全年总发电量的 4.9%（图 23-6）。

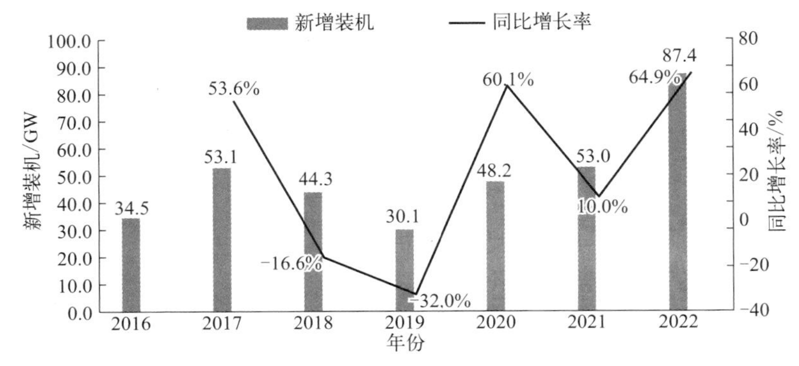

图 23-6　2016—2022 年中国光伏新增装机容量及增长率

数据来自国家能源局

产品效率方面，2021 年规模化生产的 P 型单晶电池均采用 PERC 技术，平均转换效率达到 23.1%，较 2020 年提高 0.3 个百分点，先进企业转换效率达到 23.3%；采用 PERC 技术的黑硅多晶电池片转换效率达到 21.0%，较 2020 年提高 0.2 个百分点；常规黑硅多晶电池效率提升动力不强，2021 年转换效率约 19.5%，仅提升 0.1 个百分点。2008—2021 年国内电池片量产转换效率发展趋势见图 23-7。

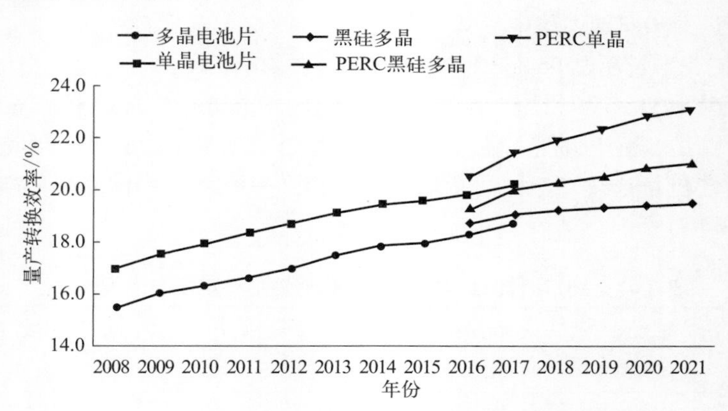

图 23-7　2008—2021 年国内电池片量产转换效率发展趋势

数据来自中国光伏行业协会

2022 年我国光伏核心技术研发领域持续进步。实验室方面，14 次刷新晶硅电池实验室效率（其中 10 次为 N 型电池技术），取得了 26.81% 的全球硅基太阳能电池效率的最高纪录；同时在钙钛矿电池研发方面也取得了长足进步，在钙钛矿电池、无机钙钛矿电池、钙钛矿晶硅、全钙钛矿叠层电池及柔性钙钛矿电池方面都取得了电池效率的突破。多晶硅方面，生产能耗显著降低，行业平均综合电耗已降至 60kWh/kg-Si，同比下降 4.7%，平均还原电耗为 44.5kWh/kg-Si，同比下降 3.26%。硅片方面，大尺寸和薄片化发展趋势明显。182mm 和 210mm 尺寸的硅片合计占比已增长至 82.8%；P 型单晶硅片平均厚度达 155μm；N 型 TOPCon 单晶硅片平均厚度达 140μm，HJT 单晶硅片平均厚度达 130μm。电池方面，规模化生产的 P 型 PERC 平均转换效率已达到 23.2%，同比提高 0.1%。N 型电池技术在产业化领域不断提速，N 型电池效率均超过 24.5%。其中 TOPCon 太阳电池效率约 24.5%，异质结太阳电池效率达到 24.6%，XBC 太阳电池效率约 24.5%，较 2021 年相比均有提升。组件方面，采用 166mm、182mm 尺寸 72 片 PERC 单晶电池的组件功率已经分别达到 455W、550W；采用 210mm 尺寸 66 片 PERC 单晶电池的组件达到 660W。

进出口方面，2022 年我国多晶硅进口量为 8.7 万吨，同比下降 20.9%，进口总额达到 25.8 亿美元。2022 年我国硅片、太阳能电池、组件出口量分别为 36.3GW、23.8GW、153.6GW，分别同比增长 60.6%、131.1%、55.9%；出口总额达到 512.4 亿美元，同比增长 80.2%。从出口市场来看，2022 年欧洲依然是最主要出口市场，约占出口总额的 46%，同比增长 114.9%。硅片、太阳能电池主要出口到亚洲地区。2022 年中国光伏各环节产品进出口情况见表 23-2。

表 23-2　2022 年中国光伏各环节产品进出口情况

制造环节	进出口量			进出口额 / 亿美元		
	2021 年	2022 年	增长率	2021 年	2022 年	增长率
多晶硅（进口）/ 万吨	11.0	8.7	−20.9%	18.7	25.8	38.00%

续表

制造环节	进出口量			进出口额 / 亿美元		
	2021 年	2022 年	增长率	2021 年	2022 年	增长率
硅片（出口）/GW	22.6	36.3	60.6%	24.5	50.7	106.90%
太阳能电池（出口）/GW	10.3	23.8	131.1%	13.7	38.1	178.10%
组件（出口）/GW	98.5	153.6	55.9%	246.1	423.6	72.10%

注：除多晶硅为进口外，其余环节均为出口。数据来自中国光伏行业协会。

从产品价格来看，2022 年初开始光伏产业受供需矛盾影响，多晶硅价格一度从 230 元 /kg 上涨至 303 元 /kg，涨幅超过 31%。2022 年 8—9 月，工业和信息化部、国家发展和改革委员会、国家能源局发布了一系列促进光伏产业链供应链协同发展的政策后，2022 年 11 月光伏市场供需矛盾逐渐缓减，产业链各环节价格出现大幅回落，12 月基本回到 2022 年初水平。2023 年上半年，光伏各环节产品受市场需求拉动又出现了一定波动，光伏材料领域（如 EVA、高纯石英砂）价格涨幅一度超过 50%。

市场竞争方面，据不完全统计，截至 2022 年末 138 家光伏上市公司的总市值高达 38261 亿元。其中市值超过 1000 亿元的公司有 9 家；市值 500 亿～ 1000 亿元的公司有 12 家；市值 100 亿～ 500 亿元的公司有 56 家；市值 100 亿元以下的公司有 61 家。从光伏产业链全景图来看，上游单晶硅和多晶硅生产企业主要有通威股份、新特能源、隆基股份、中环股份等。而硅片生产企业已经呈现双寡头格局，中环股份和隆基股份硅片对外销售规模占据绝对领先地位。中游太阳能电池和组件生产企业较多，主要有通威股份、隆基股份、晶澳科技等。光伏发电系统中逆变器生产厂商主要有阳光电源等企业；涉及系统集成的包括亿晶光电、正泰电器等。部分企业，如隆基股份基本已经形成从单晶硅到组件到电站光伏运营一套完整的光伏发电产业链。下游为光伏发电应用领域，主要企业有中国电建、中国能建。从产业发展规模看，目前国内 N 型多晶电池生产规模约为 70MW 左右，主要企业包括晶科能源、天合光能等，从事产业化生产的企业不多。全球光伏产业链全景见图 23-8。

根据中国光伏行业协会《2022—2023 年世界光伏产业地图》，2022 年国内各企业产能规模排序如表 23-3 所示。

表 23-3　2022 年中国光伏各环节产能排名靠前企业情况

排序	多晶硅		硅棒		硅片		太阳能电池		组件		逆变器	
	企业	产能 /(万吨 / 年)	企业	产能 /GW	企业	产能 /GW	企业	产能 /GW	企业	产能 /GW	企业	产能 /GW
1	四川通威	27.3	TCL 中环	140.0	隆基绿能	131.5	通威	70.0	隆基绿能	73.0	阳光电源	77
2	江苏中能	24.5	隆基绿能	140.0	TCL 中环	123.0	晶科能源	47.8	天合光能	60.0	华为	—
3	新特能源	20.0	晶科能源	61.0	晶科能源	58.0	天合光能	43.5	晶科能源	62.5	古瑞瓦特	128 万台
4	新疆大全	10.5	双良节能	55.0	协鑫科技	55.0	隆基绿能	40.0	晶澳科技	46.5	锦浪科技	94 万台

续表

排序	多晶硅		硅棒		硅片		太阳能电池		组件		逆变器	
	企业	产能/(万吨/年)	企业	产能/GW	企业	产能/GW	企业	产能/GW	企业	产能/GW	企业	产能/GW
5	亚洲硅业	9.2	弘元绿能	40.0	双良节能	40	爱旭科技	36.0	阿特斯	27.6	上能电器	10
6	东方希望	6.0	晶澳科技	39.0	晶澳科技	37.5	晶澳科技	35.0	东方日升	22.0	固德威	68万台
7	天宏瑞科	1.8	高景太阳能	30.0	高景太阳能	30.0	中润光能	27.0	正泰	18.5		
8	内蒙古东立	1.2	美克股份	23.0	弘元绿能	25.0	润阳悦达	21.0	苏州腾晖	17.1		
9	鄂尔多斯	1.2	阿特斯	20.5	京运通	20.5	江西展宇	17.5	无锡尚德	15.0		
10	宜昌南玻	1.0	京运通	20.5	阿特斯	20.0	阿特斯	14.9	协鑫集成	15.0		

注：数据来自中国光伏行业协会《2022—2023年世界光伏产业地图》。

从配套材料即设备看，多晶硅、铸锭、切片、组件等环节均已经实现国产化设备和材料配套，太阳电池环节，仅以晶科能源的中试线看，硅片制绒清洗机、LPCVD、高温磷扩散炉、高洁净清洗机、原子沉积设备、高效掩膜机、等离子增强化学气相沉积设备、印刷机、烧结化学刻蚀清洗机还依赖进口，国内也有设备厂商可以供应。材料方面，浆料、网版、气体、化学品等均已实现国产化。炉、光注入设备、IV测试机等均已经实现国产化，但高温硼扩散炉、化学刻蚀清洗机还依赖进口，国内也有设备厂商可以供应。材料方面，浆料、网版、气体、化学品等均已实现国产化。

三、发展趋势及预测

全球光伏发电具有巨大的发展空间。据IRENA数据，1.5摄氏度情景下，到2050年光伏发电量将占全球总发电量的29%；IEA预测，在净零排放下，到2050年光伏发电量占全球总发电量将超过30%。初步预期，2024年中国、美国和欧盟三地区的光伏新增装机量分别为250GW、55GW和80GW，小计达到385GW，占全球装机量的67.5%左右，再考虑印度、日韩以及中东等市场，全球装机量将达到570GW左右，未来两年内，全球光伏装机量有望保持30%以上的平均增长率。整体而言，各国政府对于光伏电站的投资建设态度友好。例如，巴西政府通过调节进口关税政策，让光伏产品较快速进入巴西市场，使巴西成为光伏市场新星。未来，在光伏发电成本持续下降和全球绿色复苏等有利因素的推动下，全球光伏新增装机仍将快速增长。在多国“碳中和”目标、清洁能源转型及绿色复苏的推动下，预计“十四五”期间，全球光伏年均新增装机将超过220GW。未来，由于全球各国关注供应链多元化的国际发展倾向明显，美国、欧盟、印度等海外各国大力发展本土光伏产业链，国际竞争将愈加激烈，企业产能扩张意愿将更加强烈。全球光伏年度新增装机规模及预测见图23-9。

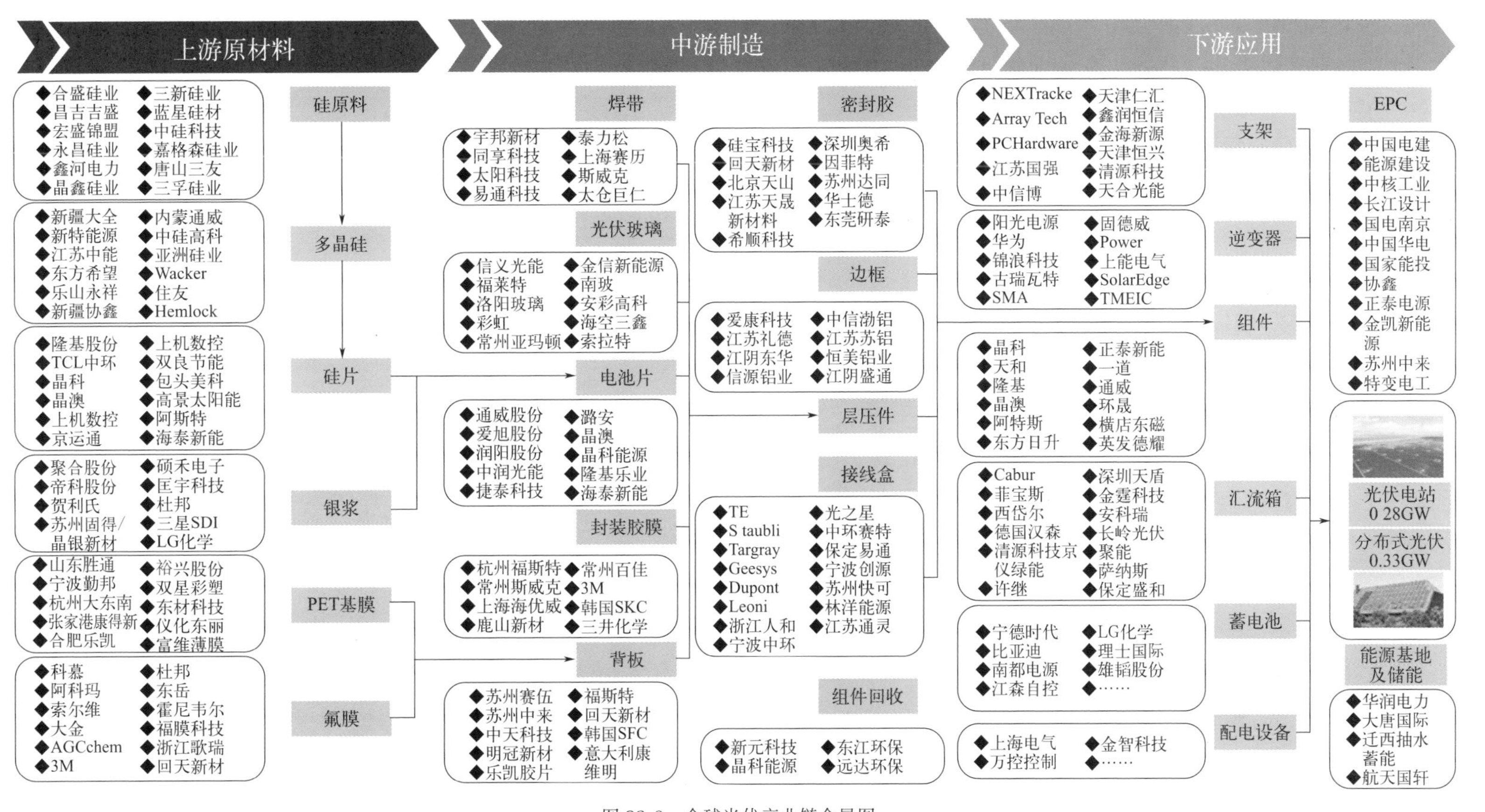

图 23-8　全球光伏产业链全景图

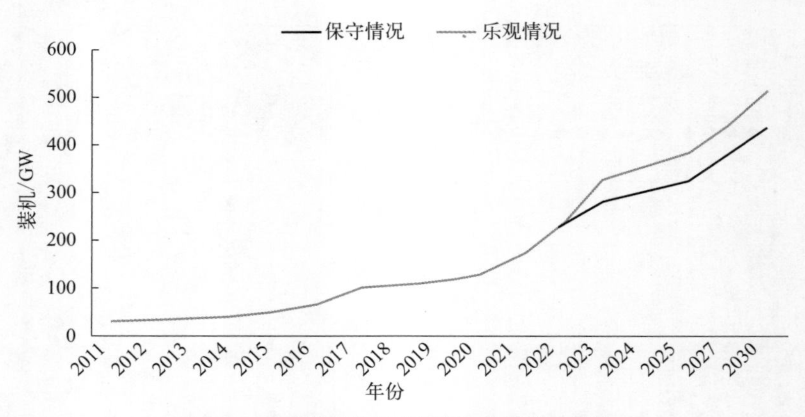

图 23-9　全球光伏年度新增装机规模及预测

2022 年 5 月欧盟发布 REpowerEU 计划，加速欧洲能源独立。欧盟计划到 2027 年增加 2100 亿欧元投资，以支持 REPowerEU 计划落地，减少对俄能源依赖、加速绿色转型。欧盟计划 2030 年碳减排 55%，2050 年实现“碳中和”。欧盟 2030 年将较 1990 年碳减排目标提高至 55%，2021 年德国、西班牙、英国、法国分别新增装机 5.0GW、3.5GW、0.3GW、2.7GW，同比增长 11%、22%、39%、206%，预计欧洲 2022 年、2023 年、2024 年新增装机 52GW、95GW、105GW，同比增长 100%、83%、11%。欧盟 2000—2020 年较 1990 年碳减排比例及长期目标见图 23-10。

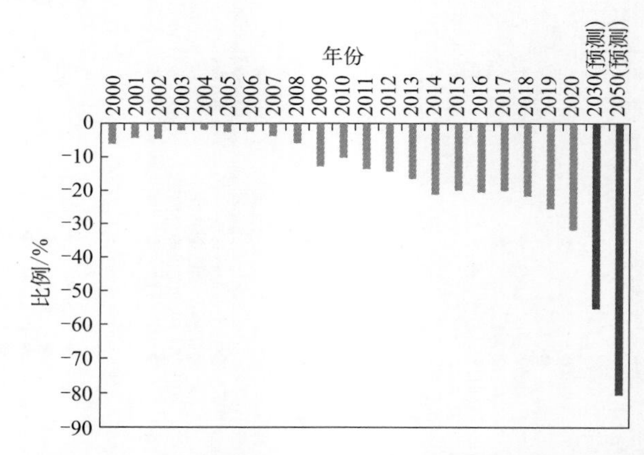

图 23-10　欧盟 2000—2020 年较 1990 年碳减排比例及长期目标

数据来自国家能源局、东吴证券研究所

俄乌危机后，能源价格暴涨影响电力供应，目前欧洲部分区域电价甚至达 555 欧元 / 兆瓦时，以及随着美欧针对俄罗斯的制裁加剧，欧洲国家愈发重视未来自身的能源独立。其中可再生能源加速建设成为实现能源独立的重要路径之一，频频成为政策焦点。欧盟 2030 年可再生能源总目标从 40% 提高到 45%，2030 年可再生能源装机达 1236GW；到 2030 年光伏发电能力翻倍，到 2030 年装机 600GW，即光伏在 2022—2025 年年均装机 40 ～ 50GW，2022—2030 年年均装机 50 ～ 60GW；同时分阶段在新建住宅、工商业建筑上安装光伏。

2021 年 4 月美国总统拜登承诺在 2030 年将温室气体排放量从 2005 年的水平减少

50% ～ 52%，2020 年美国碳排放量较 2005 年已下降 24.4%。2022 年 6 月 6 日，白宫豁免从泰国、马来西亚、柬埔寨和越南太阳能电池板的进口关税 2 年，并承诺 2 年内不会征收新关税，此政策利好中国在东南亚建有电池片和组件产能的企业，此前出口美国的停滞项目有望重启。

2022 年 8 月 12 日，美国众议院通过《通货膨胀削减法案》（IRA）。在光伏方面，法案主要延长 ITC（投资税收抵免）政策：就 ITC 额度而言，对于 2021 年 12 月 31 日之后投运且在 2033 年 1 月 1 日之前投建的公用事业和工商业分布式项目为 6%，2033 年 1 月 1 日至 2033 年 12 月 31 日投建的 5.2%，2034 年 1 月 1 日至 2034 年 12 月 31 日投建的 4.4%；居民分布式项目在上述 3 个区间的投资税收抵免额度分别为 30%、26% 和 22%。该法案利好计划拓展美国市场的中国光伏企业。2021 年美国光伏新增装机量达到了 26.9GW，同比增长 40%，实现强劲增长，预计到 2025 年美国新增装机 60GW。

此外，印度 2022 年 1—6 月新增装机合计 8.36GW，同比增长 72%。印度光照资源丰富，绝大多数年均光照 2000h 以上，潜在装机容量 750GW。印度总理批准新能源与可再生能源部（PLI）计划的提案，制定了在 2022—2026 年支出 450 亿印度卢比（6.02 亿美元）的计划，刺激光伏装机需求。巴西新增装机爆发式增长，新法规推动分布式发展。截至 2021 年，巴西已并网的光伏发电装机总量为 13GW，其中，分布式光伏的装机容量已达到 8.40GW，占比高达 64.6%。巴西政府出台新法规，为分布式光伏电价引入新的定价机制，新法规 2023 年生效，进一步推动分布式光伏发展。

与此同时，中国光伏发电市场储备规模雄厚，以沙漠、戈壁、荒漠地区为重点的三批大型风电光伏基地正有序推进，各省“十四五”光伏装机规划巨大，仅公开信息的 26 省光伏规划装机超 406.55GW，未来 4 年新增 355.5GW。2020 年 12 月 12 日，习近平主席在气候雄心峰会上宣布，到 2030 年，中国非化石能源占一次能源消费比重将达到 25% 左右。为达此目标，“十四五”期间，我国光伏年均新增光伏装机或将超过 75GW。国内光伏年度新增装机规模及预测见图 23-11。

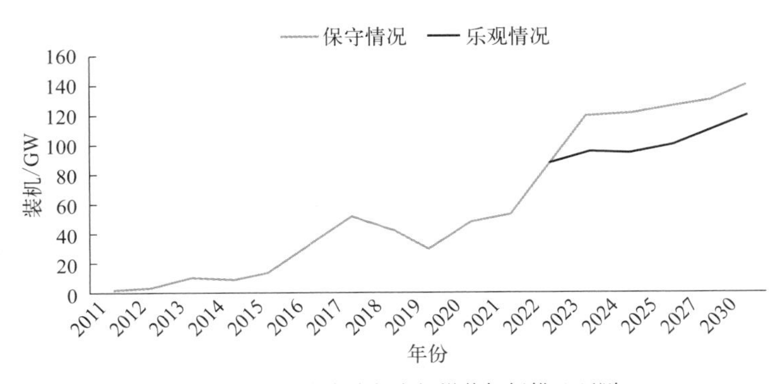

图 23-11　国内光伏年度新增装机规模及预测

为推动光伏产业链高质量发展，全国多地将延链、补链、强链项目建设纳入地方重要规划，光伏企业也在“一体化”大潮下，纷纷“落子”新产线。

（1）上游

① 硅料　2021 年新疆和内蒙古多晶硅产能占全球产能的 52%。近两年硅料供需错配导致硅料价格一度高企，越来越多的企业奔向上游，涌现出四川、青海、江苏、云南等硅料新

产能基地。通威高纯晶硅年产能23万吨，2022年前三季度的销量约18万吨。从企业制造基地分布来看，通威多晶硅基地分布在四川、内蒙古、新疆地区，根据规划2024—2026年实现高纯晶硅产能规模达80万～100万吨；协鑫产能基地分布在江苏、内蒙古、宁夏、四川、河南，已投建和在建总产能已达70万吨/年；大全能源高纯晶硅产能为10.5万吨/年，主要分布在新疆和内蒙古。数据统计，截至2023年初大全能源已经签订了7份长单，按现行价格金额超3000亿元；东方希望硅料产能分布在内蒙古、新疆、宁夏三地；新特能源的硅料主要分布在内蒙古、新疆两地。除五巨头外，越来越多的电池、组件、玻璃企业投建硅料产能，如天合、东方日升、阿特斯在青海、内蒙古等地投资建设多晶硅工厂，玻璃企业信义光能也在云南曲靖布局了多晶硅产能。2023年合盛、润阳、信义等新进入者产能逐步释放，有效支撑光伏装机。

② 硅片　受价格坚挺和成本下降的双重影响，硅片盈利性逐步攀升，推动行业大幅扩产。2021年硅料持续紧缺，格局较好的硅片端可以留存利润持续跟涨，2022年开始硅料行业扩产充分，受制于硅料供给有限，硅片产能过剩未充分显现。随着单晶拉晶技术逐渐成熟，晶科能源、晶澳科技等一体化组件厂开始向上游扩产，后起之秀上机数控、双良节能、京运通等也进入行业，硅片竞争趋于激烈，后续非硅成本成为竞争核心。

（2）中游

① 电池　2022年电池需求提升，作为电池龙头，通威太阳电池产能达到63GW/年，产能分布在四川的双流、眉山、金堂以及安徽合肥。爱旭电池产能分布在广东佛山、浙江义乌、天津和广东珠海，其单晶PERC产能达到36GW/年，N型ABC电池规划产能52GW/年。润阳股份电池产能分布在江苏，单晶PERC太阳电池产能达到22GW/年。2022年，润阳股份在泰国建设了电池新产线。中润光能（专业化电池企业）2022年上半年电池出货位居第四位，产能分布在江苏、安徽两地。至2023年底，其太阳电池产能将达到60GW。钧达股份产能基地在江西上饶和安徽滁州，上饶产能为9.5GW/年，滁州基地规划了18GW/年的TopCon产能，淮安基地规划了26GW/年的N型项目。除了上述行业前五专业化企业外，电池环节的新秀企业也如雨后春笋。英发德耀20GW/年高效晶硅太阳能电池项目一期试产、二期启动，根据规划到2025年底其生产规模达到50GW/年，跃升专业电池企业第一梯队。N型技术路线中，华晟新能源目前拥有异质结太阳能电池和组件产能各2.7GW/年，“十四五”期间实现总产能20GW/年。目前阶段电池已基本均为单晶PERC，技术外溢导致壁垒降低，新产能成本差异不大致行业成本曲线迅速拉平，而对于TOPCon、HJT等技术，目前TOPCon电池已经开始量产，正处在新技术推广的红利期，优势企业将在盈利、出货量上享受先发红利。TOPCon产业化降本增效的可见性强，优化空间也比较大。TopCon代表企业一道新能2023年建成20GW/年高效电池和20GW/年高效组件，在衢州、泰州、苏州、漳州、朔州、武威、淮南、北海等地建有大型光伏生产基地。HJT方面，电池片厂商或一体化专业厂商均在积极布局和试验，华晟、隆基股份、晶澳科技、东方日升、通威股份等进行相关技术储备布局，后续期待降本推动产业化。市场方面，硅料、硅片持续涨价，但电池片因竞争格局差且库存周期短，无法跟涨，同时下游需求反馈到电池片，使得电池处于两头受挤压的局面。

② 组件　由于单位产能投资低、技术变化缓慢且主要为物理封装，组件公司的一体化率可以决定成本，提高一体化率是组件端降本的方式之一。近年来龙头企业隆基、晶科、晶

澳、天合均实现多个环节的一体化配套生产，行业外采比例下降，一体化是未来大趋势。隆基、晶澳、晶科一体化率高，制造端优势显著；天合推动超一体化布局，补足前期上游产能短板，向上贯穿全产业链优势凸显，有利于在产业链波动的时候控制终端成本，并保证订单的及时交付。近年来组件行业集中度迅速提升，2021 年受新冠肺炎疫情、硅料短缺的影响，行业整合及淘汰加速，品牌优势、产业链一体化布局较为完善的隆基、晶科、晶澳走在行业前列，行业前 5 的龙头企业市占率快速提高至 62%。2022 年组件前 5 家龙头企业合计规划出货超 200GW，其中隆基 55GW、天合 43GW、晶澳 40GW、晶科 40GW、阿特斯 22GW。按 2022 年需求为 240GW、1.15 的容配比测算，龙头出货占行业 73% 左右。

③ 光伏逆变器　市场仍然以集中式逆变器和组串式逆变器为主，集散式逆变器占比较小。其中，组串式逆变器占比为 69.6%，集中式逆变器占比为 27.7%，集散式逆变器的市场占有率约为 2.7%。受应用场景变化、技术进步等多种因素影响，未来不同类型逆变器市场占比变化的不确定性较大。国内逆变器产品好价格低，在建立起渠道品牌后，通过价格策略迅速抢占市场，2021 年中国企业的全球市场占有率约 70%。海外光伏行业发展较早，较为成熟，对产品可靠性、品质有要求，重点看产品的全生命周期价值，行业进入门槛较高，重视企业品牌，所以 2021 年海外光伏综合毛利率基本约 33%；国内光伏行业对价格较为敏感，厂商竞争激烈。2021—2030 年不同类型逆变器市场占比变化趋见图 23-12。

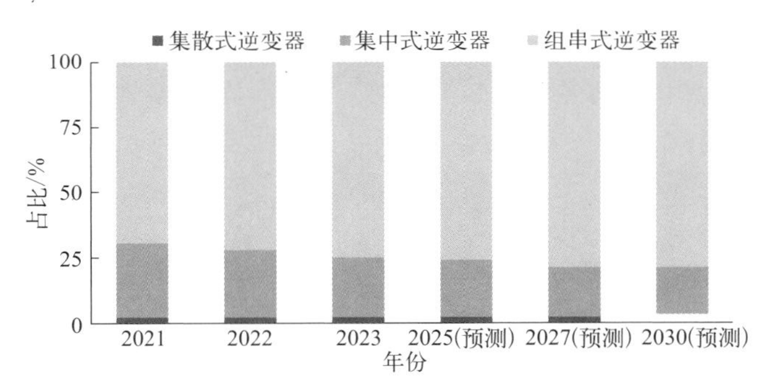

图 23-12　2021—2030 年不同类型逆变器市场占比变化趋势

（3）下游

光伏的下游系统为资本密集型行业，装机量的不断增长依赖持续不断的资金投入，终端应用主要为大型地面电站和小型分布式光伏电站。据统计，2021 年全球分布式光伏占比已达 47.9%，其中户用光伏占比 26%，份额连续 5 年提升。高昂的组件价格直接降低了下游业主的装机意愿，而相对初始投资成本更低的分布式光伏的装机渗透率正在提升，其中尤以户用光伏装机为甚。

2017—2021 年全球集中式与分布式光伏占比情况见图 23-13。

从国内市场看，2020 年到 2022 年上半年，我国分布式光伏装机占比已经从 32.2% 提升到了 65.5%，其中户用光伏装机占比更是从 2016 年的 1.7% 提升到了 2021 年的 39.4%。分布式光伏装机占比或将进一步提升。

2022 年，大型地面电站占比为 41.5%，分布式电站占比为 58.5%，分布式占比超过集中式，其中户用光伏可以占到分布式市场的 49.4%。2022 年由于供应链价格持续高企，集中式装机不及预期。随着大型风光基地项目开工建设，2023 年新增装机中，大型地面电站的装机占比重新超过分布式；分布式市场方面，整县推进及其他工商业分布式和户用光伏建设继续支撑分布式光伏发电市场，虽然占比下降，但装机总量仍将呈现上升态势。

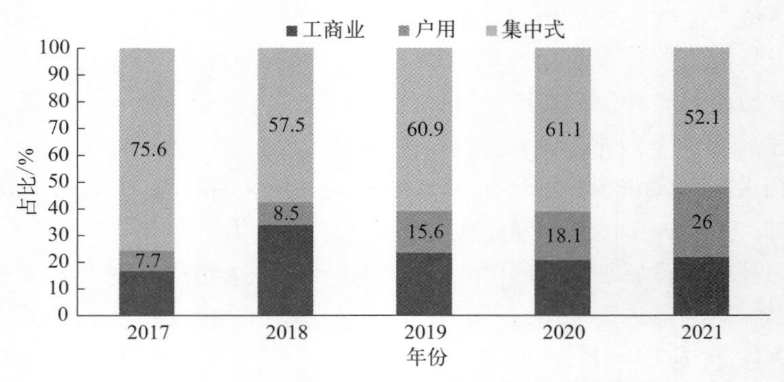

图 23-13 2017—2021 年全球集中式与分布式光伏占比情况

2022 年，我国地面光伏系统的初始全投资成本为 4.13 元 /W 左右，其中组件约占投资成本的 47.09%，占比较 2021 年上升 1.09 个百分点。非技术成本约占 13.56%（不包含融资成本），较 2021 年下降了 0.54 个百分点。2023 年，随着产业链各环节新建产能的逐步释放，组件效率稳步提升，整体系统造价将显著降低，光伏系统初始全投资成本可下降至 3.79 元 /W。

第三节

相关政策及法规

由于光伏资源禀赋优异、光伏全球市场平价到来，成本仍在快速下降，且匹配储能发展，碳减排碳中和目标的实现，电力行业减排、发电结构的改善需要依赖低成本高效率的光伏的来实现，光伏将从辅助能源成长为主力能源，带来行业广阔增量空间。根据我国国民经济“九五”计划至“十四五”规划，国家对光伏行业的支持政策经历了从“积极发展”到“重点发展”再到“大力提升”的变化。

2006 年 1 月 1 日起实施《中华人民共和国可再生能源法》，该法案将可再生能源的开发利用列为能源发展的优先领域，并推动增加能源供应，改善能源结构，保障能源安全，保护环境，实现经济社会的可持续发展，并且推动可再生能源市场的建立和发展。2020 年，中央经济工作会议提出“加快构建以新能源为主体的新型电力系统，推动风电、光伏发电规模化发展”。“十四五”时期为我国未来能源发展明确了“双碳”目标。为落实国家能源局相关工作部署以及推进“双碳”目标的实现。

从 2022 年开始，政策利好持续不断，光伏行业也步入高质量快速发展阶段。光伏行业受政策支持的力度也持续加码。根据 2022 年 5 月底国家发展改革委及国家能源局发布的《关于促进新时代新能源高质量发展的实施方案》，旨在锚定 2030 年我国风电、太阳能发电总装机容量达到 12 亿千瓦以上的目标，加快构建清洁低碳、安全高效的能源体系。推动新能源在工业和建筑领域应用，到2025年，公共机构新建建筑屋顶光伏覆盖率力争达到50%。从国家层面来看，光伏行业是国家重点支持的朝阳产业，未来十年国家将通过大力提升光伏装机容量规模来促进行业发展，重塑能源体系。目前，为响应国家能源结构升级调整的战略部署，大部分省市均出台了“十四五”期间能源发展规划，对构建新能源结构体系做出明确指示和要求。2022年12月，光伏行业发展被国务院写入稳增长、扩内需方案，国家能源局提出2023年新增120GW光伏装机量的目标。2023年1月，工信部等六部委发布《工业和信息化部等六部门关于推动能源电子产业发展的指导意见》，提出大力发展先进高效的光伏产品和技术。2023年3月15日，国家能源局将光伏列入2023年能源行业标准计划立项重点方向。2023年3月23日，国家能源局等四部委发布《关于组织开展农村能源革命试点县建设的通知》，提出大力发展分布式光伏。2023年3月28日，自然资源部、国家林业和草原局办公室、国家能源局综合司印发《关于支持光伏发电产业发展规范用地管理有关工作的通知》，根据文件，鼓励利用未利用地和存量建设用地发展光伏发电产业。

地方政府也积极响应光伏行业，苏州市发展改革委发布关于《苏州市碳达峰实施方案（征求意见稿）》，在确保安全保供的前提下，推动清洁电量占比逐步提升；海南儋州市发展和改革委员会在工作总结中也将推进大型集中式光伏项目落地建设纳入规划，大力发展分布式光伏，提升清洁能源上网电量比例；2023年3月13日，宁夏回族自治区发展和改革委员会公开发布《宁夏回族自治区“十四五”扩大内需实施方案》，提到持续提高清洁能源利用水平，加快建设大型风电、光伏基地；吉林省推动“源网荷储”一体化，把乾安县打造成为吉林西部清洁能源基地，到2025年新能源发电装机规模达到4000MW，到2035年，新增新能源发电装机规模6000MW，年均上网电量53.65亿kWh。

第四节 发展建议

综合对“碳达峰”“碳中和”形势下光伏发电行业技术发展的需求分析，“十四五”期间，我国光伏发电技术有望延续“十三五”快速发展的势头，在国家整体发展目标的指引下，重点针对产业链中存在的关键问题开展研究和突破，“补短板、锻长板”，不断提升我国光伏发电行业技术水平，助力“碳达峰”“碳中和”目标的实现。未来行业发展和建设重点主要在以下几个方面：

一是高效低成本光伏电池技术的开发和推广应用，提高晶硅电池转换效率，提升光伏发电系统单位面积发电能力；

二是加强高效钙钛矿电池制备与产业化生产技术研究，开展新型电池制备与产业化生产技术的集中攻关以及规模化量产，开发高效叠层电池工艺，突破单结电池效率极限，实现光伏电池转换效率的阶跃式提升；

三是推动光伏发电并网性能提升，开展新型高效大容量光伏并网技术研究与示范试验，突破中压并网逆变器关键技术，突破大型光伏高效稳定直流汇集技术瓶颈；

四是推进光伏建筑一体化等分布式技术应用，拓展分布式光伏应用领域，助推光伏发电高比例发展，包括光伏屋顶、玻璃幕墙等多种形式光伏建筑一体化产品相关技术研究；

五是加强光伏智慧制造与设备国产化，提高生产制造能力，开展关键集中攻关，突破关键设备与零部件国产化技术，解决潜在的生产技术瓶颈，保障未来光伏核心产品产能供应；

六是发展光伏组件回收处理与再利用技术，开发低成本绿色拆解技术，掌握高价值组分高效环保分离的技术与装备，实现退役光伏组件中银、铜等高价值组分的高效回收和再利用。